Jetzt helfe ich mir selbst

Motor buch Verlag

Einbandgestaltung: Louis Dos Santos

Abbildungen: Jürgen Kindler, Christoph Pandikow, Skoda Auto Deutschland GmbH, Hella KGaA Hueck & Co, Bosch

Text und redaktionelle Bearbeitung: Jürgen Kindler

Vielen Dank für die tatkräftige Unterstützung an:
Skoda Auto Deutschland GmbH, Alexandra Kindler, Silke und Christoph Pandikow

Alle Angaben und Ratschläge in diesem Ratgeber sind nach bestem Wissen und Gewissen erteilt. Eine Haftung der Autoren oder des Verlages und seiner Beauftragten für Personen-, Sach- und Vermögensschäden ist jedoch ausgeschlossen.
Dieser Band entspricht dem Kenntnisstand zum Zeitpunkt der Drucklegung. Abweichungen durch Weiterentwicklung der beschriebenen Fahrzeuge, geänderte Anweisungen des Fahrzeugherstellers bzw. neue gesetzliche Bestimmungen sind möglich.

ISBN 978-3-613-03079-4

1. Auflage 2010

Lizenznehmer des Motorbuch Verlags, Postfach 103743, 70032 Stuttgart
Ein Unternehmen der Paul Pietsch Verlage GmbH & Co

Sie finden uns im Internet unter:
www.motorbuch-verlag.de

Herstellung: Ipa, 71665 Vaihingen/Enz
Druck und Bindung: Druck + Verlag Südwest, 76131 Karlsruhe
Printed in Germany

Škoda Fabia II (5J)

Ab Baujahr 2007

Modelle:
Fabia Limousine
Fabia Combi
Fabia Scout
Fabia RS

Motorisierungen:

Benziner:
1,2 Liter HTP/44 kW (60 PS)
1,2 Liter HTP/51 kW (70 PS)
1,2 Liter TSI/63 kW (86 PS)
1,2 Liter TSI/77 kW (105 PS)
1,4 Liter/63 kW (86PS)
1,4 Liter/77 kW (105PS)
1,4 Liter RS/132 kW (180PS)

Diesel:
1,2 Liter TDI CR/55 kW (75PS)
1,4 Liter TDI PD/59 kW (80PS)
1,4 Liter TDI PD/51 kW (69PS)
1,6 Liter TDI CR/55 kW (75 PS)
1,6 Liter TDI CR/66 kW (90 PS)
1,6 Liter TDI CR/77 kW (105 PS)
1,9 Liter TDI PD/77 kW (105 PS)

Inhalt

Ein Ratgeber stellt sich vor

»An den neuen Autos kann ich doch nichts mehr selber machen« ist ein Satz, den wir häufig hören, dem wir aber ebenso wenig zustimmen wie Sie. Denn wozu sollten Sie sonst dieses Buch in den Händen halten? Wahr ist, dass durch den vermehrten Anteil von Elektronik und vor allem die Vernetzung der Systeme im Fahrzeug mancher Fehler nicht so leicht zu orten ist. Wahr ist aber auch, dass moderne Autos durch den Einsatz der Elektronik wesentlich zuverlässiger, sicherer und umweltfreundlicher sind als die simpel aufgebauten aber auch wartungsintensiven Fahrzeuge früherer Tage. Es liegt uns also fern den Fortschritt zu verdammen, auch wenn er uns und Ihnen ab und zu einen Streich spielt.

Hilfe zur Selbsthilfe

Was Sie tun können, wenn das Auto den Dienst verweigert, oder besser noch: was Sie tun können, damit es gar nicht erst so weit kommt, soll Gegenstand dieses Ratgebers sein. Und auch wenn Sie den Fehler vielleicht nicht selbst beheben können – wir zeigen Ihnen, wie Sie die Ursache präzise einkreisen können. Und zwar ohne Profi-Ausrüstung. So können Sie der Werkstatt wichtige Informationen liefern und kostbare Arbeitszeit für die Fehlersuche einsparen.

Tipps und Wissenswertes

Damit Ihnen niemand etwas vormachen kann, gewähren wir Einblick in die Autotechnik, erläutern Fachbegriffe im umfangreichen Techniklexikon und informieren Sie über Wissenswertes aus der Welt der Technik. Darüber hinaus erhalten Sie Tipps, die zum Teil bares Geld wert sind: So können Sie zum Beispiel die Lebensdauer Ihrer Scheibenwischer erheblich verlängern. Wie das geht, erfahren Sie im Kapitel »Fit durch den Winter«. Diesem Thema widmen wir übrigens ein ganzes Kapitel, da in der dunklen Jahreszeit besonders viel zu beachten ist. Das fängt bei der Wahl der richtigen Bereifung an und endet mit einem paar robuster Schuhe im Kofferraum noch lange nicht. Denn immer noch wagen sich zu viele Autofahrer mit Sommerreifen auf die Piste. Fest in dem Glauben »wird schon gut gehen«. Damit auch wirklich alles gut geht, sollten Sie dieses Buch von Anfang bis Ende durchlesen.

Sicherheit hat Vorrang

Wie durch den Winter, wollen wir Sie mit diesem Ratgeber natürlich auch durch die übrigen Jahreszeiten begleiten. Ihre Sicherheit und Zufriedenheit steht dabei an erster Stelle. Wichtiger als das Reparieren von sicherheitsrelevanten Baugruppen erscheint uns in diesem Band das frühzeitige Erkennen eines Schadens. Genau dabei wollen wir Sie unterstützen. Ein Störungsbeistand ist daher fester Bestandteil eines jeden Kapitels. Zudem bieten wir Ihnen ein Diagnose-Schema, das ganz allgemein eventuelle Unzulänglichkeiten am Auto entlarvt. Und zwar bevor etwas schiefgeht. Auch bei einem anstehenden Termin zur Hauptuntersuchung kann diese Schnelldiagnose jede Menge Ärger und Geld sparen. Abgesehen davon haben wir regelmäßig wiederkehrende Überprüfungsarbeiten für Sie zusammengefasst. Diese dürfen Sie sich gerne kopieren und für sich abheften.

Reparaturen in der heimischen Garage

Sollten Sie bereits im Umgang mit Werkzeug geübt sein, werden wir Sie Schritt für Schritt durch die einzelnen Arbeitsgänge führen. Dabei beschränken wir uns in dieser Reihe auf leichte Wartungs-, Pflege- und Reparaturmaßnahmen, die Sie ohne Weiteres in der heimischen Garage durchführen können. Welche Grundausstattung Sie dafür benötigen und wie das Ganze ideal in Ihre Garage passt, haben wir für Sie gleich an Anfang dieses Buches zusammengefasst. Gut ausgestattete Werkstätten, ob privat oder gewerblich betrieben, möchten wir auf den entsprechenden Band »Reparaturanleitung« des Bucheli-Verlages verweisen. Dort wird mit gewohnter Präzision das Zerlegen komplizierter Baugruppen wie Motor und Getriebe beschrieben.

Für mehr Spaß am Auto

Zum Schluss möchten wir Sie auf ein besonderes »Schmankerl« unseres Buches hinweisen: Zu jedem Kapitel bieten wir Ihnen einen Überblick zum Thema »besser machen«. Dort stellen wir Ihnen eine Auswahl von empfehlenswerten Zubehör- und Anbauteilen vor, die Sie gegebenenfalls in Eigenregie montieren können – damit Sie in Zukunft noch mehr Freude an Ihrem Auto haben.

Damit Sie sich besser zurechtfinden

Wenn Sie etwas Bestimmtes in diesem Buch suchen, haben Sie verschiedene Möglichkeiten. Natürlich können Sie auf das vertraute Inhaltsverzeichnis zurückgreifen. Aber auch beim schnellen Durchblättern werden Sie sich leicht zurechtfinden. Den Hinweis, in welchem Kapitel Sie sich bewegen, finden Sie oben links. Dazu die Information, ob es sich in diesem Abschnitt um theoretisches Wissen, konkrete Arbeitsanleitungen oder Vorschläge zur Optimierung handelt. Rechts oben auf jeder Seite haben wir den Bereich dargestellt, der im jeweiligen Abschnitt behandelt wird. Damit können Sie das Buch auf der Suche nach bestimmten Inhalten auch durch die Finger laufen lassen, ohne zuerst im Inhaltsverzeichnis suchen zu müssen.

INFORMATION

Bevor Teile ausgebaut oder etwas auseinandergenommen werden, ist es immer besser, die theoretischen Zusammenhänge zu kennen. Wenn Sie dieses Zeichen sehen, erklären wir die Funktion der Technik, ihre Bedeutung für das gesamte Auto und Ihren Alltag damit. Oder wir informieren Sie ganz einfach auch einmal über den historischen Hintergrund der Entwicklung. Dieser Abschnitt soll Sie also mit der Technik Ihres Autos vertraut machen. Mit dem nötigen theoretischen Wissen im Hinterkopf schraubt es sich viel leichter.

ARBEITSSCHRITTE

Sobald am Auto gearbeitet wird, werden Sie dieses Symbol sehen. Auf diesen Seiten dürfen Sie Schritt-für-Schritt-Anleitungen zum Ein- und Ausbau von Teilen erwarten. Bei der Auswahl haben wir uns strikt daran gehalten, was in der heimischen Garage noch machbar ist und was nicht. Und damit Sie sehen, dass wir uns gerne die Finger für Sie schmutzig machen, haben wir bewusst gebrauchtes Werkzeug benutzt und uns nicht ständig die Finger gewaschen. Wir hoffen, dass die Fotos Ihnen dennoch Appetit auf das Schrauben machen.

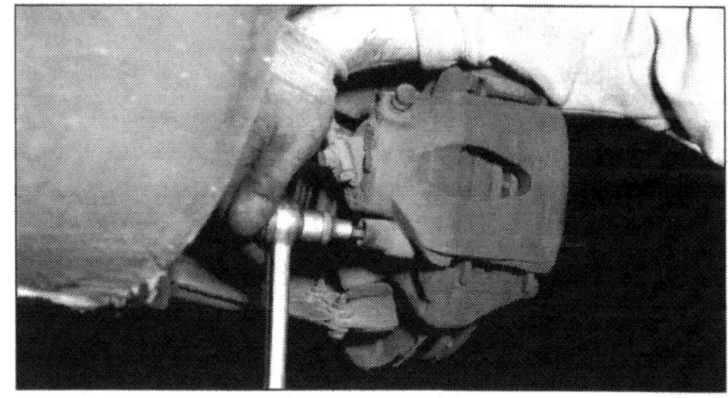

BESSER MACHEN

Nicht alle Fahrzeuge müssen serienmäßig bleiben. In der Praxis gleicht sogar kaum ein Auto dem anderen. Autos werden tiefer gelegt, Karosseriebauteile werden verändert oder die Innenausstattung individualisiert. Vielleicht benutzen Sie dieses Buch ja auch um Ihr Auto gezielt zu verbessern. Damit wir uns richtig verstehen: Dieses Buch ist keine Tuninganleitung, aber immerhin stellen wir Ihnen verschiedenste zusätzliche Teile vor und verraten Ihnen, worauf Sie beim Einkauf von Zubehörteilen achten sollten.

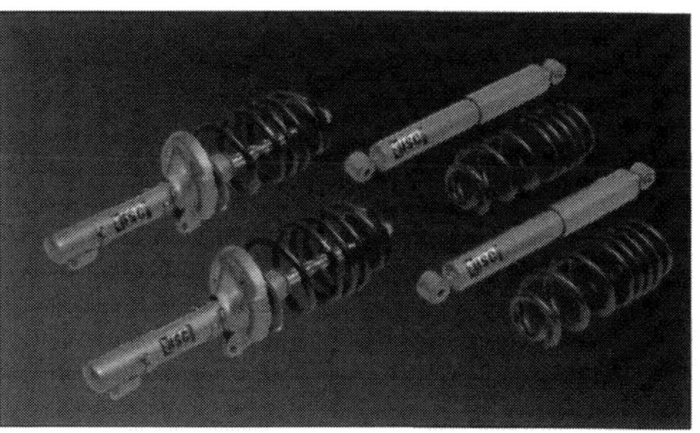

Rechte und Pflichten

Sie haben einen Wagen erworben und sind der Meinung, er ist kaputt oder funktioniert nicht so wie er sollte? Bevor Sie sich unnötig aufregen, sollten Sie sich zuerst kundig machen, wie es um Ihre Rechte steht. Dann müssen Sie sicherstellen, dass Sie keinem Irrtum unterliegen und es sich hier tatsächlich um einen Mangel handelt.

Was ist ein Mangel?

Vereinfachte Darstellung des § 434 BGB:
Eine Sache ist frei von Mängeln, wenn sie sich für die Verwendung eignet, für die sie gemäß Kaufvertrag gedacht war oder sie sich für die gewöhnliche Verwendung eignet oder die Beschaffenheit aufweist, die man üblicherweise erwarten kann. Das beinhaltet auch Eigenschaften, von denen der Käufer aufgrund von Aussagen, die in der Werbung oder von Mitarbeitern des Verkäufers gemacht wurden, ausgehen kann. Liegt also tatsächlich ein Mangel vor, wie z. B. eine deutlich geringere Höchstgeschwindigkeit als im Prospekt angegeben, sollten Sie sich auf das Gespräch mit dem Kundendiensttechniker vorbereiten und Ihr Recht einfordern. Damit Sie Ihr Anliegen präzise und fachlich richtig an den Mann bringen können, nachfolgend einige Begriffserklärungen und Zusammenhänge.

Gewährleistung, Sachmangelhaftung & Garantie

Garantie und Gewährleistung (Letzteres ist die so genannte Sachmangelhaftung) sind zwei völlig verschiedene und vor allem unabhängige Sachverhalte. Diese beiden Begriffe werden oft umgangssprachlich miteinander verwechselt oder vertauscht. Um nicht missverstanden zu werden, sollten Sie diese Begriffe unbedingt voneinander trennen.

Die **Garantie** ist eine freiwillige und zusätzliche Leistung des Verkäufers oder Herstellers. Sie kann nach Belieben ausgestaltet oder befristet sein und sie folgt aus einer eigenständigen Vereinbarung im Rahmen des Kaufvertrages bzw. in Verbindung mit dem Kaufvertrag. Die Garantie kann an bestimmte Voraussetzungen geknüpft sein, kann bestimmte Kosten ausschließen und auch die Leistungen einschränken. Dies könnte beispielsweise bedeuten, dass die Garantie nur greift, wenn Sie das Fahrzeug regelmäßig in der dem Händler angegliederten Werkstatt warten lassen und Sie nur die Materialkosten und nicht die Arbeitszeit bei einem Schaden erstattet bekommen. Also sollten Sie sich die Garantiebedingungen vor dem Kauf genau anschauen, um diese später nicht durch ein Falschverhalten zu verwirken. Auf Verlangen müssen Ihnen die Garantiebestimmungen, wenn sie Ihnen zugesprochen werden, auch in schriftlicher Form ausgehändigt werden.

Die **Gewährleistung** (Sachmangelhaftung) folgt aus den gesetzlichen Regelungen zum Kaufvertrag. Eine Gewährleistung (Sachmangelhaftung) ist in dem Augenblick gegeben, wenn ein rechtsgültiger Kaufvertrag geschlossen wird. Eine Ausnahme ist nur möglich, wenn die Gewährleistung (Sachmangelhaftung) wirksam ausgeschlossen ist. Ein vollständiger Ausschluss der Gewährleistung (Sachmangelhaftung) im Rahmen eines Kaufvertrags zwischen einem Unternehmer (z. B. Kfz-Händler) als Verkäufer und einer Privatperson als Käufer ist nicht möglich. Die Gewährleistung (Sachmangelhaftung) kann aber z. B. bei Abschluss eines Kaufvertrages zwischen Privatpersonen vollständig ausgeschlossen werden. Dies muss dann aber ausdrücklich und individuell im Kaufvertrag geregelt sein.

Mit dem **Gewährleistungsrechts-Änderungsgesetz** vom 01.01.2007 ergaben sich unter anderem folgende Neuerungen:
- Bei neuen Sachen beträgt die Frist grundsätzlich 2 Jahre ab Datum der Übergabe.
- Bei gebrauchten Sachen kann eine Frist von 1 Jahr vereinbart werden (nicht in Allgemeinen Geschäftsbedingungen!), wobei nur Kraftfahrzeuge, die älter als ein Jahr (ab Erstzulassung) sind, als gebrauchte Sachen gelten.
- Innerhalb der ersten sechs Monate hat bei einer Reklamation der Händler zu beweisen, dass die Sache zum Zeitpunkt der Übergabe dem Vertrag entsprach (also keinen Mangel hatte). Nach 6 Monaten hat der Kunde die Beweispflicht (bisher hatte ausschließlich der Kunde die Beweispflicht).

Diese beschriebenen Regelungen, die die Rechte des Endkunden stärken, sind verständlicherweise bei den

Autohändlern nicht so gut angekommen, und diese suchen nach Möglichkeiten, wie sie die Gewährleistung (Sachmangelhaftung) einschränken oder gar ausschließen können. In den letzten Jahren hat darum der Handel mit Bastlerfahrzeugen und Schrottautos massiv zugenommen. In solchen Verträgen werden dann sämtliche Gewährleistungsansprüche (Sachmangelhaftung) ausgeschlossen, obwohl die Fahrzeuge teilweise mit frischer Plakette der Haupt- und Abgasuntersuchung versehen sind. Solche und ähnliche Vorgänge können die Gerichte allerdings recht gut einschätzen und entscheiden meistens zu Gunsten des Verbrauchers. Ebenso verhält es sich mit den Verkäufen, die »im Auftrag« stattfinden. Ein Händler, der in seinem Namen die aktuelle Hauptuntersuchung und weitere Instandsetzungsarbeiten durchgeführt hat, wird es vor Gericht schwer haben zu beweisen, dass er den Autoverkauf nur vermittelt hat. Er wird damit auch nicht die gesetzlichen Regelungen beschneiden können. Je klarer die Vereinbarung und je genauer die Fahrzeugbeschreibung, desto geringer ist das Haftungsrisiko. Wir raten Ihnen, einen Musterkaufvertrag für Gebrauchtwagen sowie einen Gebrauchtwagen-Zustandsprüfbericht zu verwenden. Damit lassen sich kostspielige Prozesse und unangenehme Streitigkeiten vermeiden.

Zusammenfassung:
Eine freiwillige Garantie besteht also zusätzlich zur gesetzlichen Gewährleistung (Sachmangelhaftung) und ist im Umfang der Leistungen, im Vergleich zur Gewährleistung (Sachmangelhaftung), meistens eingeschränkt. Allerdings greift sie oft auch noch für Mängel, die erst nach dem Kauf auftreten, was so nicht auf die gesetzliche Gewährleistung (Sachmangelhaftung) zutrifft.

Zum Reizthema Farbabweichung

Farbabweichung kann ein Sachmangel sein. Das Oberlandesgericht Köln hat zu diesem Thema eine wichtige Entscheidung getroffen: Danach gehört die Farbe eines Neufahrzeugs zu den Beschaffenheitsmerkmalen und stellt ein äußerliches Merkmal des Fahrzeugs dar, welches für den Käufer im Rahmen der Kaufentscheidung maßgeblich ist. Ergeben sich Abweichungen im Farbton des bestellten zu dem tatsächlich gelieferten Fahrzeug, so kann der Käufer hierauf grundsätzlich Gewährleistungsansprüche geltend machen. Durch das OLG Köln bestätigtes Urteil des LG Aachen vom 26.04.2005 (Az. 12 O 493/04).

Das Recht der Nachbesserung

Seit dem 01.01.2002 gibt die neue Rechtslage sowohl dem Käufer als auch dem Verkäufer einen Anspruch auf Beseitigung eines Mangels. Anstatt von Nachbesserung spricht jetzt das Gesetz von Nacherfüllung. Grundsätzlich hat der Händler das Recht bis zu drei Mal nachzuerfüllen. Hierbei hat der Verkäufer die zum Zwecke der Nacherfüllung erforderlichen Aufwendungen zu tragen, das sind Transport-, Wege-, Arbeits- und Materialkosten. Zu beachten ist in diesem Zusammenhang, dass der Verkäufer sein Recht einen Mangel nachzubessern behält, auch wenn Reparaturen bereits in einer fremden Werkstatt erfolglos waren. Der Verkäufer muss sich diese Nachbesserungsversuche nicht zurechnen lassen, er kann auf eine Nacherfüllung im eigenen Firmensitz bestehen. OLG Köln vom 14.02.2006 (Az. 20U 188/05).

Wandlung und Preisnachlass

Ist ein erheblicher Mangel nach drei Nacherfüllungsversuchen immer noch nicht beseitigt oder fehlen zugesicherte Eigenschaften, haben Sie das Recht auf Wandlung oder Preisnachlass. Dies ist dann auch der Zeitpunkt, an dem Sie einen Rechtsanwalt zu Rate ziehen sollten. Sie werden sich auf jeden Fall eine Nutzungspauschale, die abhängig ist von der genutzten Laufleistung des Fahrzeugs, anrechnen lassen müssen. Eine Wandlung ist grundsätzlich nur dann möglich, wenn sich das Fahrzeug noch im Originalzustand befindet.

Der Kulanzantrag

Nach Ablauf der Gewährleistungszeit und gegebenenfalls der Garantiezeit bleibt Ihnen immer noch die Möglichkeit der Kulanzregelung beim Händler. Die Kulanz bezeichnet im Allgemeinen ein Entgegenkommen zwischen den Vertragspartnern nach Vertragsabschluss. Sie regelt den Ablauf der freiwilligen Reparatur- und Serviceleistungen nach Ablauf der gesetzlichen oder individualvertraglichen Gewährleistungsverpflichtungen. Die Kulanzregelung wird in der Regel als Maßnahme zur Kundenbindung dargestellt.

Hinweis: Dieses Kapitel soll nur erste Hinweise geben und erlaubt daher keinen Anspruch auf Vollständigkeit. Obwohl es mit größtmöglicher Sorgfalt erstellt wurde, kann eine Haftung für die inhaltliche Richtigkeit nicht übernommen werden.

Lernen Sie Ihr Auto kennen

Egal, ob Sie Ihren Fabia schon lange besitzen oder ihn eben erst erworben haben – nehmen Sie sich die Zeit und erkunden Sie Ihr Fahrzeug gründlich. Denn, selbst wenn Sie die Bedienungsanleitung gelesen haben, wovon wir selbstverständlich ausgehen, kennen Sie bestimmt noch nicht alle Details Ihres Autos.

Die Fahrgestellnummer

Die Fahrgestellnummer enthält bereits etliche – in Zahlen- und Buchstabencodes verschlüsselte – Informationen zu Ihrem Fabia. Deren Bedeutung können Sie als Do-It-Yourselfer nun kennen lernen und auch entziffern. Die Fahrgestellnummer finden Sie an verschiedenen Stellen Ihres Wagens: In den Unterlagen für den Service, im Sichtfenster der Frontscheibe und in der Mulde des Reserverads im Kofferraum.

Die Fahrgestellnummer: Im Scheibenrahmen ist die Fahrgestellnummer in die Karosserie eingraviert.

Stelle	Bedeutung	Beispiele	Auswertung
1 – 3	Weltherstellercode	TMB = Skoda	TMB
4	Karosserietyp und Ausstattung	A = Fabia II Classic B = Fabia II Ambiente C = Fabia II Sport D = Fabia II Elegance E = Fabia II ab MJ 2011 F = Fabia II Combi Classic G = Fabia II Combi Ambiente H = Fabia II Combi Sport J = Fabia II Combi Elegance J = Fabia II Combi ab MJ 2011 X = Fabia II N1 1 = Fabia II N1 Combi ab MJ 2011	G
5	Motorisierung	A = 1,2 44 kW Benziner C = 1,4 63 kW Benziner D = 1,6 77 kW Benziner E = 1,4 TDI 51 kW Diesel F = 1,4 TDI 59 kW Diesel G = 1,9 TDI 77 kW Diesel H = 1,2 51 kW Benziner J = 1,6 TDI 66 kW Diesel K = 1,2 TDI 55 kW Diesel L = 1,6 TDI 66 kW Diesel	C

Stelle	Bedeutung	Beispiele	Auswertung
		M = 1,2 63 kW Benziner N = 1,2 77 kW Benziner P = 1,4 132 kW Benziner S = 1,6 TDI 55 kW Diesel	C
6	Airbagsystem	0 = kein Airbag 1 = 1 Frontairbag 2 = 2 Front- + 2 Seitenairbags 3 = 2 Front- + 4 Seitenairbags 4 = 2 Frontairbags 5 = 2 Front-+ 4 Seiten-+ 2 Kopfairbags 6 = 2 Front-+ 2 Seiten-+ 2 Kopfairbags B = Gesamtgewicht 1360 – 1814 kg C = Gesamtgewicht 1814 – 2268 kg	6
7 – 8	Fahrzeugmodell	5J = Fabia II	5J
9	Füllzeichen	Interner Code	9
10	Modelljahr	4 = 2004 5 = 2005 6 = 2006 7 = 2007 8 = 2008 9 = 2009 A = 2010 B = 2011	9
11	Produktionsstandort	0-4 = Mlada Boleslav 5-6 = Kvasiny 7-8 = Vrchlabi 9 = Kvasiny A = Aurangabad B = Solomonovo G = Pune K = Kaluga, Grabcevo S = Sarajevo N = Karosserie nur als Ersatzteil* U = Indien X = Poznan	3
13 – 17		Laufende Produktionsnummer	73163

* Die Kennzeichnung N (Karosserie nur als Ersatzteil) gilt nur bis 12/2007. Ab 01/ 008 wir statt N das konkrete Herstellerwerk aufgeführt. Die Kennzeichnung der Karosserie als Ersatzteil erfolgt durch das Zeichen »#« vor und hinter der FIN statt des bestehenden Zeichens »*«.

Das Typenschild

Das Fahrzeugtypenschild kann, bei geöffneter Beifahrertür; unten an der B-Säule gesehen werden Es enthält:

- Fahrzeug-Identifizierungsnummer
- zul. Gesamtgewicht
- zul. Zuggewicht (Zugmaschine plus Anhänger)
- zul. Achslast vorn
- zul. Achslast hinten
- Fahrzeugtyp

Das Typenschild: Angeklebt auf der B-Säule rechts unten enthält die Plakette Fahrgestellnummer und Achslasten.

Der Fahrzeugdatenträger

Der Fahrzeugdatenträger findet sich im Kofferraum neben der Mulde des Reserverads. Dort sind alle wichtigen Daten zur Fahrzeugerkennung wie Modell, Motor, Getriebe, Lackfarbennummer und Innenausstattung aufgeführt. Ein solcher Fahrzeugdatenträger befindet sich auch immer auf der ersten Seite Ihres Service-Heftes.

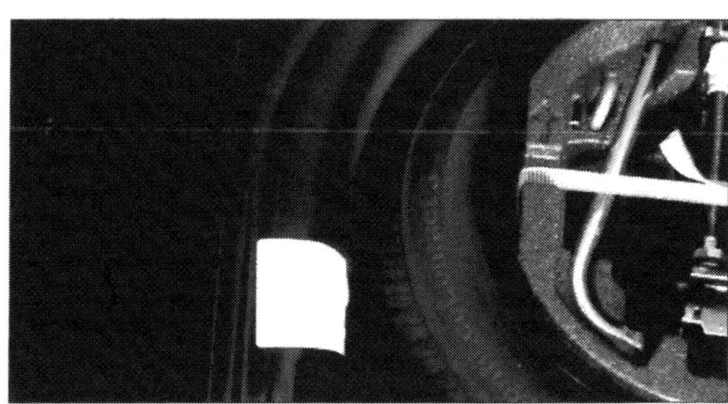

Der Fahrzeugdatenträger: Ist auf dem Bodenblech links neben der Reserveradmulde im Gepäckraum angeklebt.

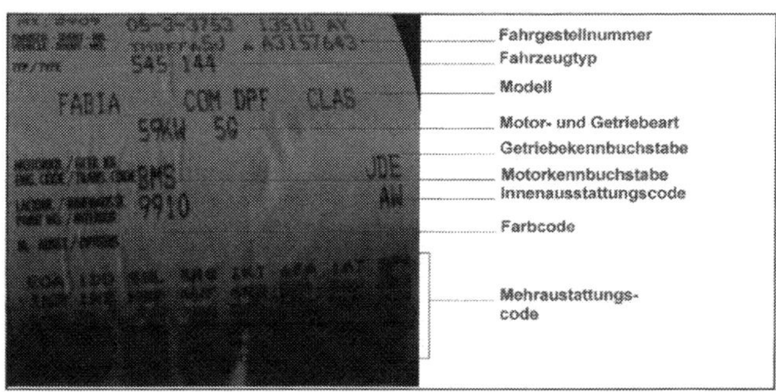

Der Fahrzeugdatenträger aufgeschlüsselt.

Die Motorkennnummer

Die Motornummer ist an der Verbindungsstelle Motor-Getriebe und am Zahnriemenschutzdeckel zu finden. Auch das Getriebe trägt eine Identifikationsnummer. Alle diese Nummern sind beim Bestellen von Ersatzteilen oder Austauschteilen unbedingt anzugeben. Denn viele Teile eignen sich einfach nur für den Fabia der zweiten Generation, obwohl sie durchaus Ähnlichkeiten mit Teilen anderer Fahrzeuge in der Skoda-Baureihe oder der gesamten VW-Familie haben.

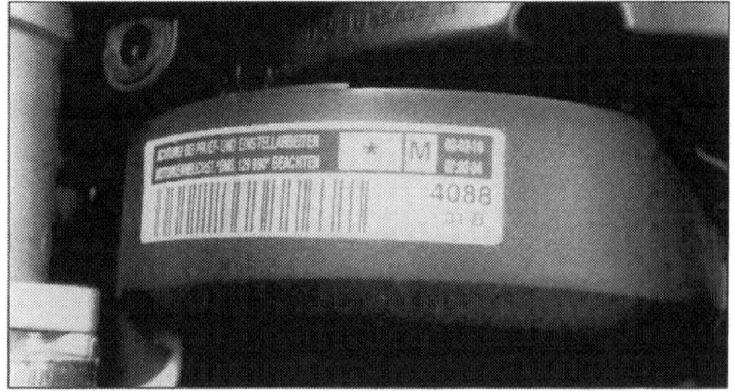

Motorkennnummer: An der Trennfuge zwischen Getriebe und Motor und auf dem Zahnriemenschutz zu finden.

Der Fahrzeugschein

Eine sehr ergiebige Informationsquelle ist der Fahrzeugschein. Neben der Fahrgestellnummer finden Sie weitere für die Ersatzteilbeschaffung oder den Reparaturauftrag wichtige Angaben und Schlüsselnummern (Angaben in Klammern gelten für neue Zulassungsbescheinigungen:

- zu 2: Herstellercode (2.1)
- zu 3: Typ und Ausführung (2.2)
- zu 32: Datum der Erstzulassung (B)
- zu 4: Fahrgestellnummer (E)

Natürlich ist es nicht der richtige Begriff, aber »Zulassungsbescheinigung Teil 1« wird sich sicher nie im

Volksmund durchsetzen. Auch die zwar europäisch einheitliche, aber für uns doch neue optische Ordnung löst bei der Suche nach den Informationen meist hilfloses Suchen aus. Deshalb haben wir die wichtigsten Informationen zum »schnell mal finden« kenntlich gemacht. HSN und TSN sind die Kürzel für den Herstellercode (früher »Ziffer2«) und den Typcode früher die ersten drei Ziffern der »Ziffer3«) des Fahrzeugscheins. Diese beiden Nummern, zusammen mit der Erstzulassung, helfen bei der Teilebeschaffung im Zubehörmarkt.

Auch wenn diese Informationen bereits auf der Rückseite des Fahrzeugscheins vermerkt sind, hat man meist die Kennnummer vergessen, bis man im Fahrzeugschein auch nur in die Nähe der Information gekommen ist. Aus diesem Grund schlüsseln wir diese Informationen hier an dieser Stelle auf.

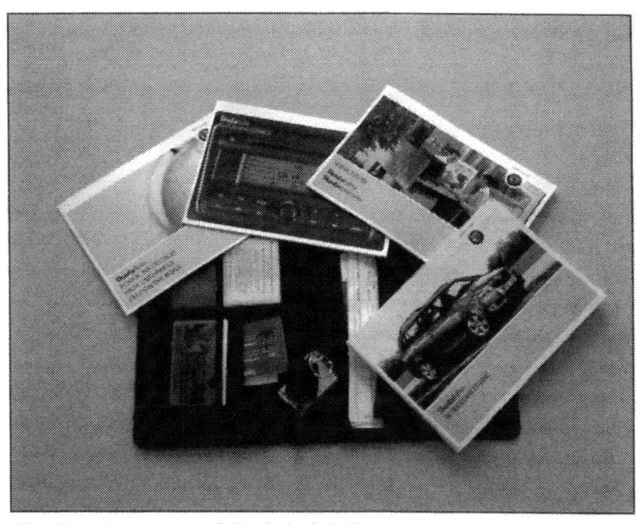

Die Bordmappe und ihr Inhalt: Wichtig für jeden Autofahrer.

Zulassungsbescheinigung Teil I
(Fahrzeugschein)
Nr. HH-S-O-067/10-00573
Europäische Gemeinschaft (D) Bundesrepublik Deutschland
HH-IX7048
Europcar Autovermietung
GmbH
Tangstedter Landstraße 81
22415 Hamburg
Mär 2011
Hamburg 08.03.2010

08.03.2010 8004 AFY000575
M1 AC
TMBFF65J6A3157643 2
SKODA
5J
ACBMSX01
NFM5FM52R02614
FABIA
SKODA (CZ)
Fz.z.Pers.bef.b. 8 Spl.
Kombilimousine
70/220/EEC*2003/76B/EC
EURO 4
Diesel
0002 0462 01422
7.2/8.2:+18 b.Anhängebetrieb*Stufe PM 5 ab Tag Erstzul
.*ww.AHK lt.EGTG*

02 01 0059/04000 173
04239-04343 -1642
1498-1551 -01210
00050
127 001665 001665
00920 00840
00920 00840
079 03000 074
01000 0450 005
185/60 R14 82T
185/60 R14 82T
9
e11*2001/116*0291*25
25.11.2009 K DV082062
Selbstfahrervermietfzg/Mietwagen

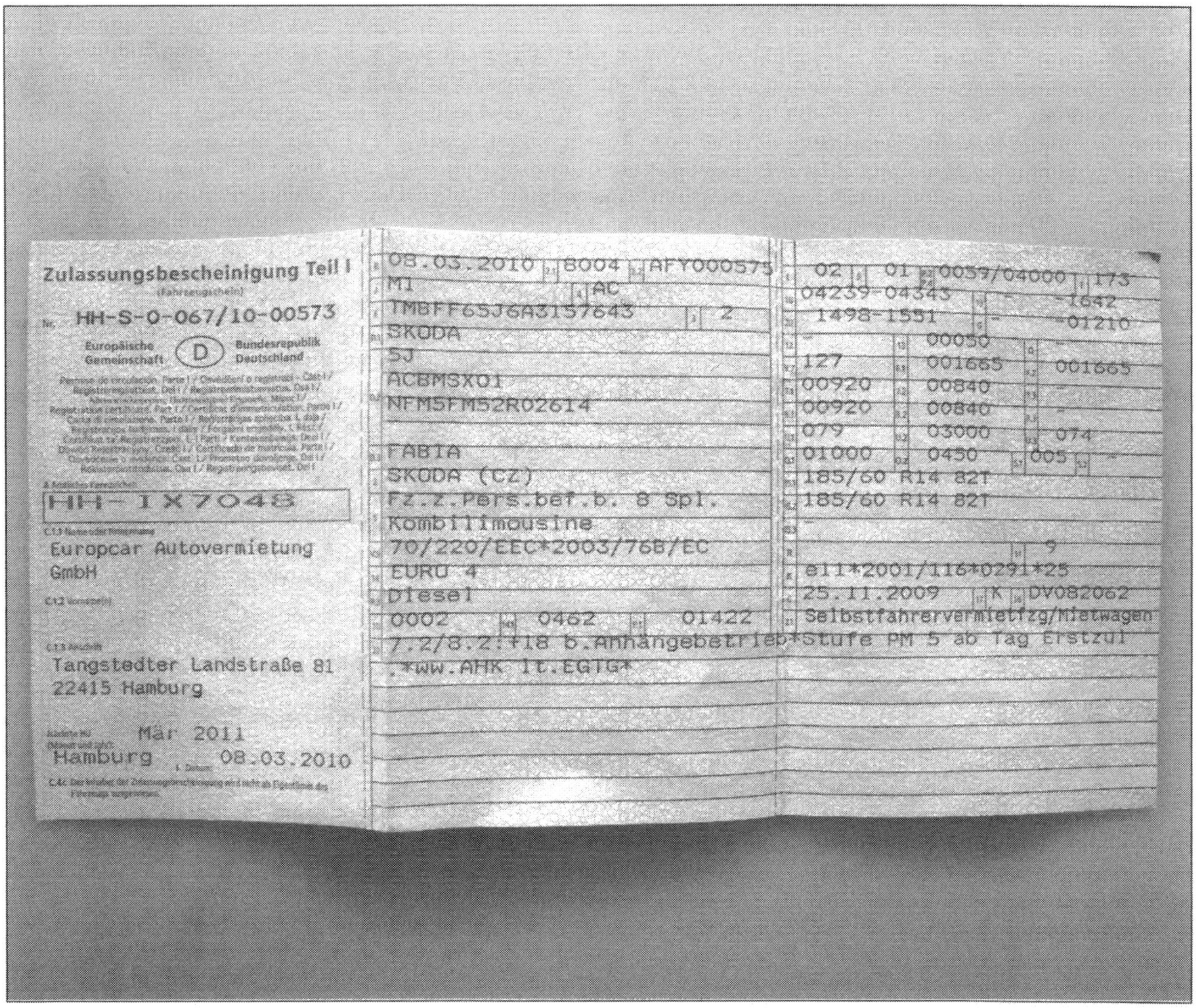

Der »neue« Fahrzeugschein: Eigentlich heißt er »Zulassungsbescheinigung Teil I«.

Lesehilfe zum »Fahrzeugschein«

B Erstzulassung
D.1 Hersteller
D.2 Typ
D.3 Handelsbezeichnung
E Fahrgestellnummer
F.1 Zulässiges Gesamtgewicht
F.2 Zulässiges Gesamtgewicht in Deutschland
G Leergewicht
H Gültigkeitsdauer
I Ausstellungsdatum dieses Scheines
J Fahrzeugklasse (Pkw, Lkw)
K EG Typennummer
L Anzahl der Achsen
O.1 Anhängelast gebremst
O.2 Anhängelast ungebremst
P.1 Hubraum des Motors (in m^3)
P.2 / P.4 Motorleistung (in kW)
P.3 Kraftstoffart
Q Leistungsgewicht (nur bei Motorrädern)
R Farbe des Fahrzeuges
S.1 Sitzplätze mit Fahrersitzplatz
S.2 Stehplätze
T Höchstgeschwindigkeit (in km/h)
U.1 Standgeräusch (in dB/A)
U.2 Drehzahl zum Standgeräusch
U.3 Fahrgeräusch (in dB/A)
V.7 CO2 Ausstoß (in g/km) kombinierter Wert
V.9 Schadstoffklasse
2 Kurzbezeichnung Hersteller
2.1 HSN Herstellerschlüsselnummer
2.2 Prüfziffer und TSN-Typschlüsselnummer
3 Prüfziffer für die Fahrgestellnummer
4 Art des Aufbaus (EG-Bezeichnung)
5 Bezeichnung der Fahrzeugklasse und des Aufbaus
6 Erstellungsdatum der EG-Typennummer
7.1 Zulässige Achslast Achse 1
7.2 Zulässige Achslast Achse 2
7.3 Zulässige Achslast Achse 3
8.1 Zulässige Achslast in Deutschland Achse 1
8.2 Zulässige Achslast in Deutschland Achse 2
8.3 Zulässige Achslast in Deutschland Achse 3
9 Anzahl der Achsen
10 Codenummer zur Kraftstoffart
11 Codenummer zur Fahrzeugfarbe
12 Rauminhalt des Tanks bei Tankfahrzeugen (in m^3)
13 Stützlast (in kg)
14 Bezeichnung der nationalen Emissionsklasse
14.1 Codenummer zu der Schadstoffklasse
15.1 Bereifung auf der Achse 1
15.2 Bereifung auf der Achse 2
15.3 Bereifung auf der Achse 3
16 Nummer der Zulassungsbescheinigung Teil 2 (Fahrzeugbrief)
17 Merkmal zur Betriebserlaubnis
18 Länge in mm
19 Breite in mm
20 Höhe in mm
21 Sonstige Vermerke
22 Bemerkungen und Ausnahmen

Generation zwei

Mit dem bei Škoda intern bezeichneten Typ 5J, kommt 2007 die zweite Auflage des erfolgreichen Kleinwagens aus der tschechischen Republik auf den Markt. Seit Škoda eine Tochter des Volkswagenkonzerns ist, steigen die Verkaufszahlen stetig. Mit dem 1999 eingeführten Fabia I rundete man die Modellpalette erfolgreich nach unten hin ab. Diesen Erfolg führt der Fabia II, der als Limousine und Combi erhältlich ist, nun fort.

Mit den Modellen Fabia und Oktavia schreibt der tschechische Autohersteller ganz neue Seiten in der über 100-jährigen Firmengeschichte. Noch Anfang der 90er wurde der Hersteller gerne als Billighersteller mit schlechter Qualität bespöttelt. Nachdem jedoch 1991 der VW-Konzern die Oberhand übernahm, stellte sich rasch ein Aufschwung ein. Škoda ist übrigens die drittälteste noch produzierende Automarke der Welt. Der nun folgende Verkaufserfolg in ganz Europa, aber speziell auch in Deutschland, die guten Kritiken und die zahlreichen gewonnenen Tests in der Fachpresse, aber auch die große Anzahl zufriedener Kunden beweisen, dass bei Škoda in Mlada Boleslav und den weiteren Standorten hochwertige Autos gebaut werden. Hier werden bewährte, universelle Fahrzeuge hergestellt, bei deren Konstruktion, Materialauswahl und Fertigung ganz ausdrückliche Umweltgesichtspunkte eine besonders große Rolle spielen. Mit der Reiselimousine Superb ist Škoda, mittlerweile ebenfalls in zweiter Generation, sehr erfolgreich in das Segment der oberen Mittelklasse vorgestoßen. Und dies seit Kurzem auch in der Combi-Klasse.

Ein Kleiner – ganz groß

Der Fabia gab sein Debüt 1999: Im Herbst des Jahres begann die Produktion. Er war das erste Fahrzeug im Konzern auf der Kleinwagenplattform A04, womit an gute Škoda-Tradition angeknüpft wurde. Seine drei Karosserieformen: Fünftürige Kompakt-Limousine mit Schrägheck, der 26 cm längere Sedan mit Stufenheck bei noblen 438 Litern Kofferraum und nicht zuletzt der Combi in charaktervollem Design. Sie wurden in den drei Ausstattungsvarianten Elegance, Comfort und Classic angeboten. 2007 kam dann die zweite Generation des Fabia auf den Markt. Jetzt nur noch in den beiden erfolgreichen Karosserievarianten Limousine und Combi, dafür aber mit zahlreichen technischen Neuerungen. Und zwar in den Ausstattungsvarianten Fabia, Ambiente und Classic sowie Sport. Aktuell sind noch die Varianten Scout, Sportline, GreenLine, Cool Edition und Style Edition erhältlich. War man im Frühjahr 2003 noch stolz mit den Zulassungszahlen des Fabia unter den Top 20 zu sein, so konnte man sich im ersten Quartal 2009 über Platz 3 in der Rangliste freu-

Fabia Limousine

Fabia Combi

Fabia Scout

Fabia RS

en. Dies bedeutete zugleich auch, dass der Fabia das meistverkaufte Importfahrzeug in Deutschland war. Zwar waren die Verkaufszahlen 2009 durch die Abwrackprämie etwas durcheinandergerüttelt worden, aber die Zahlen des Fabia sprachen für sich. Lediglich die beiden Konzernschwestern VW Polo und Golf konnten den Fabia noch übertreffen.

Bei der Entwicklung des vielseitigen Kleinwagens kam dem tschechischen Autobauer natürlich auch die Gleichteile-Strategie des VW-Konzerns zugute. Doch auch die stetige Weiterentwicklung der Škoda-Ingenieure trug natürlich erheblich zu dieser Erfolgsbilanz bei.

Zum Genfer Autosalon 2003 stellte Škoda erstmals den sportlichen Fabia RS und das Rallyefahrzeug Fabia WRC vor. Der Fabia WRC löste von da an den Oktavia WRC ab. Durch den harten Rallyeeinsatz und die stetige Weiterentwicklung profitieren natürlich auch die Serienfahrzeuge. Hinsichtlich Sicherheit, Qualität Motorisierung, Fahrwerk und Ausstattung ist der Kleine aus Mlada Boleslav ganz groß. Unter seiner aerodynamisch gestalteten Karosserie hat er eine Vielzahl an technischen Neuerungen.

So z. B. eine elektrohydraulische Servolenkung, eine in Höhe und Länge verstellbare Sicherheitslenksäule, auf Wunsch bis zu sechs Airbags, ein CAN-Bus-gesteuertes Bordnetzsystem, ABS, EDS und ESP, ein Doppelkupplungs-Direktschaltgetriebe (DSG), die modernen Commonrail-Dieselmotoren sowie Benzindirekteinspritzer. Selbst ein wenig Luxus ist gegen Aufpreis möglich. So gibt es z. B. Climatronic, Navigationssysteme, elektrisch verstellbare und beheizbare Außenspiegel, Sitzheizung und -höhenverstellung, Kurvenlicht und Parkdistancecontrol, um nur einige zu nennen. ISOFIX-Vorbereitung für die Kindersitze ist ja eh schon Serie.

Fabia WRC

Gute Motoren und bewährtes Chassis

Als Motoren standen von Anfang an bewährte Benzin- und Dieselmaschinen aus dem Volkswagen-Konzern zur Verfügung, welche jedoch ständig weiterentwickelt wurden. Die Motorenpalette des für 2010 nochmals überarbeiteten Fabia ist daher der Kern aller Neuerungen. Insgesamt stehen vier Benzin- und drei Dieselmotoren zur Wahl. Das Leistungsspektrum reicht von 44 bis 77 kW (60 bis 105 PS) bei den Ottomotoren, die Selbstzünder liefern 66 und 77 kW (90 und 105 PS). In Kürze folgt noch eine Variante mit einer Leistung von 55 kW. Alle Triebwerke entsprechen mit ihrem Abgasverhalten den Anforderungen der Abgasnorm EU 5 und zeichnen sich durch eine ausgezeichneten Treibstoffeffizienz und äußerst niedrige CO2-Emissionen aus. Den Fahrer unterstützt im Bestreben um geringere Verbrauchswerte die neue Anzeige einer Schaltempfehlung. Alle Versionen mit manuellem Getriebe werden künftig damit ausgerüstet. Ein Pfeil im Display des Kombi-Instruments weist den Fahrer rechtzeitig auf den Gangwechsel hin und hilft ihm so, den Motor stets in einem optimalen und verbrauchsgünstigen Drehzahlband arbeiten zu lassen. Die wohl bemessene Zusammenstellung der Angebotspalette wird einmal mehr von der Kunst des so genannten »Downsizing« bestimmt. Hierbei wird der Hubraum drastisch verringert. Um dennoch angemessene Leistungen zu erzielen, werden Aufladung sowie hocheffiziente Einspritzverfahren eingesetzt. Gerade bei den Benzinmotoren erlaubt die Turboaufladung eine erhebliche Steigerung des maximalen Drehmoments, das überdies bereits bei sehr viel niedrigeren Umdrehungszahlen als bei herkömmlichen Saugmotoren anliegt. Ihre Leistungscharakteristik erreicht beinahe schon die immense Durchzugsstärke moderner Selbstzünder-Aggregate. Doch nicht allein die Leistungsfähigkeit der Triebwerke war ein vordringliches Entwicklungsziel. Bei der Umweltverträglichkeit, wozu auch die Laufruhe, also das Geräuschniveau der Motoren zählt, setzt Škoda Auto mit den neuen Motoren im Fabia Maßstäbe. In Verbindung mit dem optimierten Doppelkupplungsgetriebe (DSG), das intern die Bezeichnung DQ200 trägt und mit sieben Gängen arbeitet, ergibt sich gerade für den neuen 1,2 Liter TSI Benziner, der 77 kW leistet, überragende Wirtschaftlichkeit. Ein Verbrauch von 5,3 Litern Benzin auf 100 km und eine CO2-Emission von nur 124 g/km setzen in dieser Leistungsstufe Maßstäbe. Erreicht wurden diese eindrucksvoll niedrigen Konsumwerte durch Optimierungen, Verringerungen der innermotorischen Reibungen und mit Hilfe von Leichtbau. Für die 1,2-Liter-Dreizylindermotoren wurde eine neue, gewichtsreduzierte Kurbelwelle entwickelt, die um 500 Gramm leichter als ihr Vorgänger ist. Ressourcenschonung auch in der Produktion: das Rohgussteil ist sogar ein ganzes Kilogramm leichter als bisher. Bei der Bearbeitung fallen weniger Produktionsrückstände an, der Energieeinsatz bei der Fertigung wird verringert. Die beiden von Škoda entwickelten Dreizylinder stehen in den Versionen 1,2 HTP 44 kW und 1,2 HTP 51 kW bereit. In zwei Leistungsstufen – mit 63 und 77 kW – sind die beiden aufgeladenen TSI-Vierzylinder im Angebot. In den Basisausstattungen werden sie mit einem leichtgängigen, manuell zu schaltenden Fünf-Gang-Getriebe kombiniert, das die Gangwechsel dank präziser Hebelführung und kurzen Schaltwegen leicht und schnell gelingen lässt. Ein weiterer Entwicklungsschwerpunkt war die Reduzierung des Geräuschniveaus bei den 1,2 Liter HTP-Dreizylindermotoren. Hierfür haben die Škoda-Ingenieure eine neue Ketten-Konstruktion zum Antrieb der Nockenwellen gewählt. Statt der üblichen Hülsenkette wird nun eine so genannte Zahnkette eingesetzt, deren feine Fächerung der einzelnen Kettenglieder bei der Berührung mit den Zahnrädern weicher und damit deutlich leiser abrollt. Statt nur zwei flankierenden Hülsenführungen verbinden hier mehrere, feingliedrige Stahlblättchen die Kettenglieder. So konnten gerade im Schubbetrieb der Dreizylindermotoren die Laufgeräusche wesentlich verringert werden. Vor allem in als unangenehm empfundenen höheren Frequenzbereichen sowie bei den häufig anliegenden Drehzahlen zwischen 1600 und 3400 min-1 hat sich der Schallpegel deutlich reduziert. Die Dieselmotoren mit einem Hubvolumen von 1,6 Litern decken ein Leistungsspektrum von 66 und 77 kW ab, wobei in Kürze noch eine Variante mit einer Leistung von 55 kW folgt. Die Selbstzünder sind grundsätzlich mit einem Dieselpartikelfilter ausgestattet. Zu den wichtigsten Entwicklungsmaßnahmen bei ihnen zählt die Umstellung auf eine Hochdruck-Einspritzung über ein Common-Rail-System. Hier werden Einspritzdrücke bis zu 1700 bar realisiert. Die Reaktionsschnelligkeit der Piezo-Injektoren erlaubt bis zu fünf Einspritzvorgänge je Arbeitstakt. Dies ermöglicht eine spürbar besser Laufruhe und eine drastische Reduzierung von Verbrauch und Schadstoffemissionen. Eine zusätzliche Reinigung der Abgase wird durch einen Oxidationskatalysator und die Abgasrückführung in den Dieselmotorversionen der Fabia Baureihe erreicht.

Das Motoren-Programm des neuen Fabia

Benzinmotoren:

- 1,2 HTP/44 kW (60 PS) – EU 5
- 1,2 HTP/51 kW (70 PS) – EU 5
- 1,2 TSI/63 kW (86 PS) – EU 5
- 1,2 TSI/77 kW (105 PS) – EU 5

Dieselmotoren:

- 1,6 TDI CR/55 kW (75 PS) – EU 5 (in Kürze verfügbar)
- 1,6 TDI CR/66 kW (90 PS) – EU 5
- 1,6 TDI CR/77 kW (105 PS) – EU 5

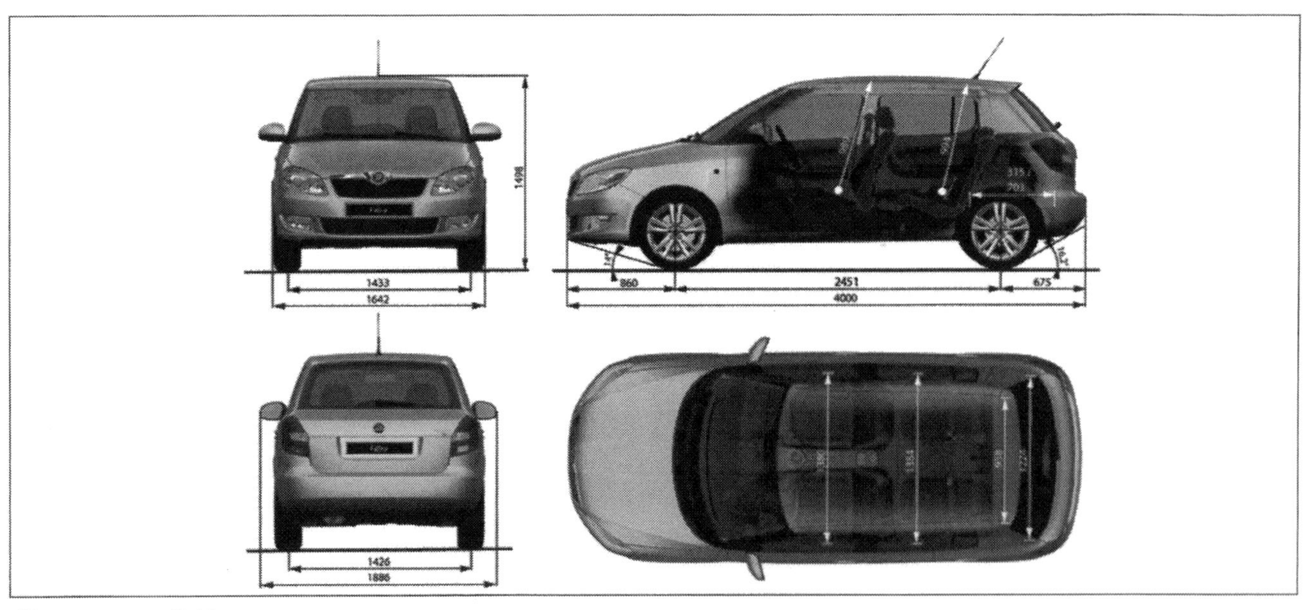

Abmessungen Fabia

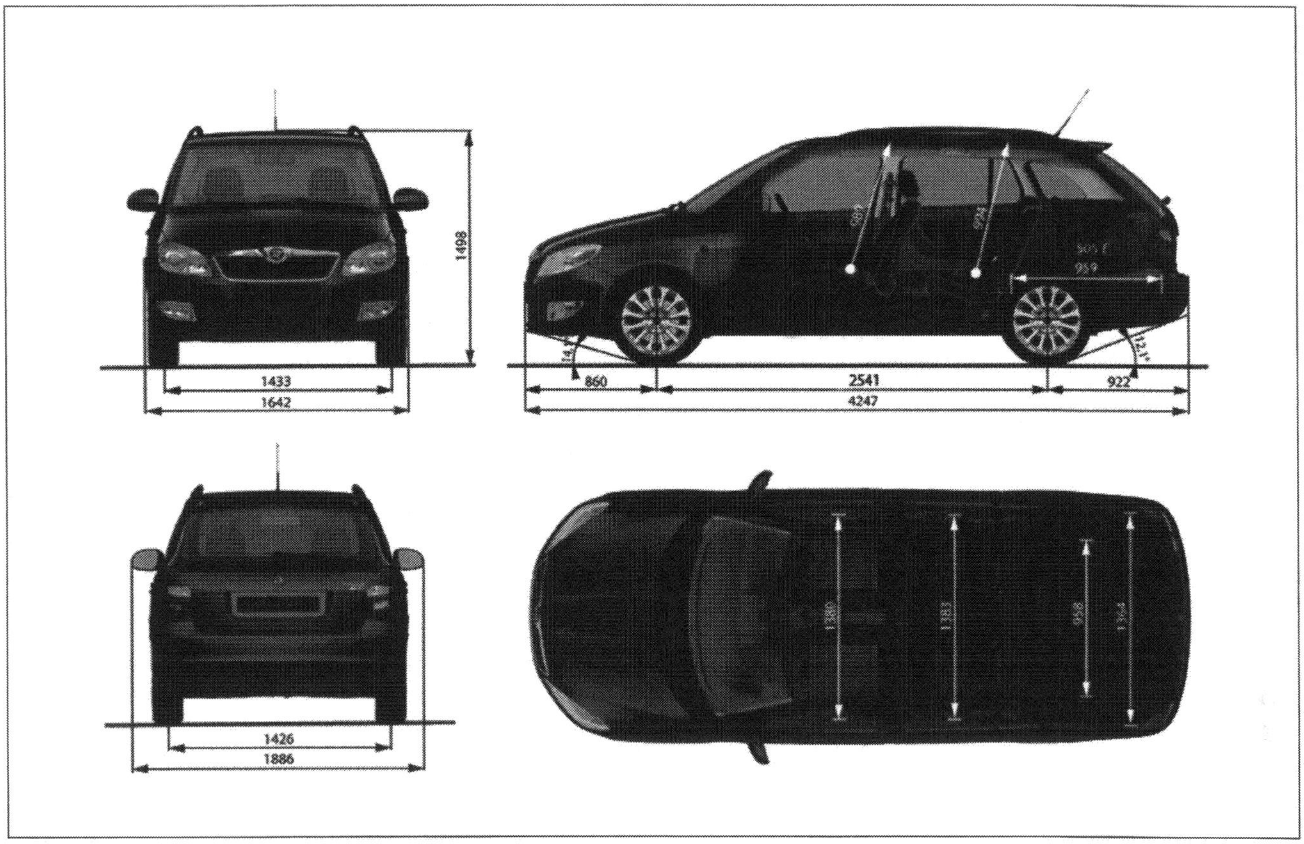

Abmessungen Fabia Combi

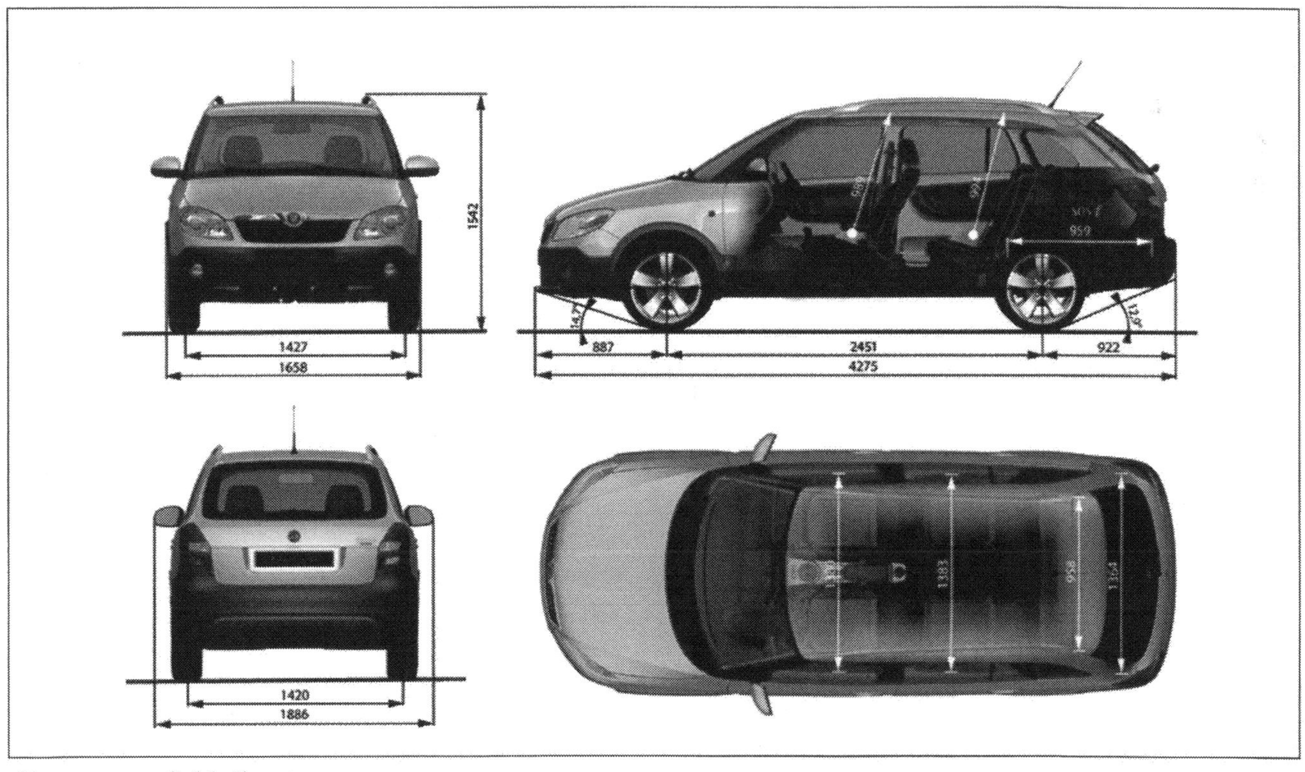

Abmessungen Fabia Scout

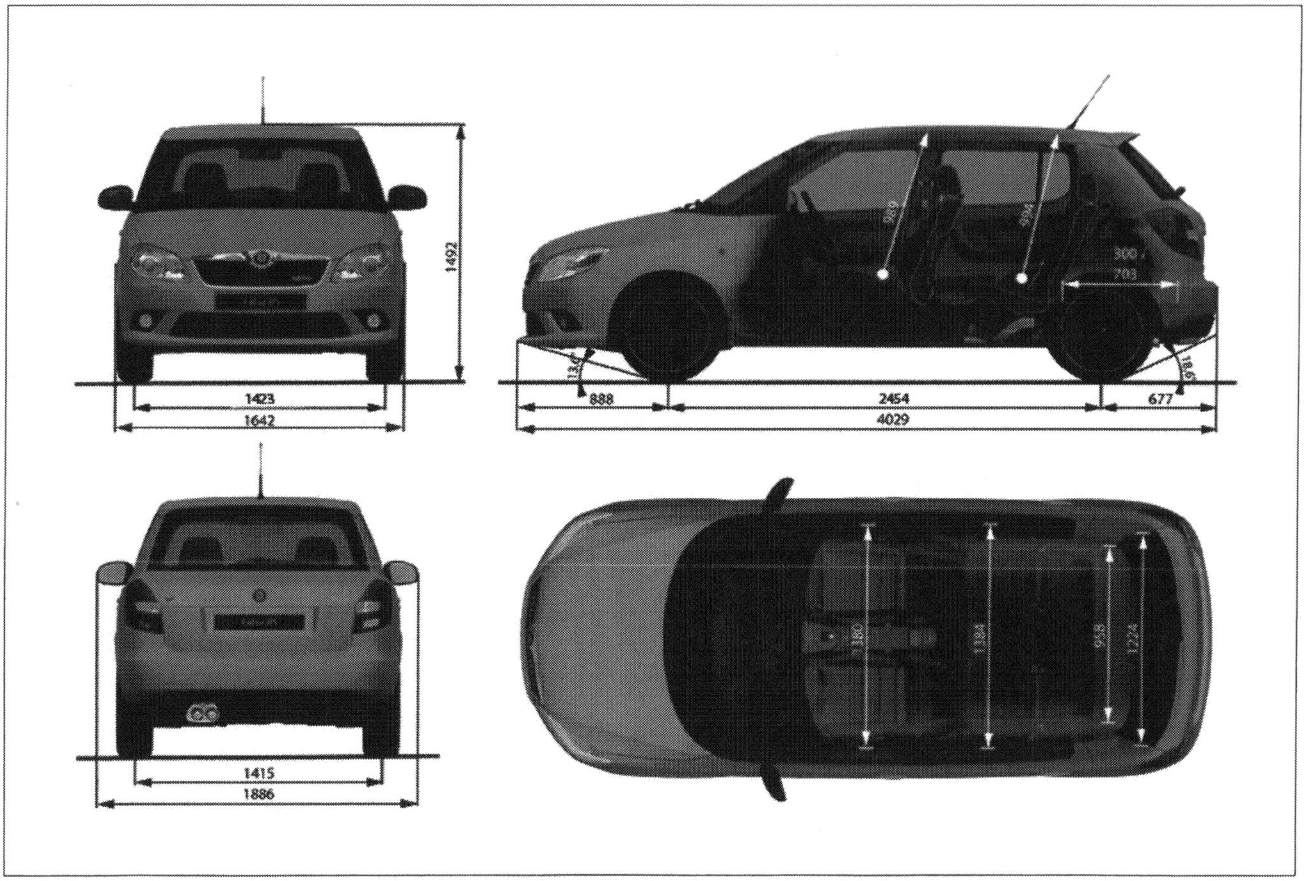

Abmessungen Fabia RS

PLATTFORMSTRATEGIE

WISSENSWERTES

Unter einer Plattform versteht man die technische Basis, auf der verschiedene Modelle aufgebaut werden. Sie ist die Verbindung zwischen dem Radhaus sowie Chassis und hat so gut wie keinen Einfluss auf die Karosserieform (Außenhaut). Die Vorteile der Plattformbauweise sind vielfältig. VW nutzt Plattformen bei den unterschiedlichen Marken innerhalb des Konzernverbunds. Die daraus resultierenden Synergieeffekte führen sowohl in der Entwicklung als auch der Produktion zu einer enormen Kostenreduzierung. Wesentliche Merkmale der gemeinsamen Plattform sind das Fahrwerk und der Antrieb. Baugleiche Fahrzeuge beispielsweise, die sich nur durch das Kühlerlogo unterscheiden, können durch gemeinsame Crashtests Kosten sparen. Unterschiedliche Karosserie-Ausführungen wie Limousine, Kombi oder Schrägheck basieren meistens ebenfalls auf der gleichen Plattform, die sich oft nur in der Länge unterscheidet. Eine Einteilung, inwieweit sich Fahrzeuge der Plattformbauweise nach gleichen, ist recht komplex.

Es kann aber nach folgenden Abstufungen unterschieden werden:

- Baugleichheit: Unterschied nur durch Logo, Kühlerblende und ggf. andere Scheinwerfer.
- Gleiche Plattform: Verschiedene Karossen haben dieselben Fixpunkte, somit können Motor, Getriebe und Radaufhängung ausgetauscht werden
- Gleiche Bodengruppe: Der untere Abschnitt der Karosserie ist identisch.

Hochwertig und variantenreich: die Ausstattung von Fabia und Fabia Combi

Trotz der vielfältigen Erneuerungen und Verbesserungen hat sich an den praxisgerechten Nutzungsmöglichkeiten von Fabia und Fabia Combi nichts geändert. Die Fabia Limousine bietet weiterhin ein überdurchschnittliches Platzangebot auf allen Sitzen und das im Kleinwagen-Segment beeindruckende Kofferraumvolumen von 315 bis 1180 Liter. Der Combi bringt es mit einer Stauraumgröße von 505 bis 1485 Litern auf einen Wert, der zu den besten seiner Klasse zählt. Die in unterschiedlichen Höhen einstellbare Kofferraumabdeckung gehört bereits im Basismodell der Limousine zur Grundausstattung. Der Combi erhält serienmäßig die automatisch einrollende und herausnehmbare Gepäckraumabdeckung.

In fünf Ausstattungsstufen geht der Fabia an den Start. Auf das Basismodell Fabia folgen Classic, Ambiente, Sport und Elegance. Funktionsgerechte Ablagen im Innenraum ergänzen das üppige Stauraumangebot schon in der Grundausführung. Zwei Ablagefächer im Armaturenbrett, Flaschenhalter in der Mittelkonsole und für 1,5-Liter-Größen in den Fächern der Türverkleidungen vorne zählen dazu. Ab der Ausstattungsversion Ambiente gibt es außerdem Türfächer im Fond und Taschen an den Rückenlehnen der Vordersitze sowie ausklappbare Haken und eine abnehmbare Korbhalterung im Kofferraum. Die Rückbank kann bei allen Modellen umgeklappt werden, ab Ambiente-Niveau geschieht das asymmetrisch geteilt (1/3 zu 2/3).

Die neuen Multifunktionslenkräder – optional mit drei oder vier Speichen und in Leder – erlauben die Fernbedienung von Audioanlage und Telefon. Angenehme, atmungsaktive Sitzbezüge und erneuerte Bedienungselemente der Klimaanlage Climatic vermitteln die Wertigkeit höherer automobiler Klassen.

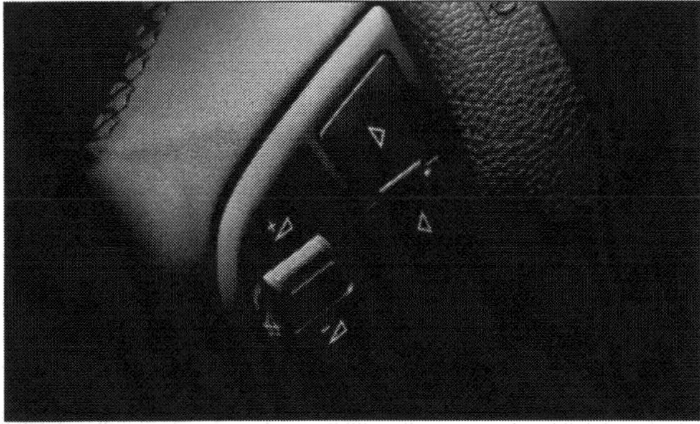

Multifunktionslenkrad.

An der Schalttafel wurde das Kombi-Instrument überarbeitet. Der Platz im zentralen Display dient zur Anzeige der Schaltempfehlung. Sie feiert Premiere bei Škoda Auto und ist in allen Versionen mit manuellem Schaltgetriebe und Motorisierungen ab 55 kW serienmäßig an Bord. Bei den Versionen mit Doppelkupplungsgetriebe (DSG) wird an gleicher Stelle die jeweils aktuelle Gangwahl der Automatik angezeigt. Konstant ist hier auch die Außentemperatur abzulesen, seit jeher ein wesentliches Sicherheitsmerkmal in Automobilen mit dem geflügelten Pfeil im Logo. Das Display zeigt außerdem die Funktion der Geschwindigkeitsregelanlage (Serienausstattung ab 55 kW und Ambiente Niveau) an, ebenso die individuell programmierbare Geschwindigkeitswarnungen, die den Fahrer bei Fahrten in Ländern mit permanenten Tempolimits auf Autobahnen, aber auch bei Ausrüstung des Fabia mit geschwindigkeitsbeschränkten Winterreifen, auf das erlaubte Höchsttempo hinweisen.

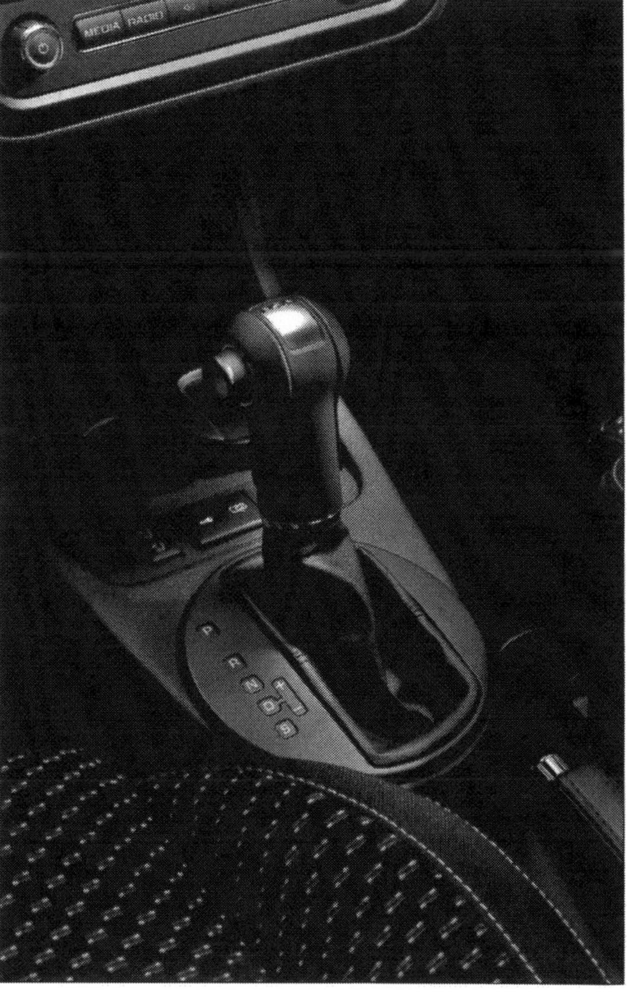

Das DSG-Getriebe.

Statt des einfachen, mit monochromen Pfeilgrafiken arbeitenden Navigationssystems bekommt der Fabia wie seine Brüder größerer Baureihen eine Wegweisung über den fünf Zoll großen, berührungssensitiven Bildschirm. Amundsen heißt der leicht zu bedienende Pfadfinder im Fabia. Die Anlage bietet außerdem einen SD-Kartenleser und eine Anschlussbuchse für externe Speichermedien. Dazu gehört zusätzlich eine weitere Schnittstelle für einen Multimediaanschluss zur Nutzung von iPod, Aux-In-, USB- und Mini-USB-Geräten in der unteren Ablage vor dem Beifahrer. Neu ist die Vorbereitung für ein GSM-Telefon mit einer so genannten Audio-Streaming-Funktion. Das bedeutet, dass die Anlage zwei unterschiedliche Bluetooth-Verbindungen gleichzeitig aufrechterhalten kann. Beim Telefonieren über ein so angeschlossenes Headset muss die Verbindung zu einem weiteren Bluetooth-verbundenen Musikspeicher nicht mehr unterbrochen werden. Beide Verbindungen lassen sich zudem über die Tasten am Multifunktionslenkrad kontrollieren.
Die Telefonvorbereitung GSM II Comfort hat zusätzlich eine Sprachsteuerung. Sie lässt sich ebenfalls über eine Taste am Multifunktionslenkrad aktivieren.
Das höhen- und längeneinstellbare Lenkrad sowie der Komfort-Blinker, der nach kurzem Antippen drei Mal das Fahrtrichtungsänderungs-Zeichen aufleuchten lässt, sind weitere Ausstattungsmerkmale aller Fabia-Versionen. Als Option werden darüber hinaus hilfreiche Extras wie Sitzheizungen für die Vordersitze, eine Fahrradhalterung für den Kofferraum des Fabia Combi, getönte Scheiben im Fond oder Parksensoren am Heck angeboten.

Sicherheitssysteme im Fabia

Safety first
Man spricht von aktiven und passiven Sicherheitselementen eines Fahrzeuges. Die Bedeutung dieser Begriffe ist meist aber gar nicht klar. Aktive Sicherheitseinrichtungen tragen zusammen mit den Elementen der passiven Sicherheit zum Schutz der Fahrzeuginsassen bei.

Bauteile, die zur **aktiven Sicherheitsausrüstung** eines Fahrzeuges zählen, sind diejenigen, die einen Unfall verhindern können. Betrachten wir zuerst einige Bauteile, die der aktiven Sicherheit zugerechnet werden. Für ein besseres Verständnis gliedern wir diese in drei Gruppen:

Konstruktive Maßnahmen zur aktiven Sicherheit
In diese Gruppe werden die Bauteile eingeordnet, die durch die Gestaltung und Auslegung der Karosserie realisiert werden. Dazu zählen beispielsweise eine leichtgängige aber nicht rückmeldungsfreie Lenkung, die dem Fahrer den Fahrbahnkontakt vermitteln kann, eine ausgewogene und für möglichst alle Betriebszustände gelungene Abstimmung des Fahrwerks, wirkungsvolle Bremsen und durchzugsstarke Motoren.

Ergonomische Maßnahmen zur aktiven Sicherheit
Unter diesen Aspekt fällt die Fahrzeugausrüstung, die die Fahrzeugbedienung erleichtert und ein entspanntes Fahren ermöglicht. Der Konzentrationserhalt des Fahrers ist ein wichtiger Gesichtspunkt für die Unfallvermeidung. Man kann sich leicht vorstellen, welchen Einfluss komplizierte Bedienelemente verursachen können, wenn man sich die Gesetzeslage hinsichtlich der Benutzung von Telefonen während der Fahrt anschaut.
Jeder kleine Moment der Unachtsamkeit bedeutet eine potentielle Gefahr in einen Unfall verwickelt zu werden. So gehören Fahrzeugausrüstungen wie gute Sitze, das Belüftungs- und Klimatisierungssystem, gute Rundumsicht und möglichst günstig angeordnete Schalter und Anzeigen dazu.

Maßnahmen zur Regelung für aktive Sicherheit
In diese Gruppe werden die Bauteile eingegliedert, die auf der Elektronik basierende Eingriffe in elektronische oder hydraulische Regelsysteme vornehmen. Eingriffe werden beispielsweise in das Bremssystem vorgenommen. Das Anti-Blockier-System (ABS) verhindert, dass ein Rad überbremst wird und ermöglicht so sehr kurze Bremswege mit sicherer Lenkbarkeit des Fahrzeuges auch während der Bremsung. Die Elektronische Bremskraftverteilung(EBV), die Elektronische Differenzialsperre (EDS) sowie das Elektronische Stabilisierungsprogramm (ESP) wirken auch auf die Bremse ein. So wird in der EDS-Funktion beispielsweise das durchdrehende Rad so weit gezielt abgebremst, dass der Antrieb auf das nicht drehende Rad möglich wird. EBV ermöglicht eine optimale Verteilung der größtmöglichen Bremskraft auf jedes einzelne Rad der Hinterachse. Auch in wechselnden Situationen wie unterschiedliche Untergründe, Eis und Laub ist es entgegen dem mechanischen Bremskraftregler nun möglich, jedes Rad entsprechend zu regeln. Durch das ESP wird durch gezielten Bremseinsatz das Ausbrechen des Fahrzeugs erfolgreich verhindert.

Die Antriebs-Schlupf-Regelung (ASR) trägt in Zusammenarbeit mit EDS und einer bedarfsgerechten Reduzierung des Motordrehmomentes einen wichtigen Teil für die Fahrt auf rutschigem Untergrund wie Schnee und Eis bei.

Die **passiven Sicherheitselemente** kommen dann zum tragen, wenn der Unfall gerade passiert. Die Komponenten der passiven Sicherheit stellen alle konstruktiven Maßnahmen dar, die dazu dienen, die Fahrzeuginsassen vor Verletzungen zu schützen oder zumindest die Verletzungsgefahren zu verringern. Der Begriff »passive Sicherheit« bezieht sich auf das Kollisionsverhalten (Crashtests) und berücksichtigt über den Schutz der Insassen hinaus auch den Schutz anderer Verkehrsteilnehmer.
Auch hier lassen sich Merkmale in ein Sortierungsraster bringen:

Insassenschutz
Unter dem Begriff Insassenschutz versteht man den Schutz des Fahrzeugführers und seiner Mitfahrer. Zu den wichtigsten Bauteilen gehören neben dem Gurtsystem die Airbags und eine »verformungssteife« Fahrgastzelle mit Knautschzonen in Front, Heck und Seiten-Bereich. Diese Komponenten sorgen für einen weitestgehend schützenden Abbau der Aufprallenergie und den sicheren Halt der unfallbeteiligten Fahrzeuginsassen.

Partnerschutz
Unfälle passieren eben nicht nur in einem Fahrzeug. Im Normalfall sind immer andere Verkehrsteilnehmer oder auch Verkehrspartner an einem Unfall beteiligt. Gerade bei Fußgängern, Radfahrern und natürlich auch den Bikern ist kein System vorhanden, das eventuelle Unfallfolgen verringern kann. Dieser Aspekt wird bei der Fahrzeugentwicklung heute auch mit einbezogen. Frontbereiche sollen immer auch so konstruiert sein, dass sie die Aufprallenergie aufnehmen oder verringern können, die bei einem Fußgängerunfall den Verkehrspartner erheblich verletzen könnte. Hierin findet sich dann auch der Grund für Kunststoffstoßfänger und Motorhauben ohne Flächenverstrebungen.

Notbremsungen
In Notsituationen reagiert der Fabia mit Blinken der Warnblinkanlage bzw. der Bremsleuchten. Erreicht die Verzögerung beim Bremsen einen Wert von sieben m/s² bei mehr als 60 km/h, erkennt die Elektronik des zentralen Body Control Moduls (BCM) eine Notsituation und warnt den nachfolgenden Verkehr mit in einer Frequenz von drei Hz aufblinkenden Bremsleuchten. Ist die Geschwindigkeit nach der Notbremsung auf weniger als 10 km/h abgebaut und unterschreitet die Verzögerung den Wert von 2,5 m/s², schaltet sich automatisch die Warnblinkanlage ein und mahnt die nachfolgenden Autofahrer mit ihrer normalen Taktgeschwindigkeit (1,25 Hz) zur Vorsicht. Die Notbremsanzeige (NBA) kommt mit dem neuen Fabia zum ersten Mal in einem Škoda-Automobil zum Einsatz.

Natürlich ist es heute schon normal, sich über den Schutz von Insassen Gedanken zu machen. Schließlich fordert ja nicht nur der Gesetzgeber Maßnahmen, die Unfälle vermeiden oder zumindest die Folgen daraus abmildern sollen. Der Fabia ist mit einem Airbagsystem für Fahrer und Beifahrer sowie einem Sicherheitsgurtsystem ausgestattet. Das ISO-Fixsystem findet natürlich auch in diesem Škoda seine Anwendung. Die Befestigung ist für die beiden Sitze der hinteren Sitzreihe vorgesehen.
Grundsätzlich ist es verboten Arbeiten an sicherheitsrelevanten Systemen durchzuführen, die entweder nicht durch den Hersteller freigegeben wurden oder besondere Kenntnisse erfordern. Airbag-Systeme sind Sprengmittel im Sinne des Gesetzgebers. Für den Umgang mit den sprengmittelhaltigen Bauteilen muss ein Sachkundenachweis vorliegen. Zur Auslösung einer Airbageinheit kann im ungünstigen Fall schon die elektrostatische Aufladung der Kleidung ausreichen.

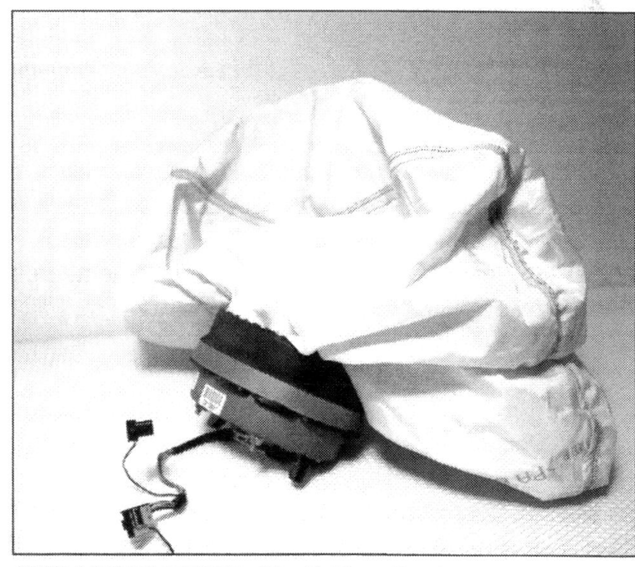

EXPLOSIONSGEFAHR: Die Kräfte, die der Airbag bei der Zündung freisetzt, können Sie tödlich verletzen!!!

Die Airbagsysteme im Fabia.

Die Aufgabe liegt darin, die Insassen im Falle des Unfalls zum einen zu schützen und gezielt und verträglich ihre Bewegungsenergie abzubauen. Das Airbagsystem besteht in der Regel aus dem Fahrerairbag, dem Beifahrerairbag sowie den in den vorderen Sitzen verbauten Sidebags. Die Airbagsysteme sind beim Fabia nur für Fahrer und Beifahrer verbaut. Diese Serienausrüstung kann natürlich auch nur dann funktionieren, wenn sie nicht durch nachträgliche Einbauten daran gehindert werden. Hinsichtlich des Airbagsystems bedeutet das schon, dass nicht geeignete Schonbezüge über den Sitzen einen Einfluss auf das Entfaltungsverhalten des Luftsacks haben können. Schon falsche Reinigungsmittel, die einen nicht kalkulierten Einfluss auf den Weichmacher in der Kunststoffabdeckung des Airbags haben, zeigen einen solchen Einfluss. Wer denkt schon daran, dass ein chemischer Reiniger für den Automobilbereich irgendeinen negativen Einfluss auf dieses System haben könnte. Meist ergibt auch die Befragung des Verkäufers wenig bis keine neuen Erkenntnisse über die Verwendbarkeit des Reinigers. Die Inhaltsstoffe werden schließlich meist nicht detailliert beschrieben.

Modern und umweltbewusst: die Fabia-Produktion

Gebaut wird der Fabia nicht nur im tschechischen Mladá Boleslav, sondern inzwischen auch in Russland, der Ukraine, Indien und China. Die Fabia-Produktionsanlage am Stammsitz der Marke ist eine der modernsten Europas, in die Škoda Auto umgerechnet rund 400 Millionen Euro investiert hat. Die so genannten Saugerpressen, die über eine vollautomatische Materialzufuhr verfügen und miteinander verbunden sind, liefern Karosseriebleche mit hervorragender Oberflächengüte. Über 240 Roboter setzen mit höchster Präzision mehr als zwei Drittel der Schweißpunkte an der Karosserie. Die hohen Auszeichnungen für Zuverlässigkeit und Pannen-Resistenz zeugen von der außergewöhnlichen Fertigungsqualität, die hier erreicht wird. Für das Fabia-Werk gelten selbstverständlich die anerkannt strengen Qualitätsnormen des Volkswagen-Konzerns. Als Beweis für seine hervorragende Arbeit wurde das Team in Mladá Boleslav im internen weltweiten Werksvergleich bereits mehrfach für vorbildliche Qualität ausgezeichnet. Der Škoda Fabia entsteht aus beidseitig verzinkten Stahlblechen exakt abgestufter Stärke: Sie sind kräftig, wo es für die Torsionssteifigkeit nötig ist und in geringer belasteten Bereichen weniger stark, um unnötiges Gewicht zu vermeiden. Das Ergebnis ist eine vorteilhaft leichte, aber sehr steife Karosserie. Besonders schmale Fugen an Türen und Hauben lassen ihre Qualität auf den ersten Blick erkennen. Zwölf Jahre Durchrostungs-Garantie und drei Jahre Garantie für den Lack unterstreichen die Škoda-Qualität. Die Produktion erfüllt höchste Kriterien auch im Umweltschutz: Der wasserlösliche Lack beispielsweise vermeidet Lösungsmittelemissionen fast völlig. Bei den verwendeten Kunststoffen wurden die Sorten auf ein Minimum reduziert. Alle größeren Teile sind gekennzeichnet und leicht trennbar, so dass sie unproblematisch dem Recycling zugeführt werden können.

In Deutschland gilt für alle neuen Škoda-Fahrzeuge eine kostenlose Rücknahmegarantie, wenn das Fahrzeug einmal ausgemustert wird.

Investition in die Zukunft

Ohne das richtige Werkzeug geht nichts. Wenn Sie vorhaben, sich intensiv um Ihr Auto zu kümmern, müssen Sie sich zunächst Gedanken um das nötige Handwerkszeug machen. Was Sie dazu unbedingt brauchen und wie Sie alles in der heimischen Garage unterbringen können, wollen wir Ihnen in diesem Kapitel zeigen.

Egal, ob Sie nun häufig oder eher selten, aus purer Lust am Basteln oder um Geld zu sparen am Auto schrauben: Sie müssen dafür zuerst die richtigen Voraussetzungen schaffen. Leider ist das mit Kosten verbunden. Doch wenn Sie bedenken, was eine Arbeitsstunde in der Werkstatt kostet und dass hochwertiges Werkzeug fast ein Leben lang hält, rechnet sich die Investition früher oder später.

Was muss ich als Erstes anschaffen?

Beginnen Sie mit einem Ordnungssystem, bestehend aus einer stabilen Werkbank mit Unterschränken und einem abschließbaren Schrankaufsatz. Ohne ein Ordnungssystem und eine stabile Werkbank sollten Sie nicht beginnen, denn Ordnung und Sauberkeit sind beim Schrauben oberstes Gebot. Das Schöne daran: Das Ganze passt problemlos in eine normale Einzelgarage und bietet Ihnen auf Jahre die nötige Sicherheit. Bei einer Markenfirma wie Gedore kostet eine solche Kombination rund 4200 Euro ohne Inhalt. Der lässt sich mit der Zeit ergänzen. Lassen Sie sich doch von nun an zum Geburtstag oder zu Weihnachten hochwertiges Werkzeug schenken, die Schränke werden sich schneller füllen als Sie denken.

Woran erkenne ich gutes Werkzeug?

Gutes Werkzeug kann in der Regel nicht billig sein. Ein Ring-/Maulschlüssel kostet je nach Größe zwischen fünf und 15 Euro, so dass ein Satz mit den zehn gebräuchlichsten Größen schon auf rund 80 Euro kommt. Noch größer sind die Qualitäts- und Preisunterschiede bei den Steckschlüsselsätzen – oft auch Umschaltknarren mit Nüssen genannt. Ein solider Kasten mit 19 Teilen und Verlängerungen kostet an die 200 Euro, hält dafür aber auch höchste Belastungen aus. Auch das Gewicht ist ein gutes Indiz: Je schwerer das Werkzeug ist, umso stabiler ist der Stahl. Nehmen Sie zum Vergleich ein paar Schlüssel in die Hand und achten Sie auf Maßhaltigkeit und die Oberfläche.

Was tun, wenn ich keine Garage habe?

Der ideale Ort zum Schrauben ist natürlich eine in sich abgeschlossene Garage – je größer umso besser. Aber auch wenn Sie lediglich über einen Stellplatz verfügen oder gar im Freien arbeiten müssen, gibt es eine Lösung: Ein Werkstattwagen lässt sich nach getaner Arbeit leicht wegräumen. Zum Beispiel in den Keller. Nur allzu schwer beladen sollte er dann nicht sein. Achten Sie beim Kauf auf die Lagerung der Schubladen. Ein Werkstattwagen in Profi-Qualität kann ohne Inhalt um die 1000 Euro kosten.

Was kostet mich das alles?

Zunächst einmal viel Geld, und bitte sparen Sie dabei nicht zu sehr. Ansonsten kostet es nämlich auch noch Ihre Gesundheit. Natürlich müssen Sie nicht auf Anhieb 8000 Euro ausgeben, so viel kostet nämlich die Ausrüstung in unserer voll ausgestatteten Garage im Bild links. Allerdings handelt es sich hier auch um einen kompletten Werkzeugsatz eines Markenherstellers in Profi-Qualität. Damit werden normalerweise Werkstätten ausgerüstet. Wir haben die Ausstattung zudem um einige pfiffige und günstige Hilfsmittel, zum Beispiel aus dem Programm von Conrad-Elektronik ergänzt, auf die wir später noch genauer eingehen.

⚠ Schrauben ist gefährlich

GEFAHRENHINWEIS

Ob nun reines Hobby oder beruflich: Das Schrauben birgt gewisse Risiken. Vom kleinen Kratzer bis hin zum tödlichen Unfall ist schon alles vorgekommen. Beachten Sie daher stets folgende Grundregeln:

- Benutzen Sie nur hochwertiges Werkzeug!
- Schrauben Sie möglichst immer von sich weg!
- Sichern Sie angehobene Lasten lieber doppelt!
- Sorgen Sie für ausreichende Belüftung!
- Tragen Sie wann immer möglich Schutzkleidung!
- Das gilt ganz besonders für die Augen!
- Wenden Sie niemals Gewalt an, meist gibt es eine andere, elegantere Lösung für das Problem!
- Sorgen Sie dafür, dass immer jemand in der Nähe ist, der Ihnen in Notfällen helfen kann!

Dass Essen, Trinken und offenes Licht sowie Zigaretten am Arbeitsplatz nichts verloren haben, setzen wir als selbstverständlich voraus. Lagern Sie aber auch keine Flüssigkeiten in Trinkflaschen. Selbst an destilliertem Wasser kann ein Mensch sterben! Und zu guter Letzt: Legen Sie sich zur Sicherheit einen Verbandskasten und einen Feuerlöscher bereit.

Lohnt sich das denn?

Wir meinen: Ja! Wie viel Geld Sie letztendlich ausgeben wollen, bleibt Ihnen überlassen. Beachten Sie dabei aber immer den Grundsatz: Weniger (dafür aber von hoher Qualität) ist mehr als viel (und viel kaputt). Rechnen Sie einfach über die nächsten 15 Jahre...

Die Grundausstattung

Gutes Werkzeug kann billig sein, ist es in der Regel aber nicht. Ein Satz Ring-/Maulschlüssel kostet schon rund 80 Euro. Noch größer sind die Qualitäts- und Preisunterschiede bei den Steckschlüsselsätzen – oft auch Knarrenkästen genannt. Das wichtigste Teil ist hierbei die Knarre selbst. Die Sperrklinken sollten austauschbar sein, gute Hersteller bieten dafür Ersatzteile und einen Service an. Besonders wichtig ist das bei einem Drehmomentschlüssel, der regelmäßig kalibriert werden sollte. Drehmomentschlüssel nach der Arbeit immer entspannen!
Sehr wichtig ist auch die Qualität von Schraubendrehern und Zangen. Damit werden hohe Kräfte übertragen, die das Werkzeug aushalten muss.

Der Werkzeugwagen: Was sich in diesem Rollcontainer alles verbirgt, sehen Sie auf den Bildern rechts. Diese Luxusversion ist abschließbar und hat laufruhige Gummiräder.

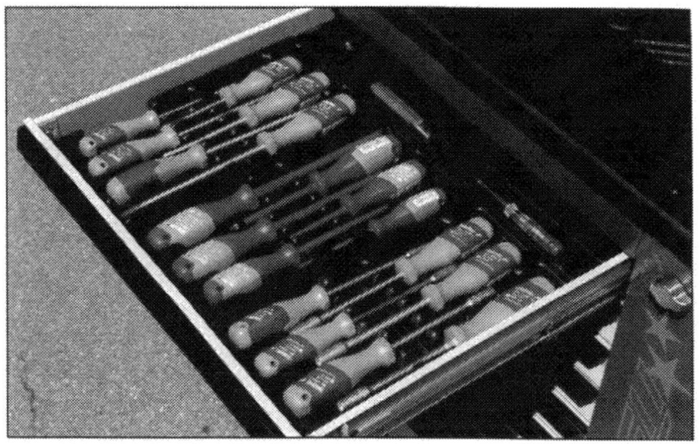

Schraubendreher: Entscheidend ist der Griff und die Qualität der Spitze. Je drei Größen von Schlitz- und Kreuzschlitz sollten für den Anfang genügen.

Steckschlüssel: Auch Nüsse und Knarre genannt. Ein guter Kompromiss ist ein Satz mit dem Verbindungsmaß 3/8 Zoll. Niemals an der Umschaltknarre sparen!

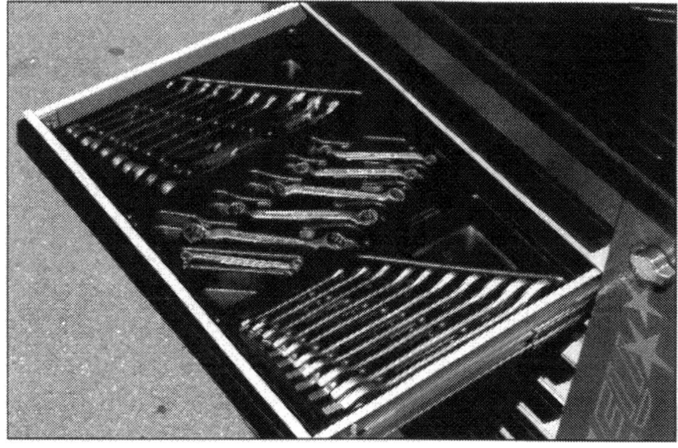

Ring-Maulschlüssel: Ein kompletter Satz dieser Kombinationsschlüssel von acht bis 22 Millimeter reicht in den meisten Fällen. Zusätzlich gibt es Spezialschlüssel.

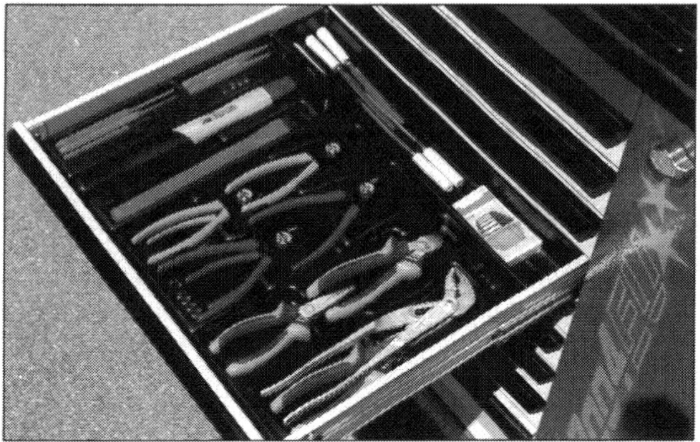

Zangen: Wichtig sind eine verstellbare Wasserpumpenzange, eine Flach- oder Spitzzange sowie eine Kombizange mit integriertem Seitenschneider.

T-Griffe: Werden meist im Karosseriebereich eingesetzt. Das übertragbare Drehmoment ist nicht sehr hoch, dafür sind auch tief sitzende Schrauben gut zu erreichen.

Torx-Abteilung: Immer mehr Schraubverbindungen haben Torx- oder Vielzahnköpfe. In diesem Fach ist alles versammelt, was beim Arbeiten an Torx-Schrauben dienlich ist.

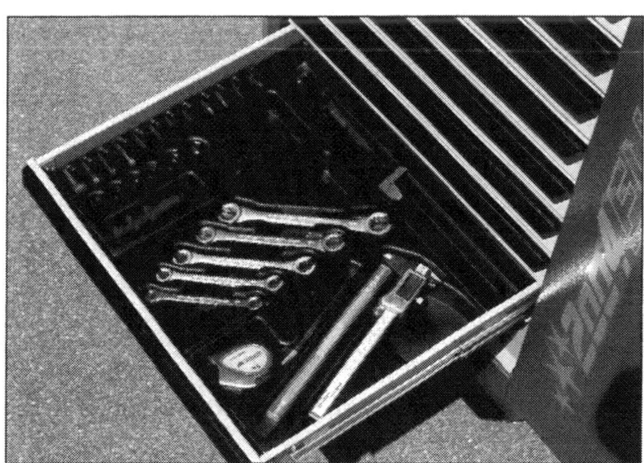

Spezialaufgaben: Selten benötigte Werkzeuge wie Bremsleitungsschlüssel, Messschieber oder auch die verschiedenen Spezialbits sollten auch ein extra Fach bekommen.

Gekröpfte Schlüssel: Manche Schrauben lassen sich überhaupt nur mit einem gekröpften Schlüssel erreichen. Es gibt verschiedene Ausführungen, auch für Spezialfälle. Die meisten dieser Schlüssel sind als Vielzahnschlüssel ausgelegt. Hier sollte man speziell auf gute Qualität achten und auch den Zustand des Schlüssels regelmäßig kontrollieren.

Hammer, Säge, Drehmoment: Die schweren Werkzeuge sollten immer im untersten Schubfach ihren Platz finden. Meistens ist dieses Fach auch größer als die anderen.

Nützliches Zubehör

Wenn Sie genügend Platz haben, können Sie das gesamte Werkzeug auch in einer Werkbank-/Werkzeugschrank-Kombination unterbringen. Lassen Sie aber noch etwas Platz übrig, denn neben gutem Werkzeug beherbergt die Schraubergarage auch immer einige nützliche Helfer.

Sicherer Stand: Stabile Auffahrrampen sind für die meisten Arbeiten unter dem Auto völlig ausreichend. Zwar können Sie die Räder nicht abnehmen, dafür steht das Auto sicher.

Beste Bedingungen: Auf einem solchen Reifenbaum sind nicht benötigte Räder perfekt untergebracht. Zwischen den Rädern bleibt etwas Luft, das Gewicht trägt die Felge.

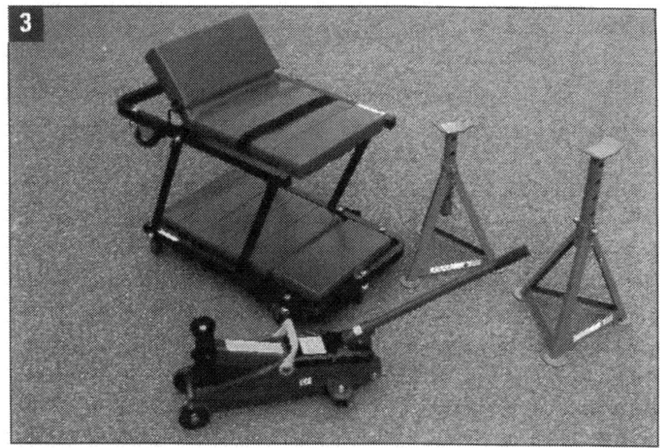

Helfer für unten: Unterstellböcke und ein hydraulischer Wagenheber sind ein Muss. Ein Rollbrett, das sich zum Hocker falten lässt, ist dagegen schon fast Luxus.

Werkstattapotheke: Auch ein kleines Sortiment von chemischen Produkten gehört zur Werkstatt. Unverzichtbar sind Teilereiniger und Sprühfett, aber auch die Kupferpaste werden wir noch brauchen.

Ampellösung: Damit wir die kostbare Werkbank nicht mit dem wertvollen Blech rammen, haben wir einen Abstandswarner montiert. Gefunden bei Conrad-Elektronik.

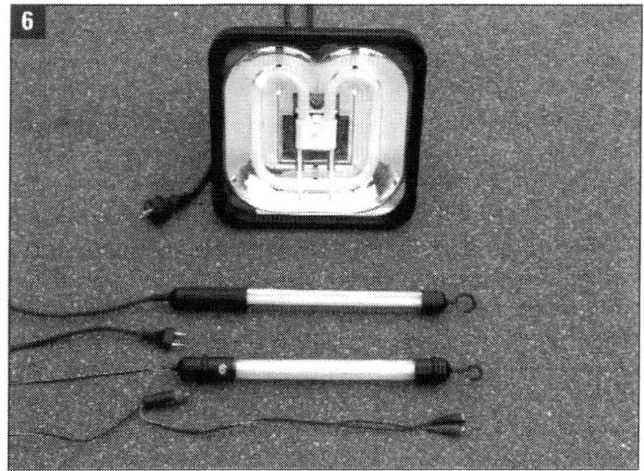

Es werde Licht: Wenn Sie nicht sehen, woran Sie schrauben, ist das Scheitern vorprogrammiert. Es gibt wirklich genug Möglichkeiten, für ordentliches Licht zu sorgen. Für den Blick in dunkle Ecken und schlecht zugängliche Stellen ist eine kleine LED-Taschenlampe ein unentbehrliches Hilfsmittel.

Ölige Helfer: Für den Ölwechsel empfehlen wir eine solche Wanne und ein Trichterset. Wer absaugen will, braucht eine Pumpe, die für Öl geeignet ist. Absaugen sollte aber immer eine Notlösung bleiben. Schon beim Ablaufen des Motoröls lassen sich gut Rückstände wie Wasser oder sogar Späne erkennen und verhindern so schon oft teure Folgeschäden.

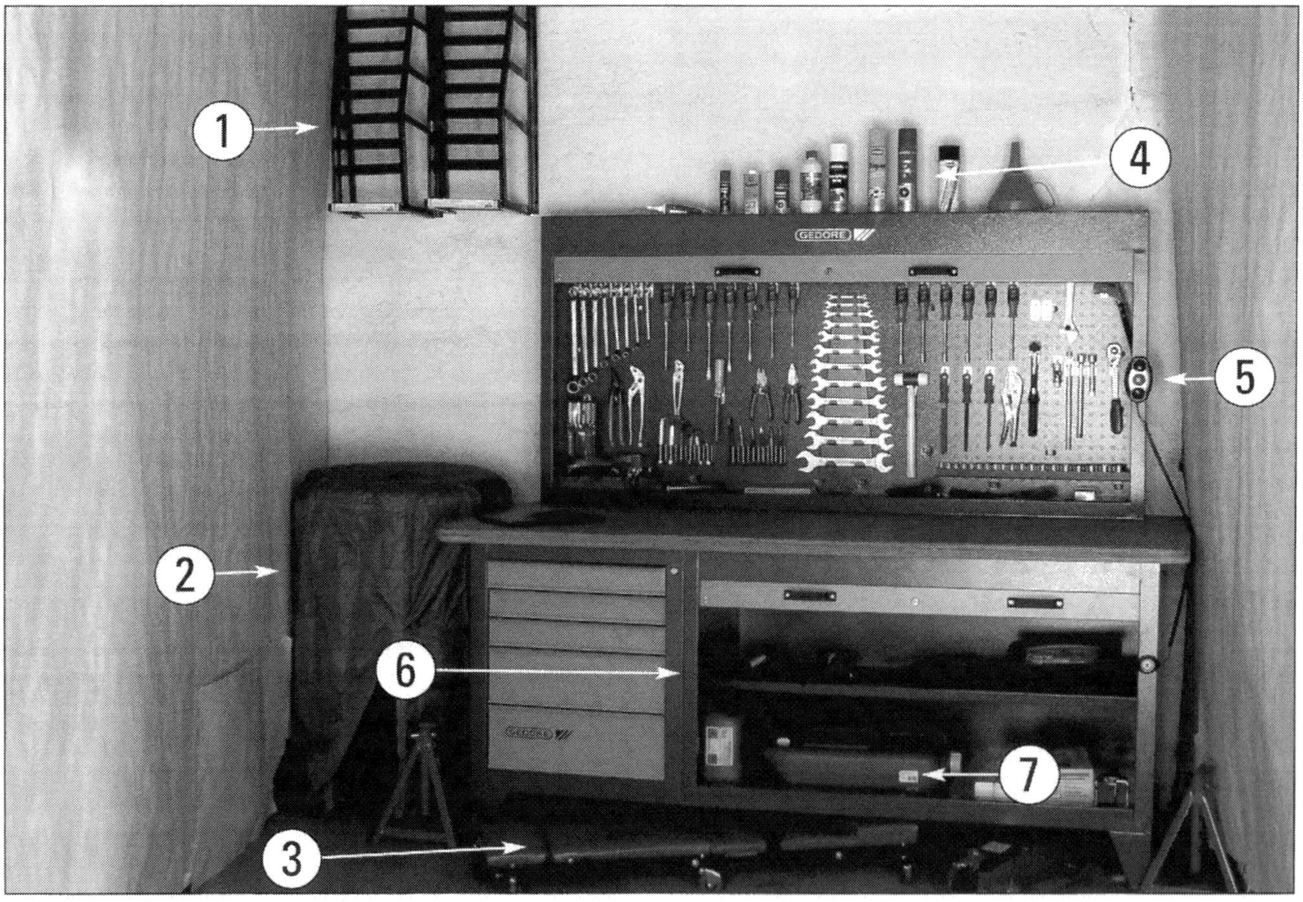

Des Schraubers Traum: Mit einem cleveren Werkstatt-System können Sie sich auch auf begrenztem Raum ein wahres Schrauberparadies schaffen. Tatsächlich steht diese Einzelgarage, was die Ausrüstung angeht, einer Profi-Werkstatt kaum nach. Alles was jetzt noch fehlt, ist eine Hebebühne, doch diese braucht leider vier Meter Raumhöhe.

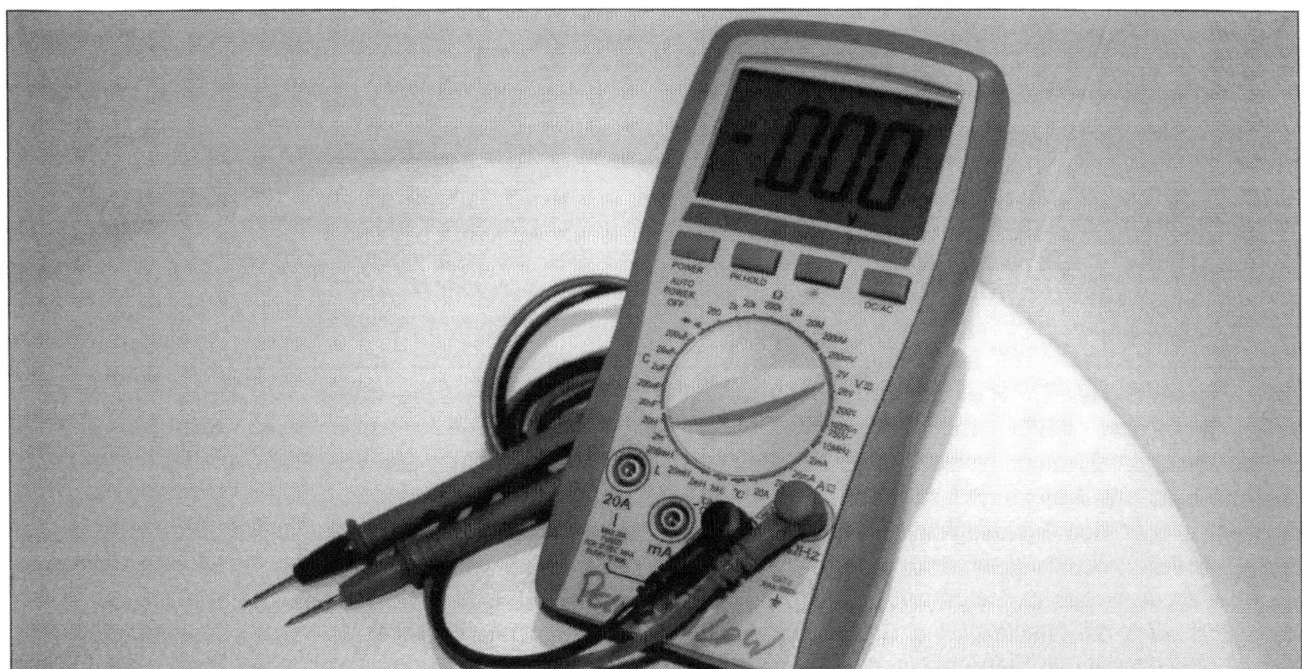

Multifunktionsmessgerät: Ohne Multimeter geht es heute leider nicht mehr. Ein einfaches Multimeter mit möglichst großem Display und brauchbaren Messspitzen kostet ab 40 Euro aufwärts. Es sollte wenn möglich keine automatische Bereichswahl (Auto-Range) haben. Für die Vergesslichen unter den Schraubern sorgt eine »Auto-Power-Off«-Schaltung für eine batterieschonende, automatische Abschaltung des Gerätes bei Nichtgebrauch.

Diagnose Tool: Um den Fehlerspeicher auszulesen oder auch Prüffunktionen der Eigendiagnose ausführen zu können, reicht meist schon ein Diagnosetool, welche durchaus schon um 100 Euro in diversen Onlineversteigerungen angeboten werden. Wichtig hierbei, dass die entsprechende Software mitgeliefert wird. Hier im Bild: VAG-Com – die etwas noblere Variante.

In der Werkstatt

Was braucht die Werkstatt?

Aufgrund der vielen Ausstattungsvarianten und verfügbaren Extras moderner Autos ist eine genaue Bestimmung des Fahrzeugtyps nicht immer nur anhand der Fahrgestellnummer möglich. Wenn Sie also eine Werkstatt aufsuchen, die Ihren Wagen noch nicht kennt, sollten Sie alle Unterlagen mitnehmen (Serviceheft, Radiocode, ABEs und Zubehörunterlagen). Berücksichtigen Sie auch vorhandenes Zubehör wie Sonderfelgen mit Schloss. Bei Arbeiten an der Wegfahrsperre oder den Schließsystemen werden in der Regel alle Fahrzeugschlüssel benötigt. Ansonsten räumen Sie Ihr Auto aus und entfernen alle privaten Sachen und auch die Musik-CDs. So gibt es hinterher keine Diskussionen, ob Dinge fehlen oder nicht.

Diese Angaben braucht die Werkstatt:

- Schlüsselnummer (Hersteller)
- Schlüsselnummer (Typ)
- Zulassungsdatum
- Motorisierung
- Fahrgestellnummer

Das müssen Sie dabei haben:

- Fahrzeugschein
- Serviceheft
- Adapter oder Schlüssel für Felgenschlösser
- Radiocode
- alle Schlüssel (bei Arbeiten am Schließsystem oder an der Wegfahrsperre)

Das Typenschild: Beim Fabia finden Sie das Typenschild unten an der rechten B-Säule.

Eine klare Auftragserteilung

Um nicht mit einer Reparaturrechnung konfrontiert zu werden, die weit über dem Erwarteten liegt, sollten Sie der Werkstatt Ihres Vertrauens ein Kostenlimit angeben und darauf bestehen Sie zu kontaktieren, falls es zu unerwarteten Mehrarbeiten kommt. Erteilen Sie Ihren Arbeitsauftrag immer schriftlich, denn mündliche Absprachen sind nur schwer einklagbar und beweisbar. Die Kopie des schriftlichen Arbeitsauftrags in Ihrer Tasche gibt Ihnen die Rechtssicherheit. Dank moderner EDV-Anlagen ist es auch oft kein Problem, auf die Schnelle einen schriftlichen Kostenvoranschlag zu erhalten. Dieser ist ebenfalls verbindlich und in der Regel noch detaillierter als der Arbeitsauftrag. Beachten Sie bitte: Der tatsächliche Rechnungsbetrag darf bis zu 10% über den geschätzten Kosten liegen, ohne dass es einer erneuten Zustimmung Ihrerseits bedarf. Eine termingerechte Fertigstellung einer Standardreparatur ist heutzutage üblich.
Oberste Voraussetzung für ein gutes Arbeitsergebnis in der Werkstatt und einen geringen Geldschwund in Ihrem Geldbeutel ist eine exakte Fehlerbeschreibung mit Angabe des gewünschten Ergebnisses.

Fehlerbeschreibung

Nehmen wir einmal an, Ihr Auto klappert hin und wieder und Sie möchten dieses in einer Werkstatt beseitigen lassen. Bei unserem jetzigen Beispiel spielt es keine Rolle, ob Sie selbst bezahlen oder andere Ansprüche stellen. Denn im Vordergrund steht erst einmal ein nicht funktionierendes Auto, das repariert wer-

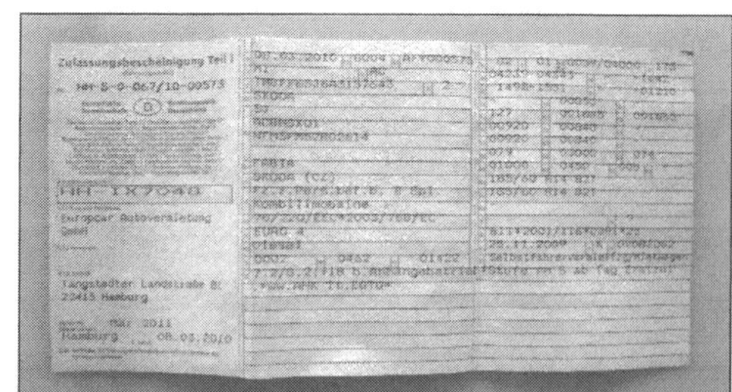

Der Fahrzeugschein: Hier findet die Werkstatt die wichtigsten Daten und auch die Fahrgestellnummer.

den soll, und dem Schaden ist es schließlich egal, wer die Rechnung bezahlt. Damit also der Werkstattmeister nicht viele Stunden und Kilometer in Ihrem Auto zurücklegen muss, um ein Klappern zu lokalisieren, das eventuell gar nicht das ist das Sie meinen, sollten Sie möglichst präzise Angaben machen. Der vorhandene Fehler muss reproduzierbar sein. Das heißt, Sie sollten genau beschreiben, wann der Wagen klappert.

Eine gute Hilfestellung bieten hier die **W-Fragen**:

Wann tritt das Problem immer auf? »Beim Befahren von Unebenheiten, wie zum Beispiel über die Brücke XY in eine bestimmte Richtung. Bei Temperaturen unter null Grad ist das Klappern am deutlichsten zu hören, die Motortemperatur spielt dabei keine Rolle.«

Wie kann man das Geräusch verstärken oder abschwächen? »Die Geschwindigkeit, mit der man über die Brücke fährt ist egal, aber man darf kein Gas geben, um das Klappern zu hören.«

Wo kommt das Geräusch her? »Es scheint von vorn rechts zu kommen; wenn ich meine Hand auf das Armaturenbrett lege, kann ich es sogar fühlen.«

Wieso sind Sie nicht schon früher damit gekommen? »Weil das Klappern erst seit ein paar Wochen vorhanden ist.«

Wer hat zuletzt an dem Wagen Hand angelegt? »Sie haben hier den letzten Kundendienst gemacht, ich habe nur die Winterräder montiert.«

Was haben Sie schon dagegen unternommen? »Ich habe schon alle losen Gegenstände aus dem Wageninneren entfernt, aber es hat sich nichts geändert.«

Bei einer präzisen Fehlerbeschreibung können Sie sicher sein, dass der Mechaniker den Fehler schneller eingrenzen kann, und auch das Reparaturergebnis ist für alle Beteiligten einfach und schnell überprüfbar. Diese W-Fragen sind mit leichten Abwandlungen auf nahezu alle Mängel anwendbar. Möglicherweise finden Sie das Problem auch selbst, wenn Sie sich die richtigen Fragen stellen. Denn niemand kennt Ihren Wagen besser als Sie selbst. Oftmals sind es Kleinigkeiten, die Sie nebenher erwähnen, aber dem Mechaniker die richtige Richtung weisen.

Der Ton macht die Musik

Oft treten Probleme auf, wenn es um Leistungen der Gewährleistung oder Garantie geht. Auch wenn Sie sich im Recht fühlen und vielleicht auch Recht haben, beachten Sie bitte, das Sie meistens nur mit einem Angestellten sprechen, und dessen Motivation entscheidet in der Regel über die Art und Dauer Ihrer Auftragsabwicklung. Damit Ihr Anliegen zur vollsten Zufriedenheit bearbeitet wird, sollten Sie die üblichen zwischenmenschlichen Verhaltensregeln einhalten, auch wenn Sie schon eine halbe Stunde in der Warteschlange stehen. Nicht jeder Zeitpunkt ist gleich gut für einen Werkstattbesuch, der Freitag vor einem langem Wochenende oder Ferienbeginn ist kein so guter Tag. Wir empfehlen Ihnen, sich vorher anzumelden und dem entsprechenden Mitarbeiter eine kurze Schilderung Ihres Anliegens zu geben. Oft kann dieser schon im Vorfeld wichtige Informationen bereitstellen oder auf etwas hinweisen, das Sie nicht vergessen sollten mitzubringen.

Wenn es doch zu Differenzen kommt

Versuchen Sie, den Vorgang noch einmal mit dem Verantwortlichen sachlich durchzugehen, eventuell auch unter Beteiligung des Mechanikers oder Meisters. Dieses Gespräch sollte in einem separaten Raum stattfinden und nicht vor weiteren Kunden. Für das Unternehmen kann es sehr schädlich sein, wenn laute Streitereien vor der Kundschaft ausgetragen werden, entsprechend wird die Reaktion ausfallen. Nehmen Sie ruhig sachkundige Verstärkung mit, Ihr Gegenüber wird auch nicht alleine sein. Ein Zeuge kann später sehr wichtig sein. Sollte das nicht das gewünschte Ergebnis bringen, haben Sie noch die Möglichkeit ein Schlichtungsverfahren einzuleiten. Ein solches Verfahren, welches unter der Regie der jeweils zuständigen Handwerkskammer durchgeführt wird, stellt ein Angebot sowohl an das Mitgliedsunternehmen der Handwerkskammer als auch an dessen Auftraggeber dar, sich außergerichtlich zu einigen. Ziel eines Schlichtungsverfahrens ist, die Streitigkeiten zwischen dem Handwerker und dessen Auftraggeber schnell und unbürokratisch, möglichst durch eine gütliche Einigung, beizulegen. Sollte dies alles nicht funktionieren, können Sie immer noch den teilweise langwierigen und möglicherweise auch kostspieligen juristischen Weg einschlagen. So weit sollten Sie es aber nicht kommen lassen.

Großer Fabia-Waschtag

Sein eigenes Auto zu pflegen macht Spaß. Sie sichern damit nicht nur den Wert, sonder lernen Ihr Auto auch bis in den letzten Winkel kennen. Das ist die ideale Voraussetzung, wenn wir später beginnen wollen Teile zu demontieren.

Ein Auto zu besitzen ist für die meisten Menschen weitaus mehr als nur eine bequeme Alternative zu Straßenbahn oder Fahrrad. So auch für Sie. Schließlich haben Sie sich bewusst für ein bestimmtes Modell entschieden, in Ihrer Lieblingsfarbe und mit genau den Ausstattungsmerkmalen, die Sie mögen. Der Lack funkelt in der Sonne, der Innenraum riecht angenehm. Da stellt sich zu Recht ein gewisser Besitzerstolz ein, zumal ein Auto auch eine hübsche Stange Geld kostet. Diesen Wert gilt es zu erhalten, denn vielleicht kommt der Tag, an dem Sie sich doch von Ihrem Schmuckstück trennen wollen oder müssen. Dann geht es um Bares und wie so oft im Leben zählt hier der erste Eindruck. Und stellen Sie sich einfach vor, Sie müssten ein jahrelang vernachlässigtes Auto vor dem Verkauf in Form bringen. Eine Wahnsinns-Arbeit, nur für den Käufer! Also pflegen Sie Ihr Auto regelmäßig. Sie werden sehen, das macht sogar Spaß! Wie das am besten geht und was Sie dabei beachten, müssen erfahren Sie hier.

Waschanlage oder Handwäsche?

Eine der wichtigsten Fragen, die ebenso heiß wie häufig diskutiert wird. Und leider können auch wir keine eindeutige Antwort darauf geben. Einerseits ist die Maschinenwäsche natürlich die bequemste Variante und auch in Sachen Umwelt erste Wahl (siehe auch Kasten rechts), andererseits haben die Vertreter der Handwasch-Fraktion natürlich recht, wenn sie vor Kratzern und anderen Beschädigungen warnen. Denn natürlich gehen in Waschanlagen manchmal Außenspiegel zu Bruch oder die Bürsten hinterlassen auf dunklen Lacken leichte Kratzer. Das passiert allerdings nur bei schlecht gewarteten oder veralteten Anlagen aber auch genauso, wenn der Schwamm bei der Handwäsche nicht sauber ist. Wie die meisten Fahrzeuge hat auch die Karosserie Ihres Fabia viele tückische Stellen. Dazu gehören zum Beispiel die Falze und Kanten an den Türinnenseiten oder auch am Kofferraum. Die Reinigung in der Waschanlage allein kann also zu unbefriedigenden Resultaten führen und Sie müssen am Ende ein paar Stellen doch von Hand nachputzen.

Woran erkenne ich eine gute Waschanlage?

Zunächst einmal ist natürlich die neuere und weniger frequentierte Waschanlage die bessere Wahl. Moderne Anlagen steuern die Bürsten optisch und besitzen genügend Flexibilität, um auch mit den ungewöhnlichen Formaten moderner Autos zurechtzukommen. Wenn Sie eine alte Anlage sehen, die noch mit Fühlern arbeitet, die über die Konturen der Karosserie schleifen, fahren Sie am besten gleich weiter. Auch gebogene oder ausgefranste Borsten sind kein gutes Zeichen. Dann wird diese Waschanlage sehr oft benutzt, ohne dass der Betreiber gerne Geld investiert. Die Folge ist eine Breitseite für den Lack, da die Borstenenden keine saubere Arbeit leisten können. Beobachten Sie einfach einen Waschgang eines anderen Kunden und achten Sie auch darauf, ob das Auto zu Beginn des Waschganges mit genügend Wasser benetzt wird. Denn auch hier wird manchmal gespart oder verstopfte Düsen werden erst gar nicht gereinigt.

GEFAHRHINWEISE – Putzen gefährdet die Umwelt

Ausnahmsweise gilt dieser Gefahrenhinweis nicht Ihnen, sondern der Umwelt. Den Wagen vor der eigenen Haustür zu waschen, ist längst nicht mehr überall erlaubt – und das aus gutem Grund: Mit dem Abwasser können gefährliche Stoffe in das Grundwasser gelangen. So zum Beispiel Öl oder Chemikalien, die Sie zum Reinigen verwenden. Auch der Trinkwasserverbrauch ist nicht zu unterschätzen. In Waschanlagen werden diese Stoffe durch Abscheider aufgefangen und das Wasser mehrmals aufbereitet und erneut verwendet. Auch die verschmutzten Lappen sind im Grunde genommen Sondermüll, besonders wenn Sie damit dicke Ölkrusten beseitigt haben. Wir raten Ihnen deshalb, grundsätzlich einen ausgewiesenen Waschplatz aufzusuchen. Am besten einen der überdacht ist, so müssen Sie auch nicht darauf achten, dass Ihnen die Sonne unter Umständen hässliche Wasserflecken in den Lack brennt. Und Sie sind unter Ihresgleichen: Autoliebhaber, die ihr Fahrzeug nicht nur als Fortbewegungsmittel sehen, sondern es mit Hingabe pflegen. Also ein guter Ort für Benzingespräche.

Schadet häufiges Waschen dem Lack?

Heutige Lacke sind außerordentlich resistent gegen Umwelteinflüsse. Sie müssen selbst bei relativ frisch lackierten Teilen (zum Beispiel nach einer Unfallreparatur) keine Angst haben. Die größere Gefahr geht von Vogelkot, Insekten oder Pflanzensäften aus, die den Lack mit der Zeit angreifen. Also am besten gleich abwaschen!

Das Grundrüstzeug: Unterschiedliche Pflegesubstanzen sowie die richtige Auswahl an Tüchern, Schwämmen und Bürsten sind zur gründlichen Reinigung unerlässlich.

Wichtige Hilfsmittel und Putzutensilien

Egal ob Sie nur von Hand waschen, oder Ihren Wagen zunächst durch eine Waschanlage jagen – Sie brauchen in jedem Fall noch ein paar Dinge um Ihr Schmuckstück perfekt in Form zu bringen. Denn auch die beste Waschanlage lässt manchmal ein paar Stellen aus. Am besten entfernen Sie mit einer gründlichen Vorbehandlung hartnäckige Verunreinigungen und warten dann mit Schwamm und Leder bewaffnet am Ausgang der Waschanlage, um sofort nacharbeiten zu können. Und natürlich sollten Sie sich bei dieser Gelegenheit auch gleich den Stellen widmen, die eine Waschanlage niemals erreichen kann: Hierzu zählen beispielsweise die Innenseiten der Scheiben oder auch die Einstiegsleisten. Wir haben darum für Sie hier die wichtigsten Utensilien zusammengestellt, die Sie beim Waschgang unbedingt parat haben sollten.

Vorbehandlung

Vor einer gründlichen Reinigung sollten Sie Ihren Wagen auch einer gründlichen Vorbehandlung unterziehen. Widmen Sie sich akribisch den großen Flächen der Karosserie. Inspizieren Sie gleichzeitig die gesamte Karosserie auf Kratzer. Später gehen wir darauf ein, wie Sie Ihren Fabia vor Kleinschäden mit relativ geringem Aufwand und vor allen Dingen vertretbaren Kosten schützen können. Arbeiten Sie von oben nach unten, fangen Sie mit dem Dach an und verteilen Sie von dort den Waschschaum auf die restliche Karosserie. Hilfreich ist die Waschbürste um alle Stellen am Dach zu erreichen, ohne auf Tuchfühlung mit der Fahrzeugflanke gehen zu müssen. Geben Sie aber acht, dass die Dreckreste Ihres Vorgängers nicht mehr im Bürstenkopf hängen und so Ihre Lackoberfläche verkratzen. Besonders die Felgen müssen Sie sich gesondert vornehmen. Denn an den Rädern setzt sich aggressiver Bremsstaub fest und kann dort die Oberfläche angreifen. Reinigen Sie daher die Felgen mit der Bürste vor, um anschließend noch mit dem kleinen Haushaltsschwamm (Vorsicht im Umgang mit der Scheuerfläche) und einer Bürste nachzuarbeiten. Für Insektenreste an der Front empfiehlt sich ein Insektenreiniger zur Vorbehandlung. Zum Schluss waschen Sie den Wagen großzügig mit dem Dampfstrahler ab. Halten Sie dabei aber unbedingt genügend Abstand.

Der große Schwamm: Ein weicher Schwamm ist bei der Handwäsche das wichtigste Putzutensil. Er eignet sich aber auch gut zur Vorreinigung oder zum Nachputzen.

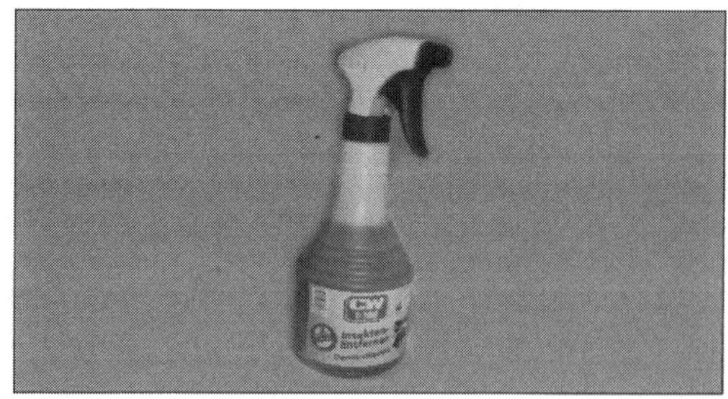

Gegen Insektenreste:Besonders hartnäckig können Insektenreste auf den Streuscheiben der Scheinwerfer anhaften. Rücken Sie dem Fliegendreck mit einem Zellstoffpapier und etwas Schaumreiniger oder Insektenlösemittel zu Leibe.

Grober Dreck an der Karosse: Die starken Verschmutzungen lösen Sie zunächst mit dem Hochdruckreiniger.

Bremsstaub an den Felgen: Der schwarze Abrieb an den Radzierblenden und Felgen sieht nicht nur hässlich aus, er greift auch das Material an. Daher immer gut abspülen.

Kleiner Schwamm und Bürste: Die Feinarbeit an den Felgen erledigen Sie am besten mit einem kleinen Haushaltsschwamm und einer Bürste an einem flexiblen Drahtstiel oder Pinsel.

Dampfstrahler marsch: Den Schaum mit dem Dampfstrahler von oben nach unten abwaschen. Dabei stets auf genügend Abstand, insbesondere von den Reifenflanken achten.

Vorsicht beim Dampfstrahlen

GEFAHRHINWEISE

Ein Dampfstrahler ist an sich eine tolle Erfindung: Heißes Wasser, das unter extrem hohem Druck aus einer Düse schießt, löst fast jede Schmutzkruste. Besonders gut natürlich dicke Ölkrusten an Motor und Getriebe. Hiervon raten wir aber dringend ab. Denn die im Motorraum verbauten Elektronikteile können durch die eindringende Feuchtigkeit erheblichen Schaden nehmen.

Die Folge könnte ein kostspieliger Austausch des Motorsteuergerätes sein. Der Motorraum sollte daher nur mit geeigneten, so genannten Kaltreinigern und in Handarbeit, oder noch besser vom Profi gesäubert werden.

Auch für den Kühler ist ein Dampfstrahler Gift. Denn der scharfe Strahl dringt mit großem Druck durch die feinen Lamellen und kann diese deformieren.

Bleiben noch die Felgen. Tatsächlich kann der Dampfstrahler hier im Kampf mit Bremsstaub und anderen Verschmutzungen viel bewirken. Meistens reflektieren die Speichen den Strahl jedoch in die Richtung, in der Sie gerade stehen. Und wehe, Sie kommen dem Reifen zu nah! Auch in der Seitenwand moderner Pneus kann der enorme Druck des Wasserstrahls Schaden anrichten. Also wenigstens 50 cm Abstand halten!

Nachbehandlung der kritischen Stellen

Ein perfektes Finish macht den Unterschied. Also ist nach dem Waschgang nochmals Handarbeit angesagt. Nehmen Sie sich insbesondere der schwierigen Stellen an. Hierzu zählen wie bereits erwähnt die Einstiegsleisten, aber auch die Innenseiten und Aussparungen der Türen und des Heckdeckels. Fahren Sie auf gar keinen Fall sofort nach der Wäsche los, denn sonst war die Arbeit bis dahin vergebens. Die noch feuchten Stellen, zum Beispiel an der Unterkante der seitlichen Schweller, nehmen sofort wieder Straßenschmutz auf, der durch die Räder und den Fahrtwind aufgewirbelt wird.

Spiegelgehäuse und Glas: Restfeuchtigkeit an den Seitenspiegeln mit dem Tuch vorsichtig abwischen. Dabei das Gehäuse mit dem Lappen von hinten festhalten und abreiben.

Heckdeckel innen: Kontrollieren Sie die Umlaufkante des Heckdeckels auf Restverschmutzungen. Reiben Sie die betreffenden Stellen gründlich aber vorsichtig sauber.

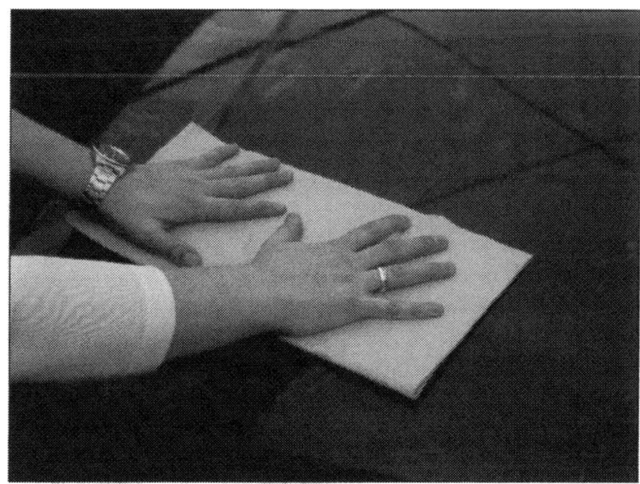

Große Flächen: Um die restlichen Wassertropfen zu entfernen, ist das gute alte Leder immer noch unschlagbar. Aber Vorsicht: Niemals über noch schmutzige Stellen wischen!

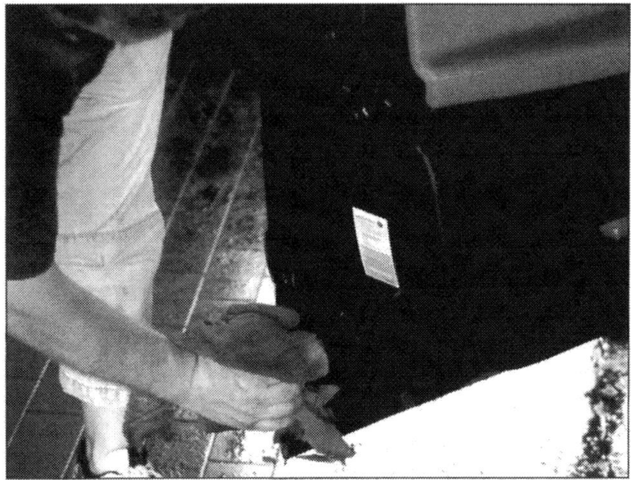

Türkanten: Jede Tür einzeln öffnen und mit dem Tuch nachfahren. Genauso an den Einstiegsleisten und eventuell auch die Schwellerkanten behandeln.

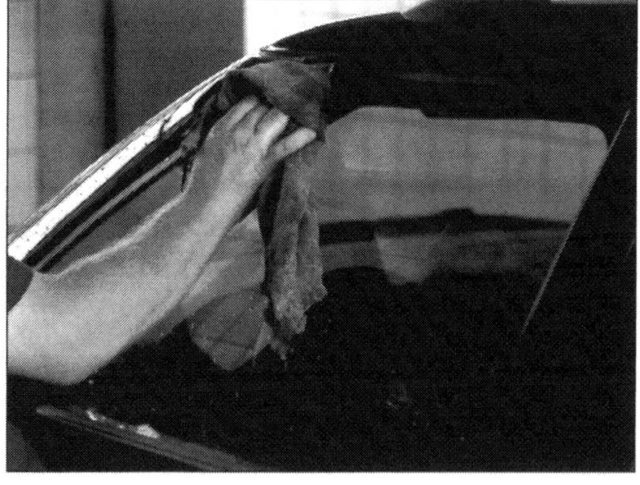

Scheiben: Für den klaren Durchblick sorgt ein fusselfreies Tuch, mit dem die Scheiben innen und außen abgewischt werden. Ohne Reiniger geht auch das Leder.

Polieren und Konservieren

Dem Lackkleid sollten Sie von Zeit zu Zeit eine Politur gönnen. Dadurch kann der Schmutz nicht so leicht anhaften und auch das Wasser perlt einfach ab. Das ist übrigens ein guter Indikator für den richtigen Zeitpunkt: Bildet das Wasser größere Pfützen auf der Karosserie, sollten Sie die Oberfläche neu versiegeln. Im Handel sind zahllose Produkte zu finden, vom leichten Mittel bis zum schleifenden Reiniger für stark verwitterte Lacke. Lesen Sie also die Beschreibung aufmerksam durch und verwenden Sie im Zweifelsfall stets das weniger aggressive Produkt. Etwas anders sieht es unter dem Fabia aus. Obwohl hier ab Werk ausreichend Korrosionsschutz vorhanden ist, sollten Sie bei Gelegenheit nochmals nacharbeiten. Die Falze und Hohlräume freuen sich über eine Extraportion Wachs, die das Eindringen von Feuchtigkeit und den daraus resultierenden Kantenrost um Jahre verzögert. Dazu muss allerdings der Unterboden zuerst von allen Verkleidungen befreit werden. Behalten Sie diese Spezialbehandlung also im Kopf, wenn Sie weiter hinten im Buch beginnen, Teile des Unterbodens zu demontieren. Langfristigen Schutz kann auch die Versiegelung mit Wachs vom Fachmann bieten. Sie kostet, summiert auf die Wirkdauer, etwa so viel wie die Wagenwäschen, die man sich dadurch ersparen kann und hält bis zu einem ganzen Jahr. Neuerdings bieten manche Pflegefachbetriebe auch die Versiegelung mittels Nanotechnologie (siehe Kasten) an. Diese Art das Fahrzeugäußere zu versiegeln kostet zwar mehr, hält dafür aber auch mitunter bis zu drei Jahre.

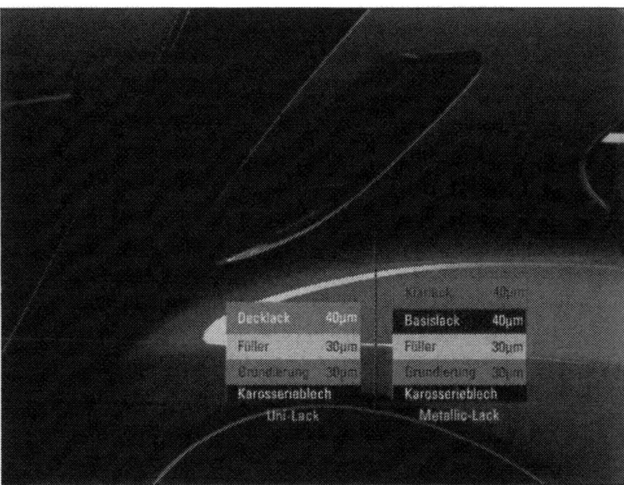

Lackschichten: Die Lackoberfläche ist durch unterschiedlich dicke Schichten aufgebaut und schützt das Blech darunter vor Korrosion.

WISSENSWERTES

Nanotechnologie

Als Forschungsfeld mit Zukunftspotential bietet die Nanotechnologie schon heute viele Anwendungen im und rund ums Fahrzeug. Beispiele sind blendungsfreie Tachoverglasungen oder auch Verbundglas, das Infrarotstrahlung absorbiert und so die Wärmeeinwirkung aufs Fahrzeuginnere reduziert. Der berühmteste Nanoeffekt ist aber der Lotusblüteneffekt, der selbstreinigende Oberflächen ermöglicht. Zur längerfristigen Versiegelung der Lackoberfläche bieten nun auch einige Pflegefachbetriebe diesen Lackschutz an. Was

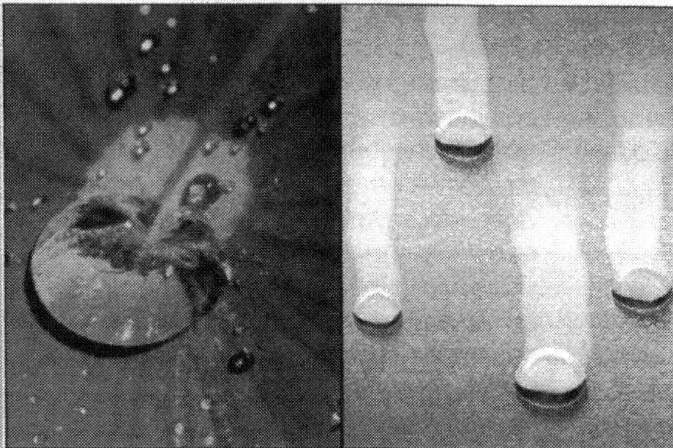

Nach dem Vorbild der Natur: Nanopartikel reduzieren die Benetzbarkeit und verhindern dadurch Schmutzanhaftungen an der Oberflächen

für den Oberflächenschutz durch Anstreichfarben an Häuserfassaden oder auch Dachziegeln gut funktioniert, birgt beim bewegten Fahrzeug noch gewisse Schwierigkeiten. Die Rauigkeit der mikroskopisch kleinen Strukturen, welche eine geringe Benetzbarkeit und damit auch ein hohes Maß an Selbstreinigung bewirken, könnten nämlich schnell durch Insekten verkrustet werden. Dennoch bieten immer mehr Pflegefachbetriebe Nanotechnologie als Langzeitschutz an. Im Unterschied zu einer Wachsversiegelung hält der Nanoschutz mitunter bis zu drei Jahre und das bei vergleichbaren Kosten. Wenige Fahrzeughersteller bieten mittlerweile auch den Nanoschutz ab Werk. Eine Nanoschicht im Klarlack sorgt für höhere Resistenz gegen mechanische Beanspruchung und Korrosion, was in der Praxis eine höhere Kratzfestigkeit bedeutet. Die Forschung arbeitet derzeit an weiteren praktischen Anwendungen. Selbstreinigende Felgen oder auf Knopfdruck wechselnde Farbe sind so vielleicht schon bald mehr als nur eine Vision.

Kleiner Schmierdienst

Überall dort, wo sich Teile der Karosserie relativ zueinander bewegen, entstehen Reibungskräfte, die nach und nach aber vor allen Dingen bei mangelnder Schmierung das Material der Kontaktflächen verschleißen. Türen, Schlösser und Scharniere müssen daher mit einem Spritzer Öl in Gang gehalten werden. Die Aufbringung der Schmiermittel macht Ihnen wenig Aufwand. Die meisten Spraydosen haben zum gezielten Einbringen einen Sprühkopf als längliches und flexibles Röhrchen. Dadurch ersparen Sie sich zumindest aufwändige Demontagen. Der langfristige Effekt dieser Arbeit ist aber dennoch nicht zu unterschätzen. Empfehlenswert sind so genannte Gelsprays. Sie haften aufgrund ihrer weniger flüchtigen Konsistenz besser und verteilen sich zugleich sehr weitläufig bis in den letzten Spalt. Außerdem haften diese Mittel länger als normales Öl.

Türschloss: Gelegentlich ein paar Spritzer Öl halten die Verriegelungsmechanik in Gang. Gelspray verteilt sich bis in den letzten Winkel und haftet länger als normales Öl.

Schließzylinder: Die Mechanik der Schließzylinder können Sie mit Sprayölen in Gang halten. Benutzen Sie bei der Anwendung ein Tuch, um überschüssiges Öl aufzufangen.

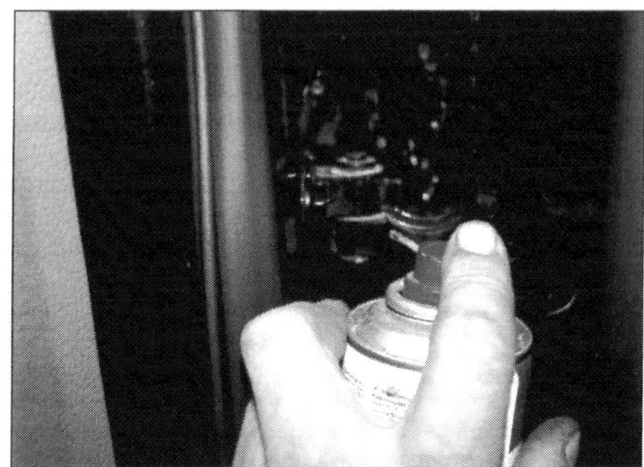

Türscharniere: Quietschende Scharniere sind nervig und außerdem der Beleg mangelnder Fürsorge. Beugen Sie durch regelmäßige Öl-Anwendung vor. Dabei auch gleich die Türfeststeller an den im Bild angezeigten Stellen schmieren.

Pflege des Innenraumes

Natürlich gibt es unzählige Mittelchen für die Pflege unterschiedlichster Materialien. Und jede Woche kommt ein neues hinzu. Wir können daher keine konkrete Produktempfehlung aussprechen, wollen Ihnen aber gerne erklären, welche Art von Produkt an welcher Stelle angebracht ist.

Glas: Für die Reinigung der Scheiben gibt es normale Haushaltsmittel. Wichtig ist ein nicht fusselnder Lappen. Sie können aber auch Spiritus nehmen und mit einer Tageszeitung nachreiben.

Aufwändige Geschichte: Die Reinigung des Fabia-Innenraumes nimmt viel Zeit in Anspruch und braucht eine Menge unterschiedlicher Mittel. Auf den ersten Blick erkennen wir in diesem Cockpit verschiedene Materialien und Oberflächen. Fast jede braucht eine andere Behandlung. Hier natürlich nicht im Bild: Die unangenehmen Gerüche. Aber auch dafür gibt es Lösungen: Eine Schale Essigwasser, über Nacht in den Fahrzeuginnenraum gestellt, wirkt Wunder.

Knöpfe und Schalter: Etwas Cockpitspray auf einen Lappen sprühen und die Knöpfe gründlich säubern. Schon setzt sich kein Speck mehr darauf ab.

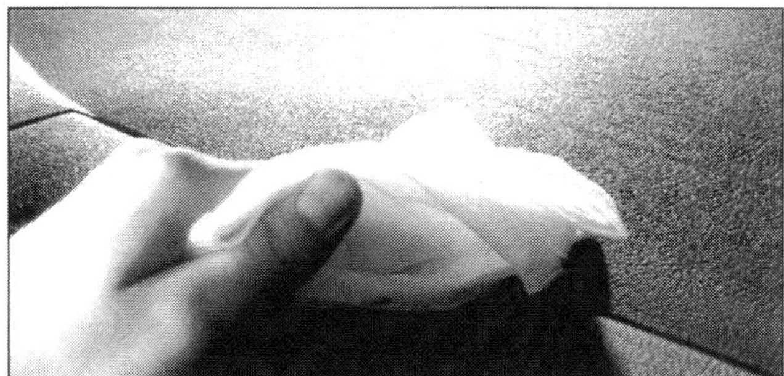

Kunststoffoberflächen: Bewährt haben sich antistatische Mittel (Cockpitspray), die verhindern, dass Staub und Schmutz vom Kunststoff angezogen werden.

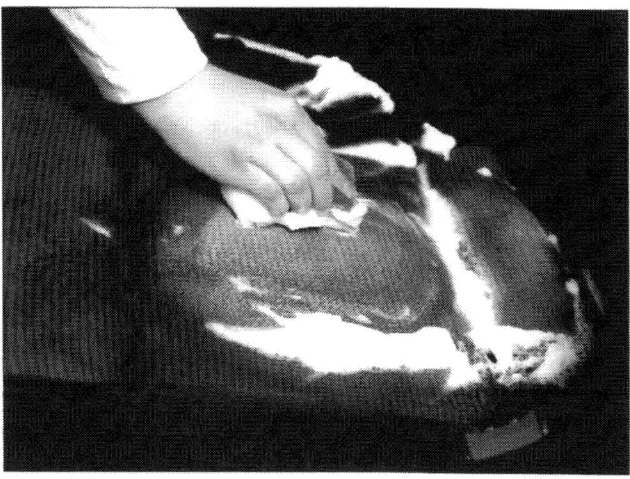

Textilien: Schwierig zu reinigen, da sich der Schmutz in den Fasern festkrallt. Probieren Sie Polsterreiniger, aber zunächst an einer unauffälligen Stelle, um die Verträglichkeit zu testen.

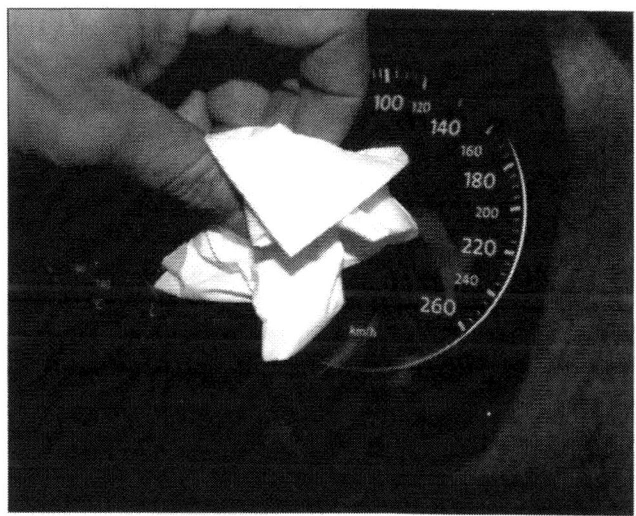

Gläser aus Kunststoff: Hier ist größte Vorsicht angebracht. Zu scharfe Mittel oder schmutzige Lappen verursachen sehr schnell Kratzer oder blinde Stellen.

Lüftungsdüsen: Zum Entfernen von Staub empfiehlt sich ein handelsüblicher Malerpinsel mit langen Borsten, der sich auch für sonstige schwer zugängliche Stellen eignet.

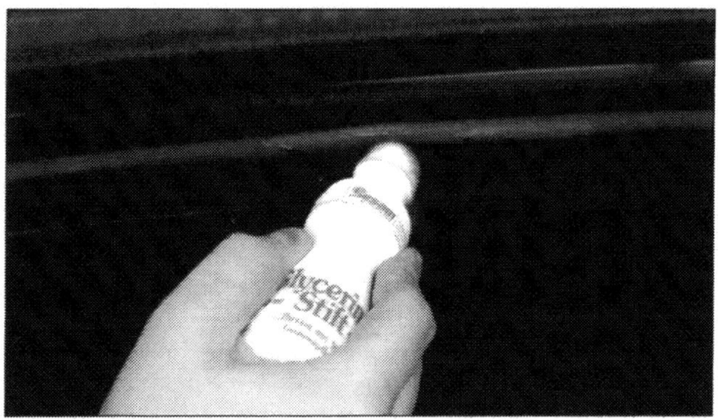

Gummidichtungen: Diese müssen innen wie außen geschmeidig bleiben. Besonders wichtig ist das im Winter. Spezielle Gummipflegemittel geben dem elastischen Material zusätzlich den Glanz.

Wertsteigerung durch Aufbereitung

Vielleicht kommt irgendwann die Zeit, wo Sie sich von Ihrem Fabia trennen müssen oder wollen. Möchten Sie nun zur Wertsteigerung beitragen und einen höheren Erlös erzielen, gibt es vor dem Verkauf verschiedene Dinge zu beachten. Erstens sollten Sie Ihren Fabia dem Nachbesitzer in einem technisch einwandfreien Zustand überlassen. Der TÜV nimmt Wertgutachten vor und checkt das Fahrzeug auf etwaige Mängel. Verschiedene Prüfpunkte werden in einem detaillierten Bericht aufgelistet, dazu gehören Bremsen, Lenkung, Fahrwerk, Antrieb, Auspuffanlage, Elektrik und Beleuchtung, Karosserie und Lackierung sowie der Innenraum. Ein Gebrauchtwagenzertifikat sorgt zusätzlich für Vertrauen und dient als neutrale Verhandlungsbasis. Außerdem bleiben Sie und der Käufer vor bösen Überraschungen bewahrt, die unnötigen Ärger verursachen. Doch was kann man, außer dem technischen Check Up und der obligatorischen Wagenreinigung innen und außen, noch tun?

Komplettsanierung innen und außen

Eine Möglichkeit den Wagenwert zu steigern, ist die professionelle Aufbereitung Ihres Fahrzeugs. Innenraum und Karosserie erhalten dabei eine Komplettsanierung, kleinere Mängel und Schönheitsfehler werden beseitigt oder zumindest retuschiert. Ihr Fabia steht anschließend im frischen Glanz da und macht so gleich auf den ersten Blick einen guten Eindruck. Auch ein Fabia, der vor allem als urbanes Fortbewegungsmittel dem harten Autoalltag ausgesetzt war, trägt wahrscheinlich dementsprechende Spuren davon.

PRAXISTIPP

Aufbereitung vom Profi

Die Abwägung, ob es sich für die vorhandenen Kleinschäden an Ihrem Fahrzeug lohnt einen Profi zu engagieren oder nicht, wird dann relevant, wenn Sie sich von Ihrem Wagen trennen wollen oder müssen. Denn auch bei der Fahrzeugwartung und -pflege hat sich leider die »Geiz-ist-geil«-Mentalität in letzter Zeit bemerkbar gemacht. Trotz des gestiegenen Anteils älterer Fahrzeuge in Deutschland (das Durchschnittsalter des bundesweiten Fahrzeugbestandes beträgt mittlerweile acht Jahre), scheinen sich immer weniger Besitzer um den Allgemeinzustand ihres Fahrzeugs Gedanken zu machen. Wartung und Kundendienst werden vernachlässigt, die Motivation sinkt, in das Fahrzeug und den fälligen Service Geld zu investieren. Die Folge sind sich anhäufende Kleinmängel, die in ihrer Summe das Gesamtbild und die Erscheinung eines Kfz schnell trüben. Dies ist eine Chance für Besitzer wie Sie, die pfleglich mit ihrem Automobil umgehen. Sie können sich mit Ihrem ordentlich gepflegten Fahrzeug hervorheben und zusätzlich durch eine optische Generalüberholung den Wiederverkaufswert steigern. Praxistests haben gezeigt, dass professionell aufbereitete Fahrzeuge in aller Regel einen deutlich höheren Verkaufspreis erzielen als ohne vorherige Verschönerungsmaßnahmen. Die Schönheitskur kann so eine Wertsteigerung von bis zu 1000 Euro erzielen. Rechnet man die ca. 400 bis 500 Euro Aufwendungen ein, bleibt immer noch ein schöner Überschuss von mehreren hundert Euro.

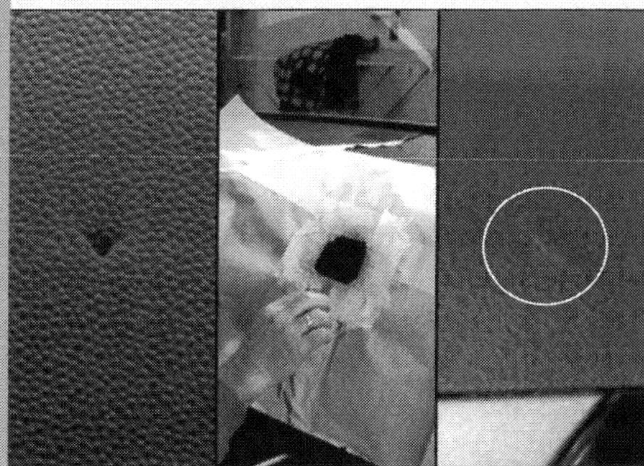

Befriedigendes Resultat: Ein Loch im Armaturenträger vor und nach der Reparatur

Kleine Kratzer oder Beulen außen, die Löcher der Handyhalterung im Armaturenträger oder des Rauchers Unachtsamkeit, die sich im Sitzpolster als Brandloch verewigt hat. Die vielfältigen Methoden der Kleinreparaturen helfen, diese Schönheitsfehler bei relativ geringem Aufwand zu beseitigen. Aller Euphorie vorangestellt, sollten Sie sich aber im Klaren sein, dass die Aufbereitung keinen Neuwagen hervorzaubert. Machen Sie sich daher mit den Leistungen Ihres Profiaufbereiters vertraut und besprechen Sie ausführlich den erwünschten Umfang Ihrer Fahrzeugrenovierung. Machen Sie ihn auf kritische Stellen aufmerksam. So fällt eine sorgfältige Einschätzung, wie das erreichbare Ergebnis aussehen könnte, leichter.

Auspolieren kleiner Kratzer

Kleinere Kratzer lassen sich oft mit wenig Aufwand und ohne besondere Hilfsmittel entfernen.
Wichtig hierbei ist, dass die Kratzer nur in der obersten Lackschicht vorhanden sind.

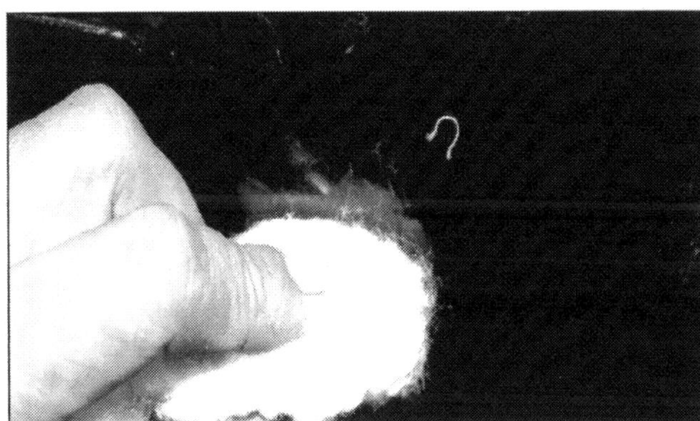

Auspolieren eines Kratzers: Auch wenn es nicht so aussieht, es wird geschliffen.

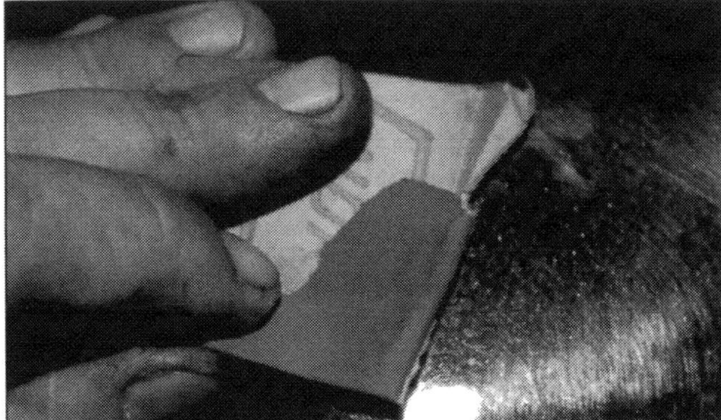

Auspolieren einer Kratzers mit Schleifpapier: Sieht eigenartig aus, ist aber sehr effektiv. Wichtig sind die Handhaltung und etwas Erfahrung.

Zuerst einmal muss das Fahrzeug gründlich gewaschen werden. So wird sichergestellt, dass man beim Polieren nicht mit Schmutzpartikeln die nächsten Kratzer in den Lack einarbeitet. Für den nächsten Schritt darf das Blech der zu polierenden Stelle nicht heiß sein. Bei einem zum Beispiel durch die Sonne aufgeheizten Lack trocknet die Politur zu schnell ab und erschwert die Arbeit ungemein. Für das Auspolieren reicht ein etwas kräftiger Lackreiniger aus. Er übernimmt die Schleifarbeit. Der Trick liegt darin, die Lackdicke etwas abzuschleifen, um sie wieder in die gleiche Höhe zu bekommen wie den Kratzer. So fällt diese Stelle nicht mehr auf. Je nach Aggressivität des Lackreinigers kann das sehr schnell gehen. Grundsätzlich sollte dann in einem zweiten Schritt die Umgebung des Kratzers leicht mitbehandelt werden. So wird vermieden, dass sich diese aufbereitete Stelle vom umliegenden Lackbild abhebt.
Eine weitere Möglichkeit ist das Polieren mit Nassschleifpapier. Die Körnung sollte dann aber um 1500 liegen. Die Vorarbeit wird dann mit dem Schleifpapier und viel Wasser erledigt.
Es sollte aber trotzdem mit Lackreiniger nachgearbeitet werden. Im nächsten Schritt werden die Rückstände des Lackreinigers vollständig entfernt. Zum Abschluss wird die geschliffene Fläche mit einer Wachspolitur versiegelt und nach dem Abtrocknen der Wachsschicht gründlich mit einem weichen Lappen poliert.

Polieren der Fläche: Zum Abschluss muss nun Glanz entstehen.

Mehr als ärgerlich: Beulen und Kratzer

Wie schon erwähnt: Die Karosserie des Fabia ist sehr widerstandsfähig. Doch irgendwann ist es vielleicht doch passiert: Es fällt irgendein Gegenstand auf das Blech oder der Lack ist durch einen tiefen Kratzer verunziert. Im Prinzip bleibt Ihnen dann fast nichts anderes übrig, als die Fahrt zum Lackierer beziehungsweise Karosseriebauer anzutreten. Reparaturversuche zu Hause sind bei allem Aufwand meistens nicht von dauerhaftem Erfolg. Daher wollen wir Ihnen hier bildhaft zeigen, wie der Profi einer Beule in einem Karosserieblech zu Leibe rückt. Das Problem in diesem Fall ist: Die Beule ist von innen nicht zugänglich, muss also von außen Stück für Stück herausgezogen werden. Hierzu verwendet der Profi einen Zuganker, der an die betroffene Stelle angeschweißt wird. Mit dieser Behelfsvorrichtung kann der Profi durch Ziehen die Einwölbung wieder herausbekommen. Danach wird der Anker wieder entfernt und die Stelle geglättet sowie anschließend lackiert.

Zuganker anschweißen: Auf das normalerweise blanke Blech wird mit einem Starkstrom-Schweißgerät eine Art Unterlagscheibe in der Beule angeheftet.

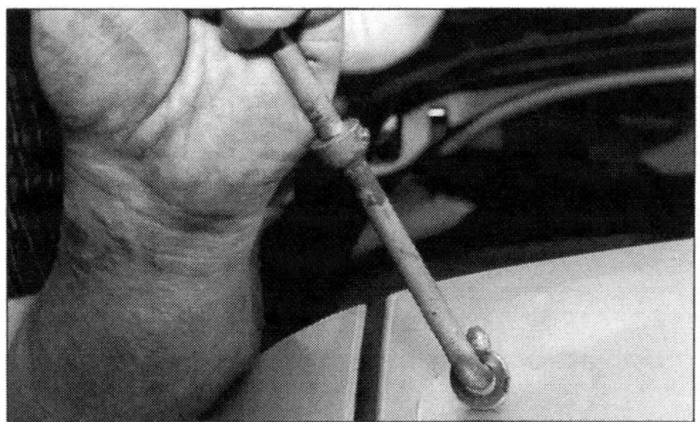

Ziehen des Blechs: Mit einem Schlaghammer, der an der Scheibe befestigt ist, wird die Beule vorsichtig herausgezogen. Meistens sind mehrere Durchgänge erforderlich.

PRAXISTIPP

Frontscheiben reparieren

Noch ein empfindlicher Punkt an der Karosserie sind die Scheiben. Kratzer und Steinschläge sind im Sommer schon lästig, im Winter jedoch werden Beschädigungen zur echten Gefahr. Abgesehen von den Reflektionen sammelt sich in den Kratern Schmutz, den der Wischer über die Scheibe verteilt. Zudem wird die Scheibe im Winter zerbrechlicher. Wenn der zwischen den Schichten liegende Plastikfilm von +20 Grad auf -5 Grad abkühlt, verhärtet die Scheibe um 57 Prozent. Die Spannungen verteilen sich über die gesamte Scheibe, aus einem kleinen Sprung wird dann schnell ein Riss. Spätestens dann muss die ganze Scheibe getauscht werden. Wenn Sie jedoch rechtzeitig handeln, können Steinschläge noch repariert werden. Dazu wird die schadhafte Stelle mit einem speziellen Harz gefüllt. Voraussetzung: Der Krater darf nicht ausgefranst oder weiter gerissen sein. Auch darf die Reparaturstelle nicht im direkten Sichtfeld des Fahrers liegen – so schreibt es zumindest der Gesetzgeber vor. Mit etwas Glück kommen Sie sogar an der Rechnung vorbei: Manche Versicherungen verzichten bei dieser Art der Reparatur auf den Einbehalt der Selbstbeteiligung. Denn das kommt die Assekuranzen immer noch billiger, als der Austausch einer kompletten Scheibe. Pionierarbeit auf diesem Gebiet hat die Firma Carglass geleistet, die mit rund 1700 Filialen inzwischen zu den Marktführern im Bereich Autoglas gehört. Auf der gut gemachten Internetseite www.carglass.de finden Sie weitere Informationen und eine Filiale in Ihrer Nähe. Im Internet können Sie sogar schon direkt einen Termin vereinbaren.

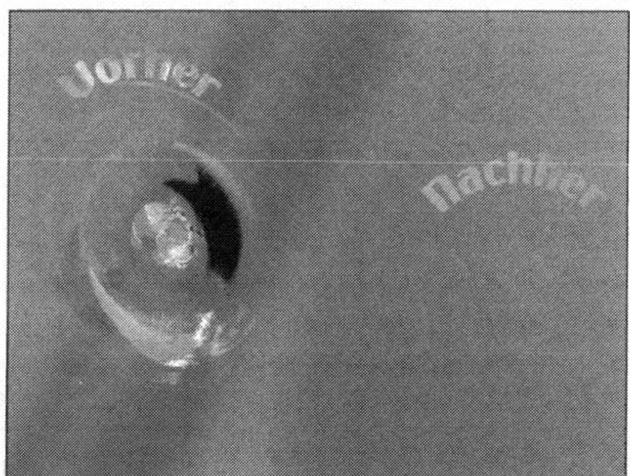

Erstaunliches Ergebnis: *Ein Steinschlag vor und nach der Reparatur mit Kunstharz.*

Fit durch den Winter

Auto fahren macht auch im Winter Spaß, vorausgesetzt, Sie haben den Wagen für die kalte Jahreszeit fit gemacht. Auch Sie selber müssen sich natürlich auf den Winter und seine Tücken einstellen und sich rechtzeitig ein paar Gedanken machen.

Eine Frage der Traktion

Mit dem Frontantrieb hat der Fabia im Schnee grundsätzlich gute Karten. Die Antriebskraft wird vorne dank des Motorgewichtes in Traktion umgesetzt. Deshalb sind gute Winterreifen Pflicht. Auch von der Schneekettenpflicht auf manchen Passstraßen sind Sie trotz der überragenden Traktion nicht entbunden. Die Schneeketten sollten immer auf der Vorderachse montiert werden. Die in allen Modellen serienmäßig vorhandenen elektronischen Regelsysteme wie ABS, ASR und ESP (optional) helfen natürlich auch im Winter. Damit übertrifft der Fabia sogar die Selbstverpflichtung der europäischen Automobilindustrie (ACEA vom 1. Juli 2004), nach welcher alle Fahrzeuge unter 2,5 t zulässigem Gesamtgewicht serienmäßig zumindest mit ABS ausgestattet sein sollen. Höchstens beim Herausschaukeln aus Schneeverwehungen sollten diese Fahrhilfen kurzfristig abgeschaltet werden. Es kann in bestimmten Fällen passieren, dass die Fahrdynamikregelung in das Notprogramm fällt und die Warnlampe leuchtet. Zum Beispiel wenn Sie die Vorderräder lange auf einer glatten Stelle durchdrehen lassen und dabei stark lenken, oder auch bei der Verwendung von Schneeketten aufgrund unterschiedlicher Abrollumfänge der Räder. Starten Sie in solchen Fällen den Motor neu, um die Systeme zu reaktivieren.

Winterausrüstung mitnehmen

Damit Sie gut gerüstet sind, empfehlen wir Ihnen die folgenden Utensilien mitzuführen:

- Eine fertige Mischung Frostschutz für die Scheibenwaschanlage (A).
- Damit der Sprit nicht ausgehen kann, einen Reservekanister (B).
- Eine warme Decke (C), falls Sie festsitzen und der Sprit doch ausgeht.
- Eine kleine Schaufel für eine Tiefschneehavarie (D). Damit kann der Schnee vor den Rädern weggeschaufelt werden.
- Eine Kopflampe, bei der Sie im Dunkeln die Hände frei haben (E).
- Ein Seil oder, besser noch, einen langen Schwerlast-Spanngurt (F). Damit können Sie andere Autofahrer aus dem Graben ziehen oder selbst geborgen werden. Mit Hilfe der Ratsche und einem Baum können Sie sich sogar selbst helfen.
- Ein Starthilfekabel (G).

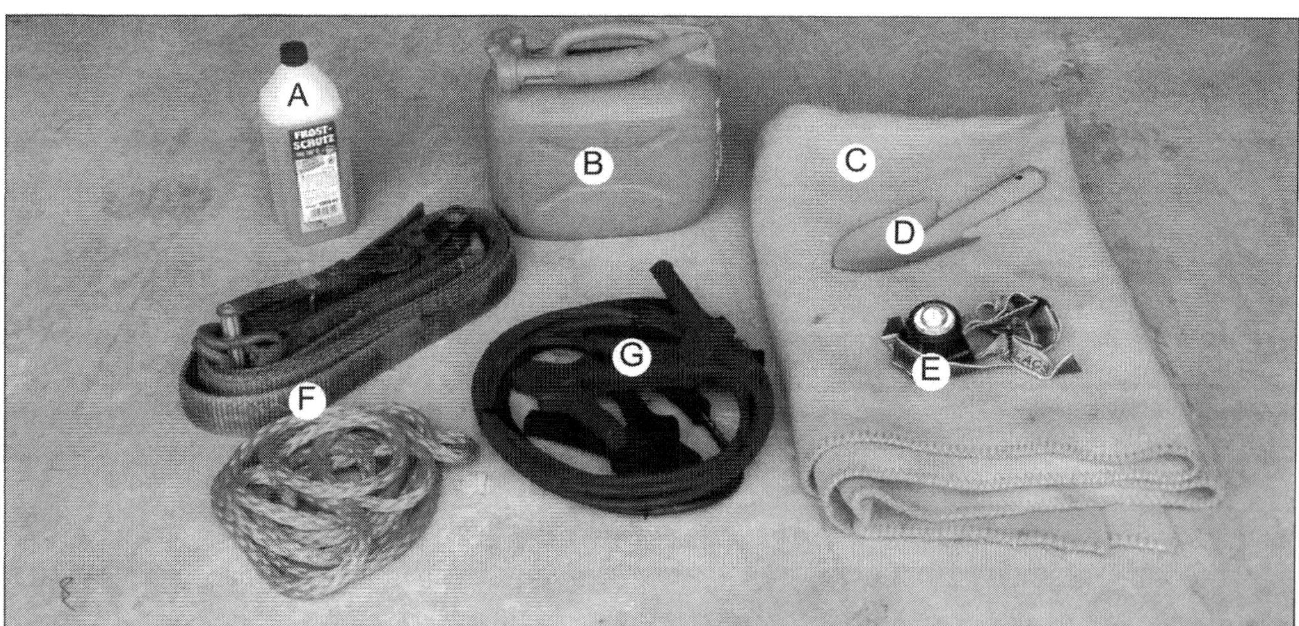

Winter-Grundausrüstung: (A) Frostschutz für die Scheibenwaschanlage, (B) Reservekanister, (C) Decke, (D) kleine Schaufel, (E) Kopflampe, (F) Abschleppseil oder Spanngurt, (G) Starthilfekabel

Startschwierigkeiten im Winter vermeiden

Der Motorstart wird unter winterlichen Bedingungen schnell einmal zu einem Problemfall. Denn nicht nur das Motoröl wird bei niedrigen Temperaturen dickflüssiger, sondern auch die Batterie gibt bei Frost weniger Leistung ab. Zusammengenommen können dies im Winter K.-o.-Kriterien für das Fortkommen sein. Denn gerade jetzt braucht der (Anlasser-)Motor mehr Leistung, um die erhöhten Reibwiderstände zu überwinden. Sie können es der Batterie aber so leicht wie möglich machen, indem Sie auf Strom fressende Funktionen bei stehendem Motor verzichten (Radio, Innenbeleuchtung, etc.). Schalten Sie vor dem Start unnötige Verbraucher ab, hierzu zählen zum Beispiel die Lüftung oder das Radio. Das Licht sollte beim Startvorgang aus sein, ebenso die Innenraumbeleuchtung oder Sitzheizung. Wenn Sie dies beachten, wird die Batterie am wenigsten in Anspruch genommen und kann Startschwierigkeiten im Winter vermeiden.

Winterreifen

Grundvoraussetzung für sicheres Vorankommen bei Minusgraden sowie Eis und Schnee ist die richtige Bereifung Ihres Fabia. Denn die vier handtellergroßen Flächen aus Gummi zwischen Ihnen und der Fahrbahnoberfläche stellen nun mal das wichtigste Bindeglied zur Straße dar. Seit 2006 schreibt selbst die Straßenverkehrsordnung eine »geeignete Bereifung« (§2 Abs.3a) für den Winter vor. Wie diese aber auszusehen hat, oder welche Spezifikationen sie erfüllen muss, ist nicht näher definiert. Ganzjahresreifen können für unkritische Wetterlagen mit milden Temperaturen ausreichend sein. Bei plötzlichem Kälte- und Schneeeinbruch sind sie aber schlichtweg ungeeignet. Weder die geübte Hand noch die Elektronik können dann bei unzureichender Bodenhaftung/Bereifung das Fahrzeug noch kontrollieren. Gehen Sie also auf Nummer sicher, was das Vorankommen auf vier Rädern angeht – verwenden Sie einen vernünftigen Satz Winterreifen. Welche Winterreifen geeignet sind und vor allen Dingen passen, erfahren Sie auf den folgenden Seiten genauso, wie Sie ohne Risiko beim Winterreifenkauf Geld sparen können und die Winterreifen auch sicher anbringen. Damit Sie keinen Fehlgriff machen, haben wir die wichtigen Prüfkriterien aufgeführt.

WISSENSWERTES

Das Schneeflockensymbol

Der großen Verunsicherung vieler Autofahrer, welche Reifen sich im Winter am besten eignen, soll durch das Schneeflockensymbol Einhalt geboten werden. Die Entstehungsgeschichte dieses Symbols rührt auch aus dem zum Teil betriebenen Missbrauch mit der »M+S«-Kennung (engl.: Mud and Snow = Matsch und Schnee), die nicht als geschützte Kennzeichnung für unbeschränkte Wintertauglichkeit gilt. Denn nicht alle mit M+S gekennzeichneten Reifen weisen die Lamelleneinschnitte in den Profilblöcken auf, die für gute Traktion auf Schnee sorgen. Daher tragen etwa auch Reifen für den Geländeeinsatz dieses Symbol. Doch gerade gröbere Allradreifen sind für den Einsatz im Winter höchst ungeeignet. Für die Experten des Deutschen Verkehrssicherheitsrats ist der Winterreifen mit Schneeflockensymbol daher Favorit für die sichere Fahrt. Die auf der Reifenflanke dargestellte Schneeflocke hat sich im Jahr 2002 europaweit als freiwilliges Hersteller-Kennzeichen von Winterreifen zusätzlich zur M+S-Markierung durchgesetzt. Angebracht wird sie aber nur an Reifen, die auch streng den vorgegebenen Spezifikationen entsprechen. Dies gilt für Reifen, die im Vergleich mit einem Standard-Referenzreifen mindestens sieben Prozent mehr Traktion auf Schnee bieten und zudem über einen um ebenfalls sieben Prozent kürzeren Bremsweg verfügen. M+S-Reifen hingegen müssen per Definition nur ein besonders grobes Profil besitzen. Die M+S-Kennzeichnung auf der Reifenflanke allein fordert aber keine bestimmte Schnee-Performance.

Schneeflockensymbol

Garant für Wintertauglichkeit: Reifen mit der Schneeflocke zusätzlich zur M+S Kennung

Die 7-Grad-Empfehlung

Ob die so genannte 7-Grad-Empfehlung als Marketingmaßnahme oder aufgrund früherer Reifenentwicklungen entstanden ist, lässt sich auch von uns nicht mehr nachvollziehen. Ihre Kernaussage ist, dass Winterreifen bei Temperaturen bis 7 Grad Celsius angeblich bessere Eigenschaften als Sommerreifen hätten. Dem entgegen haben verschiedene Tests jedoch solche pauschale Aussagen widerlegt. Denn auch bei Temperaturen knapp über dem Gefrierpunkt können mit Sommerreifen sowohl auf nasser als auch auf trockener Fahrbahn kürzere Bremswege erzielt werden als mit vergleichbaren Winterreifen. Winterreifen sind vor allen Dingen für winterliche Straßenverhältnisse ausgelegt. Sie verfügen über eine kälteresistente Gummimischung, die bei Minustemperaturen weniger verhärtet und damit eine bessere Verzahnung und Kraftübertragung mit dem Untergrund ermöglicht. Winterreifen sind mit dem M+S-Symbol und einer stilisierten Schneeflocke gekennzeichnet (s. Kasten). Anders als bei Sommerreifen ist es bei Winterreifen erlaubt, abweichend von den einzuhaltenden Angaben des Fahrzeugscheines, Reifen mit niedrigerem Geschwindigkeitsindex einzusetzen. In Deutschland ist in diesem Fall auch ein Aufkleber mit dem Aufdruck »XXX km/h« im Sichtbereich des Fahrers anzubringen.

Richtige Winterreifen für den Fabia

Die Wahl der richtigen Winterreifen für den Fabia fällt angesichts der vielen Angebote auf dem Markt nicht leicht. Muss es ein teurer High-Performance-Pneu sein oder reicht auch das günstige No-Name-Fabrikat? Die Fahrzeughersteller empfehlen immer Markenreifen, da hier die Qualität keinen Schwankungen unterliegt und auch die Modellwechsel nachvollziehbar werden. Darüber hinaus sind aber auch jede Saison neue Modelle verfügbar. Ausgiebige Tests, zum Beispiel vom ADAC, zeigen, welche Winterreifen auch für die Fabia-Dimensionen empfehlenswert und welche weniger geeignet sind. Die Tests gehen daher auf unterschiedliche Eigenschaften der Pneus beispielsweise die Bremseigenschaften, auch bei trockener, unbeschneiter Fahrbahn ein. Sie können Ihre Kaufentscheidung nach den für Sie relevanten Kriterien fällen, dabei sollte aber in jedem Fall die Fahrsicherheit vor Sparsamkeit stehen.

Bessere Haftung dank Lamellen

Fast so gut wie Stollen: Stollen sind am Autoreifen tabu, aber mit Lamellen wird dennoch ein guter Kraftschluss auf Schnee erreicht

Durch Forschung und Entwicklung der Reifenhersteller kam man nicht nur darauf, kälteresistente Gummimischungen zu verwenden, sondern auch die einzelnen Profilblöcke mit feinen Lamellen-Einschnitten und vielen Rillen zu versehen. Diese dienen als scharfe Greifkanten beim Abrollen des Rades auf der Fahrbahn. Der dynamische Prozess an der Auflagefläche erhöht die Verzahnungskräfte besonders mit losem Untergrund wie z. B. Schnee. Mit anderen Worten: Der lamellierte Reifen hat dadurch, dass er sich in den Untergrund rein krallt, mehr Grip. Die Lamellen sind andererseits auch ein guter Verschleißindikator: Mit zunehmender Abnutzung verschwinden die unterschiedlich tief geschnittenen Lamellen. Ihre beschriebene Wirkung nimmt ab. Unter 4 mm Profilstärke verlieren Winterreifen auf Schnee daher ihren Nutzen und sollten durch neue ersetzt werden. Es spricht allerdings wenig dagegen, Winterreifen im Frühjahr noch bis auf eine Profiltiefe von rund 3 mm aufzubrauchen.

Geringer Geräuschpegel

Auch bei der Minderung der Geräuschemission ging man mit Cleverness vor: Die Lamellenprofile erlaubten zum einen eine geringere Höhe der einzelnen Profilblöcke, was sich insbesondere auf das Geräusch verursachende Eigenschwingverhalten positiv auswirkte. Zum anderen wurden die Profilblöcke unterschiedlich groß gestaltet werden, sodass die nach dem Abrollen nachschwingenden Blöcke unterschiedliche Eigenschwingfrequenzen aufweisen. Ein eigendynamisches und geräuschvolles Schwingen bei einer bestimmten Geschwindigkeit wird so unterbunden.

PRAXISTIPP

Gebrauchte Winterreifen

Seit dem 01. Januar 2006 sind Autofahrer verpflichtet, im Winter ihr Fahrzeug mit »geeigneter Bereifung« auszurüsten. Damit gibt es für Autofahrer keine Ausrede mehr, auf Winterreifen zu verzichten. Wer dennoch ohne erwischt wird, riskiert ein Bußgeld und im Falle eines Unfalls sogar den Versicherungsschutz. Nicht selten ist der Erwerb von Winterrädern, also dem Komplettsatz von Reifen und Felgen, aber auch eine Kostenfrage. Bares Geld lässt sich beim Kauf gebrauchter Winterreifen sparen. Diese finden Sie zum Beispiel bei Winterreifen-Börsen, die vielerorts meist Anfang November stattfinden. Achten Sie auf Hinweise in Ihrer Tageszeitung oder informieren Sie sich im Internet z. B. auf den Seiten des ADAC. Notieren Sie sich vor dem Kauf unbedingt die für Ihr Fahrzeug passenden Reifengrößen. Sie sind im Fahrzeugschein hinterlegt. Der Reifenhersteller Continental schafft zudem auf seinen Internetseiten mit dem »Reifenkonfigurator« Klarheit. Nach Eingabe der Schlüsselnummer (s. Fahrzeugschein), werden auch alternative Reifengrößen aufgeführt. Haben Sie nun einen passenden Satz gefunden, inspizieren Sie ihn nach den Prüfkriterien: Profiltiefe, Reifenalter und Erscheinungsbild (Beschädigungen etc.), bevor Sie zugreifen. Informationen zu den Bezeichnungen und Beschriftungen finden sie auch in diesem Buch.

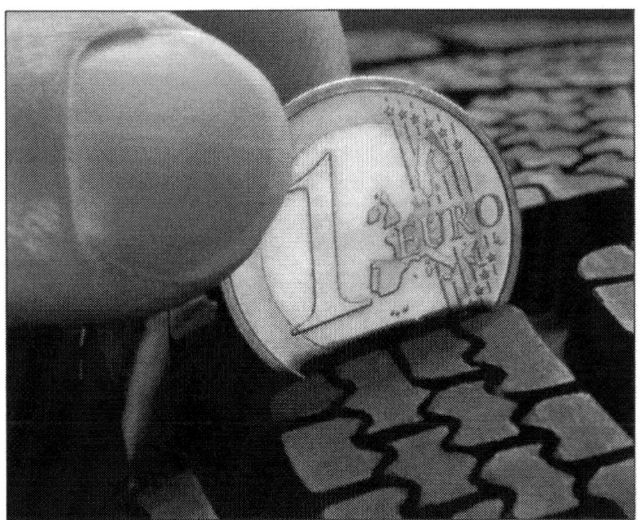

Münztest: Winterreifen bieten nur genug Traktion auf Schnee, wenn die Profiltiefe mindestens vier Millimeter beträgt. Das entspricht in etwa dem goldenen Rand einer Ein-Euro Münze.

Schneeketten anlegen üben

Spezielle Schneeketten für den Fabia gibt es beim Skoda-Händler oder auch im Zubehörhandel. Ein gutes Set umfasst zwei Schneeketten im wasserfesten Transportbeutel, der problemlos im Kofferraum verstaubar ist und sich auch als Unterlage bei der Montage verwenden lässt. Schneeketten können aber auch beim ADAC ausgeliehen werden. Dringend zu empfehlen ist, für die Montage eine zusätzliche Fußmatte mitzuführen. Das erspart einem die obligatorischen durchweichten Hosen besonders im Kniebereich. Gefütterte Arbeitshandschuhe erleichtern die Arbeit mit den kalten Schneeketten im Schnee erheblich.

Trockenübung hilft: Schon ein paar Gartenhandschuhe schützen die Finger, es empfiehlt sich die Anleitung evtl. in einer Klarsichthülle zu verstauen.

Scheibenwaschanlage

Der einwandfreie Zustand der Waschanlage an Ihrem Fabia ist ein wichtiges Sicherheitsmerkmal. Denn saubere Scheiben und eine klare Sicht sind Grundvoraussetzung für Ihre Sicherheit beim Fahren. Damit Sie unterwegs auch bei widrigsten Umständen wie Regen oder Schnee den Durchblick behalten, sollten Sie sich regelmäßig von der fehlerfreien Funktion Ihrer Wischanlage überzeugen. Die meisten Arbeiten sind leicht zu erledigen. Wir zeigen Ihnen auf den folgenden Seiten, worauf Sie insbesondere zu achten haben und welche Arbeitsschritte nötig sind. Hierzu gehören zum Beispiel die Kontrolle der Wischergummis und gegebenenfalls deren Austausch.

Wischwasser

Vergessen Sie nicht das Wischwasser aufzufüllen und achten Sie dabei auf den richtigen Wischwasserzusatz. Škoda empfiehlt das Scheibenreinigungskonzentrat G 052 164. Die Verwendung eines falschen Waschmittelzusatzes kann zum Aufschäumen an den Spritzdüsen führen, was ein Grund unzureichender Waschleistung sein kann. Škoda proklamiert für das Scheibenreinigungskonzentrat eine optimale Strahlverteilung an den Düsen. Außerdem bietet es im Mischungsverhältnis ein Drittel Konzentrat zu zwei Drittel Wasser einen Frostschutz bis zu Temperaturen von -25 °C. Damit dürfte auch im Winter eine sichere Funktion der Waschdüsen gewährleistet sein.

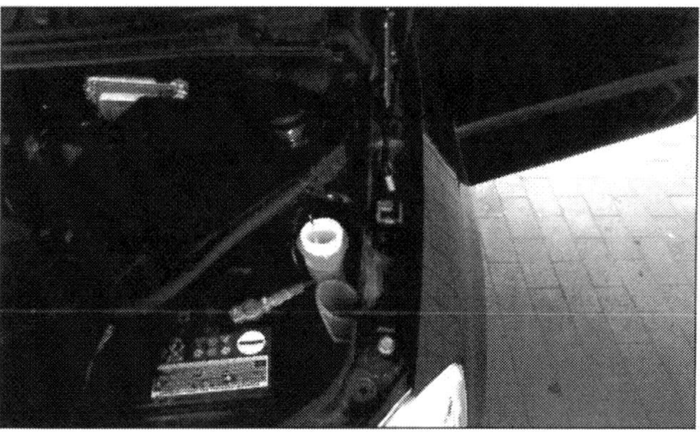

Wasser reicht nicht.

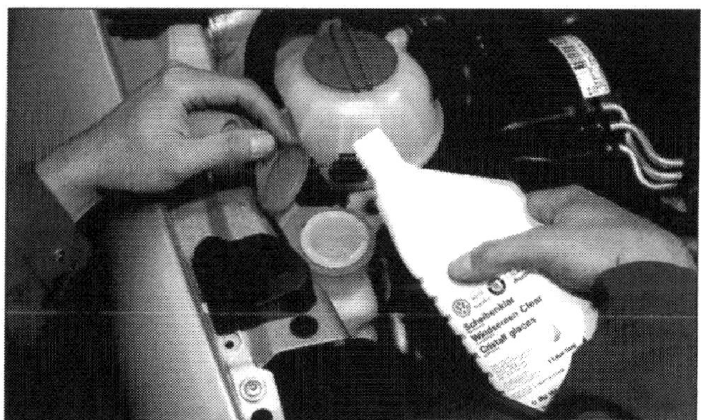

Die Mischung macht's: Ein Drittel Zusatz auf zwei Drittel Wasser schützt vor Einfrieren des Wischwassers bis -25 °C.

Wischerblatt wechseln

Um an den Scheibenwischern arbeiten zu können, sollten die Scheibenwischer in die Grundstellung gebracht werden. Das heißt, die Wischer müssen in der Ruhestellung stehen. Um sicher zu gehen, dass dies auch der Fall ist, sollte man bei eingeschalteter Zündung den Wischerschalter einmal kurz betätigen. Nun wird abgewartet, bis die Wischer die Grundstellung eingenommen haben, bevor die Zündung wieder ausgeschaltet wird und die Arbeiten an den Wischern beginnen können. So können die Wischer ausgebaut und/oder geprüft werden. Dies sollte nicht bei geöffneter Haube geschehen. Die Scheibenwischer könnten im ungünstigsten Fall mit der geöffneten Haube kollidieren.

- Bei hochgeklapptem Wischerarm den Clip öffnen durch Drücken an der Aussparung (Oberseite wie in Bild 1 dargestellt).
- Wischerblatt durch Ziehen vom Wischerarm lösen (2).
- Zum Einbau das neue AeroTwin-Wischerblatt auf den Wischerarm (3) schieben, bis der Clip eingerastet ist.

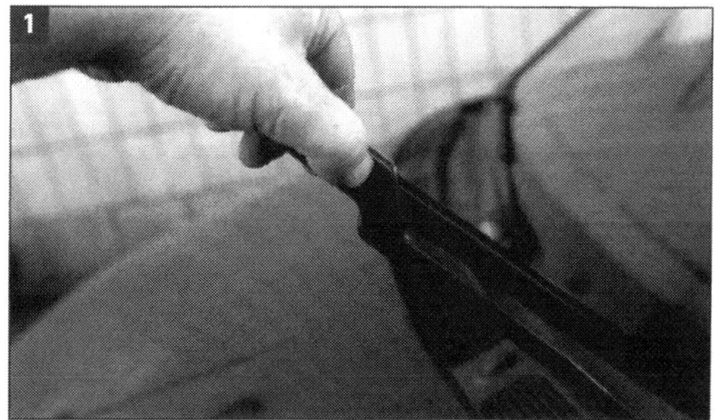

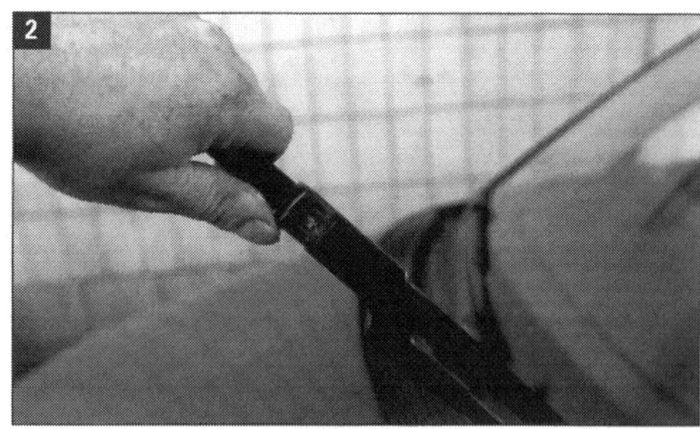

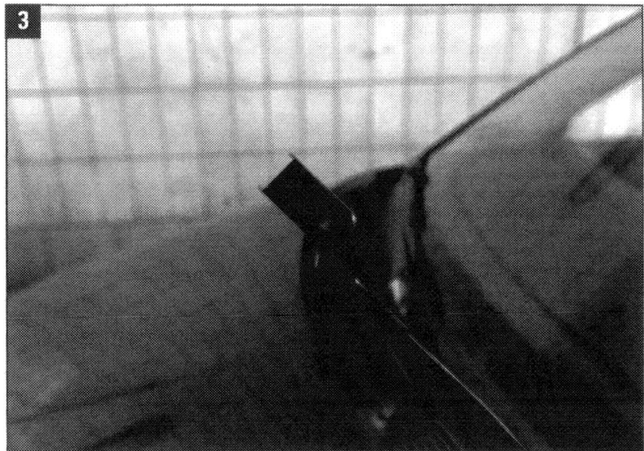

Der Wechsel der Wischerblätter empfiehlt sich regelmäßig im Frühling und Herbst. Mittlerweile gibt es für fast alle Fahrzeugtypen die im Fabia später in Serie verbauten Aero-Scheibenwischer von Bosch auch zum Nachrüsten. Ihr Vorteil: Eine Federschiene aus Spezialstahl ersetzt die sonst üblichen Gelenke und Bügel des Wischblattes, die es an die Windschutzscheibe pressen. Die Federschiene ist dazu exakt an die Krümmung der Windschutzscheibe angepasst. Dadurch wird die Wischqualität wesentlich verbessert. Die gleichmäßig starke Anpresskraft reduziert auch den Verschleiß und erhöht dadurch die Lebensdauer. Auch die Montage ist durch einen so genannten Quick-Clip-Adapter erheblich leichter. Gehen Sie zur Demontage wie folgt vor:

- Wischerblatt hochklappen und rechtwinklig zum Wischerarm stellen.
- Arretierungsfeder des Wischerblatts zusammendrücken.
- Wischerblatt nach unten aus dem Haken am Wischerblatt ziehen.

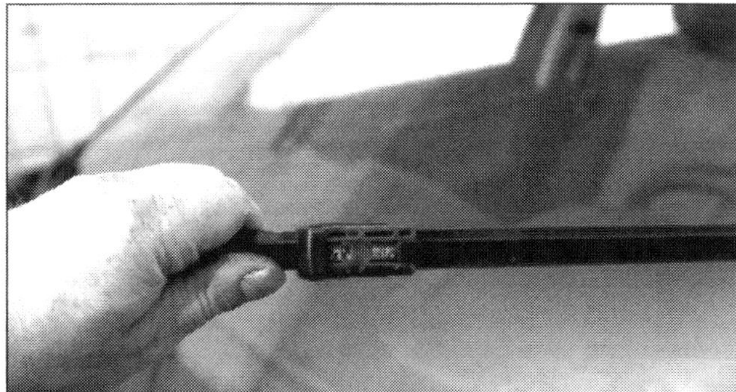

Wischerblatt wechseln: Hebel (1) drehen und Wischer nach unten (2) abdrücken.

Kontrolle der Wischerblätter

Die Pflege der Wischergummis wird nur allzu gerne vernachlässigt. Dies kann sich aber später bei einer langen Fahrt im Regen bitter rächen. Eingerissene und poröse Gummilippen ziehen Schlieren, anstatt die Scheibe vom Wasser zu befreien. In der Dunkelheit laufen Sie dadurch Gefahr, im Blindflug unterwegs sein zu müssen, da der Blendeffekt durch die Lichtbrechungen stark zunimmt. Heben Sie zur Kontrolle die Wischerarme von der Scheibe und fahren Sie mit der Fingerkuppe die Auflagefläche ab. Rillen und Vertiefungen sind ein klares Indiz für den fälligen Austausch. Kontrollieren Sie auch die Wischermechanik. Sie darf nicht verbogen sein.

Rubbelnde Scheibenwischer

Nicht immer muss die Ursache für nerviges Rubbeln der Wischerblätter ein defekter Wischergummi sein. Der Anstellwinkel, in welchem die Gummis auf der Scheibe aufliegen, ist ein wichtiges Einstellkriterium.

Einstellen und Prüfen der Endablage der Scheibenwischer vorne

- Schalten Sie die Zündung ein und betätigen Sie den Scheibenwischer.
- Schalten Sie den Scheibenwischer aus und lassen Sie ihn auf die Abschaltstellung laufen.
- Schalten Sie nun die Zündung aus. Prüfen Sie, ob die Scheibenwischer exakt über den Markierungen in der Windschutzscheibe stehen. Sollte dies nicht der Fall sein, müssen die Wischerarme gelöst und versetzt werden.

Scheibenwischer einstellen: Markierungen an der Windschutzscheibe.

Einstellen und Prüfen der Endablage der Scheibenwischer hinten
Auch hier sollte die Wischanlage einmal ein- und wieder ausgeschaltet werden. Der Scheibenwischer läuft so auf seine Endstellung.
Der Scheibenwischer für die Heckklappe soll ein Abstandsmaß zur Scheibenkante von 30 mm bei der Limousine und 25 mm beim Combi aufweisen.
Stimmt der Abstand nicht, muss hier dann der Wischerarm gelöst und versetzt werden.

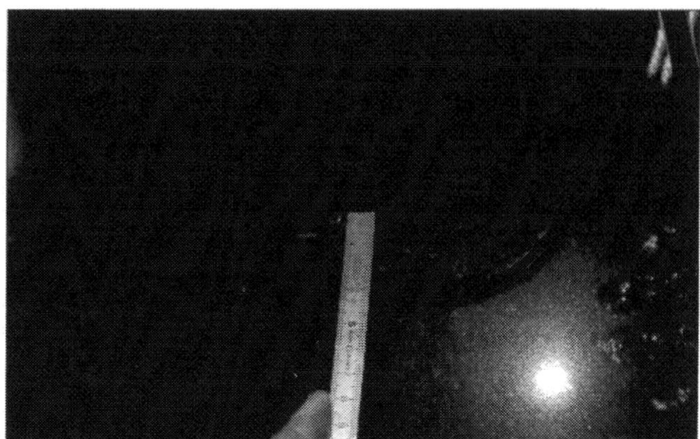

Einstellen Scheibenwischer an der Heckklappe.

Waschdüsen prüfen und einstellen

Waschdüsen vorne
Die Scheibenwaschdüsen können beim Fabia nicht mehr eingestellt werden. Die Düsen sind vom Hersteller voreingestellt und müssen bei Unregelmäßigkeiten ersetzen werden.

Waschdüsen hinten prüfen und einstellen
Für die Heckscheibe sieht das allerdings anders aus. Die Düsen sind voreingestellt, können aber in der Höhe korrigiert werden.
Der Wasserstrahl soll die Scheibe im oberen Drittel treffen. Um die Düse zu verstellen empfiehlt sich das Düseneinstellwerkzeug von Skoda (VAG-T10127). Wenn sie versuchen die Düse mit einer Nadel zu verstellen kann diese beschädigt werden.

Waschdüsen hinten.

Unzureichende Waschleistung der Düsen
Drei mögliche Ursachen kommen in Betracht.
Erstens können die Düsen falsch eingestellt sein, zweitens die Verwendung eines zum Aufschäumen oder zu Ablagerungen neigenden Waschmittelzusatzes. Und drittens ein unzureichender Wasserdurchsatz durch Verunreinigung einer Düse oder durch einen abgeknickten oder undichten Schlauch. Stellen Sie stets sicher, dass keine ungeeigneten Waschmittelzusätze verwendet werden, die Schaumbildung an der Spritzdüse verursachen. Kontrollieren Sie auch, ob der Sprühstrahl beider Düsen gleichmäßig stark ist. Ist dies nicht der Fall, dann bauen Sie die »schwächere« Düse aus und blasen die Düse mit Druckluft aus. Sollte diese Maßnahme zu keinen Erfolg führen, prüfen Sie, ob der betreffende Schlauch abgeklemmt oder undicht ist.

Wischerkontrolle: Inspizieren Sie die Gummilippe auf Rillen und Vertiefungen. Das Gelenk muss leichtgängig sein, damit die Wischergummis satt auf der Scheibe aufliegen.

Bei Fahrzeugen mit Scheinwerferreinigungsanlage muss natürlich auch die Einstellung der Spritzdüsen überprüft werden. Hier gilt, dass der Reinigungsstrahl die Mitte des jeweiligen Reflektors treffen soll.

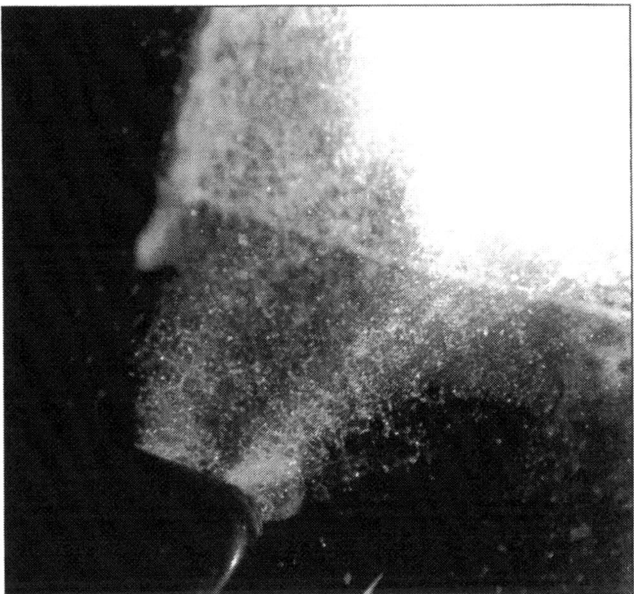

Wenn sie eingestellt werden müssen, wird es allerdings etwas hektisch. Nach dem Einschalten des Fahrlichtes, also dem Abblendlicht oder dem Fernlicht, und der Betätigung der Scheibenwaschanlage für die Frontscheibe (der Hebel muss mindestens für 1,5 Sekunden gehalten werden!), wird mit der Hochdruckpumpe die Scheinwerferreinigung durchgeführt. Die Spritzdüsen werden hierzu ausgefahren. Nun können die Spritzdüsen eingestellt werden. Da dieser Zeitraum aber zur Justierung nicht ausreicht und es außerdem sehr nass werden könnte, gibt es auch die Möglichkeit die Waschdüsen per Hand herauszuziehen. Hierzu wir die Düse vorsichtig und gleichmäßig an der Abdeckung so weit herausgezogen, bis man die eigentliche Düse packen kann und diese dann bis zum Anschlag herauszieht.

Die Betätigung der Waschdüsen erfolgt hydraulisch über den Druck des Reinigungsmittels. Die Rückstellung erfolgt über eine Rückzugsfeder, die in der Waschdüse verbaut ist. Die Waschdüse ist nicht zerlegbar und sollte ausgetauscht werden, wenn sie sich nicht mehr einstellen lässt oder andere Defekte wie Schwergängigkeit oder Verstopfung aufweist.

PRAXISTIPP

Scheiben schonend enteisen

Für viele, die keinen Garagenstellplatz ihr Eigen nennen, gehören zugefrorene Scheiben im Winter zum alltäglichen Graus. Und wer hat schon Lust, am frühen Morgen oder späten Abend sich mit dem ungemütlichen Gekratze und Geschabe aufzuhalten? Wer jedoch, egal ob aus Faulheit oder Unvernunft, nur ein kleines Guckloch freilegt und dann losfährt, begibt sich und andere beim anschließenden Blindflug in

Schonende Prozedur: Enteisung per Spraydose

höchste Gefahr. Zudem nimmt man so das Risiko in Kauf, bei einem Unfall haftbar gemacht zu werden und ein saftiges Bußgeld zu kassieren. Der Gesetzgeber schreibt nämlich dem Fahrzeughalter vor, dass er laut §23 StVO dafür zu sorgen hat, dass die Sicht weder durch Beladung noch durch den Zustand des Fahrzeugs beeinträchtigt ist. Was also tun, will man sich und die durch die Kratzprozedur stark in Mitleidenschaft gezogene Scheibenoberfläche schonen? Eine Möglichkeit ist die Verwendung eines Scheiben-Enteisers, den es als Spray- oder Pumpdose zu kaufen gibt. Dieser sorgt mit einer konzentrierten alkoholischen Formel dafür, dass die Eisschicht abtaut. Qualitätsunterschiede der Produkte lassen sich zum Beispiel am Sprühbild erkennen: Wird die Scheibe gleichmäßig benetzt, ist die Wirkung effektiver. Besonders die kratzempfindlichen Stellen wie Außenspiegel oder Gummiteile, aber auch die Kunststoff-Heckscheibe einiger Cabrios, profitieren durch kaum erforderliche mechanische Beanspruchung.

Heizung / Lüftung prüfen

Damit im Winter die Scheiben auch von innen möglichst schnell und zuverlässig frei werden, müssen Heizung und Lüftung, aber auch die Klimaanlage in tadellosem Zustand sein. Die Klimaanlage kann nämlich auch im Winter wertvolle Dienste leisten: Die Luft wird getrocknet und das Beschlagen der Scheiben vermindert. Leider behindert der im Frischluftkanal integrierte Wärmetauscher einer Klimaanlage die Frischluftzufuhr von außen, weshalb Sie das Gebläse im Winter immer mindestens auf Stufe 1 mitlaufen lassen müssen.

Vorgehen:

- Prüfen Sie zunächst, ob das Gebläse in allen Stufen wirkungsvoll arbeitet, indem Sie die Luft auf die mittleren Ausströmer lenken und alle Schalterstellungen durchprobieren. Eventuell den Reinluftfilter wechseln.
- Ab einer Motortemperatur von 60 Grad oder nach ca. fünf Kilometern Fahrt, muss aus den Ausströmern warme Luft kommen, sobald Sie die Einstellung der Temperatur verändern.
- Prüfen Sie zum Abschluss noch, ob die Luftverteilung funktioniert. Sie können das an den jeweiligen Düsen erfühlen und auch hören. Beim Umschalten öffnen und schließen sich die jeweiligen Klappen des Lüftungssystems. Gerade die Funktion zur Belüftung der Frontscheibe ist sehr wichtig. Sie muss sich auch so einstellen lassen, dass keine zusätzlichen Austrittsstellen für die Luft geöffnet werden. Nur so bleibt die Frontscheibe – gerade in der Phase, in der das Auto noch nicht warm ist – beschlagfrei.

Ausströmdüsen dürfen nicht verstopfen: Testen Sie den Luftstrom einzelner Düsen regelmäßig durch Drehen des Reglers bzw. Drücken der Tasten der Klimaautomatik.

Frostschutz prüfen

Sowohl dem Kühlwasser als auch dem Scheibenwaschwasser wird ein Frostschutzmittel beigemischt. Während das Mittel für den Kühlwasserkreislauf zusätzlich für einen Korrosionsschutz im Motor sorgt und deshalb auch im Sommer im Kühlsystem verbleiben muss, gibt es für das Scheibenwaschwasser je nach Jahreszeit verschiedene Mittel. Bringen Sie die Mittel nicht durcheinander und kippen Sie niemals Frostschutzmittel für die Scheibe in den Kühlkreislauf oder umgekehrt. Das kann fatale Folgen haben!

Arbeitsschritte:

- Die Flüssigkeiten können mit einer Spindel geprüft werden. Ziehen Sie so viel Flüssigkeit in das Gerät, bis der Schwimmer frei schwebt. Sie können dann ablesen, bis wie viel Grad der Frostschutz gewährleistet ist. Mit minus 30 Grad sind Sie gut gerüstet. Füllen Sie am besten immer ein fertiges Gemisch nach.
- Der Ausgleichsbehälter für das Kühlwasser befindet sich beim Fabia in Fahrtrichtung gesehen rechts, nahe dem Kotflügel (kugelförmig; Aufschrift G12).
- Der Vorratsbehälter für das Waschwasser sitzt beim Fabia meist vor dem Kühlflüssigkeitsbehälter, also in Fahrtrichtung rechts, weiter vorne.

Dichtungsgummis pflegen

Die Dichtungsgummis sind bei Minustemperaturen besonderen Anforderungen ausgesetzt. Kaputte Gummidichtungen sind nicht nur optisch ein Problem, sie können im Extremfall zu Wassereinbruch und übermäßigem Scheibenbeschlag führen. Sparen Sie also nicht bei der Pflege, denn der Wechsel defekter Dichtungen ist aufwändig und insofern auch nicht billig. Verwenden Sie lieber regelmäßig einen Gummipflegestift. Dieser verhindert im Winter das Festkleben von Gummidichtungen an Türen, Scheiben und Kofferraumdeckeln. Zusätzlich wird das Gummi geschmeidig gehalten, was vor dem Brüchigwerden schützt.
Gummidichtungen müssen innen wie außen geschmeidig bleiben. Besonders wichtig ist das im Winter. Spezielle Gummipflegemittel geben dem elastischen Material zusätzlich den Glanz zurück.

Schmieren und Pflegen: Den Gummidichtungen müssen Sie in der kalten Jahreszeit besondere Beachtung schenken. Verwenden Sie dazu am besten einen Glycerinstift. Er hält die Dichtungen geschmeidig.

Türschlossenteiser

Auch die Verwendung eines Türschlossenteisers kann nicht schaden, insbesondere wenn Sie an Ihrem Fabia die Türen nicht per Funkschlüssel öffnen. Beachten Sie aber, dass der Enteiser nicht ins Fahrzeug gehört. Dort nutzt er im Fall der Fälle nämlich nichts.
Das Feuerzeug ist im Übrigen keine Alternative. Denn durch die Erhitzung des Schlüssels riskieren Sie einen Schaden an dem im Schlüssel integrierten Mikrochip der Wegfahrsperre. Haben Sie dennoch das Schloss auf diese Art geöffnet, kommen Sie erst recht nicht vom Fleck.

Am besten griffbereit in der Tasche: Den Türschlossenteiser nicht im Fahrzeug vergessen. Ist das Schloss zugefroren, bringt er Ihnen dort am allerwenigsten. Unterlassen Sie bitte auch das Zündeln mit dem Feuerzeug am Schlüssel.

Schmutz kostet Leuchtkraft

WISSENSWERTES

Waschen Sie, besonders in der schmuddeligen Jahreszeit, die Scheinwerfer häufiger als die Karosserie. Denn Schmutzpartikel auf den Abdeckgläsern schlucken die Lichtstrahlen oder leiten sie in die Irre. Folge: geringere Sichtweite, unkontrolliertes Streulicht, starke Blendung – vornehmlich bei Nebel. Schon nach einer etwa halbstündigen Fahrt auf feuchter Straße können die Scheinwerfer Ihres Autos zu über 60 Prozent verschmutzt sein. Entsprechend mager ist dann die Lichtausbeute – ein Gefahrenpotenzial für Sie und andere Verkehrsteilnehmer. Die am Fabia angebrachten Halogenscheinwerfer können Sie beim Tankstellenstopp mit den vorhandenen Mitteln schnell von der Schmutzschicht befreien. Eine Reinigung unterwegs mit Wasser und Schwamm wirkt Wunder und sichert anschließend wieder die volle Leuchtkraft des Scheinwerfers. Achten Sie aber darauf, dass die Schmutzpartikel nicht die Klarglasleuchten der Scheinwerferabdeckung beschädigen oder verkratzen. Die Scheibe der Fabiascheinwerfer kann nämlich nicht als separates Teil ersetzt werden. Dies hat zur Folge, dass im Fall von verkratzten oder gebrochenen Scheiben der Austausch des kompletten Scheinwerfers fällig wird.

Bessere Wischerblätter

In der kalten und nassen Jahreszeit ist eine gute Sicht das A und O beim Autofahren. Wechseln Sie daher am besten zu Herbstbeginn die Wischerblätter gegen einen neuen Satz. Bei dieser Gelegenheit wäre der Umstieg auf die Aerotwin-Wischer aus dem Hause Bosch günstig. Diese etwas teureren Wischblätter werden durch mathematische Berechnungen individuell an die Wölbung der Windschutzscheiben, auch der des Fabia, zugeschnitten. Der Anpressdruck ist damit gleichmäßig auf die gesamte Wischerblattlänge verteilt. Der übliche Spoiler wird überflüssig, was auch den Geräuschpegel und Luftwiderstand minimiert.

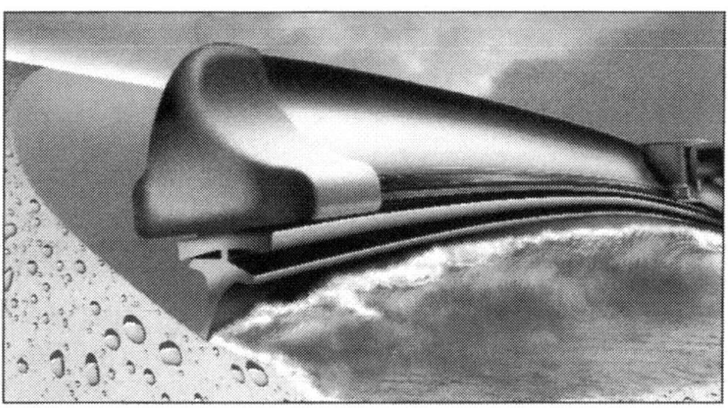

Starthilfebooster

Wollen Sie bei Fahrten in entlegene Wintergebiete auf Nummer sicher gehen, was das Starten des Motors betrifft, sollten Sie einen so genannten Starthilfebooster mit an Bord haben. Dieser hilft Ihnen auch, wenn die Autobatterie den Dienst, sei es wegen der Kälte oder des schlechten Ladezustands (oder schlimmstenfalls beidem), verweigert. Der Starthilfebooster agiert dann als kleines Kraftwerk, sodass auch die müdeste Batterie Ihnen nicht zum Verhängnis werden kann und Sie Ihren Fabia starten können.

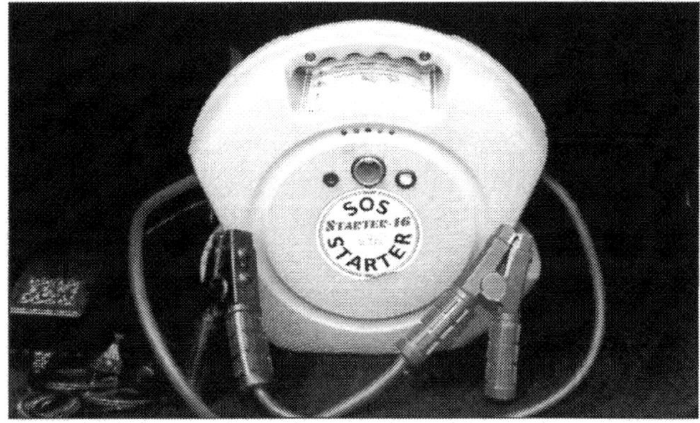

Starthilfebooster

Standheizung nachrüsten

Eine Standheizung ist ein echter Zugewinn an Komfort und Sicherheit. Lästiges Scheibenkratzen entfällt und der bereits warme Motor läuft vom Start weg schadstoffarm und abgasreduziert. Den Einbau müssen Sie allerdings dem Fachmann überlassen.

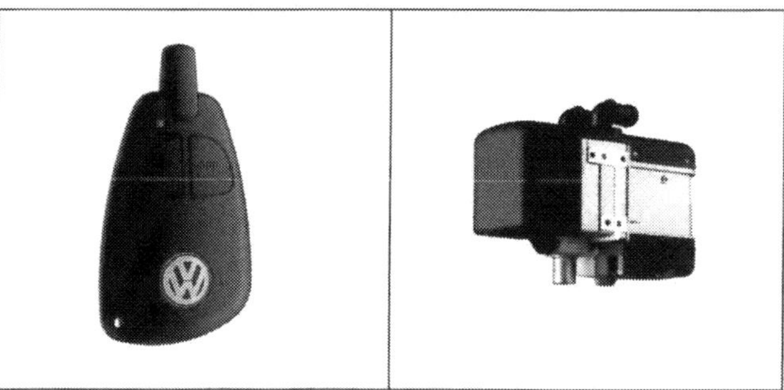

Fernbedienung Standheizung / Standheizung

Sitzheizung einbauen

Wer seinen Fabia mit einem Komfortmerkmal erweitern möchte, hat dazu reichlich Möglichkeiten. Eine dieser Möglichkeiten ist die Nachrüstung einer Sitzheizung. Die im Zubehör angebotenen Carbon-Heizmatten sind wesentlich bruchfester als die ab Werk verbauten Elemente, ohne deshalb wesentlich mehr zu kosten. Ein einfaches Nachrüstkit ist inklusive Schalter und Kabel schon für rund 100 Euro pro Sitz zu haben. Der Einbau muss allerdings nach TÜV-Auflage durch einen Fachbetrieb erfolgen.

Sitzheizung

Fit für den Winter

Bereich	Worauf Sie achten sollten	Was zu tun ist
A Motor	**1** Motoröl	Das Motoröl wird durch extreme Kaltstarts und die großen Temperaturschwankungen stärker belastet als im Sommer. Vielleicht etwas kürzere Intervalle fahren und ein gutes Öl mit niedriger Viskosität spendieren. (Beachten Sie dazu unbedingt die Hinweise im Kapitel „Antrieb")
	2 Kühlmittel	Ist der Frostschutzgehalt zu niedrig und das Kühlwasser friert ein, kann das Eis den Motor sprengen. Also rechtzeitig messen und einen anstehenden Wechsel auf den Herbst legen.
	3 Thermostat	Wenn im Winter der Thermostat nicht vollständig schließt, braucht der Motor lange, um warm zu werden. Beobachten und bei langer Warmlaufphase wechseln.
B Räder und Reifen	**1** Winterreifen	Winterreifen funktionieren auf Schnee nur gut, wenn noch mindestens 4 mm Profiltiefe übrig ist. Reifen im Oktober montieren. Falls Sie neue Reifen brauchen: Nicht erst auf die ersten Schneeflocken warten, denn dann hat der Reifenhändler garantiert keine Zeit.
C Licht und Sicht	**1** Beleuchtung	Kontrollieren Sie regelmäßig die Beleuchtungsanlage und reinigen Sie die Klarglasabdeckungen der Scheinwerfer. Im Winter sind einwandfrei funktionierende Scheinwerfer unentbehrlich.
	2 Verglasung **3** Scheibenwischer	Die Scheiben sollten frei von Kratzern und Steinschlägen sein. Spendieren Sie im Herbst neue Wischer und füllen Sie genügend Frostschutz in die Waschanlage.
D Karosserie	**1** Türen und Hauben	Sprühen Sie die Dichtungen großzügig mit Silikonspray ein, das verhindert das Festfrieren.
	2 Schlösser und Scharniere	Die Gelenke freuen sich über eine Extraportion Öl bzw. Fett. Das verhindert nebenbei auch Korrosion.
	3 Lack	Gönnen Sie dem Lack regelmäßige Wäschen. So setzt sich erst gar keine Salzkruste fest.
E Elektrik	**1** Batterie	Lassen Sie eine Batterie-Kurzschlussprüfung durchführen um festzustellen, wie viel Kapazität noch vorhanden ist. Batterien leiden unter Kälte, das gilt übrigens auch für die Fernbedienung.
	2 Heizung und Lüftung	Vor dem Winter Reinluftfilter wechseln.

Fit durch den Sommer

Reifen

Sommerzeit ist Reisezeit, und die will gut vorbereitet sein. Nach dem Packen kommt Ihr Fabia dran. Passen Sie in jedem Fall den Reifendruck dem Beladungszustand an. Im Tankdeckel oder in der Bedienungsanleitung finden Sie dazu eine tabellarische Übersicht.
Auch der Reservereifen darf nicht vergessen werden. Nur ein intaktes Reserverad kann bei einer Reifenpanne auch weiterhelfen. Die Notfallausrüstung wie Warndreieck, Sicherheitswesten und natürlich auch das Werkzeug sollte zweckmäßig und griffbereit untergebracht werden. Eine Reifenpanne findet eher selten auf einem Parkplatz statt. Wenn nun auf der Autobahn das halbe Auto wieder ausgeräumt werden muss, nur um die notwendigen Utensilien zusammenzusuchen, vergeht nicht nur Urlaubszeit sondern die Gefährdung auf der Autobahn nimmt mit der Standzeit zu. Hilfreich ist es sicherlich, das Werkzeug in der Ablage der Reserveradmulde zu platzieren.

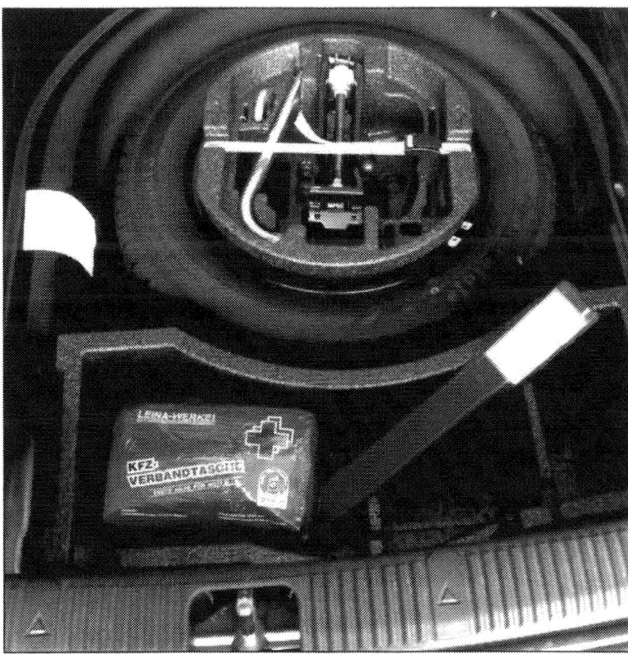

Werkzeug, Warndreieck und Verbandskasten.

Vergewissern Sie sich, dass Ihre Sommerreifen noch genügend Profil haben. Gesetzlich vorgeschrieben sind zwar lediglich 1,6 mm Profiltiefe, wer jedoch mit diesen Reifen eine Vollbremsung hinlegen muss oder gar in den Regen kommt, hat schlechte Karten. Denn schon bei ca. 4 mm, also rund der Hälfte des Profils neuer Reifen, verlängert sich der Bremsweg aus 100 km/h bereits um mehr als zwei Wagenlängen.

Bremsweg aus 100 km/h (regennasse Fahrbahn)

Profiltiefe	Bremsweg	
8 mm	70 m	--
4 mm	82 m	17%
3 mm	87 m	24%
2 mm	97 m	39%

Erschreckende Zahlen: Die Profiltiefe ist ein entscheidender Sicherheitsfaktor vor allem bei Nässe (Quelle: www.kfz-tech.de).

Profiltiefe korrekt bestimmen

Zur Ermittlung der Profiltiefe empfiehlt sich ein Profiltiefenmesser (Bild 2). Entscheidend sind die Hauptprofilrillen. Messen Sie nicht auf den Erhebungen des TWI (Tread Wear Indikator = Profil-Abnutzungsanzeiger). Die Profiltiefe messen Sie in den Hauptprofilrillen an den am stärksten verschlissenen Stellen des Reifens. Die Positionen der TWI-Indikatoren (Bild 1) sind an der Reifenschulter sichtbar und zeigen die gesetzliche Mindestvorgabe von 1,6 mm an.

1

2

Kleine Reifenkunde

PRAXISTIPP

Seit 01. Januar 2006 ist es Gesetz, dass laut Straßenverkehrsordnung (§2 Abs. 3a) bei Kraftfahrzeugen die Ausrüstung an die Wetterverhältnisse anzupassen ist. Hierzu gehört insbesondere eine »geeignete Bereifung«. Damit sollte es nun nicht mehr nur für Fachleute, sondern für alle Autofahrer selbstverständlich sein, dass Sommer und Winter ihre eigenen Reifen hinsichtlich Profil und Gummimischung benötigen. Gerade auf der Fahrt in den Urlaub kommt es darauf an, der Bereifung besondere Aufmerksamkeit zu schenken. Wer weiß schon, dass ein moderner Reifen aus bis zu 16 verschiedenen Gummimischungen bestehen kann, die zum Beispiel folgende Anforderungen erfüllen müssen: Geringst möglicher Abrieb, Rissfestigkeit, Rutschwiderstand, geringer Rollwiderstand, dynamische Beständigkeit, Luftdichtigkeit, Laufruhe sowie Alterungsbeständigkeit. Allerdings bestimmen nicht nur Gummimischung und Auslegung des Profils – zum Beispiel das Lamellenprofil eines Winterreifens – die Leistung eines Reifens. Mindestens genauso wichtig sind nach Aussage der Kfz-Innungsexperten die unterschiedlichen Profiltiefen. Zwar schreibt der Gesetzgeber hier nur einen Mindestwert von 1,6 Millimetern vor, aber in der Praxis ergeben sich andere und realistischere Werte. Auf eine einfache Formel gebracht: Profiltiefe Sommerreifen: Minimum 3 Millimeter; Profiltiefe Winterreifen: Minimum 4 Millimeter. Die Gründe für diese Empfehlungen sind zahlreich und absolut sicherheitsrelevant. Mit dem Minimalprofil von 1,6 Millimeter verlängert sich bei Nässe der Bremsweg bereits um das Doppelte. Wenn man weiter weiß, dass bei nasser Fahrbahn die Drainagerillen bei 80 km/h bis zu 25 Liter Wasser pro Sekunde und bei 140 km/h bis zu 43 Liter kanalisieren müssen, erübrigt sich wohl jede weitere Diskussion um falsche Sparsamkeit. Gerade vor der sommerlichen Urlaubsreise mit ihren erhöhten Anforderungen an Temperaturen, Fahrzeuggewicht und Geschwindigkeit raten die Fachleute der Kfz-Meisterbetriebe zu einer detaillierten Reifenkontrolle, bei der neben der Erhöhung des Luftdrucks speziell auf Beschädigungen an Lauffläche, Seitenwand und Ventilabdichtung sowie auf Profiltiefe geachtet werden muss. Gehen Sie also beim einzigen Bindeglied zwischen Ihnen und dem Straßenbelag keine unnötigen Risiken ein und kontrollieren Sie regelmäßig Ihre Fahrzeugbereifung.

Auch der Blick unter die Motorhaube ist sehr wichtig. Prüfen Sie alle wichtigen Flüssigkeitsstände des Fahrzeuges. Dazu gehören vor allen Dingen der Kühlwasserstand, der Ölstand und auch die Scheibenwaschanlage.

Motorraum und Übersicht der Kontrollpunkte: 1 Kühlwasserbehälter, 2 Scheibenwaschbehälter, 3 Dieselfilter, 4 Zahnriemenabdeckung, 5 Öleinfüllstutzen, 6 Ölpeilstab, 7 Ölfilter, 8 Luftmassenmesser, 9 Batterie, 10 Luftfilterkasten, 11 Sicherungskasten B

Wie funktioniert die Klimaanlage?

Eine Klimaanlage ist eine feine Sache, keine Frage, doch wie funktioniert diese Anlage eigentlich? Das Funktionsprinzip ist vergleichbar mit dem des heimischen Kühlschranks. Ein vom Motor angetriebener Kompressor (1) verdichtet das dampfförmige Kältemittel, welches sich dabei erhitzt. Beim anschließenden Abkühlen im Kondensator (10) wird das Mittel wieder flüssig. Durch ein Ventil (12) wird diese abgekühlte Flüssigkeit nun in den Verdampfer (13) eingespritzt. Beim Verdampfungsprozess wird nun der außen an dem Waben- und Röhrensystem vorbeiströmenden Luft aus dem Fahrgastraum Wärme und Feuchtigkeit entzogen. Die Luft kühlt ab und wird zurück in den Innenraum geleitet. Die Intensität der Abkühlung hängt im Wesentlichen vom Luftdurchsatz und der eingestellten Temperatur ab. Das heißt: Je höher die Gebläsestufe und je niedriger die gewählte Temperatur, desto kälter wird es. Intelligente Klimasysteme zeichnen heutzutage zusätzliche Sensoren und Steuereinheiten aus. Diese bestimmen nicht nur anhand der Gurtschlösser die Anzahl der klimabedürftigen Insassen, sondern können auch mittels Fotodioden die Sonneneinstrahlung berechnen und so den hitzegeplagtesten Passagier ausmachen und dementsprechend die Kälteverteilung koordinieren.

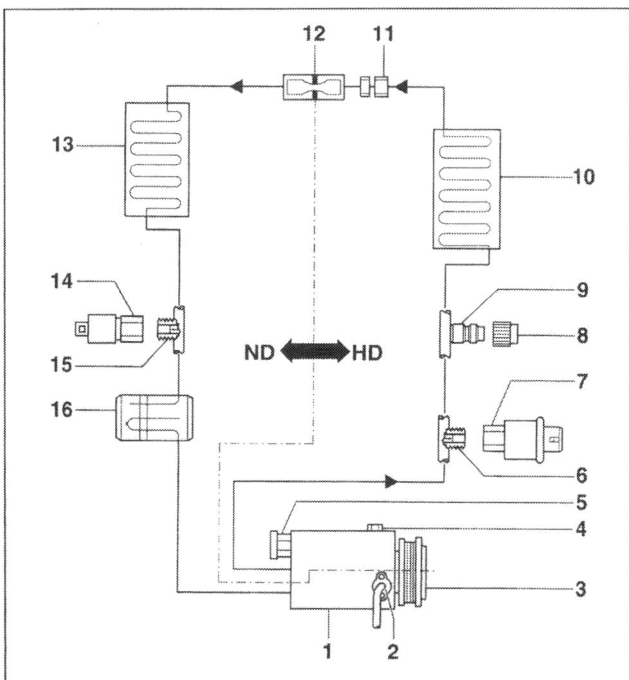

Funktionsprinzip Klimaanlage: Der Kreislauf ist in einen Nieder- und einen Hochdruckkreis aufgeteilt.

PRAXISTIPP – Gebrauch Klimaanlage

Beim ausgiebigen Sonnenbad Ihres Fahrzeugs heizt sich der Innenraum auf Temperaturen bis zu 60 °C oder gar noch mehr auf. Sie sollten daher vor dem Losfahren zunächst alle Türen öffnen und die größte Hitze entweichen lassen. Danach erst die Fahrt antreten und zum zügigem Herunterkühlen zunächst volle Gebläsestufe wählen. Dann schnell kleiner drehen, um unnötige Zugluft zu vermeiden. Die automatische Klimaanlage regelt sensorgesteuert Temperatur, Gebläsestufe und Luftverteilung selbsttätig. Bei manuell

Einstellungssache: Reglereinheit der Klimaanlage

geregelten Klimageräten übernehmen Sie diese Aufgaben selbst. Die Wohlfühl-Temperatur liegt im Sommer bei etwa 22 °C, bei extremer Hitze etwa drei bis vier Grad höher. Kurz vor dem Ziel die Klimaanlage abschalten, dann lässt sich ein Temperaturschock beim Aussteigen vermeiden. Im Winter ist eine Temperatur von etwa 21 °C ideal. Apropos: Auch im Herbst und Winter sollten Sie gelegentlich die Klimaanlage aktivieren. Dies vermindert nicht nur durch die Aufnahme der Feuchtigkeit aus der Luft das Anlaufen der Scheiben, sondern dient auch dem Schutz des Klimasystems und seiner Aggregate vor Korrosion. Folgende Indizien deuten auf einen Defekt der Klimaanlage hin und erfordern einen sofortigen Werkstattbesuch: Schlechte Gerüche aus den Lüftungsdüsen, verminderte oder gar keine Kälteleistung der Anlage, erhöhter Kraftstoffverbrauch oder eine ständig beschlagene Windschutzscheibe. Vermeiden Sie durch unregelmäßige Checks auch, dass Bakterien und Pollen sowie Sporen dem Innenraumfilter übel zusetzen können. Vor allem bei Allergikern können Husten und Niesen gefährliche Situationen beim Fahren hervorrufen

Die Climatronic

Das Schrauben am Klimatisierungs-System scheitert weniger an Sicherheitsrisiken. Es ist vielmehr die komplizierte Technik, die dem Heimwerker das Leben schwer macht. Škoda unterscheidet zwischen Klimaanlage (Climatic) und Klimatisierungsautomatik (Climatronic). Die Climatronic hält ebenso wie die Climatic vollautomatisch die gewählte Fahrzeuginnentemperatur. Weiterhin werden jedoch die Temperatur der ausströmenden Luft sowie die Gebläsedrehzahl (Luftmenge) und Luftverteilung automatisch verändert. Die Anlage berücksichtigt auch starke Sonneneinstrahlung. Ein Nachregeln von Hand ist überflüssig. Das Klima-Steuergerät verarbeitet vielfältige Informationen von Sensoren. Die gesamte Anlage wird über elektrische Stellmotoren gesteuert. Sämtliche Luftklappen bewegen sich vollautomatisch. Das Steuergerät hat ebenfalls die Magnetkupplung am Klimakompressor im Griff. Empfohlen wird folgende Standardeinstellung für alle Jahreszeiten: Stellen Sie die Temperatur auf 22 °C und drücken Sie die Taste AUTO. Bei dieser Einstellung wird am schnellsten ein behagliches Klima erreicht. Die Einstellung sollte nur verändert werden, wenn das persönliche Wohlbefinden es erfordert. Damit die Climatronic einwandfrei funktionieren kann, muss der Lufteinlass vor der Windschutzscheibe frei von Eis, Schnee und Blättern sein. Empfohlen wird, bei Umluftbetrieb im Fahrzeug nicht zu rauchen, da sich der aus dem Fahrzeuginnern angesaugte Rauch auf dem Verdampfer absetzt und zu dauerhafter Geruchsbelästigung führt. Wenn nach Einschalten der Zündung alle Symbole im Anzeigenfeld etwa 15 Sekunden blinken, liegt eine Störung vor, die nur in der Fachwerkstatt behoben werden kann. Sollte die Kühlanlage einmal nicht arbeiten, kann entweder die Außentemperatur niedriger als etwa +5 °C sein, der Kompressor der Kühlanlage wegen zu hoher Motor-Kühlmitteltemperatur vorübergehend abgeschaltet haben oder die Sicherung durchgebrannt sein.

 **Kältemittel**

GEFAHRHINWEISE

Die Bauteile des Klimasystems sowie alle Kältemittelschläuche und -leitungen, finden Sie beim Fabia vorn links halb neben und halb vor dem Motor, den sie fast ganz umgeben. Doch Vorsicht: Hier müssen Sie sich selbst als passionierter Schrauber bremsen! Denn bei den Komponenten der Klimaanlage bestehen gesundheitliche Risiken und auch die Gefahr, Ihre Klimaanlage bei Reparaturversuchen zu beschädigen! So kann der Umgang mit Kältemitteln Erfrierungen bei Berührung verursachen oder gar zum Ersticken am Boden oder in unteren Räumen, wegen der Schwere des Mittels, führen. Klimaanlagen dürfen also nur von Škoda oder in Service-Stützpunktwerkstätten instand gesetzt bzw. ersetzt werden. Riskieren Sie hier keine gesundheitlichen Schäden oder teure Nachreparaturen. Denn der Kältemittelkreislauf der Klimaanlage darf nicht geöffnet werden. Das Neubefüllen ist Werkstatt-Sache. Zudem könnten Sie sich bei unsachgemäßer Handhabung auch strafbar machen: Das Ablassen von Kältemittel in die Umwelt ist eine strafbare Handlung. Sollte Ihre Klimaanlage also der Wartung bedürfen, fahren Sie am besten gleich in Ihren Servicebetrieb.

Nach Werksvorgabe: Die Idealtemperatur im Fahrzeuginnenraum beträgt rund 22 °C.

Der Pollenfilter

Der Filter für den Innenraum sollte einmal im Jahr, am besten im Frühjahr vor Beginn des Pollenflugs, spätestens aber vor der Urlaubsfahrt erneuert werden.

Benötigtes Material und Werkzeug
– Austauschfilter

Ausbau alter Filter:

- Beide Rastnasen der Filterabdeckung nach innen schieben.
- Pollenfilterdeckel nach unten ziehen und abnehmen.
- Achten sie darauf, dass Ihnen bei Ausbau ggf. Schmutz und Blätter aus der Lüftungsanlage entgegenkommen können. Also nicht zu dicht mit dem Kopf heran gehen.
- Filter auswechseln.

Neuen Filter einsetzen:

- Einbaurichtung beachten. Auf dem Filter sind Pfeile angebracht.
- Den Filter in das Gebläsegehäuse einsetzen und die beiden Rastnasen wieder nach außen schieben.
- Die weitere Montage erfolgt in umgekehrter Reihenfolge.

1

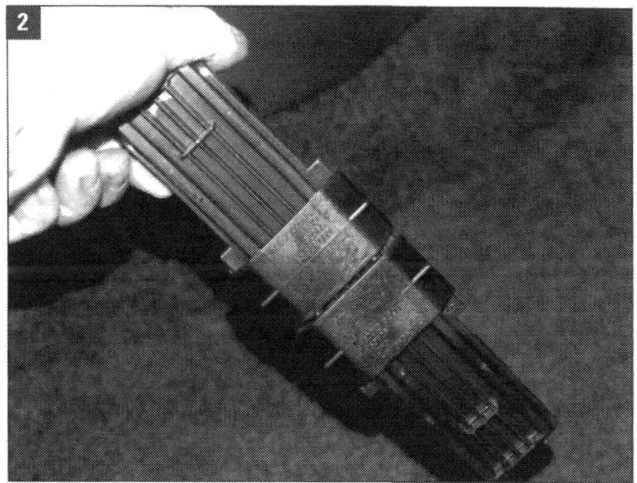
2

3

4

Klimaanlage desinfizieren

Die Komponenten der Klimaanlage sollten regelmäßig, mindestens einmal im Jahr oder alle 15.000 Kilometer desinfiziert werden. An den Wärmetauschern setzen sich sonst Bakterien ab, die zu üblen Gerüchen, beschlagenen Scheiben und sogar zu Erkrankungen der Atemwege führen können. Sie brauchen dazu Desinfektionsspray und eine Atemschutzmaske. Sprühen Sie zunächst eine Ladung Spray in die Austrittsdüsen. Schalten Sie das Gebläse auf Umluft und maximale Geschwindigkeit. Um die Batterie nicht unnötig zu belasten, kann dabei der Motor laufen. Sprühen Sie nun das Desinfektionsspray in Ansaugrichtung vor den Wärmetauscher. Tragen Sie dabei eine Atemschutzmaske. Lassen Sie die Lüftung bei geschlossenen Scheiben rund 10 Minuten bei voller Leistung laufen. Die Luft im Innenraum wird dadurch mehrmals umgewälzt.

12V-Kühltasche fürs Auto

Getränke und ein Vesper sind auf langen Reisen eine willkommene Erfrischung in den Pausen und stärken die Insassen für die Weiterfahrt. Zum Transport des Reiseproviants empfiehlt sich daher logischerweise eine Kühlbox. Darin lassen sich dank des ausreichenden Stauvolumens (bei ca. 20 Liter Fassungsvermögen hält sich der Platzbedarf im Kofferraum noch in Grenzen) auch Lunchpakete und genügend Getränkeflaschen (bis zu 2 Liter große PET-Behälter) für die ganze Familie hervorragend transportieren und gekühlt aufbewahren. Den besten Kühleffekt erzielen Sie mit einer Kühltasche, die sich auch an die 12-Volt-Steckdose (Zigarettenanzünder bzw. zusätzliche Steckdose im Kofferraum) anschließen lässt. Besonders praktische Geräte können dann, am Urlaubsziel angekommen, auch gleich am normalen Stromnetz und an Steckdosen mit 230 Volt betrieben werden. Der Kostenpunkt dieser intelligenten Boxen liegt bei ca. 200 Euro. Die Bedienung erfolgt über ein Softtouch-Bedienpanel, dessen Elektronik über mehrere Thermostate die Regelung der Kühlboxtemperatur übernimmt. LEDs dienen zur Kontrolle der Funktionstüchtigkeit, um den Inhalt auf bis zu 30 Grad unterhalb der Umgebungstemperatur zu kühlen. Zusätzliche Kühlakkus helfen, eine konstante Kühlung auch über längere Zeit aufrecht zu erhalten. Für diesen Preis kann die Kühltasche fürs Auto aber noch mehr: Eine weitere Funktion erlaubt die Umschaltung von Kühl- auf Heizbetrieb, was nicht nur Pizzataxis freuen dürfte. Übrigens: Der ADAC empfiehlt auf langen Fahrten ausgiebige Pausen zur Erholung insbesondere des oder der Fahrer. Dabei sollte auch auf den Wasserhaushalt Acht gegeben werden! Also gilt es, genügend Flüssigkeit (min. 3 l), am besten Mineralwasser oder verdünnte Fruchtsäfte, zu sich zu nehmen, damit die Konzentration und Ausdauer bei Hitze nicht auf der Strecke bleibt. Wer nun meint, mit Klimaanlage gänzlich unbetroffen zu sein, irrt: Denn die Umwälzung über den Verdampfer entzieht der Luft die Feuchtigkeit, was gleichermaßen zu einem Austrocknungseffekt führt.

Tipp: Lassen Sie die Kühlbox schon einen halben Tag vor Reisebeginn am Stromnetz vorkühlen. Alle Lebensmittel, die in der Kühlbox gelagert werden sollen, sind am besten bereits durch einen Kühlschrank vorgekühlt. Die Leistung dieser Boxen ist um einiges geringer als die Leistung des heimischen Kühlschrankes.

Frischhaltebox: Die Kühlbox im Auto versorgt die Insassen auf der langen Urlaubsreise mit Getränken und Snacks.

Urlaub und Reise

Gerade im Ausland ist die Absicherung auch im Falle des Unfalls oder auch nur einer Panne sehr wichtig. Große Autofahrervereine wie der ADAC oder der AVD bieten Schutzbriefe an, die die Absicherung auch im Ausland garantieren. Auch über einige Kraftfahrzeugversicherer kann ein solcher Schutzbrief beantragt und abgeschlossen werden.

Engel auf Rädern

Nein, Schutzbriefe sind nicht für Weicheier oder Warmduscher. Sie sind gerade heute eine sinnvolle Ergänzung des Reisegepäcks. Eine Panne kann im Ausland erhebliche Kosten verursachen. Wer bereits einen Abschleppdienst finanziell kennen gelernt hat, kann sich sicherlich noch an die nicht gerade günstig ausgefallene Rechnung erinnern. Gehen Sie ruhig davon aus, dass der freundliche Abschlepper in Frankreich oder Italien Ihnen auch keinen Freundschaftsrabatt anbieten wird. Ein Schutzbrief, der vertraglich die Kosten regelt und dafür sorgt, dass Ihr Auto auch tatsächlich wieder bei Ihnen zu Hause oder einer Werkstatt Ihres Vertrauens landet, ist dann Gold wert.
Betrachten wir uns einige aus unserer Sicht sinnvolle Inhalte, die Ihnen ein Schutzbrief bieten sollte. Ein Vergleich der unterschiedlichen Anbieter fällt Ihnen dann wesentlich leichter.

Fahrzeug-Rücktransport

Fällt Ihr Fahrzeug im Ausland aus und kann vor Ort nicht oder erst wesentlich später repariert werden, sollte durch den Schutzbrief der Rücktransport zu Ihrem Wohnsitz organisiert und bezahlt werden. Zusätzliche Leistungen wie Abschlepp- und Einstellkosten sollten auch abgedeckt sein.

Fahrtkosten nach Fahrzeugausfall

Sollten Sie auf Grund einer Panne oder eines Unfalls liegen bleiben oder Ihr Fahrzeug ist gestohlen worden, sollte der Schutzbrief die Kosten für die Bahnfahrt zum Zielort und zurück zum Schadensort oder zurück zu Ihrem Wohnsitz übernehmen. Die Kosten für einen Mietwagen sollten dann für die Dauer des Fahrzeugausfalls, max. bis zu sieben Tagen, übernommen werden.

Übernachtung nach Fahrzeugausfall

Natürlich kann bei Panne oder nach einem Unfall auch schnell eine außerplanmäßige Übernachtung die Urlaubskasse belasten. In der Regel tragen die Schutzbrieforganisationen dann die zusätzlichen Hotelübernachtungen für Sie und alle Insassen des Fahrzeugs.

Abschleppen und Bergung

Für das Abschleppen oder die Fahrzeugbergung nach einem Unfall fallen schnell erhebliche Kosten an. In der Regel ist auch dies Leistung der großen Schutzbrieforganisationen.

Hilfe bei verlorenen oder defekten Fahrzeugschlüsseln

Den Schlüssel am Strand verbuddelt? Oder sonst wie verloren? Gerade bei den großen Organisationen wie dem ADAC werden auch solche schon kuriosen Vorfälle organisiert und die Kosten hierfür übernommen.

Ersatzteilversand

Gerade in den abgelegenen Winkeln dieser Erde sind nicht unbedingt alle notwendigen Ersatzteile immer greifbar. Um die Urlaubszeit nicht ins Ungewisse zu verlängern, wird sogar der Ersatzeilversand für solche Fälle auch weltweit organisiert.

Checkliste: Vor und nach jeder großen Fahrt

	Worauf Sie achten sollten	Was zu tun ist
A Motor	**1** Motorölstand	Wurde der Motor lange auf Kurzstrecken betrieben, sammeln sich flüchtige Substanzen. Deshalb kann es sein, dass der Ölstand bei heißem Motor schlagartig absinkt. Nach den ersten 100 Kilometern nachmessen.
	2 Kühlmittelstand	Den Kühlmittelstand im kalten Zustand auf Maximum auffüllen.
	3 Zustand der Schläuche	Alle Wasserschläuche müssen dicht und elastisch sein. Schläuche kräftig kneten. Kalkablagerungen an den Anschlüssen und harte oder poröse Schläuche sind kein gutes Zeichen. Im Zweifel austauschen.
	4 Kühlerventilator prüfen	Lassen Sie den Motor im Leerlauf laufen, bis sich der Kühlerventilator ein- und später wieder ausschaltet. Sie werden Ihn brauchen, wenn Sie im Stau stehen.
B Räder und Reifen	**1** Luftdruck	Der Luftdruck in den Reifen muss der Beladung angepasst werden. Nach der Reise nicht vergessen den Luftdruck wieder abzusenken.
	2 Zustand	Die Reifen sollten natürlich auch am Ende der Reise noch genug Profil haben. Das sollten Sie besonders bei Winterreifen bedenken, die mindestens vier Millimeter Profiltiefe haben sollten.
C Fahrwerk	**1** Stoßdämpfer	Wird das Auto richtig vollgeladen, sind die Stoßdämpfer besonders gefordert. Fahnden Sie nach Ölspuren und lassen Sie beim kleinsten Verdacht einen Stoßdämpfertest durchführen. Mit Wippen an der Karosserie lassen sich schwache Dämpfer jedenfalls kaum entlarven.
	2 Manschetten und Gelenke	Sind Achsmanschetten oder die Gummis der Gelenke rissig und porös, werden die Teile bei hoher Belastung rasant verschleißen. Besser vorher austauschen.
D Sonstiges	**1** Beleuchtung	Schalten Sie alle Lichter durch und nehmen Sie Ersatzlampen für Scheinwerfer und Rückleuchten mit.
	2 Scheibenwaschanlage	Prüfen Sie die Einstellung der Spritzdüsen und füllen Sie den Vorratsbehälter mit geeignetem Gemisch bis zum Maximum auf.
	3 Zubehör	Ein Fünf-Liter-Reservekanister, ein Liter Motoröl und etwas Werkzeug mit auf die Reise nehmen.

Kleine Pannen

Sie gehören zu den Tücken des Alltags und machen einem das Autofahrerleben schwer – kleinere Pannen und Schäden. Dennoch können gerade diese Kleinigkeiten eine umso größere Wirkung haben. Denn manchmal ist es nur eine Nichtigkeit wie die Batterien der Autoschlüssel, die das Fortkommen verhindern. Wie Sie in solchen und ähnlichen Fällen Ihren Fabia wieder flottkriegen, steht in diesem Kapitel.

Womit muss ich immer rechnen?

Sie müssen zur Arbeit und sind spät dran. Es ist Winter, ungemütlich kalt und dunkel. Eine dicke Eisschicht überzieht die Scheiben. Schnell ein Guckloch kratzen und los, so denken Sie. Aber: Sie drehen den Schlüssel im Zündschloss und nichts passiert! Vielleicht ist das auch besser so, denn nur ein Guckloch frei zu kratzen ist lebensgefährlich und wird mit Bußgeld geahndet. Doch auch das Startproblem geht eventuell auf Ihr Konto. Oder es wäre mit etwas mehr Pflege und Aufmerksamkeit durchaus zu vermeiden gewesen. Die leere Batterie ist jedenfalls einer der Klassiker unter den kleinen Pannen und langweilige Routine für die gelben Engel vom ADAC. Damit Sie die Herren nicht langweilen und vor allem nicht stundenlang warten müssen, verraten wir Ihnen, was in einem solchen Fall zu tun ist. Ärgerlich ist zum Beispiel auch, wenn die Batterie im Schlüssel schwächelt und Ihnen eines Tages den Zugang zu Ihrem Fabia verwehrt. Dann müssen Sie sich an die eigene Nase fassen, denn der regelmäßige Wechsel der Batterie ist kinderleicht und kostet nicht die Welt.

Was tun bei einer Reifenpanne?

Etwas anders sieht die Sache mit einem platten Reifen aus. Statistisch gesehen erlebt jeder Autofahrer nur etwa alle 70.000 km dieses Malheur. Dann aber heißt es richtig reagieren und umsichtig handeln. Schätzen Sie die Situation hinsichtlich des Gefahrenpotentials ein. Können Sie an dieser Stelle einen Radwechsel durchführen, ohne sich zu gefährden? Befinden Sie sich beispielsweise auf einer zweispurigen Autobahn ohne Standstreifen, unterlassen Sie zu Ihrer eigenen Sicherheit einen Radwechsel. Rufen Sie stattdessen sofort Hilfe per Handy oder versuchen Sie sich im Schritttempo zum nächsten Rastplatz zu retten.

Mit einer Panne weiterfahren oder lieber stehen bleiben – ab wann wird es kritisch?

Abgesehen von dieser Panne, die bei jedem Auto auftreten kann, gilt der Fabia als relativ unkompliziert und robust. Verlassen Sie sich stets auf Ihren gesunden Menschenverstand und verzichten Sie im Zweifelsfall lieber auf einen Reparaturversuch vor Ort.

Genauso wichtig ist es zu wissen, wann es besser ist, nicht mehr weiter zu fahren. Sie ersparen sich damit nicht nur teure Folgeschäden, sondern setzen auch nicht Ihre Gesundheit und die Ihrer Mitmenschen aufs Spiel. Wir haben darum in unseren Störungsbeiständen die wichtigsten Symptome aufgeführt, die auf einen schlimmen Schaden hindeuten. Oder auch auf Dinge hingewiesen, die einen schlimmen Schaden verursachen können. So reagieren alle direkt einspritzenden Diesel absolut allergisch auf eine Falschbetankung mit Benzin. Fatalerweise passt nämlich die dünnere Zapfpistole der Otto-Kraftstoffe immer in die große Öffnung der Dieselfahrzeuge, der große Rüssel der Diesel-Zapfsäule jedoch nicht in die kleinen Tankstutzen der Benziner. Sollten Sie Ihren falsch betankten Diesel dennoch starten, werden Sie mit einiger Sicherheit aufgrund der Folgeschäden einen vierstelligen Euro-Betrag los.

Und wenn ich nun doch in die Werkstatt muss?

Lässt sich ein Abschleppen mit anschließendem Werkstattbesuch nicht vermeiden, sollten Sie unbedingt folgende Dinge beachten: Generell ist die Mitgliedschaft in einem Automobilclub und ein spezieller Schutzbrief immer von Vorteil, besonders fern der Heimat. Lesen Sie sich beizeiten in Ruhe das Kleingedruckte durch und legen Sie die entsprechende Notrufnummer in das Handschuhfach. Bestellen Sie einen Abschleppwagen nur über diese Nummer und lassen Sie sich vom Fahrer eine Bestätigung über seinen Auftraggeber zeigen. Es ist ja auch möglich, dass der Abschleppwagen rein zufällig des Weges kam... Schildern Sie der Werkstatt dann ganz in Ruhe und chronologisch den Schadenshergang. Je mehr die Werkstatt weiß, umso kürzer ist die Zeit für die Fehlersuche.

Wichtige Informationen sind zum Beispiel:

- In welchem Betriebszustand trat der Schaden auf? (Temperatur, Geschwindigkeit, Drehzahl)
- Haben Sie vorher ungewöhnliche Geräusche oder ein ungewöhnliches Fahrverhalten bemerkt?
- Wie ist die Vorgeschichte des Wagens (wurden vor Kurzem Reparaturen oder Inspektionen durchgeführt)?
- Bestehen Sie auf einen schriftlichen Auftrag und einen Kostenvoranschlag. Ziehen Sie vor Reparaturbeginn eine finanzielle Grenze, über der die Werkstatt Ihr Einverständnis braucht.

Fahrzeug richtig aufbocken

Im Bordwerkzeug Ihres Fabia finden Sie unter anderem auch den Spindelwagenheber. Damit lässt sich der Wagen für die meisten Arbeiten hoch genug anheben. Zur Vergrößerung der Hubhöhe können Sie einen Holzklotz unterstellen. Ebenso sollten Sie stets ein kleines Brett mit etwa den Abmaßen 30 cm x 30 cm und 2 cm Dicke zur Sicherheit unterstellen. Damit verringert sich die Gefahr, dass der Wagenheberfuß in den Boden einsinken kann. Gehen Sie mit Unterstellböcken auf Nummer sicher. Wenn Sie ernsthaft unter dem Fahrzeug arbeiten wollen, raten wir dringend zur Verwendung von Unterstellböcken. Nur so können Sie Ihren angehobenen Fabia sichern. Begeben Sie sich niemals unter das angehobene Fahrzeug, wenn dieses nicht durch Unterstellböcke gesichert ist, Sie begeben sich sonst in Lebensgefahr!

Holz, Wagenheber und Lappen.

Fahrzeug aufbocken:

- Der Wagen muss auf festem, ebenem Untergrund stehen.
- Feststellbremse aktivieren und zumindest eines der Räder gegenüber der Anhebestelle mit Holzkeilen, notfalls mit geeigneten Steinen gegen Wegrollen sichern. Nur auf die Feststellbremse dürfen Sie sich nicht verlassen.
- Der Bordwagenheber ist zusammen mit anderem Bordwerkzeug leicht zugänglich unter der Abdeckung in der Reserveradmulde zu finden. Schwenken Sie die Kurbel durch Verdrehen heraus und öffnen Sie den Heber um etwa fünf Umdrehungen. Nun den Wagenheber senkrecht zum gekennzeichneten Aufnahmepunkt am Schweller heben. Der Schlitz des Wagenheberkopfes muss waagerecht in den Schwelleraufnahmepunkt greifen.

Fahrzeug aufbocken: Aufnahmepunkt.

Achtung! Fahrzeug nur an diesen vorgesehenen Aufnahmepunkten anheben! Die Schweller sind in diesem Bereich extra hierfür verstärkt! Wagenheberkopf mit der linken Hand gegen den Aufnahmepunkt drücken, während man mit der rechten Hand die Kurbel im Uhrzeigersinn dreht und den Wagenheberfuß gegen den Boden drückt. Immer darauf achten, dass der Wagenheber senkrecht steht und nicht nach einer Seite abkippt!

- Bevor der Wagenheber auf die Arbeitshöhe hochgekurbelt ist, nochmals vergewissern, dass ein Wegkippen des Hebers ausgeschlossen ist. Ist der senkrechte Stand nicht gewährleistet, den Wagenheber nochmals neu ansetzen. Ansonsten nun auf nötige Höhe kurbeln.

- Der Unterstellbock darf nur an den Bodenverstärkungen angesetzt werden. Zwischen die Auflage des Bocks und den Fahrzeugboden sollten Sie einen Gummi- oder Hartholzklotz legen, der die Last verteilt. Kontrollieren Sie vor dem Ansetzen des Bockes, ob eventuell ein Blechfalz im Weg ist, der eingedrückt oder deformiert werden könnte, oder gar die Bremsleitung eingeklemmt werden kann.

- Der Dreibein-Unterstellbock steht am sichersten, wenn eines seiner Beine nach außen und zwei zur Wagenmitte hin zeigen. Achten Sie auf diese Stellung, wenn Sie das Fahrzeug aufbocken. Sonst kann es passieren, dass beim Anheben des Wagens der auf der anderen Seite bereits angesetzte Unterstellbock seitlich weggedrückt wird.

Fahrzeug abschleppen

WISSENSWERTES

Vorschriften beim Abschleppen

Beachten Sie nach einer Havarie beim Abschleppen die nach §15a der Straßenverkehrsordnung geltenden Grundsätze: Beim Abschleppen eines auf der Autobahn liegen gebliebenen Fahrzeugs ist die Autobahn bei der nächsten Ausfahrt zu verlassen. Ist Ihr Fahrzeug außerhalb der Autobahn liegen geblieben, dürfen Sie nicht auf die Autobahn auffahren. Während des Abschleppens müssen beide Fahrzeuge das Warnblinklicht einschalten. Zudem steht der Nothilfegedanke im Vordergrund, das heißt: Ein abzuschleppendes Fahrzeug ist nicht über weite Strecken zu transportieren, sondern nur bis zur nächstgelegenen oder nächst geeigneten Werkstatt. Der Fahrzeugführer des abschleppenden Kfz benötigt eine Fahrerlaubnis der Klasse, der das ziehende Kfz zugehört. Der Lenker eines abzuschleppenden Kfz muss indes keinen Führerschein besitzen. Außerdem besteht kein gesetzliches Mindestalter zur Steuerung des abgeschleppten Fahrzeugs. Da derjenige allerdings für das Bremsen und Lenken verantwortlich und Sie für die Einweisung in diesen Vorgang, ist es ratsam sich im Zweifelsfall davon zu überzeugen, dass Ihr »Pannenhelfer« dies auch kann. Verwenden Sie eine starre Abschleppstange, damit auch das Bremsen ohne Pedalkraftverstärkung nicht zur bösen Überraschung wird.

Wenn sich Ihr Fabia nicht mehr aus eigener Kraft fortbewegen lässt, müssen Sie ihn bis zur nächsten Werkstatt abschleppen. Aus optischen Gründen hat man die Aufnahme für den Abschlepphaken hinter die (von vorne betrachtet) linke untere Plastikabdeckung versteckt. Den Abschlepphaken finden Sie in der Reserveradmulde beim restlichen Bordwerkzeug. Die Anbringung erledigen Sie am besten wie hier beschrieben. Wichtig ist die Überprüfung auf festen Sitz durch das Festziehen des Hakens mit Hilfe des Radschlüssels.

Beachten Sie beim Abschleppen aber folgende Grundsätzlichkeiten:

- Nie den Wagen weiter als 50 km schleppen, ansonsten können Schäden am Getriebe entstehen.
- Nicht schneller als mit 50 km/h schleppen.

Abdeckung demontieren: Die Schraube, mit welcher diese fixiert ist, lösen Sie mit einem Kreuzschlitzschraubenzieher.

Abdeckung abnehmen: Die Abdeckung nach vorne wegziehen, dahinter verbirgt sich das Einschraubgewinde des Hakens.

Festziehen: Den Abschlepphaken können Sie mit Hilfe des Radschlüssels als Hebel ordentlich festziehen.

Starthilfe geben

Verwenden Sie zur Überbrückung von einer vollen zu einer leeren Batterie spezielle Elektronik-Starthilfekabel. Damit schützen Sie die elektronischen Bauteile Ihres Fabia vor gefährlichen Spannungsspitzen. Sicherheitshalber können Sie einen Verbraucher wie beispielsweise das Standlicht einschalten, um Spannungsspitzen zu vermeiden.

- Hilfsfahrzeug dicht an Ihr Fahrzeug heranfahren, damit die Batterien durch die Starthilfekabel verbunden werden können. Schalten Sie in Ihrem Fahrzeug (fast) alle Stromverbraucher ab.
- Die Pluspole mit dem Starthilfekabel verbinden, zuerst die leere, dann die volle Batterie anklemmen.
- Das andere Kabel zuerst am Minuspol der Fremdbatterie und dann am Minuspol der entladenen Batterie (oder an Masse) anschließen.
- Motor des Hilfswagens starten und mit erhöhter Drehzahl laufen lassen, damit die Lichtmaschine viel Strom liefert.
- Starten Sie Ihr Fahrzeug. Wenn der Motor nicht gleich anspringt, sollten Sie nach weiteren Versuchen immer wieder eine Pause einlegen, damit der Anlasser abkühlen kann. Dabei den Motor des Hilfsfahrzeugs weiterlaufen lassen – die leere Batterie in Ihrem Fabia wird dadurch schon nachgeladen.
- Zum Abnehmen der Starthilfekabel zuerst den Minuspol der eigenen Batterie, dann den der Fremdbatterie abklemmen. Anschließend Kabel von den Pluspolen abnehmen: erst Vollbatterie, dann Leerbatterie.

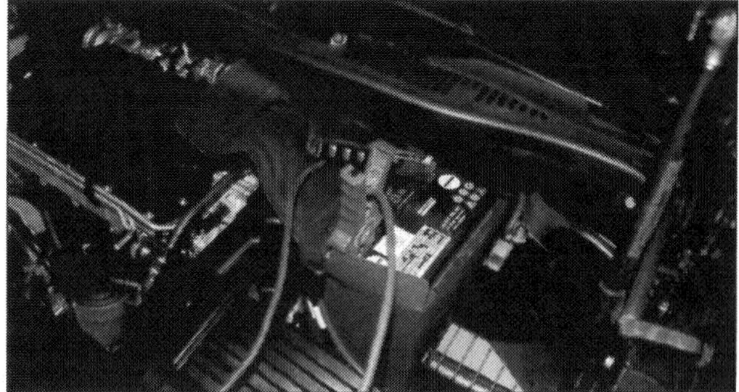

Anschluss an die Batterie.

Überhitzung durch Wasserverlust

Wenn der Motor überhitzt, droht ein kapitaler Motorschaden. In den meisten Fällen fehlt dem Motor Kühlwasser. Drehen Sie niemals den Ausgleichsbehälter sofort auf. Er steht gerade bei überhitzten Kühlsystemen unter hohem Druck. Das Kühlwasser kann durchaus überspannt sein. Das bedeutet, es hat eine Temperatur über 100 °C bzw. über 115 °C erreicht. Wasser ist bei ca. 100 °C schon gasförmig. Schwere Verbrennungen wären so unausweichlich! Stellen Sie den Motor sofort ab. Warten Sie einige Zeit ab und öffnen Sie den Kühlerdeckel langsam. Halten Sie niemals den Kopf in den Bereich des Kühlwasserbehälters, wenn Sie den Deckel abschrauben wollen. Vor dem eigentlichen Abdrehen hat der Kühlerdeckel noch eine Raststufe. Kurz nach dieser Stufe wird hörbar der Druck entweichen. Warten Sie ab, bis der Druckausgleich stattgefunden hat und drehen Sie den Kühlerdeckel langsam und sehr vorsichtig mit einem Lappen als Handschutz ab. Bevor Sie jedoch nur fehlendes Kühlwasser auffüllen, sollten Sie als Erstes versuchen, die Ursache des Wasserverlustes zu lokalisieren:

- Wenn der Ventilator streikt und der Motor nur im Stand heiß wird, können Sie die Fahrt bei freier Strecke fortsetzen. Im Stand und an roten Ampeln dann jeweils den Motor abstellen.

- Stellen Sie die Heizung auf maximale Wärme bei höchster Gebläsestufe, um zusätzlich etwas Hitze aus dem Motor abzuführen.

- Ist ein Kühlerschlauch nur leicht undicht, zum Beispiel durch einen Marderbiss, können Sie den Schlauch provisorisch mit festem Gewebeklebeband umwickeln. Der Schlauch muss dazu fettfrei, trocken und am besten kalt sein. Wickeln Sie ein paar Lagen um die schadhafte Stelle, das hält locker bis nach Hause oder in die nächste Werkstatt. Anschließend sollte der Motorraum oder besser gesagt jeder Schlauch und jedes Kabel genau in Augenschein genommen werden. Marder ernähren sich nicht von Autoteilen, sie spielen nur damit. Ein durchgebissenes Zündkabel kann aber leicht einen Katalysatorschaden um 2500 Euro verursachen, wenn er nicht bemerkt wird und das Auto auf drei Zylindern weiterlaufen soll. Im Zweifelsfall zuerst genau untersuchen und notfalls das Fahrzeug abschleppen. Eine Weiterfahrt kann leicht Schäden verursachen, die die Kosten des Abschleppens um das 10-fache übersteigen.

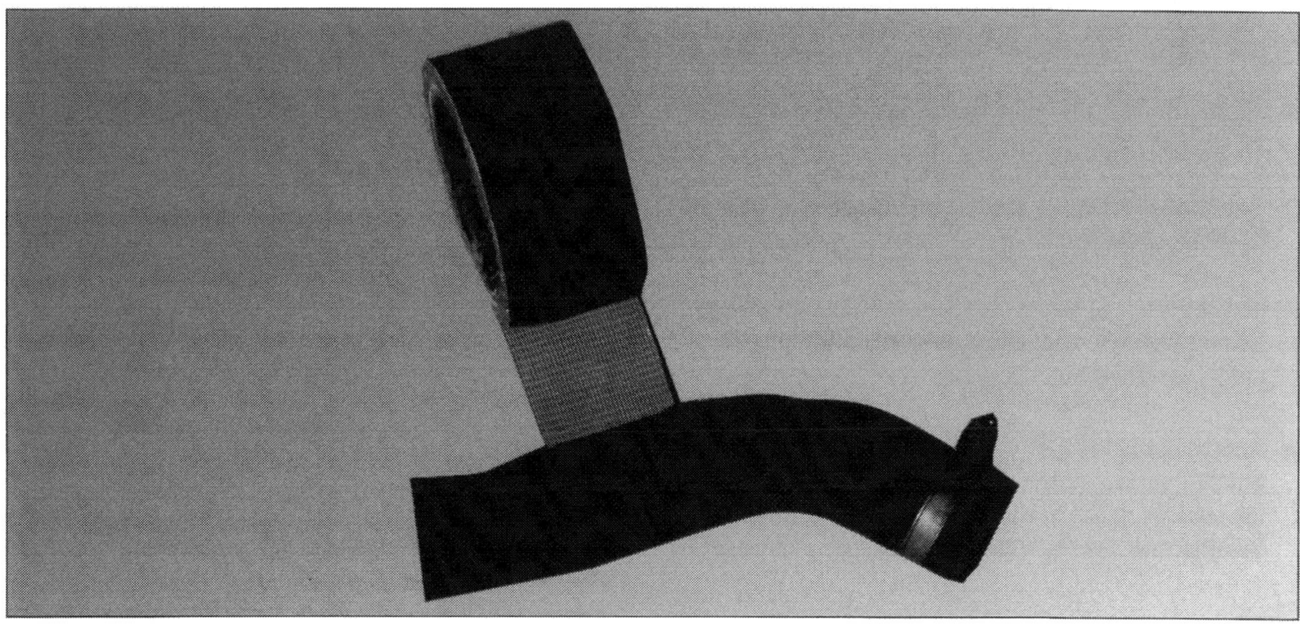

Für kurze Zeit: Bei kleinen Undichtigkeiten reicht es, den Schlauch mit Klebeband zu umwickeln.

Wenn der Schlüssel streikt

Gehäuse öffnen.

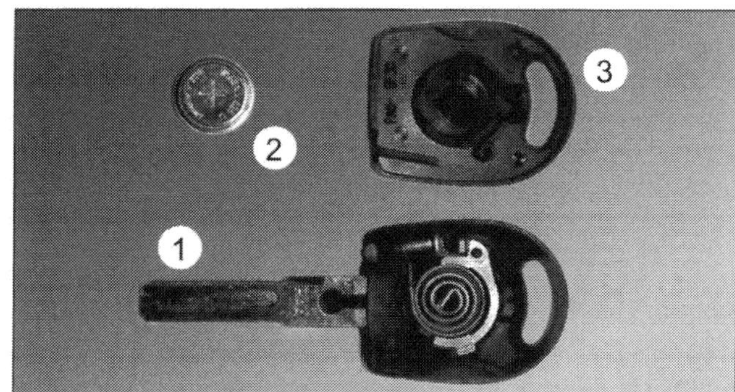

Schlüssel in Teilen: (1) Hauptschlüssel mit Batteriefach und Lampe, (2) Batterie, (3) Gehäuseoberteil.

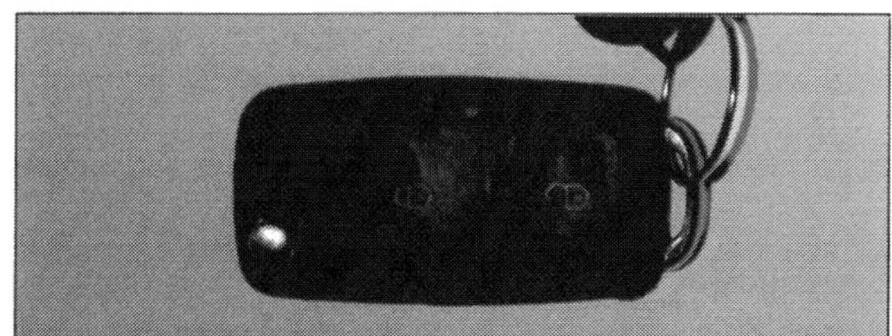

Funkschlüssel.

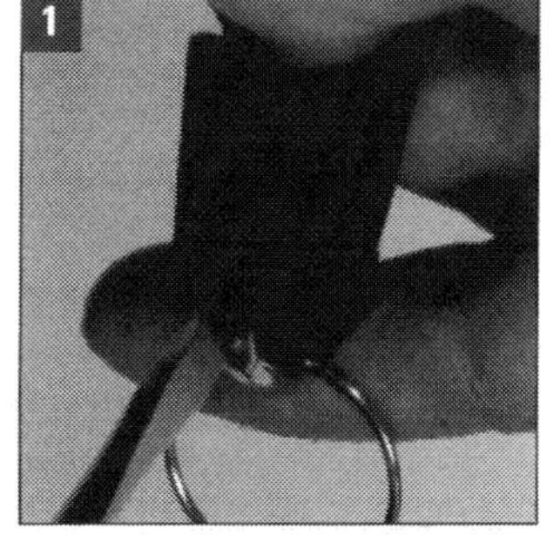

Funkschlüssel-Gehäuse öffnen.

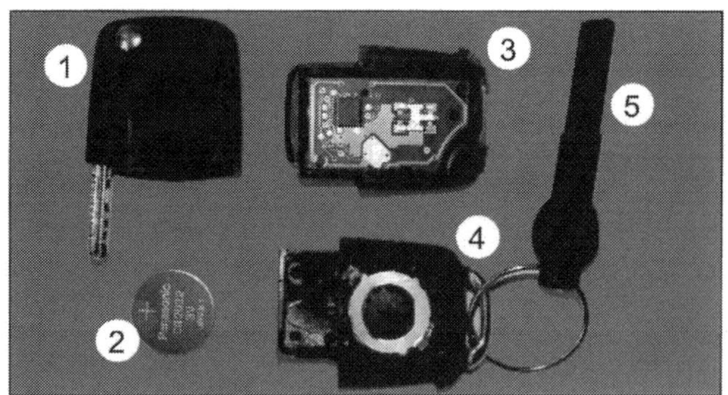

Funkschlüssel-Gehäuse auseinanderziehen: (1) Hauptschlüssel mit Transponder, (2) Batterie, (3) Unterteil, (4) Deckel, (5) Notschlüssel aus Kunststoff.

Batteriewechsel

Wenn Sie mit dem Funkschlüssel zum Öffnen oder Schließen Ihres Fabia immer näher am Fahrzeug stehen müssen, zeigt dies, dass die Leistung der Schlüsselbatterie sehr schwach ist und diese bald ausgetauscht werden sollte. Um einer bösen Überraschung aus dem Wege zu gehen, sollten Sie die Schlüsselbatterie vorsorglich etwa alle zwei Jahre erneuern. Wir empfehlen Ihnen, Ersatzbatterien ins Wageninnere zu legen. Diese gibt es z. B. Bei Škoda oder meist günstiger auch im freien Handel.

Batterie des Funkschlüssels erneuern

- Sie brauchen dazu einen kleinen Schlitzschraubendreher und eine neue Batterie: CR 2032 – 3Volt.
- Entfernen Sie zunächst den Notschlüssel (A) aus dem Funkcontainer (1).
- Schieben Sie nun die obere Kappe (B) an der gezeigten Stelle herunter (2).
- Jetzt können Sie den Funkcontainer (C) mit Hilfe eines kleinen Schlitzschraubendrehers von der Deckelunterseite (D) trennen (3 und 4).
- Anschließend kann die Batterie aus dem Funkcontainer entnommen und gegen eine neue ausgetauscht werden (5). Auch hier tun Sie sich mit dem kleinen Schlitzschraubenzieher leichter.

Falschbetankung beim Diesel – Elektronik im Notlaufprogramm

Zu meiner Lehrzeit durfte ich erleben, wie der Meister einen Kunden beschimpfte, »wie dämlich man sein müsse den falschen Kraftstoff zu tanken«. Nach der Tankreinigung fuhr er dann selbst los, um das Kundenauto wieder vollzutanken. Nicht mal eine halbe Stunde später mussten wir unseren Meister mit deutlich verfinsterter Miene von der Tankstelle abschleppen. Ein leichtes Grinsen der Werkstattbesatzung löste für den Rest des Tages lautstarke Wutäußerungen des Meisters und heftiges Türenschlagen aus. ...morgens noch gelästert und mittags selber falsch getankt...

Lachen Sie jetzt bitte nicht: Eine Falschbetankung kommt häufiger vor als Sie denken. Etwas Hektik, schlecht beschriftete Zapfpistolen und schon ist es passiert: der Fabia TDI hat Benzin statt Diesel geschluckt. Wenn Sie es noch rechtzeitig merken, haben Sie Glück gehabt. Der Tank kann ausgepumpt werden. Wenn Sie aber den Motor starten und so lange fahren, bis er ausgeht (und das wird er früher oder später), kann die Rechnung in die Tausende gehen. Fatalerweise schmiert nämlich der Dieselkraftstoff auch die Hochdruckpumpe, und Benzin wäscht diesen Schmierfilm in Sekundenschnelle ab. Die Folge: Die Pumpe frisst und die Späne verteilen sich anschließend im kompletten Kraftstoffsystem. Starten Sie also auf keinen Fall den Motor und versuchen Sie auch nicht, die Falschbetankung mit Diesel aufzufüllen! Schon wenige Liter Benzin können zum kapitalen Schaden führen! Um es zu verdeutlichen: In Diesem Fall müssen alle Bauteile des Kraftstoffsystems in der Regel erneuert werden. Das bedeutet im Extremfall alles zwischen Tankdeckel und Motorblock: jede Leitung, jeder Schlauch, jeder Filter bis zum Pumpenelement.

Der Schaden beläuft sich schnell auf 3000 Euro und mehr. Nach der Falschbetankung also niemals Selbstversuche starten. Ohne Abschleppen und Absaugen des Tanks geht es nicht. Das wahrscheinlich länger anhaltende Geläster der Bekanntschaft ist leichter zu ertragen als die Werkstattrechnung.

Wenn Sie dagegen einen Benziner fahren, brauchen Sie sich nicht allzu viel Sorgen machen. Das wesentlich dickere Einfüllrohr der Diesel-Pistolen passt erst gar nicht in den Einfüllstutzen. Selbst wenn Sie sich innerhalb der Benzin-Palette vergriffen haben, ist das halb so schlimm. Der Klopfsensor der Motorsteuerung erkennt minderwertigen Kraftstoff und regelt entsprechend die Zündung in einen unkritischen Bereich. Trotzdem sollten Sie natürlich so bald als möglich den richtigen Kraftstoff nachtanken. Wenn im Cockpit eine Warnleuchte leuchtet und der Motor nur noch mit halber Kraft läuft oder das Getriebe seltsam schaltet, befindet sich die Motorsteuerung im Notlaufprogramm. Dasselbe gilt für die Bremsen-Warnleuchte. Sie können damit noch einen sicheren Ort erreichen, dann sollten Sie allerdings der Sache auf den Grund gehen. Denn wenn Motor, Getriebe oder ABS/ESP in das Notlaufprogramm fallen, hat das meist einen schwerwiegenden Grund. In jedem dieser Systeme ist allerdings eine Rückfallebene hinterlegt, die dafür sorgt, dass Ihr Auto weiter mobil bleibt. Wenn Sie keinen schwerwiegenden Schaden entdecken, kann es aber auch sein, dass die Elektronik nur in einem bestimmten Betriebszustand einen nicht plausiblen Vorfall registriert hat. Dieser Vorgang wird im Fehlerspeicher abgelegt und kann mit einem Diagnosegerät ausgelesen werden. Viele Steuergeräte legen neben dem erkannten Fehler auch die Peripheriedaten dazu im Steuergerät ab. Aus diesem Grund sollte der Fehlerspeicher nicht einfach gelöscht werden, zumal das CAN-Bus-System je nach Fehler diesen auch in mehreren Steuergeräten hinterlegt haben kann. Das hilft dem Mechatroniker dann erheblich, den Fehler »einzukreisen«.

Grundausstattung für kleine Pannen

Der serienmäßige Ausstattungsumfang im Fabia ist, was den Pannenfall angeht, einigermaßen akzeptabel. Schraubendreher, Wagenheber, Reserverad (optional Notrad oder Škoda-Mobilitätsset). Wer mit seinem Fabia eine Reifenpanne hat, kann sich meist mit dem Reserve- oder Notrad bzw. dem optionalen Mobilitätsset von Škoda mit Reifendichtmittel und Kompressor behelfen. Pech hat nur derjenige, dessen Reserverad jahrelang ein Schattendasein geführt hat und nun platt ist. Wenn Sie also auch folgende kleine Grundausrüstung mit sich führen, können Sie sich bei vielen anderen kleinen Pannen wahrscheinlich selber helfen oder zumindest das Fortkommen sichern. Denn nicht nur ein platter Reifen kann Sie erheblich aufhalten, sondern auch ein leerer Tank. Vielleicht verliert der Motor auch auf Grund eines porösen Schlauches Wasser. Oder weil ein hungriger Marder herzhaft in die Schläuche gebissen hat. Mit folgenden Dingen sind Sie schon recht gut ausgestattet:

- Reifendichtmittel: Dichtet kleinere Durchstiche im Reifen von innen ab. Vorsicht: Nicht in praller Sonne liegen lassen: Explosionsgefahr!
- Kühlerdichtmittel: Funktioniert ähnlich wie das Reifendichtmittel und hilft bei Marderbissen.
- Hochfestes Klebeband: Damit können Sie lose Karosserieteile befestigen (zum Beispiel nach einem Unfall) oder auch Kühlerschläuche flicken.
- Kabelbinder: Funktionieren bei guter Qualität sogar als Schlauchschellenersatz.
- Scheibenreinigungskonzentrat (auch pur anzuwenden) und Insektenlöser helfen Ihnen besonders in der Nacht oder wenn die Scheibe durch Öl oder Kühlwasser verschmiert ist.
- Reservekanister: Sichert genügend Reichweite, um bis zur nächsten offenen Tankstelle zu gelangen.

Bauteil	Kosten
Sicherungsset	10 Euro
Lappen	0 Euro (alte Bettwäsche)
Isolierband	2 Euro
Kabelbinder	5 Euro
2 Sicherheitswesten	20 Euro
Unterlegbrett für den Wagenheber (30 cm x 30cm, ca. 2 cm dick, MDF-Platte)	10 Euro
Radkreuz	10 Euro
1 l Motoröl	10 Euro
1 l Kühlflüssigkeit	6 Euro
1 l Mineralwasser ohne Kohlensäure (Trinkration oder auch für den Motor im Notfall)	2 Euro
Schlauchschellenset	5 Euro
Gewebeklebeband	3 Euro

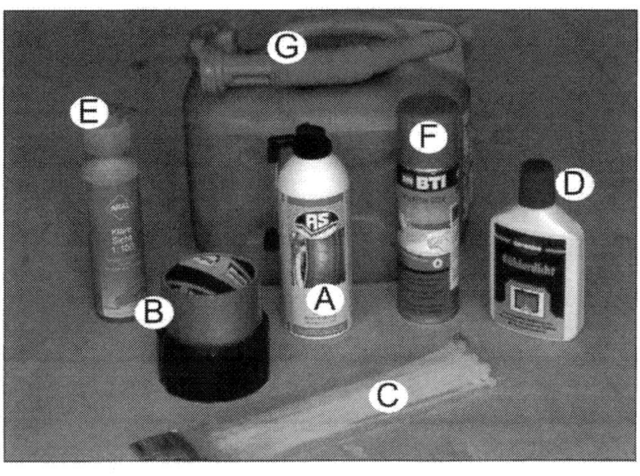

Das kleine Überlebensset: (A) Reifendichtmittel, (B) hochfestes Klebeband, (C) Kabelbinder, (D) Kühlerdichtmittel, (E) Scheibenreinigungskonzentrat, (F) Insektenreiniger, (G) Reservekanister.

Pannenset

Pannensets für die Reifen können das Reserverad ersparen. Die Voraussetzung ist aber, dass es sich um einen Plattfuß handelt, der keinen weiteren Schaden am Reifen zur Folge hatte. Wurde der platte Reifen weitergefahren oder zeigt er schon blaue Verfärbungen, sollte der Reservereifen zum Einsatz kommen. Die Anwendung ist nicht weiter schwer und geht in den meisten Fällen auch schneller als ein Radwechsel. Nach Verwendung des Kits kann das Fahrzeug dann sicher bis zur nächsten Werkstatt weitergefahren werden. Das Dichtmittel hinterlässt meist einen Schmierfilm auf Reifen und Felge, der für die Reparatur erst wieder entfernt werden muss. Zum Teil verweigern die Reifenhändler eine Reifenreparatur nach dem Einsatz von Dichtmitteln. Im Zubehörhandel gibt es dutzende Varianten zu erwerben (s. Beispiel von Continental im Bild)

Škoda bietet diese Dichtmittelkits auch als Originalteil an:
Unter der Ersatzteilnummer 8D0 012619 kann das Reifendichtmittel bestellt werden.
Hinter der Ersatzteilnummer 8D0 012 615 verbirgt sich der Kompressor.

Problemlösungen

Clips und Tricks

Natürlich gibt es auch beim Fabia einige Clips, Schrauben und Muttern, die sich im Laufe des Autolebens entweder verlieren oder nicht mehr lösen lassen. Selbstverständlich fällt das immer dann auf, wenn der Škoda-Partner seine Pforten schon fest verschlossen hat. Mit wenigen Euros kann sich so das Schrauberherz ganz sicherlich erfreuen, wenn sich wenige Kleinteile in der Werkzeugkiste finden lassen:

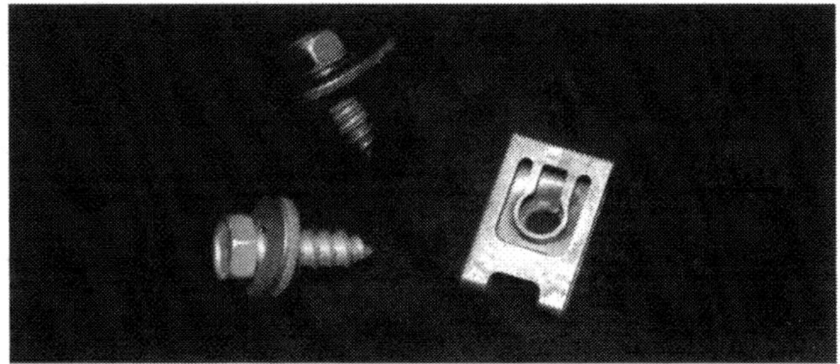

Blechschraube mit Blechmutter: Sie hilft Verkleidungsteile wieder sicher zu befestigen.

Kunststoffmutter: Sie eignet sich für alle Gewindestücke, die auch für die Blechmuttern oder Sicherungsringe geeignet sind, lassen sich aber deutlich besser festziehen und rosten nicht.

Die Stopfensammlung.

Spezialwerkzeug

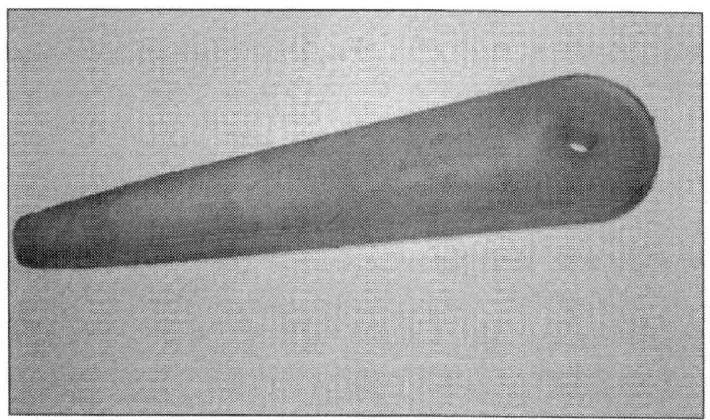

Der Keil zur Verkleidungsmontage 3409: Dieses Werkzeug erleichtert die Demontage der Verkleidungsteile an allen Fahrzeugen erheblich. Er ist aufgrund der empfindlichen Kunststoffoberflächen der heutigen Fahrzeuge aus einem PE-Kunststoff gefertigt, der sehr weich ist. Er eignet sich hervorragend, um aneinander geclipste oder eingerastete Rahmen, wie beispielsweise im Armaturenbrett, zu demontieren.

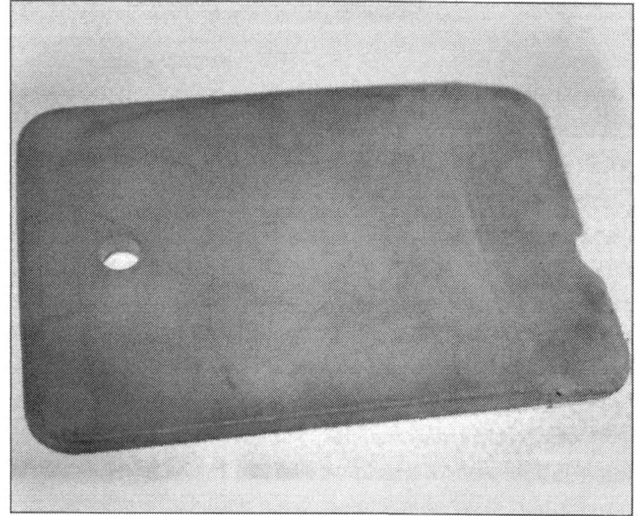

Der Keil zur Verkleidungsmontage T10039-1: Dieser Keil erleichtert die Demontage der Verkleidungsteile an allen Fahrzeugen erheblich. Er ist aufgrund der empfindlichen Kunststoffoberflächen der heutigen Fahrzeuge aus einem PE-Kunststoff gefertigt, der sehr weich ist. Er eignet sich hervorragend, um aneinander geclipste oder eingerastete Rahmen, wie beispielsweise im Armaturenbrett, zu demontieren.

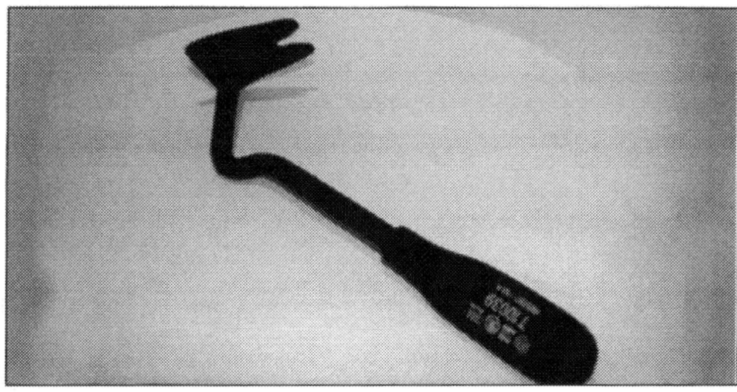

Hebel zur Stopfen und Verkleidungsdemontage T10039: Dieser Hebel erleichtert die Demontage der Verkleidungsteile an allen Fahrzeugen erheblich. Er ist aufgrund der empfindlichen Kunststoffoberflächen der heutigen Fahrzeuge aus einem PE-Kunststoff gefertigt, der sehr weich ist. Er eignet sich hervorragend, um aneinander geclipste oder eingerastete Rahmen, wie beispielsweise im Armaturenbrett, zu demontieren.

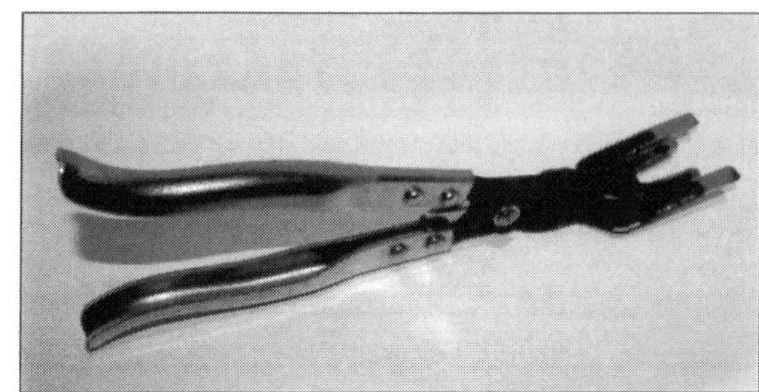

Zange zur Stopfen- und Verkleidungsdemontage 3392: Die Zange sorgt gerade bei Verkleidungen der Türe mit schwer zugänglichen Stopfen für eine sachgerechte Demontage. Der Eigenbau ist hier zu aufwändig. Bei Škoda nennt sich diese Zange T20065 und kostet in der Regel um 30 Euro. Eine lohnende Investition, die sicherlich einigen Ärger ersparen kann.

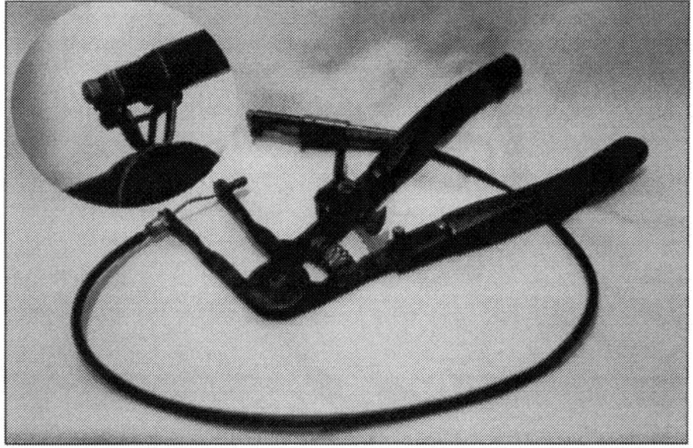

VAS 6340 Škoda Schlauchklemmenzange: Gerade die Schlauchklemmen aus Stahl stellen häufig ein Problem bei den Montagearbeiten dar. Wenn die Wasserpumpenzange abrutscht, verletzt man sich recht leicht oder man wird durch die schwierige Handhabung in den Wahnsinn getrieben. Die beste Möglichkeit ist die Verwendung einer Schlauchklemmenzange. Sie ist auf die Arbeiten an Ihrem Fahrzeug abgestimmt und stellt die optimale Lösung für den Umgang dar. An den meisten Stellen kann man sich aber auch durch eine Gripzange behelfen. Sie kann zwar auch abrutschen, lässt aber immerhin ein etwas erleichtertes Arbeiten zu.

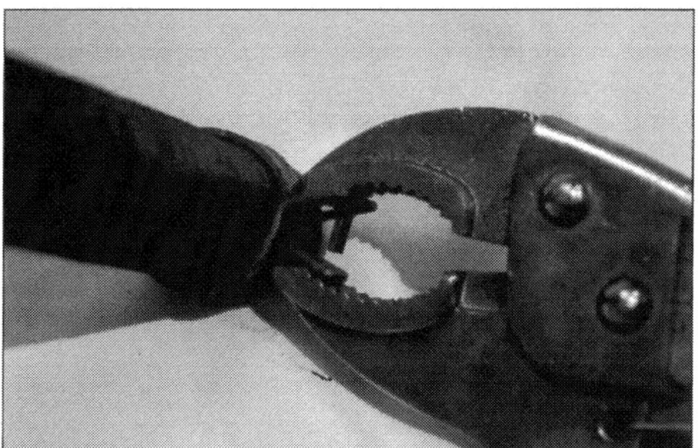

Gripzange.

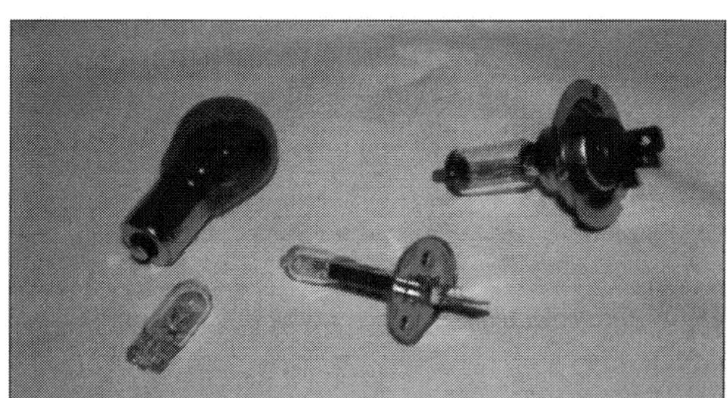

Ersatzbirnen

Ersatzbirnen

Glühlampe für:	Typ	Leistung
Abblendlicht	H7	55 W
Fernlicht	H1	55 W
Nebelscheinwerfer	H3	55 W
Standlicht vorn	Glassockel	5 W
Blinklicht vorn	(gelb) Bajonett	21 W
Seitliche Blinker	(gelb) Stecksockel	5 W
Bremslicht	Bajonett	21 W
Schlusslicht	Bajonett	10 W
Brems-/Schlusslicht	Bajonett	21/5 W
Blinklicht hinten	Bajonett	21 W
Rückfahrlicht	Bajonett	21 W
Nebelschlusslicht	Bajonett	21 W
Gepäckraumleuchte	Glassockel	3 W
Kennzeichenleuchte	Soffitte	5 W

Lösen von festgerosteten Schrauben

Wenden Sie niemals Gewalt an, wenn Schrauben und Bolzen, die mit einem Gewinde in ein Bauteil hineingeschraubt sind, festgerostet sind. Beispielsweise am Krümmer kann ein abgerissener Bolzen eine erhebliche Mehrarbeit bedeuten. Im Gegensatz zu Schrauben, die lediglich durchgesteckt und auf der anderen Seite mit einer Mutter befestigt sind, können sie nicht einfach herausgeschlagen werden. Ausbohren und Gewindeschneiden oder sogar eine Gewindereparatur bleiben oft nicht aus.

Am Krümmer lassen sich die Schrauben oft recht einfach lösen.

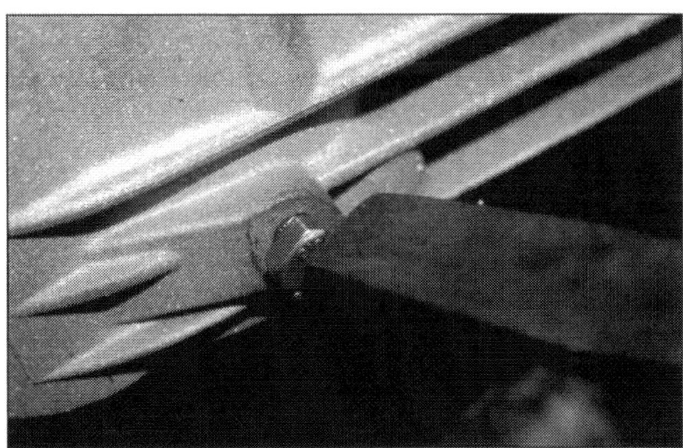

Lösen durch Schläge: Rost erschwert das Aufdrehen einer Schraube, weil sich das Volumen der verrosteten Oberflächenpartikel vergrößert. Oftmals lässt sich diese Struktur durch Schläge oder Zerstören aufbrechen. Dazu kommt noch, dass sich Stahl verformen lässt. Feste Schrauben werden gestaucht und federn zurück. Manchmal lassen sie sich so auch etwas längen. Die Schläge auf die Schraube oder den Bolzen müssen dann in der Richtung der Schraube erfolgen. Das Gewinde oder der Schlüsselkopf sollten dabei allerdings nicht beschädigt werden.

Mutter sprengen/aufweiten: Sollten die ersten beiden Möglichkeiten nicht geholfen haben, muss die Mutter aufgeweitet oder gesprengt werden. Diese Arbeit macht auch nur dann Sinn, wenn das Gewinde unbeschädigt bleibt.

Für diese Arbeit darf nur ein scharfer Meißel verwendet werden. Je spitzer er angeschliffen ist, umso leichter kann er seine Arbeit verrichten. Versuchen Sie, die Mutter in Drehrichtung (gegen den Uhrzeigersinn) einzukerben und schlagen Sie im flachen Winkel.

Räder, Radwechsel

Reifen und Felgen

In der Kombination spricht man von den Rädern eines Fahrzeuges. Sowohl der Reifendurchmesser als auch die Reifenbreite beeinflussen das Fahrverhalten unter Umständen deutlich. Inwieweit andere Reifenhaftungspotenziale und auch andere Kräfte, die an der Lenkung entstehen, einen Einfluss auch auf die Regelungssysteme des Fahrwerks haben, wurde entweder noch nicht untersucht oder noch nicht veröffentlicht. Das Urteilsvermögen eines Sachverständigen muss hinsichtlich der Eintragungen auch um die Kenntnisse über Einflüsse und Störungen um die Regelsysteme erweitert werden. Gerade in diesem Punkt ist es sehr erstaunlich, welche Rad-Reifenkombination abgenommen und eingetragen werden. Fahrwerksteile wie Spurplatten und Komplettfahrwerke weichen zum Teil erheblich von den Herstellervorgaben ab. Der Tuner will sein Produkt Fahrzeug schließlich auch deutlich von den Serienmodellen abheben.

Als verantwortungsbewusster Autofahrer sollten Sie grundsätzlich gerade die fachlichen Hintergründe hinterfragen und im Zweifelsfall auf Serienausrüstung oder zumindest auf baugleiche Bauteile zurückgreifen, die vom Hersteller auch freigegeben wurden.

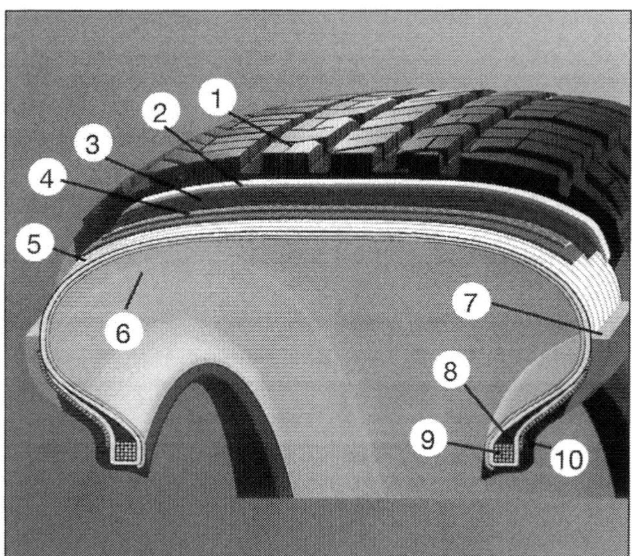

Das vielschichtige Innenleben eines PKW-Reifens:

1 Laufstreifen: Profil und Mischung beeinflussen die Ei genschaften
2 Base: Senkt den Rollwiderstand
3 Nylon-Spulbandagen
4 Stahlcord-Gürtellagen: Steigern die Fahrstabilität
5 Karkasse: Form- und Festigkeitsträger des Reifens
6 Innenseele: Gasdichte Innenschicht ersetzt den Schlauch
7 Seitenteil: Schützt Karkasse vor Beschädigungen.
8 Kernprofil: Unterstützt Lenk- und Fahrpräzision
9 Kern: Sorgt für festen Sitz auf der Felge
10 Wulstverstärker: Für präzises Lenkverhalten und hohe Fahrstabilität

Das Bindeglied zur Straße – der Reifen

Reifenunterbau, Gummimischung und das ausgefeilte Reifenprofil machen moderne Reifen zu echten Hightech-Produkten, die einen wichtigen Beitrag zur passiven Sicherheit Ihres Autos leisten. Sie tragen das Gewicht eines Fahrzeugs, fangen kleinere Stöße der Fahrbahn ab und übertragen die Kräfte, die bei Antrieb, Bremsen und Kurvenfahrt entstehen. Die Reifen an den Vorderrädern bringen es durchschnittlich auf eine Laufleistung von 15.000 – 35.000 Kilometer, die Pneus der Hinterräder auf 30.000 – 50.000 Kilometer. Aber auch wenn Sie Ihr Fahrzeug nur selten bewegen – spätestens nach sieben, acht Jahren sind die Reifen am Ende, weil sich die Mischung des Gummis mit der Zeit auflöst und/oder versprödet bzw. verhärtet.

Reifen und Luftdruck

Durch das Gewicht des Fahrzeuges wird der Reifen im Bereich seiner Aufstandsfläche auf der Fahrbahn verformt. Diese Verformung nennt man Abplattung. Am drehenden Rad läuft diese Abplattung um den Umfang herum. Diese zwangsmäßige Verformung des Reifens ergibt einen größeren Rollwiderstand. Hieraus ergeben sich wiederum ein höherer Reifenverschleiß und Kraftstoffverbrauch und nicht zu vergessen ein höheres Sicherheitsrisiko.

Ein zu hoher Luftdruck führt zu Mittenverschleiß und schlechtem Abrollkomfort. Grundsätzlich sollte immer der Luftdruck eingehalten werden, den der Hersteller in Tankdeckel und/oder Fahrerhandbuch angibt.

Anforderungen an den Reifen

Mit der Kreisfläche soll das Leistungsvermögen des Reifens dargestellt werden. Die Kreisteile zeigen den Anteil der Anforderung in der Gesamtanforderung an die Leistung des Reifens.

A	Nassbremsverhalten
B	Fahrkomfort
C	Lenkpräzision
D	Fahrstabilität
E	Reifengewicht
F	Lebenserwartung
G	Rollwiderstand
H	Aquaplaning-Verhalten

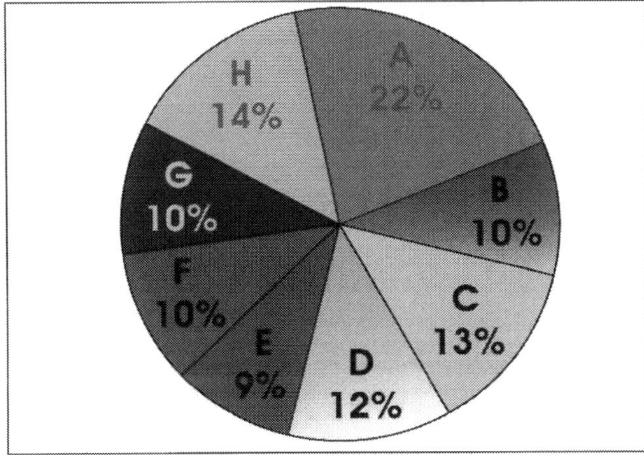

Anforderung an den Reifen als Grafik

An der begrenzten Form des Kreises kann man recht schnell die begrenzten definierten Eigenschaften einsehen, die ein Reifen für den Hersteller erfüllen muss. Es wird sehr anschaulich, was passiert, wenn eine Eigenschaft deutlicher hervortreten soll. Mindestens eine Eigenschaft muss dann für diese vorrangige Eigenschaft zurückgestellt werden. Das erklärt auch die durchaus unterschiedlichen Testergebnisse bei Reifentests.

Verschleißverhalten von Reifen

Die Anforderungen an die Reifen eines Autos steigen ständig, Faktoren wie steigendes Fahrzeuggewicht, höhere Geschwindigkeiten und höhere Fahrzeugsicherheit verursachen naturgemäß einen größeren Verschleiß an den Reifen.

Achsweise Radtausch

Der Verschleiß an der Antriebsachse ist durch die höheren Lasten, die durch Antrieb und Radführung auf der Vorderachse abgedeckt werden müssen, deutlich höher als der Verschleiß auf der Hinterachse. Solange das Ablaufbild »normal« ist und der Reifen auch gleichmäßig abgenutzt wird, sollten spätestens von Saison zu Saison die Reifen ausgetauscht werden.

Bei Reifen ohne Laufrichtungsbindung können die Räder durchaus auch diagonal getauscht werden. Diese Möglichkeit gleicht auch die Sägezahnbildung der Reifen zum Teil aus.

Montageort vorher	Montageort nachher
Vorne rechts	Hinten links
Vorne links	Hinten rechts
Hinten rechts	Vorne links
Hinten links	Vorne rechts

Reifen mit Laufrichtungsbindung dürfen niemals entgegen Ihrer Laufrichtung betrieben werden.
Hier müssen die Räder achsweise von vorne nach hinten getauscht werden.

Montageort vorher	Montageort nachher
Vorne rechts	Hinten rechts
Vorne links	Hinten links
Hinten rechts	Vorne rechts
Hinten links	Vorne links

Standplatten am Reifen

Der Begriff Standplatten, oder auch Abflachung oder Abplattung, beschreibt eine ebene Fläche auf dem Reifenprofil, die durch das Abstellen des Fahrzeugs oder der Reifen über einen längeren Zeitraum verursacht wurde. Standplatten können Unruhe in der Lenkung verursachen, die gefühlsmäßig durchaus die selben Symptome wie die Reifenunwucht aufweisen. Standplatten lassen sich nicht durch Auswuchten beseitigen. Dieser Fehler muss vor der Wuchtung durch den Monteur erkannt werden. In der Regel verschwinden diese Verformungen im normalen Betriebsalltag des Reifen wieder von selbst. In jedem Fall muss zuerst einmal der Reifenluftdruck überprüft werden. Es sollte auch ausgeschlossen werden, dass irgendwelche Schäden an den oder dem entsprechenden Reifen vorliegen. Sind diese Grundlagen geschaffen, können Sie auch durch Warmfahren des Reifens in vielen Fällen schon den Standplatten beheben. Auf einer Autobahn sollten Sie nun, so weit es Straße, Verkehr und Sichtverhältnisse zulassen, eine Strecke von 20-30 km mit etwa 120-150 km/h zurücklegen. Anschließend soll das Fahrzeug sofort angehoben und die Räder demontiert und neu gewuchtet werden.

Die Ursachen für einen Standplatten können vielseitig sein:

- Das Fahrzeug stand mehrere Wochen auf einer Stelle, ohne dass es bewegt wurde.
- Der Luftdruck der Reifen ist zu gering.
- Das Fahrzeug wurde nach einer Lackierung in eine trockene Kammer gestellt.
- Das Fahrzeug wurde mit warmen Reifen in einer kühlen Garage oder Ähnlichem abgestellt. In einem solchen Fall kann schon über Nacht ein Standplatten entstehen.

Radschrauben am Fabia

An Ihrem Fabia werden in der Serienausstattung pro Rad fünf Radschrauben verwendet. Sie haben die Gewindebezeichnung M14x1,5x27. Die Verwendung von kürzeren oder längeren Schrauben kann Schäden am Gewinde oder auch anderen Bauteilen der Radaufhängung verursachen. Die Radschrauben sollen nach Herstellerangaben angezogen werden. Für die Stahlfelgen ist ein Anzugsdrehmoment von 110 Nm erforderlich. Es ist nicht erlaubt und auch aus fachlicher Sicht unsinnig, die Bolzen oder das Gewinde einzufetten. Der Hintergrund hier liegt in der leichteren Lösbarkeit gerade nach dem Winter. Das Fett erleichtert tatsächlich das Lösen und auch das Festziehen der Radschrauben. Leider ist das Anzugsdrehmoment genau auf diesen Reibwert der Schraube ausgelegt. Dreht diese sich jetzt leichter, wird die Schraube stärker belastet, als das vom Hersteller vorgesehen war. Die Folgen sind hier leicht abreißende oder sich selbst lösende Radschrauben sowie Schäden am Gewinde der Radnabe.

Lagerung von Reifen

Auch die Lagerung der Reifen muss mit Sorgfalt erfolgen. Aufgrund der Hintergründe für die so genannten Standplatten sollten Reifen niemals aufrecht stehend gelagert werden. Reifen sollten immer gut geschützt vor Sonneneinstrahlung und größeren Temperaturschwankungen eingelagert werden. Auch vor Einwirkungen von Öl, Lösemittel oder Feuchtigkeit sollten sie geschützt werden. Grundsätzlich sollten die gerade demontierten Felgen, am besten vor der Lagerung auf einem Felgenbaum, gründlich gereinigt werden. Sauber und trocken stehen sie für den nächsten Einsatz bereit. Wer sich bei der Reinigung der Räder den Zustand und auch das Alter der Reifen genauer betrachtet, kann schon frühzeitig vor der jeweiligen Saison den eventuell notwendigen Ersatz bei seinem Reifenhändler in Auftrag geben.

Felgenbaum.

Hinweise für die Benutzung von Noträdern

Je nach Fahrzeugausstattung kann ein Fahrzeug auch mit einem Notrad ausgerüstet sein. Das Notrad ist, wie der Name schon sagt, nur für die Notsituation gedacht.

Es ist nicht für den langfristigen Betrieb gedacht und muss so schnell wie möglich gegen ein normales Rad ersetzt werden. Das Notrad verschlechtert die Fahreigenschaften des Fahrzeuges merklich. Gerade bei schlechter Witterung muss die Geschwindigkeit auch deutlich unter die vorgeschriebenen 80 km/h verringert werden. Nach der Montage muss der Fülldruck des Notrades so schnell wie möglich geprüft und wenn erforderlich korrigiert werden. Der zulässige Luftdruck ist auch hier von der Modellvariante abhängig und ist im Fahrerhandbuch sowie im Tankdeckel ausgewiesen. Die angegebene Höchstgeschwindigkeit von 80 km/h darf niemals überschritten werden. Vollgasbeschleunigungen, starkes Bremsen und schnelle Kurvenfahrten müssen vermieden werden. Die Verwendung von Schneeketten auf einem Notrad ist untersagt. Sollte ein Vorderrad durch eine Reifenpanne ausfallen und die Verwendung von Schneeketten lässt sich nicht vermeiden, muss zuerst der intakte hintere Reifen gegen das Notrad getauscht werden. Als Nächstes wird dann dieses Rad als Ersatz für den defekten Reifen verbaut. Da Schneeketten nur auf »normalen« Reifen verwendet werden dürfen, ist diese Vorgehensweise zwar umständlich, leider aber die einzig legale Variante, auch eine winterliche Fahrt sicher fortsetzen zu können.

WISSENSWERTES

Ultra Leicht Reifen

Besonders interessant ist der ULW-, der Ultraleichtreifen. Bei diesem Reifen sind die Stahleinlagen durch Aramidfasern ersetzt. Aramid ist ein Kunststoff, der gegenüber Stahl sechsmal leichter und etwa zehnmal zugfester ist. Außerdem ist die Außenwandstärke des Reifens zehn Prozent geringer. Der ULW-Reifen ist so etwa drei Kilogramm leichter als ein herkömmlicher Reifen. Das spart nicht nur Kraftstoff. Wegen der geringeren rotierenden Radmassen sind auch höhere Regelfrequenzen beim ABS möglich. Auf rutschigem Untergrund kann so ein kürzerer Bremsweg erreicht werden. Und noch ein Vorteil des Aramid-Reifens: Er lässt sich besser runderneuern, weil der Kunststoff nicht rostet

WISSENSWERTES

Der Hump

Die Größe einer Felge gibt man stets in Zoll an. Als Größe wird der Durchmesser der Felge bezeichnet an der Stelle, auf dem der Reifen sitzt. Die Bezeichnung 6 J x 15 H2 zum Beispiel bezeichnet eine Tiefbettfelge (x) mit einer Breite von sechs Zoll und einem Durchmesser von 15 Zoll. Der Buchstabe »J« steht für die Form des Felgenhorns. H2 weist auf eine an beiden Schultern der Felge rundum laufende Erhöhung (Hump) hin. Sie verhindern, dass bei schneller Fahrt durch eine Kurve der Reifenwulst durch die Seitenkräfte von der Schulter der Felge ins Tiefbett gedrückt wird. Das Tiefbett ist für die Reifenmontage unerlässlich.

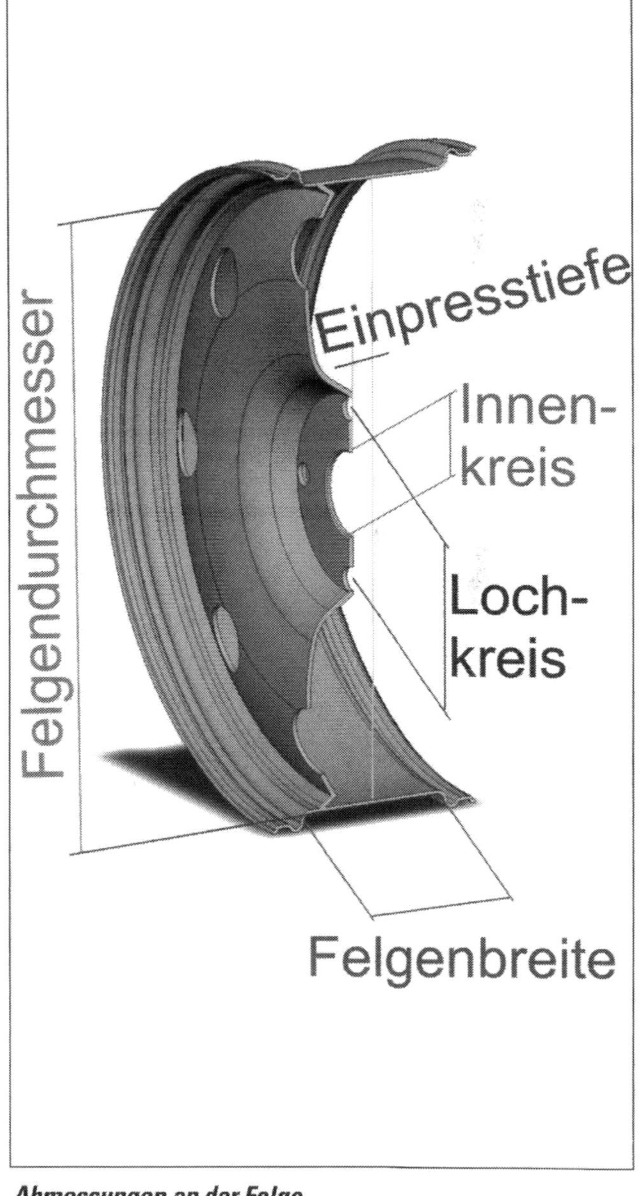

Abmessungen an der Felge.

Reifenbezeichnungen und Abkürzungen

Auch die Reifen tragen neben den Kürzeln zu ihrer Größe eine Vielzahl von Angaben, die die Eigenschaften und Besonderheiten der Reifen genau beschreiben.

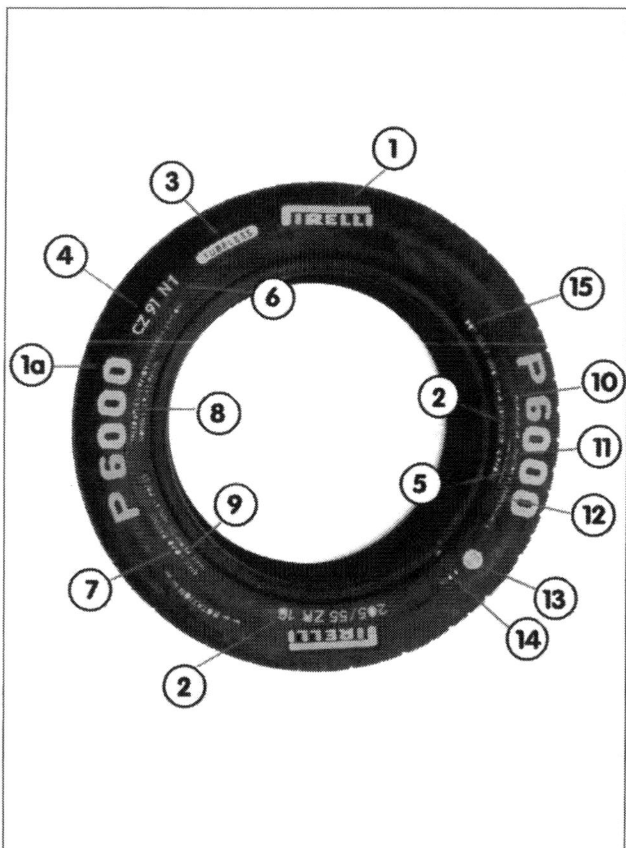

Grafik für die Auflösung der Reifenbezeichnung

Nr.	Bemerkung
1	Der Reifenhersteller
1a	Bezeichnung
2	Die Abmessungen
3	Schlauch? Schlauchlos?
4	Traglast und Geschwindigkeitsindex
5	Das Herstellerland
6	Ungenormte Bezeichnung
7	US-Markt-Angabe für die Traglast
8	Aufbau des Reifens
9	US-Markt-Angabe Druck
10	US-Markt Standfestigkeit
11	US-Markt Nassbremsverhalten
12	US-Markt Temperatur
13	Europaprüfzeichen
14	ECE R 30 Zulassungsnummer
15	DOT-Nummer (Baujahrschlüssel)

Kennbuchstaben für die Geschwindigkeit (der so genannte SI = Speedindex)

Der Buchstabe am Ende der Reifenbezeichnung verrät die zugelassene Geschwindigkeit des Reifens. Als Beispiel die wichtigsten Angaben:

SI	km/h
Q	160
R	170
S	180
T	190
H	210
V	240
W	270
Y	300
ZR	>240

Das Reifenalter

Das Datum der Herstellung verrät die »DOT«-Nummer. Bis zum Produktionsjahr 1989 besteht die DOT-Nummer aus drei Zahlen. In unserem Beispiel wurde der Reifen in der 49. Woche 1989 produziert.

Ab dem Produktionsjahr 1990 steht hinter dieser Zahl ein kleines Dreieck. Unser Beispiel sagt aus, dass der Reifen in der 12. Woche des Jahres 1999 produziert wurde.

Das Jahr 2000 wurde mit der Einführung der vierstelligen DOT-Nummer eingeläutet. Diese kann uns nun, jedenfalls theoretisch, bis ins Jahr 2099 begleiten. Die DOT-Nummer in diesem Beispiel stellt den Produktionszeitraum 32 Woche im Jahr 2001 dar.

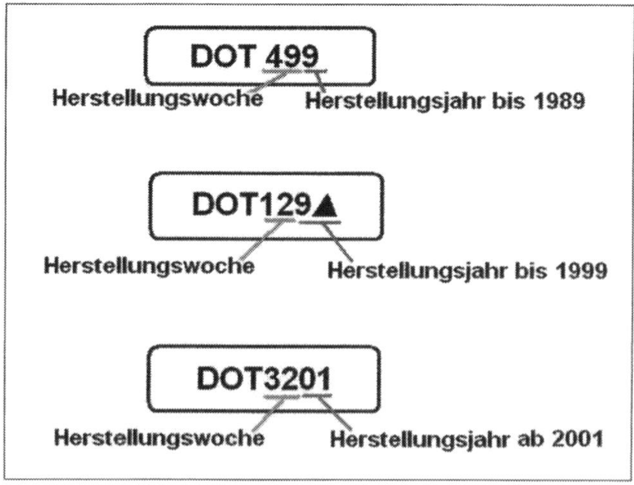

Neureifen, die nach dem 1. Oktober 1998 hergestellt wurden, müssen eine ECE-Prüfnummer auf der Reifenflanke tragen. Diese Nummer besagt, dass der Pneu ein typgeprüftes Bauteil entsprechend dem Qualitäts-Standard der Economic Commission of Europe (ECE) ist. Sind nach dem 1. Oktober 1998 produzierte Neureifen ohne Prüfnummer an Ihrem Fahrzeug montiert, erlischt die Allgemeine Betriebserlaubnis.

Tire Fit: Überlegungen Vor- und Nachteile

Die Bezeichnung »Tire Fit« kommt aus dem Englischen und bedeutet Reifenreparatur. »to fit a tire« = »Reifen reparieren«. Dieser Reparaturart sind allerdings Grenzen gesetzt. Die Struktur des Reifens muss erhalten sein. Rissbildungen, Fehlstellen oder Reifenplatzer werden nicht durch dieses Reparaturset ausgeglichen. Hier bleibt das gute alte »kaputten Reifen abschrauben – neuen Reifen festschrauben« nicht aus. Das Handschuhset in unserem empfohlenen Pannenset hat also noch lange nicht ausgedient.

Der Kompressor...

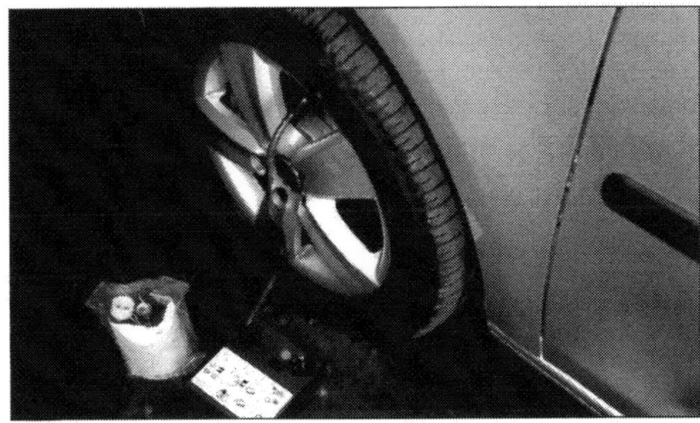

...komplett am Rad.

Das Pannenset in Ihrem Fabia sollte, soweit verbaut, in der Reserveradmulde liegen. Nach dem Gebrauch sollte man beim Zusammenpacken darauf achten, dass der Kompressor wieder ordentlich verpackt wird, damit das Kabel sich nicht verknotet. Wenn die Flasche mit dem Dichtmittel geöffnet wurde, muss diese auf jeden Fall ersetzt werden, egal ob Sie den Inhalt nun benötigt haben oder nicht.

Im Pannenset finden Sie einen Kompressor sowie ein Dichtmittel. Das Dichtmittel hat wie ein Lebensmittel eine Mindesthaltbarkeit. Um sich im Falle des Falles vor bösen Überraschungen zu schützen, sollten das Füllmittel regelmäßig auf Haltbarkeit und der Kompressor auf Funktion geprüft werden. Grundsätzlich sollte das Pannenset rechtzeitig vor der Beendigung der Mindesthaltbarkeitsgrenze ersetzt werden. Die Füllflasche gibt's beim Škoda-Händler, in diversen Zubehörshops oder auch im Bereich der Online-Auktionen. Für die Kontrolle muss lediglich das Pannenset herausgenommen werden. Das Ablaufdatum findet sich im Schriftfeld der Dichtmittelflaschen-Aufkleber. In der Regel heißt es, das Dichtmittel darf nicht älter als 4 Jahre sein.

Praktische Arbeiten

Zustand der Reifen kontrollieren

Die Vorderräder treiben das Fahrzeug an, lenken es und müssen die Hauptbelastung beim Bremsen aushalten. Sie sind daher auch früher verschlissen als die hinteren Pneus. Den Zustand der Reifen kontrollieren Sie am besten bei aufgebocktem Wagen.

- Drehen Sie jedes Rad einmal komplett durch. Entfernen Sie Steinchen und andere Fremdkörper vorsichtig mit einem kleinen Schraubendreher aus den Profillamellen. Sitzt in der Reifendecke eine Glasscherbe oder ein Nagel, kann an dieser Stelle Luft entweichen.
- Achten Sie auf Unregelmäßigkeiten wie Einstiche, Schnitte, Risse und herausgebrochene Profilstücke. Bei einem beschädigten Gummi dringt leicht Feuchtigkeit ins Reifeninnere. Sie können jedoch von außen nicht erkennen, ob der stabilisierende Stahlgürtel schon vom Rost angefressen ist. Lassen Sie den Reifen zur Sicherheit vom Fachmann prüfen. Das gilt übrigens auch bei auffälligem Reifenabrieb.

- Das Reifenprofil muss über die gesamte Lauffläche mindestens 1,6 Millimeter tief sein. Bei dieser Marke wird auf der Lauffläche an mehreren Stellen ein Profilstandsanzeiger sichtbar. Die Buchstaben »twi« (tread wear indicator) auf der Reifenflanke zeigen, wo sich diese Anzeiger befinden. Das Fahrverhalten wird mit abnehmendem Profil schlechter, vor allem auf nasser Fahrbahn. Tauschen Sie Sommerreifen zur Sicherheit bereits bei einer Profiltiefe von zwei Millimetern, Winterreifen bei vier Millimetern.
- Kontrollieren Sie, ob alle Reifen gleichmäßig abgefahren sind und sehen Sie sich die Seitenwände (Reifenflanken) der Reifen genau an. Beulen deuten auf eine Beschädigung des Reifenunterbaus hin.

TWI: Die Erhebung der TWI zeigt die Mindestprofitiefe an.

Reifendruck prüfen

Den Luftdruck sollten Sie stets bei kalten Reifen messen. Denn während der Fahrt erwärmt sich der Reifen – der Reifendruck steigt. Sie erhalten daher falsche Werte, wenn Sie direkt nach einer Autobahnfahrt zum Luftdruckprüfer greifen. Erhöhen Sie den Luftdruck bei Winterreifen um 0,2 bar. Prüfen Sie den Reifendruck regelmäßig alle drei bis vier Wochen. Bei einem Markenreifen ist ein Druckverlust von 1,5 Prozent im Monat normal. Verliert der Reifen mehr Luft, sollten Sie sich ihn genauer ansehen.

GEFAHRHINWEISE

Risikofaktor geringer Luftdruck

Prüfen Sie den Reifendruck regelmäßig alle drei bis vier Wochen. Bei Markenreifen ist ein Druckverlust von 1,5 Prozent im Monat normal. Verliert der Reifen mehr Luft, sollten Sie sich ihn genauer ansehen. Ein schlecht oder gar nicht gewarteter Reifen kann sich zum Risikofaktor entwickeln. Fahren Sie z. B. einen Reifen mit zu geringem Luftdruck unter sehr hoher Last, kann dies zu teilweisen Ablösungen der Reifenlauffläche führen. Diese Schäden bleiben jedoch oft längere Zeit verborgen. Wird der vorgeschädigte Reifen dann stark beansprucht, können durch die enormen Fliehkräfte bei hohen Geschwindigkeiten sogar einzelne Reifenteile abreißen. Passen Sie also auch stets den Reifendruck dem Beladungszustand an. Die Tabelle auf der Rückseite des Tankdeckels gibt Anhaltswerte für den korrekten Reifenluftdruck bezogen auf die Größe der Reifen und die Last.

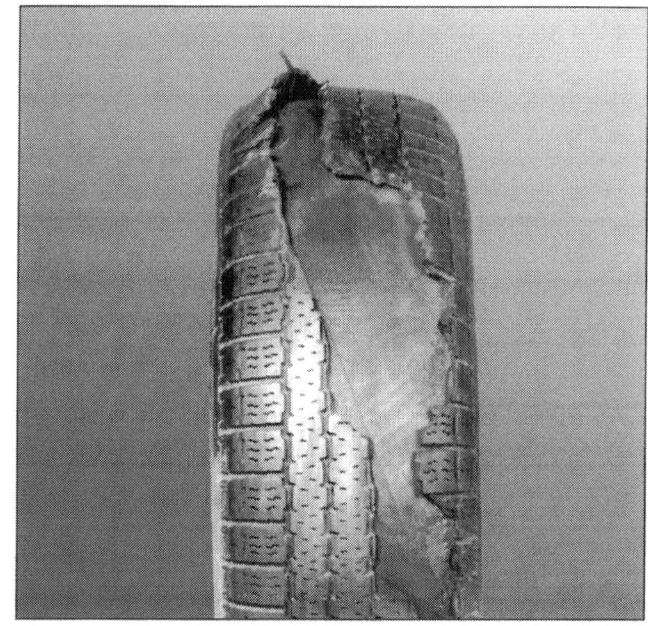

Falscher Luftdruck und seine Folgen. Lebensgefährlich: Wird der Druck falsch gewählt, kann sich die Lauffläche vom Reifen ablösen.

Druck	Verlust im Monat	Verlust im 1/4 Jahr	Verlust im Jahr
2,2 bar	0,033 bar	0,099 bar	0,396 bar
2 bar	0,03 bar	0,09 bar	0,36 bar
1,8 bar	0,027 bar	0,081 bar	0,324 bar
1,5 bar	0,0225 bar	0,0675 bar	0,27 bar

Das Reifenbild

Im Fahrbetrieb kann es beispielsweise durch Fehleinstellungen der Achsgeometrie oder Überbeanspruchung durch zu schnelle Kurvenfahrt zu unterschiedlicher Reifenabnutzung kommen. Welche Ursache bei dem entsprechenden Reifenbild vorliegt und was Sie im entsprechenden Fall unternehmen sollten, finden Sie hier aufgeführt:

Außenseite abgefahren (Vorderreifen)
Flotte Fahrweise in Kurven. Reifen auf den Felgen drehen lassen oder gegen Hinterräder austauschen. Außenseiten stärker abgefahren als Profilmitte: Der Reifen wurde lange Zeit mit zu niedrigem Luftdruck gefahren. Gleichmäßige Auswaschungen: Vermutlich Stoßdämpfer defekt. Ungleiche Abnutzung (an mehreren Stellen): Unwucht im Rad. Auswuchten lassen. Stelle mit starker Abnutzung: Bremsung mit blockiertem Rad (Bremsplatte). Selbst das ABS kann kurzzeitiges Blockieren und damit einen gewissen Reifenverschleiß (Abflachungen) nicht verhindern.

Starke Abnutzung in der Profilmitte
Die mittige Abnutzung entsteht durch häufiges Fahren mit Höchstgeschwindigkeit. Die Reifen »bauchen« durch die Fliehkraft aus (die Reifenlauffläche wird runder) und nutzen daher in der Mitte stärker ab. Dieser Effekt tritt besonders deutlich an den Hinterrädern auf. Dasselbe Bild zeigt sich bei zu hohem Reifendruck.

Radunwucht

Eine Unwucht im Rad zeigt sich durch Vibrationen am Lenkrad oder Schütteln im Vorderwagen. Ursache ist eine ungleichmäßige Gewichtsverteilung am Rad, die auch für erhöhten Reifenverschleiß sorgt. Man unterscheidet statische und dynamische Unwucht. Statische Unwucht zeigt sich bereits, wenn das Rad frei auspendelt: Der Schwerpunkt wird sich von selbst nach unten begeben. Ein Rad mit statischer Unwucht hüpft beim Fahren, die Stoßdämpfer verschleißen schneller. Dynamische Unwucht kommt erst beim schnellen Drehen des Rades vor. Die übergewichtige Stelle sitzt nicht in der Mittelebene des Rades, sondern etwas nach außen bzw. innen versetzt. Das Rad flattert und wackelt bei schneller Fahrt. Die Beseitigung einer Unwucht ist Sache der Werkstatt.

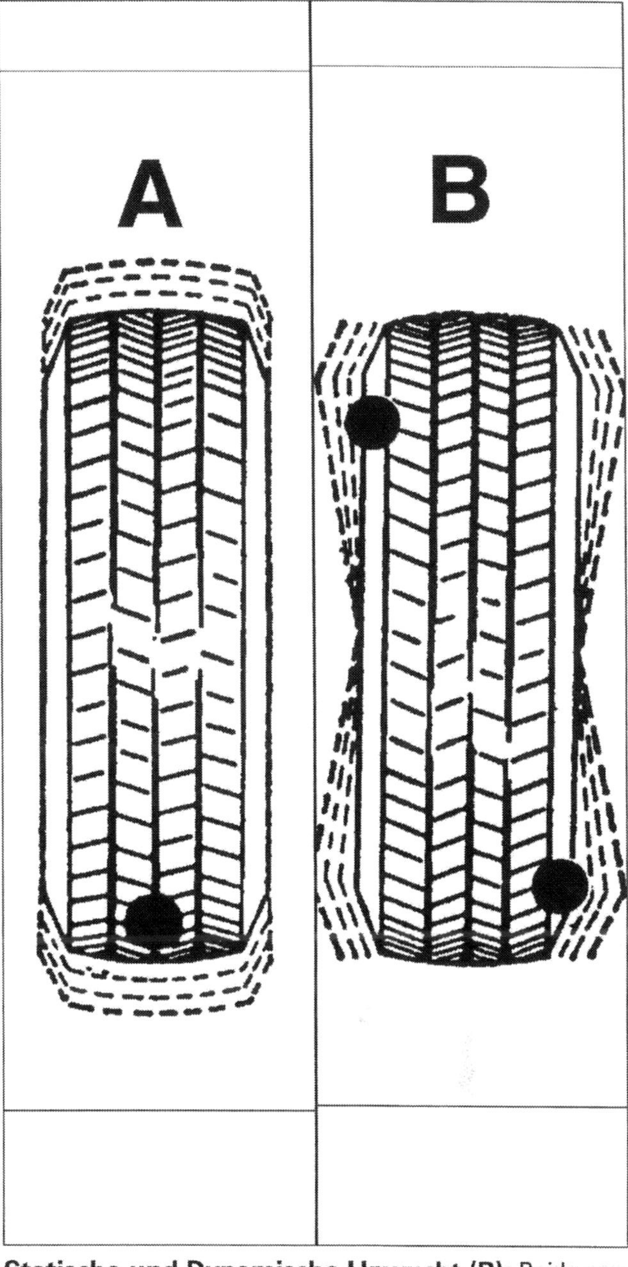

Statische und Dynamische Unwucht (B): Beide sorgen für ein ungleichmäßiges Abnutzen der Reifen und fallen durch flattern in der Lenkung beim Fahren unangenehm auf.

Rad-Reifenkombinationen am Fabia

Grundsätzlich dürfen nur Felgen und Räder einer Bauart und Abmessung auf dem Fahrzeug verbaut werden. Ausnahmen stellen besondere Rad-Reifenkombinationen dar, die dann aber auch mit entsprechenden Gutachten von einem technischen Sachverständigen der Prüforganisationen abgenommen werden müssen.

Aus den Volkswagenunterlagen lassen sich folgende Radreifenkombinationen für den Fabia herauslesen:

Hubraum Motorleistung	Reifen	Reifengröße	Felgengröße	Einpresstiefe der Felge	Schneeketten erlaubt?
Ottomotoren 1,2 l 63 kW 1,2 l 77 kW 1,4 l 63 kW 1,6l 77KW 1,4l 132KW 1,4l 132KW	Sommerreifen	185/55 R 15 81T 205/45 R 16 83W 205/40 R 17 84W	6Jx15 H2 6,5Jx16 H2 7Jx17 H2	43 mm 43 mm 41 mm	Ja Nein Nein
	Winterreifen M+S	185/55 R 15 81T	6Jx15 H2	43 mm	Ja
TDI Motoren 1,2 l 55 kW 1,4 l 59 kW	Sommerreifen	185/55 R 15 81T 205/45 R 16 83W 205/40 R 17 84W	6Jx15 H2 6,5Jx16 H2 7Jx17 H2	43 mm 43 mm 41 mm	Ja Nein Nein
	Winterreifen M+S	185/55 R 15 81T	6Jx15 H2	43 mm	Ja
TDI Motoren 1,6 l 66 kW 1,6 l 77 kW 1,9 l 77 kW	Sommerreifen	185/55 R 15 85H 205/45 R 16 83W 205/40 R 17 84W	6Jx15 H2 6,5Jx16 H2 7Jx17 H2	43 mm 43 mm 41 mm	Ja Nein Nein
	Winterreifen M+S	185/55 R 15 81T	6Jx15 H2	43 mm	Ja
Green Line 1,2 l 55 kW	Sommerreifen	165/70 R 14 81T 185/60 R 14 82T 185/55 R 15 81T 195/55 R15 85H 185/60 R 15 84T 205/45 R 16 83W	5Jx14 H2 6Jx14 H2 6Jx15 H2 6Jx15 H2 6Jx15 H2 6,5Jx16 H	35 mm 37 mm 43 mm 43 mm 43 mm 243 mm	Ja Ja Ja Nein Nein Nein
	Winterreifen M+S	165/70 R 14 81T 185/60 R 14 82T 185/55 R 15 81T	5Jx14 H2 6Jx14 H2 6Jx15 H2	35 mm 37 mm 43 mm	Ja Ja Ja

Die beschriebenen Reifen und Felgen beziehen sich auf die Serienausrüstung. Die aufgeführten Reifengrößen sind selbstverständlich auch alle als Winterreifen (M+S) erlaubt. Da es aber für diverse Reifengrößen keine Zulassung für Schneeketten gibt, machen diese Größen auch keinen Sinn als Winterreifen. Selbstverständlich bleibt die Entscheidung, welchen Reifen in welcher Größe man fährt, jedoch jedem selbst überlassen.

Die Felgen für den Fabia

Der Lochkreis für die Radschrauben beträgt 100 mm. Man spricht so von einem Lochkreis von 5x100.
Welche Reifengrößen und Felgen für Ihren Fabia zugelassen sind, steht leider nicht mehr vollständig in den Kfz-Papieren. In der Regel wird nur noch eine Reifengröße eingetragen. Alle weiteren Angaben fielen den Regelungen der EU zum Opfer. Wenn Sie andere Reifen oder Felgen montieren wollen, müssen Sie die Papiere von der Zulassungsstelle berichtigen lassen. Dazu ist allerdings ein so genanntes Teilgutachten von TÜV/DEKRA erforderlich. Wichtig ist gerade bei einem Umbau die Radlast genau nachzuvollziehen. Natürlich können die Felgen mehr als die Angabe hergibt – abnahme- und zulassungsfähig werden sie aber nur dann, wenn sie den technischen Anforderungen genügen.

Umrüsten von Rad-Reifenkombinationen

Tiefer, breiter, Keilformfahrwerk, diverse Fahrwerksumrüstsets werden für Tuningzwecke auch beim Fabia herangezogen. Vielfach enden solche Tuning-Orgien in der totalen technischen Katastrophe. Bevor wir nun alles verteufeln, was nicht original ist, möchten wir dem technisch interessierten Schrauber einige Überlegungen mit auf die Werkzeugkiste legen.
Ein Fahrzeughersteller wie Škoda konzipiert seine Fahrzeuge so, dass sie auch in extremen Situationen beherrschbar bleiben sollen. Der Fahrer soll das nur an gutmütigem Fahrverhalten und notfalls auch an erfolgreich gemeisterten Extremsituationen merken. Nehmen wir einmal an, an Ihrem Fahrzeug platzt während der Fahr der Reifen vorne rechts. Was wird passieren? Zuerst nimmt man mal an, dass das Fahrzeug sofort und extrem zur rechten Seite ziehen wird. Der Hersteller allerdings hat diese Situation in der Lenkgeometrie anders ausgelegt. Zwar steht das Lenkrad nach dem Platzer schief, das Auto aber fährt geradeaus weiter. Vereinfacht lässt sich die Reaktion des Fahrzeugs so darstellen: Eine konstruktive Auslegung ist der Lenkrollhalbmesser einer Vorderachse. Der Fabia ist werksmäßig mit einem »negativen« Lenkrollhalbmesser ausgelegt worden. Das bedeutet nichts anderes, als dass der Drehpunkt des Rades auf der Fahrbahn etwas weiter nach außen gelegt wurde, als der eigentliche Mittelpunkt der Radaufstandsfläche auf der Fahrbahn. Betrachten wir nun wieder den geplatzten vorderen rechten Reifen. Er wird einen deutlich höheren Rollwiderstand produzieren, als das intakte linke Vorderrad. Da der Drehpunkt des Rades nicht im Radaufstandsflächenmittelpunkt liegt, erzeugt der platte rechte Reifen eine Lenkbewegung nach links. Der linke Reifen läuft nun nicht mehr gerade zur Fahrbahn und erzeugt auch einen höheren Rollwiderstand. Die Lenkgeometrie will nun einen Kräfteausgleich der beiden Räder erzeugen und sucht sich den neuen »Mittelpunkt«. Sind die Rollwiderstände gleich, fährt das Fahrzeug wieder geradeaus. Der Kräfteausgleich bewirkt wiederum die Schiefstellung des Lenkrades. Derselbe Vorgang ergibt sich übrigens auch bei unterschiedlichen Reifen oder auch unterschiedlichem Luftdruck der Reifen.
Einer der Lieblingsumbauten der Tuner ist der Umbau auf breite Reifen und natürlich auch auf Spurplatten oder Felgen mit kleineren Einpresstiefen. Beides bewirkt oftmals eine erhebliche Veränderung des Lenkrollhalbmessers. Der im ungünstigsten Fall nun positive Lenkrollhalbmesser bewirkt das Gegenteil der Überlegungen des Fahrzeugherstellers.
Betrachten wir nun wieder die Fahrsituation mit dem geplatzten vorderen rechten Reifen. Er wird einen deutlich höheren Rollwiderstand produzieren als das intakte linke Vorderrad. Da der Drehpunkt des Rades zwar auch nicht im Radaufstandsflächenmittelpunkt liegt, sondern etwas weiter innen, erzeugt der platte rechte Reifen eine Lenkbewegung nach rechts. Zwar läuft der linke Reifen nun auch nicht mehr gerade zur Fahrbahn und erzeugt auch einen höheren Rollwiderstand, die Wirkrichtung ist aber leider nach rechts. Da keine Kräfte entgegenstehen, kann die Lenkgeometrie keinen Kräfteausgleich der beiden Räder erzeugen und lenkt nach rechts. Die Kräfte werden schlagartig auftreten und durch die unterschiedliche Radbelastung stark an- und abschwellende Gegenkräfte vom Fahrer einfordern. In der Regel wird es kaum möglich sein, das Fahrzeug auf der Straße zu halten und einen Unfall zu vermeiden.
An diesem Beispiel sieht man sehr drastisch, wie ungewollte Einflüsse auf das Fahrzeug ausgeübt werden können, die fatale Folgen nach sich ziehen können.
Hinterfragen Sie ruhig auch die Auswirkungen der breiteren Räder auf das Fahrverhalten des Fahrzeugs und natürlich auch auf die Auswirkungen auf den Lenkrollhalbmesser. Ein Händler, der nicht in der Lage ist diesen Zusammenhang darzustellen, ist sicherlich ungeeignet Ihr Fahrzeug durch Tuningmaßnahmen zu verbessern.

Neben der Veränderung des Lenkrollhalbmessers verändern auch Höhenlage, Sturz, Spur und Nachlauf das Fahrverhalten des Fahrzeuges. Ohne tiefgehende Kenntnisse über die Fahrwerkstechnik sollten Sie niemals Veränderungen, Reparaturen oder Umbauten an Achsbauteile vornehmen. Rad-Reifenkombinationen sollten grundsätzlich vom Hersteller freigegeben worden sein oder zumindest hinsichtlich der Abmessungen (inkl. der Einpresstiefe) den Angaben der Hersteller entsprechen.

Winterreifen

Für einen Winterreifen genügt die schmalste Reifenbreite, die für Ihr Fahrzeug angegeben ist. Je kleiner die Reifenaufstandsfläche Ihres Reifens, umso höher wird der Druck auf die Fläche. Investieren Sie das für breitere Pneus gesparte Geld lieber in einen zweiten Satz passender Felgen – das Ummontieren der Reifen im Frühjahr und Herbst kommt auf die Dauer viel teurer und birgt bei jeder Montage und Demontage die Gefahr der Beschädigung des Reifens. Zudem müssen die Räder nach jeder Montage neu ausgewuchtet werden.

Felgen gibt es heutzutage in jedem Autofahrermarkt. Auch Leichtmetallfelgen sind heute gar nicht oder kaum teurer als die Felge aus Stahl. Achten Sie darauf, dass die Abmessungen der Felge und natürlich auch die Einpresstiefen mit der Originalfelge übereinstimmen. Fragen Sie nach, ob die originalen Radschrauben auf die neue Felge passen oder ob ein neuer Schraubensatz für die neuen Felgen fällig ist.

Manche Händler und Werkstätten lagern Ihre Winterreifen gegen eine geringe Gebühr bis zum nächsten Tausch ein.

Wenn die Höchstgeschwindigkeit der Winterreifen (bis zu 160 km/h) unter der Ihres Fahrzeugs liegt, sollten Sie sich zur Erinnerung einen entsprechenden Aufkleber ins Blickfeld (nicht an die Windschutzscheibe!) kleben.

Nach jedem Radwechsel müssen die Räder nochmals nachgezogen werden. Das liegt nicht etwa an der möglichen Unfähigkeit des Monteurs, sondern daran, dass sich gebildete Oxidation, Farbreste oder sonstige Ablagerungen vom Schraubensitz abnutzen können und so eventuell ausreichend Spiel für die Schraube zum eigenständigen Lösen entstehen könnte.

Montieren der Winter- und Sommerräder

Aufnahmepunkte: Die vordere Wagenheberaufnahme befindet sich ca. 13 cm, die hintere ca. 22 cm vom jeweiligen Rad entfernt. Beide Aufnahmepunkte werden mit in den Schweller eingeprägten Dreiecken kenntlich gemacht. Ein Unterstellbock unterstützt den Wagenheber und gibt zusätzliche Sicherheit gegen das Abrutschen.

Das Montieren der Winter- und Sommerräder können Sie schnell und sicher erledigen. Beachten Sie aber beim Anheben des Fahrzeugs die Sicherheitsbestimmung aus dem Abschnitt »Pannen unterwegs, Fahrzeug richtig aufbocken«. Nach der Demontage der Räder müssen diese eingelagert werden. Empfehlenswert ist hierzu ein Felgenbaum, der verhindert, dass die Flanken oder Laufflächen während der Einlagerung belastet werden. Das Anzugsdrehmoment liegt bei 120 Nm, nach 50 km sollten Sie alle Schrauben nochmals zur Sicherheit mit einem Drehmomentschlüssel nachziehen!

Benötigtes Werkzeug
- Stecknuss mit Verlängerung
- Drehmomentschlüssel
- Wagenheber mit ausreichend Hub
- Unterstellböcke
- eventuell: Drahtbürste und etwas Kupferpaste

Arbeitsschritte:

- Suchen Sie eine ebene Stelle mit festem Untergrund für den Radwechsel.

- Ziehen Sie die Handbremse fest an und lösen Sie vor dem Anheben des Wagens alle Radbolzen zunächst nur um eine viertel Umdrehung.

- Heben Sie nun das Fahrzeug so weit an, bis das Rad ein paar Zentimeter über dem Boden ist. (Beachten Sie alle Hinweise aus dem Abschnitt »Pannen unterwegs, Fahrzeug richtig aufbocken«).

- Entfernen Sie dann die fünf Radbolzen und nehmen Sie das Rad ab. Wechseln Sie immer ein Rad nach dem anderen.
- Kontrollieren Sie den Zustand der Radnabe. Säubern Sie diese gegebenenfalls mit der Drahtbürste und tragen Sie eine hauchdünne Schicht Kupferpaste auf. Das schützt vor weiterer Korrosion.

- Setzen Sie jetzt das Rad an. Drehen Sie alle Radbolzen so fest wie möglich ein und achten Sie darauf, dass das Rad gerade an der Nabe anliegt.

- Ziehen Sie die Radbolzen mit einem Drehmoment von 110 Nm an. Wichtig: Ziehen Sie die Räder nach rund 50 Kilometern nochmals nach! Die Sommerräder sollten kühl und trocken gelagert werden, zum Beispiel auf einem Reifenbaum in der Garagenecke.

Reifen

STÖRUNGSBEISTAND

Störung	Was kann das sein?	Was kann ich tun?
A Schwammiges Fahrverhalten	**1** Reifen zu geringer Luftdruck	Luftdruck prüfen
	2 Stoßdämpfer undicht	Ölverlust mit Finger prüfen, bleibt Öl am Finger: tauschen
	3 Stoßdämpfer verschlissen	Kolbenstange auf Riefen und Abplatzung prüfen
	4 Spurwerte stimmen nicht	Achsvermessung durchführen
	5 Federn erlahmt	Federn prüfen, ggf. austauschen
	6 Gummis Querlenker hinten	neue Streben einbauen
B Reifen	**1** starker, unregelmäßiger Verschleiß	Spurwerte stimmen nicht, Achsvermessung durchführen
	2 Verschleiß innen	zu viel negativer Sturz
	3 Verschleiß außen	zu viel positiver Sturz
	4 Verschleiß in der Mitte	zu viel Luftdruck
	5 Verschleiß innen und außen	zu wenig Luftdruck
	6 Stoßdämpfer verschlissen	Stoßdämpfer prüfen, ggf. austauschen
C Schütteln am Lenkrad	**1** Räder unwuchtig	Räder wuchten lassen
	2 Spiel in der Lenkung	Kreuzgelenk prüfen
	3 Spiel in Fahrwerksteilen	Traggelenk und Spurtstangen prüfen
… beim Bremsen	**4** Bremsscheiben verzogen	neue Bremsscheiben und Beläge
D Geräusche bei Kurvenfahrt	**1** Radlager defekt	Richtige Seite durch Wechselkurven feststellen
	2 Spurwerte stimmen nicht	Reifenprofil kontrollieren (siehe B)

Achsen, Aufhängung

Das Fahrwerk ist zuständig für die Fahreigenschaften sowie den Fahrkomfort Ihres Fabia. Es hat vor allem die Aufgabe, die Räder bei ihrer Bewegung präzise zu führen. Nur dann bleibt das Auto sicher beherrschbar. Dieser Job ist freilich nicht einfach. Denn die Räder müssen sich bei der Fahrt nicht nur drehen, sondern auch Auf- und Abwärtsbewegungen durchführen – schließlich ist keine Fahrbahn völlig eben. Auch beim Bremsen, Beschleunigen und bei der Fahrt durch eine Kurve entstehen erhebliche Kräfte, mit denen das Fahrwerk fertig werden muss. Das geht jedoch nur, wenn seine Komponenten optimal aufeinander abgestimmt sind. Zum Fahrwerk gehören die Federung und Dämpfung, die Radaufhängung an Vorder- und Hinterachse, die Lenkung sowie die Räder und Reifen. Die Bremsen, ebenfalls Teil des Fahrwerks, stellen wir Ihnen in einem eigenen Kapitel vor.

Was ist eigentlich ein Fahrwerk?

Im Volksmund versteht man unter Fahrwerk eher nur die Stoßdämpfer und die Federn. Dass hinter diesem Begriff eine Konstruktion aus sehr vielen Bauteilen steht, die aufeinander abgestimmt den Spagat zwischen Komfort und präziser Radführung abdecken müssen, ahnt zuerst mal niemand. Zum Fahrwerk gehört alles, was zwischen Karosserie und Straße für die Radführung sorgt. Jede Veränderung, sei es durch Verschleiß oder aber auch durch Umbau, erfordert erhebliches Fachwissen durch den Monteur. Gerade bei Tuningmaßnamen rund ums Fahrwerk darf nie vergessen werden, dass es sich um ein Kraftfahrzeug handelt, das sicher im Straßenverkehr bewegt werden soll. Kunstwerke werden nicht gefahren, sondern ausgestellt.

Auslegung des Fahrwerks

Damit ein Fahrzeug überhaupt geradeaus fahren kann, ist der Bezug zur Hinterachse extrem wichtig. Jeder, der mal erlebt hat, wie ein Auto reagiert, wenn die Hinterachse ausbricht (das Fahrzeug übersteuert dann...), weiß um die Auswirkung, wenn die Hinterachse als so genannte spurgebende Achse das Fahrzeug nicht mehr führt. Alle Fahrwerkswerte beziehen sich immer auf die Hinterachse. Sie ist der Bezugspunkt für die Konstruktion und natürlich auch für die Fahrwerksvermessung. Aus diesem Grund ist es unsinnig, die Vorderachse einzeln zu vermessen. Ein Rad kann neben der Drehbewegung sich auch seitlich neigen oder auch nach vorn oder hinten versetzt werden. Die Räder werden sogar beim Einlenken angehoben oder abgesenkt. Alle diese Funktionen entstehen aus dem Zusammenspiel der Bauteile und sind gewollt.
Sogar die Veränderung der Höhenlage eines Fahrzeuges folgt solchen »Kennlinien« und hat selbstverständlich Einflüsse auf die Achsgeometrie und das Fahrverhalten. Auch wenn es kaum vorstellbar ist: Sogar die Felgengröße und ihre Einpresstiefe haben Einfluss auf das Fahrwerk und seine Funktionen.

Ohne Reibung keine Kraftübertragung. Das kennen wir schon von der einen oder anderen Glatteisfahrt. Man kann sich vorstellen, dass für eine »spurgenaue« Fahrzeugführung der Kontakt der Reifen von entscheidender Wichtigkeit ist. Geht die Verbindung zwischen Reifen und Fahrbahn verloren, können weder Vortriebs-, Brems-, Seitenführungs- oder Lenkkräfte mehr übertragen werden. Wichtige Elemente für diese Aufgabe sind Federung und Stoßdämpfung. Bodenunebenheiten werden so durch Ein- und Ausfedern des einzelnen Rades möglichst ausgeglichen. Unerwünschtes Nachschwingen des Aufbaus verhindern die Stoßdämpfer. Sie müssten eigentlich Schwingungsdämpfer heißen, da sie zwar auch Stöße dämpfen, aber in der Hauptsache durch Federn verursachte Schwingungen abschwächen.

Lenkung und Fahrsicherheit

Die Lenkung soll möglichst feinfühlig sein und zielgenaues Lenken ermöglichen. Sie ist genau auf die Achsen und die Lenkgeometrie abgestimmt. Wie bei fast allen Autos heutzutage, kommt beim Fabia eine Zahnstangenlenkung zum Einsatz. Sie gilt als besonders präzise und sorgt trotz der serienmäßigen Servounterstützung für ein noch direkteres und feinfühligeres Ansprechen der Lenkung. Die Lenkung ist ein Bauteil, von dem die gesamte Fahrsicherheit in besonderem Maße abhängt. Defekte, falsche Einstellungen und fehlerhafte Reparaturarbeiten können deshalb fatale Auswirkungen haben.

Die Vorderachse des Fabia

Die McPherson-Vorderachse vorne besteht aus einem Querlenker unten und Rad führenden Federbeinen. Die Achse entspricht im Wesentlichen der Achse des Polo.

⚠ Lenkung und Fahrwerk

GEFAHRHINWEISE

Die Arbeiten an Teilen des Fahrwerks und der Lenkung sind nicht immer fürs Do-it-yourself geeignet. Sie setzen Erfahrung und oft auch spezielle Werkstattgeräte sowie Spezialwerkzeuge voraus. Fehlerhafte Reparaturen werden damit nicht nur zur Gefährdung für Sie selbst, sondern auch für andere Verkehrsteilnehmer. Denn genauso wie bei den Bremsen Ihres Fabia, kann nur die einwandfreie Funktion aller Teile des Fahrwerks und der Lenkung die Fahrsicherheit gewährleisten. Die Teile der Lenkung und des Fahrwerks sind nach einer Beschädigung, zum Beispiel durch einen Unfall, meist zu ersetzen. So dürfen Sie beispielsweise defekte Teile der Radaufhängung nicht etwa einfach richten oder schweißen – sie müssen grundsätzlich erneuert werden. Wenn Sie nicht sicher sind, ob Sie die betreffende Reparatur selbst ausführen können, oder wenn Sie die dafür benötigten Werkzeuge nicht besitzen – überlassen Sie die Arbeit besser der Werkstatt.

Schraubenfeder und Stoßdämpfer

Sie sind zu einem Platz sparenden Federbein zusammengefasst. Die Federbeine sind mit der Karosserie und den Radlagergehäusen verschraubt. Geführt werden die beiden Radlagergehäuse von zwei Dreieckslenkern. Diese sind untereinander mit dem Stabilisator verbunden. Der Stabilisator schränkt die Seitenneigung der Karosserie ein. Die Dreieckslenker sind mit dem Aggregateträger verbunden. Der Aggregateträger ist mit der Bodengruppe des Fahrzeugs über Gummi-Metall-Lager verschraubt.

Die Übertragung der Antriebskraft erfolgt über zwei Gelenkwellen. Sie sind über jeweils zwei Gleichlaufgelenke mit den Rädern und dem Achsantrieb (Differential) verbunden. Optimale Fahreigenschaften und geringster Reifenverschleiß sind nur zu erreichen, wenn die Räder einwandfrei eingestellt und mit dem korrekten Reifendruck befüllt sind. Bei dauerhaft unnormaler Reifenabnutzung, die auch durch die Korrektur des Reifendrucks nicht vermeidbar ist, sowie mangelhafter Straßenlage, sollte eine Werkstatt zur optischen Vermessung aufgesucht werden.

Aufbau der Vorderachse des Skoda Fabia:
1 Federbeinlager, 2 Federbein, 3 Querlenker, 4 Stabilisator, 5 Bremsscheibe,6 Lenkgetriebe, 7 Spurstange

WISSENSWERTES – McPherson-Federbein

Fahrbahnunebenheiten erzeugen an den Rädern Auf- und Abwärtsbewegungen. Mit Hilfe der Federbeine, bestehend aus Federn und Dämpfern, werden diese Bewegungen der Räder durch Ein- und Ausfedern kompensiert und der Kontakt zur Straße gehalten. Die Kombination der Feder- und Dämpfereinheit am Fahrzeug beeinflusst dabei wesentlich den Fahrkomfort, die Fahrsicherheit und auch das Kurvenverhalten. Im Gegensatz zum Nutzfahrzeug kommt hierzu im Pkw fast durchgängig die Einzelradaufhängung zum Einsatz. Mit ihr können die ungefederten Massen gering gehalten werden, und die Räder beeinflussen sich

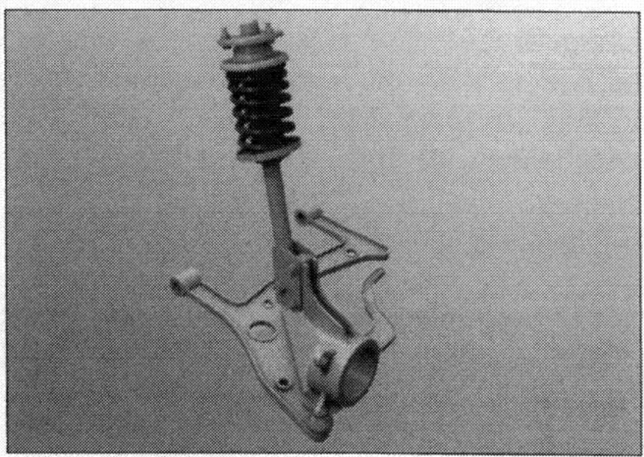

McPherson-Federbein: Bauraum- und kostengünstige Einzelradaufhängung an der Vorderachse.

nicht gegenseitig beim Ein- und Ausfedern wie beim Starrachsenprinzip. Als kostengünstig und Platz sparend hat sich das so genannte McPherson- Federbein erwiesen. Seinen Namen verdankt es seinem Erfinder, dem US-Amerikaner Earl S. McPherson, dessen Patent erstmals 1948 zum Einsatz kam. Es entstand aus dem Doppelquerlenker-Federbein und ist durch seine kompaktere Bauweise besonders zum Einsatz in Klein- und Mittelklassewagen geeignet. Die Platzersparnis resultiert aus dem Ersatz des oberen Querlenkers durch ein Schwingungsdämpferrohr, an dem die Achsschenkel befestigt sind. Das Stoßdämpferaußenrohr ist mit dem Radlager tragenden Achszapfen und dem Spurstangenhebel fest verbunden. Beim Lenken schwenkt diese Einheit um die Stoßdämpferkolbenstange, die mit ihrem oberen Ende in einem Gummilager der Karosserie sitzt, während unten am Federbein ein frei bewegliches Kugelgelenk über einen Querlenker die zweite Verbindung zur Karosserie herstellt.

Die Hinterachse des Fabia

Die Verbundlenker-Hinterachse des Fabia ist aus einem doppelwandigen Trägerprofil aufgebaut. Der deshalb hohle Achskörper verleiht der Achse hohe Stabilität. Die Anordnung der Gasstoßdämpfer getrennt von den Schraubenfedern erlaubt es, den Ladeboden des Kofferraumes sehr tief zu legen, wodurch wiederum die Durchladebreite erfreulich groß ist. Spur und Sturz sind konstruktiv vorgegeben und können nicht ein- oder nachgestellt werden. Die Lagerböcke zur Achsbefestigung sind mit der Karosserie verschweißt. Einstellarbeiten sind hier ebenfalls nicht vorgesehen. Die Befestigung der Achse erfolgt über schräg gestellte, Spur korrigierende Gummilager. Diese Maßnahme entkoppelt die Achse akustisch vom Karosseriekörper. Rollgeräusche werden somit unterdrückt. Die Schrägstellung der Lager führt außerdem zu einer Spurkorrektur, welche die Kurvenfahrt optimiert.

Die Servolenkung

Die Lenkung des Fabia besteht aus einer Zahnstangenlenkung mit elektrohydraulischer Unterstützung, welche die Lenkarbeit unterstützt.
Sie soll feinfühlig sein und ein zielgenaues Lenken ermöglichen. Daher ist sie präzise auf die Achse und die Lenkgeometrie abgestimmt. Die Lenkung ist ein Bauteil, von dem die Fahrsicherheit besonders stark abhängt. Defekte oder falsche Einstellungen und fehlerhafte Reparaturen können fatale Auswirkungen haben. Nach einem Unfall oder bei Beschädigung und Verschleiß können diverse Bauteile auch einzeln ersetzt werden. So z. B. Faltenbälge, Spurstangen und Spurstangenköpfe. Eine Instandsetzung des Lenkgetriebes selbst und der Elektrohydraulik ist jedoch nicht vorgesehen. Bei einem Defekt müssen diese Teile komplett getauscht werden.
Einzig das Hydrauliköl für die Servounterstützung kann noch nachgefüllt oder getauscht werden. Hier kommen ca. 0,7-0,9 Liter G 001 000 zum Einsatz.

Radeinstellung prüfen

Nicht nur die richtige Stellung der Vorderräder entscheidet darüber, ob Ihr Fabia auf ebener Strecke und in Kurven ruhig und sicher auf der Straße liegt. Eine harte Berührung des Bordsteins durch ein Rad kann die Geometrie der Achsaufhängung jedoch empfindlich stören. Auch verschlissene Gelenke und Gummilager oder unsachgemäße Reparaturen können sich negativ auf das Fahrverhalten auswirken.
Die Vermessung der Radstellung ist freilich eine Sache der Werkstatt, die dazu einen speziellen Achsmessstand verwendet. Einer fehlerhaften Lenkgeometrie können Sie beim Fahren aber selbst auf die Schliche kommen. Dazu müssen beide Vorderreifen dieselbe Reifensorte, DOT-Nummer, Profiltiefe und den vorgeschriebenen Luftdruck aufweisen.

Prüfen Sie folgende Punkte. Bei Auffälligkeiten sollte das Fahrzeug sofort vermessen werden. Eine Achsvermessung ist meistens günstiger als ein Reifenpaar für eine Achse.

- Ist das Reifenprofil gleichmäßig abgenutzt? Oder zeigen die Außenkanten stärkere Verschleißspuren als innen?
- Steht das Lenkrad bei Geradeausfahrt gerade?
- Zieht das Fahrzeug eventuell zu einer Seite?
- Stimmt der Reifenluftdruck?
- Lassen Sie sich das Achsmessprotokoll grundsätzlich aushändigen und auch erklären. Am besten liegt es griffbereit im oder hinter dem Serviceheft.

GEFAHRHINWEISE

Servolenkung Selbstreparatur

Reparaturen an der Servolenkung sind eine Sache der Werkstatt. Sie verfügt über spezielle typgebundene Prüfgeräte mit genauen Codeabfragen für das Steuergerät des Fahrzeugs und das entsprechende Know-how. So lassen sich Schäden an den elektronischen Bauteilen und Folgeschäden mit teuren Reparaturen verhindern. Auch hier ist leider wieder mal dem Heimwerker der Verzicht aufs Selbermachen ratsam. Also überlassen Sie die Reparaturen an der Servolenkung unbedingt der Werkstatt. Bei fehlerhafter Instandsetzung könnte beispielsweise die Servounterstützung beim Lenken ausfallen. Oftmals muss nach Reparatur und Achsvermessung auch der Lenkwinkelsensor neu eingerichtet werden. Es könnten sonst schnell falsche Werte für das ESP und die Servolenkung selber entstehen. Zudem hat gerade die elektronische Variante der Servolenkung Ihres Fabia nicht mehr viel mit der alten mechanisch gesteuerten Lenkhilfe zu tun, die noch vor wenigen Jahren verbaut wurde. Das ist neben einem falschen Lenkungsmittelpunkt der Achsgeometrie ein wichtiger Grund, warum niemals nach einer erfolgten Achsvermessung ein leicht schief stehendes Lenkrad einfach gerade gesetzt werden sollte.

Radlagerspiel prüfen

Die Prüfung der Radlager sollte grundsätzlich während der Fahrt erfolgen. Für diese Probefahrten sucht man sich am besten einen unbefahrenen Parkplatz, der ausreichend Platz bietet, um mit dem Auto Kreisfahrten durchführen zu können. Ein Defekt macht sich meist durch laute Laufgeräusche während der Kurvenfahrt bemerkbar. Treten die Geräusche zum Beispiel in Rechtskurven auf, ist meist das linke Radlager defekt. Treten die Geräusche in Linkskurven auf, ist meist das rechte Radlager defekt. Meistens ist es das belastete Lager, also das kurvenäußere Lager, welches dann bei Kurvenfahrt deutlich lauter wird. Wird das defekte Lager hingegen entlastet, wird das Geräusch leiser werden bzw. auch ganz verschwinden.

Die vorderen Radlager sind Doppelrillenkugellager. Sie haben zwei Laufringe. Ist der innere Laufring beschädigt, lässt sich das Geräusch meist nicht so leicht durch die Kurvenfahrten entlarven.

Das Wackeln an den Rädern ist sicherlich kein Indiz für beschädigte Radlager. Ist Spiel an den Rädern durch Ziehen oder Drücken am Rad feststellbar, darf das Fahrzeug auf keinen Fall mehr bewegt werden. Sobald ein merkliches Spiel an den Radlagern auftritt, dürften sich die meisten Teile des Kugellagers schon in der Landschaft verteilt haben. Der Geräuschpegel des Radlagers dürfte dann den Pegel des Radios erreicht oder schon überschritten haben. Die Radführung ist nicht mehr gewährleistet.

Die vorderen Radlager können nicht eingestellt werden und müssen daher bei einem Schaden ausgetauscht werden. Das ist für die Lager der Vorderachse Sache der Werkstatt. Lager, Laufringe, Nabe und Lenk-Schwenklager sind in sehr engen Toleranzen gefertigt, die bei der Montage Spezialwerkzeuge erforderlich machen. Für die Montage der vorderen Radlager wird zudem eine hydraulische Presse oder ein spezielles Lagerausziehgerät benötigt.

Lenkungsspiel prüfen

Das Spiel der Lenkung kann nachgestellt werden, wenn es nicht durch einen Defekt verursacht wird. Die Einstellung sollten Sie jedoch besser der Werkstatt überlassen.

- Die Räder geradeaus stellen. Greifen Sie durchs geöffnete Fenster und drehen Sie das Lenkrad kurz hin und her.
- Das Vorderrad muss sich sofort mitbewegen. Achten Sie auf die Felge, denn der elastische Reifen kann einen Teil des Einschlags schlucken, ehe er sich bewegt.
- Hat die Lenkung um die Geradeausstellung kein Spiel, klemmt aber bei stärkerem Einschlag, ist die Zahnstange der Lenkung verschlissen. Das Lenkgetriebe muss dann ausgetauscht werden.

Manschetten der Lenkzahnstange kontrollieren

Die aus dem Zahnstangengehäuse austretende Zahnstange wird links und rechts durch eine Gummimanschette geschützt. Dringen durch einen rissigen oder beschädigten Faltenbalg Schmutz und Feuchtigkeit ein, verbinden sie sich mit dem Fett des Lenkgetriebes zu einer Schleifpaste, die ständig am Lenkritzel nagt. Eine verschlissene Manschette sollten Sie daher sofort ersetzen. Um die Lenkungsmanschette zu prüfen, müssen Sie weit in die vorderen Radkästen hinein greifen. Durch Auseinanderziehen der Falten lassen sich Undichtigkeiten am besten erkennen.

- Leuchten Sie mit einer Taschenlampe jeden Faltenbalg ab. Schlagen Sie die Lenkung voll nach rechts und links ein; ziehen Sie dann den Faltenbalg Stück um Stück auseinander, um Risse in den Falten zu erkennen.

Genau inspizieren: Nehmen Sie bei der Kontrolle der Manschetten jede einzelne Falte genau in Augenschein.

Spurstangenköpfe und Antriebsmanschetten prüfen

Das Spurstangengelenk sitzt rechts und links zwischen Spurstange und Spurstangenhebel des Lenk-Schwenklagers. Selbstschmierender Kunststoff umhüllt den stählernen Kugelkopf, eine Manschette schützt ihn vor Schmutz und Feuchtigkeit. Spurstangenköpfe mit defekter Manschette oder Spiel müssen Sie umgehend ersetzen. Die Kontrolle sollten Sie im regelmäßigen Abstand, am besten einmal jährlich oder nach ca. 15.000 gefahrenen Kilometern durchführen.

- Kontrollieren Sie die Manschetten der Spurstangengelenke auf Risse und Beschädigungen. Durch Auseinanderziehen der Falten lassen sich Undichtigkeiten am besten erkennen.

- Leuchten Sie dabei mit einer Taschenlampe jeden Faltenbalg einzeln ab.

- Prüfen Sie, ob das Gelenk Spiel hat. Fahren Sie das Auto dazu am besten über eine Grube.

- Lassen Sie einen Helfer das Lenkrad mehrmals kurz nach links und rechts drehen. Sie können mit der Hand fühlen, ob die Spurstangengelenke Luft haben.

- Ist die Manschette defekt, sollte der komplette Spurstangenkopf gewechselt werden (Werkstattarbeit).

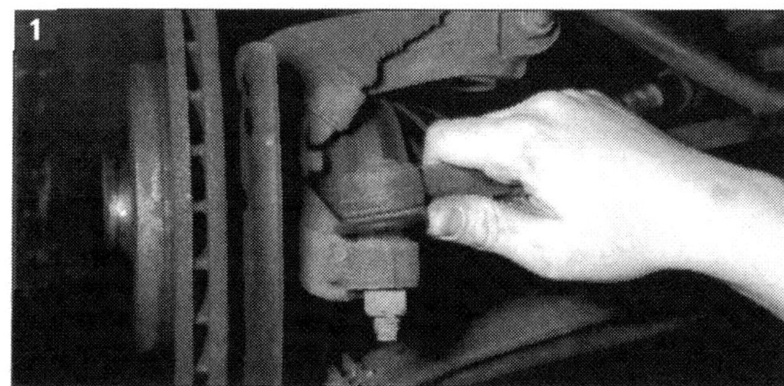

Axialspiel prüfen: Achslenker kräftig nach unten ziehen und wieder hoch drücken.

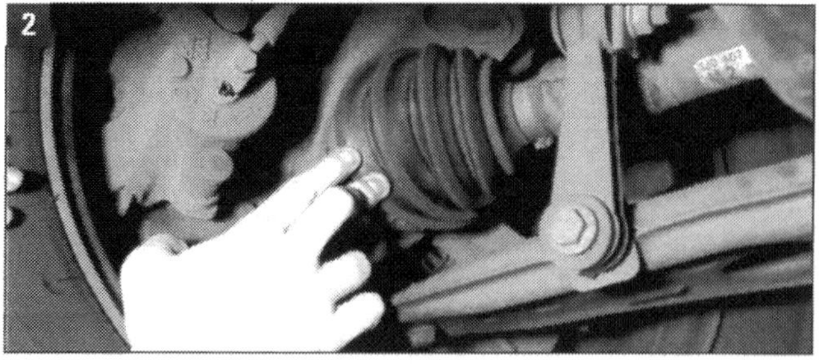

Manschette prüfen: Bei einem Defekt wie einem Riss oder einem Loch ist der Spurstangenkopf austauschreif.

Achsgelenke kontrollieren

Die Kugelgelenke der Achsgelenke (rechts und links zwischen Querlenker und Lenk-Schwenklager) sitzen in einer Fett-Dauerfüllung in Kunststoffschalen. Staubkappen aus Kunststoff schützen sie vor Nässe und Schmutz. Die Gelenke sind wartungsfrei. Eine beschädigte Staubkappe bedeutet allerdings das vorzeitige Aus fürs Gelenk – eindringender Schmutz wirkt wie Schmirgelsand, Feuchtigkeit lässt es mit der Zeit festrosten.

- Fahrzeug vorne aufbocken, ideal ist, die Prüfung auf einer Hebebühne durchzuführen.
- Lenkung nach einer Seite voll einschlagen.
- Staubkappen der Achsgelenke rechts und links auf Beschädigungen kontrollieren. Achsgelenke kontrollieren und dabei die Kappen zusammendrücken – so entdecken Sie auch versteckte Risse.
- Eine schadhafte Staubkappe kann nicht einzeln ersetzt werden, der Querlenker muss komplett ausgetauscht werden.
- Das Axialspiel prüfen, indem der Achslenker kräftig nach unten gezogen und wieder hochgedrückt wird (1).
- Das Radialspiel prüfen, indem das Rad kräftig nach innen und außen gedrückt wird (2).
- Hinteres Lager für Achslenker und Achslenker vorne genau prüfen. Dabei vor allem auf Risse des Gummilagers achten (3) und (4).

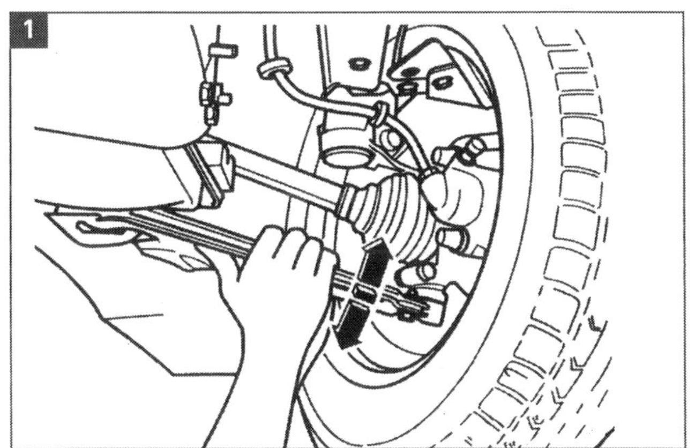

Axialspiel prüfen: Achslenker kräftig nach oben und unten drücken.

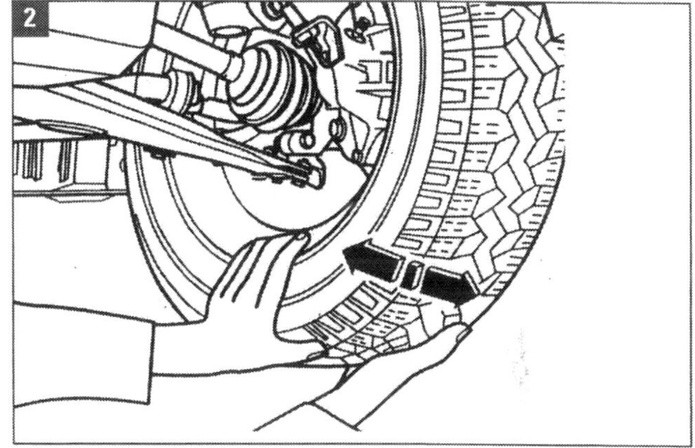

Radialspiel prüfen: Rad unten kräftig nach innen und außen drücken.

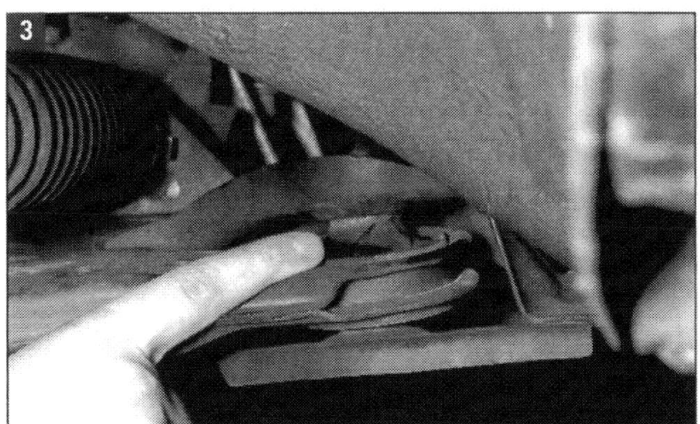

Hinteres Lager für Achslenker: Bei Rissen, wie hier am Gummilager des Achsgelenks, Lager austauschen lassen.

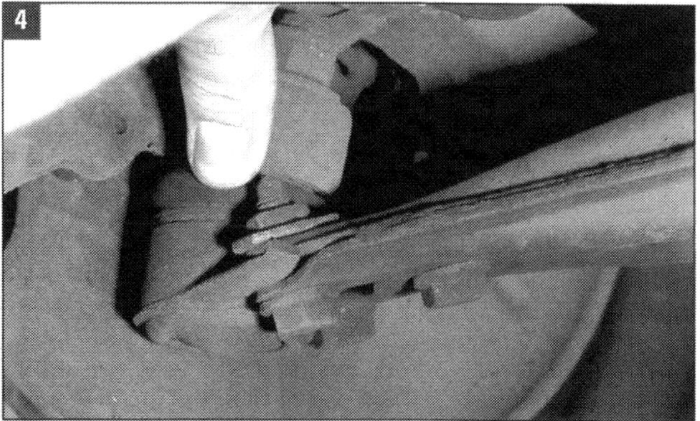

Achslenker: Das Achsgelenk darf nicht ausgeschlagen sein oder Spiel aufweisen.

Zustand der Stoßdämpfer prüfen

Nach zwei verschlissenen Reifensätzen besitzen die Stoßdämpfer meist nur noch die Hälfte ihrer Wirkung. Sie sind dann reif für den Austausch. Schlechte Dämpfer gehören zu den schleichenden Verschleißerscheinungen. Die meisten Fahrer gleichen Mängel am Stoßdämpfer mit der Zeit unbewusst durch verändertes Fahrverhalten aus. Lassen Sie zu Ihrer Sicherheit das Bauteil zur exakten Diagnose einmal im Jahr auf dem Prüfstand eines Automobilclubs oder von TÜV/DEKRA kontrollieren. Die Schaukelmethode, bei der man den Wagen am betreffenden Kotflügel aufschaukelt und plötzlich loslässt, ersetzt keine Prüfung. Damit können Sie nur einen total ausgefallenen Stoßdämpfer feststellen. Dies gilt auch für die Sichtprüfung. Erkennen Sie bereits das ausgelaufene Dämpferöl, ist der Dämpfer ebenfalls schrottreif. Mit einigen Kontrollfragen können Sie dennoch die nachlassende Wirkung Ihrer Dämpfer feststellen.

Beim Fahren auf Folgendes achten:

- Flattert die Lenkung? In diesem Fall haben die Räder nicht ständig Kontakt zum Boden.
- Schwingt die Karosserie bei Fahrbahnunebenheiten nach?
- Wirkt das Fahrzeug in Kurven schwammig? Dann werden die kurveninneren Räder nicht genügend auf den Asphalt gedrückt, die äußeren nicht stark genug entlastet.

Sichtprüfung

- Nutzen die Reifen gleichmäßig ab?
- Sind die Aufnahmen in den Radhäusern unbeschädigt?
- Weisen die Dämpfer offensichtlich Schaden auf (z. B. auslaufendes Dämpferöl)?

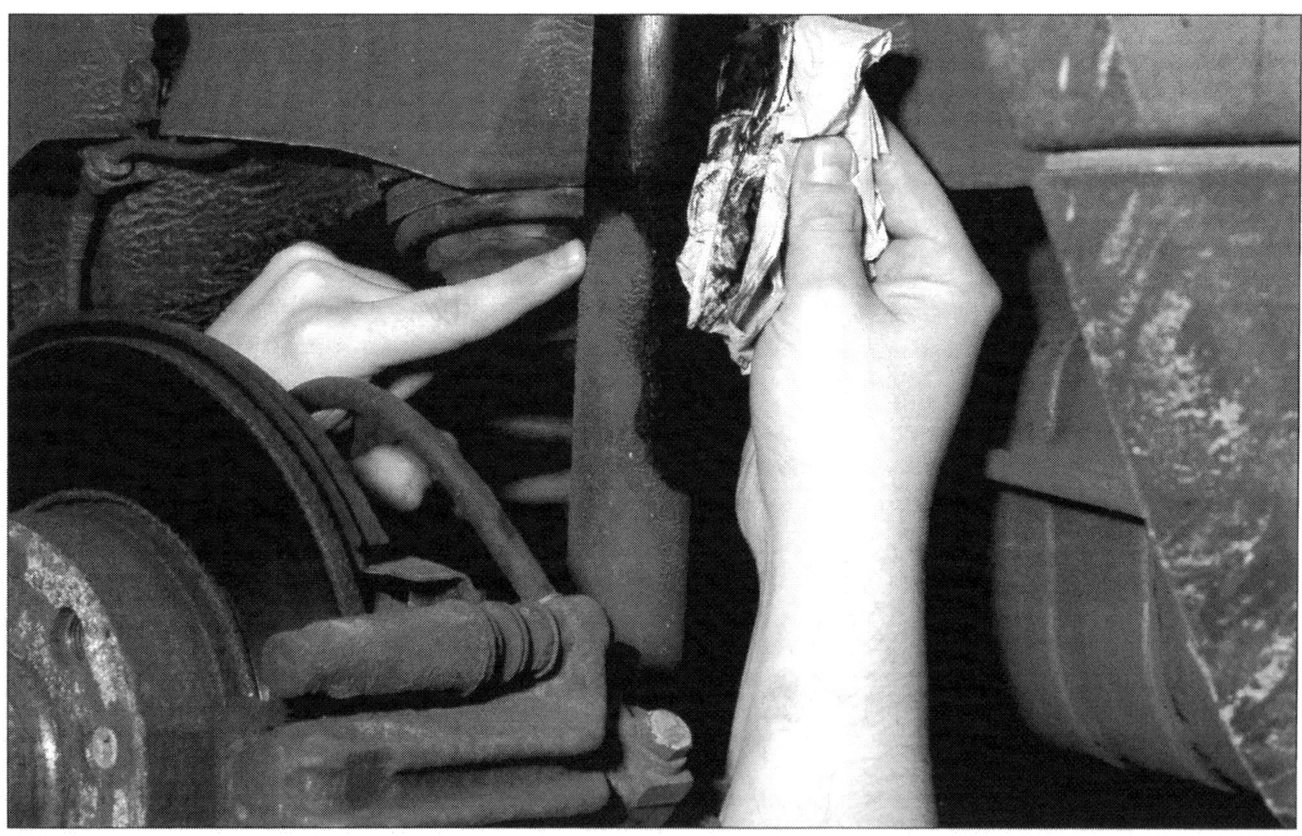

Schadensbild Stoßdämpfer: Das ausgelaufene Dämpferöl, wie hier zu sehen, bedeutet einen Totalausfall. Sieht ihr Stoßdämpfer auch so aus wie dieser, ist ein Wechsel fällig.

Die Aufgabe des Stoßdämpfers

Zuerst nimmt man an, dass schon die Namensgebung die Funktion verrät, das ist aber nicht ganz so einfach. Die tatsächliche Aufgabe liegt in der Schwingungsreduzierung. Die Anforderungen an einen modernen Stoßfänger sind vielfältig und erwarten absolut präzise Funktion dieses Bauteils. Die Schwingungen, die aus den Stößen von der Fahrbahn in das Fahrzeug eingebracht werden, sollen schließlich wirkungsvoll »eingedämmt« werden.
Betrachten wir die Bewegung des Fahrwerks genauer, stellen wir schnell fest, dass eine Bewegung den Dämpfer bei Belastung zusammenschiebt (Druckstufe) und die andere den Dämpfer bei Entlastung auseinanderzieht (Zugstufe).

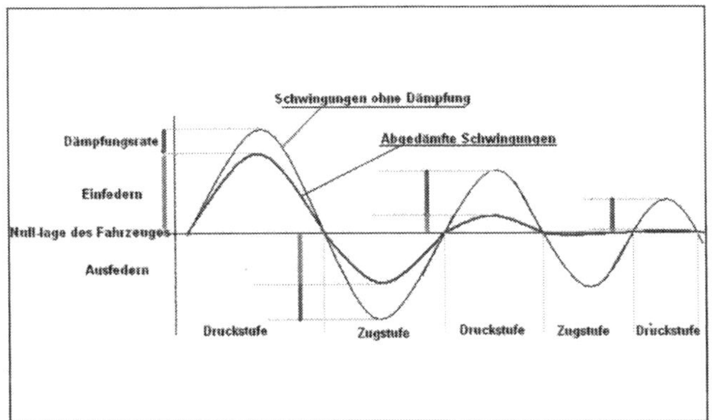

Die Aufgabe der Feder

Die Feder nimmt die Energie auf, die durch die Unebenheiten auf der Fahrbahn auf das Fahrwerk einwirken, und gibt sie verzögert ab. Die Ein- und Ausfederzeit wird im Wesentlichen durch den Stoßdämpfer bestimmt. Die Kraft, die auf die Feder wirkt, bewirkt das Zusammendrücken der Feder. Inwieweit die Feder zusammengedrückt wird, liegt an der Federrate, also an der Kraft/Weg-Kennlinie der Feder.
Oftmals wird ein Gewindefahrwerk zur stufenlosen Tieferlegung »missbraucht«. Der Sinn für die Einstellbarkeit liegt aber darin, die Höhenlage zum Arbeitsbereich der Stoßdämpfer abzustimmen.
Auch das Thema Stoßdämpfer im Fahrwerk kann leicht als sehr umfangreich beschrieben werden.
Um ein etwas besseres Verständnis für die Arbeitsweise zu bekommen, betrachten wir einmal ein einfaches Dämpfersystem, wie es auch in Ihrem Serien-Fabia zum Einsatz kommt, hinsichtlich seiner Funktion und den unterschiedlichen Arbeitsbereichen.

Niederdruck-Zweirohrdämpfer

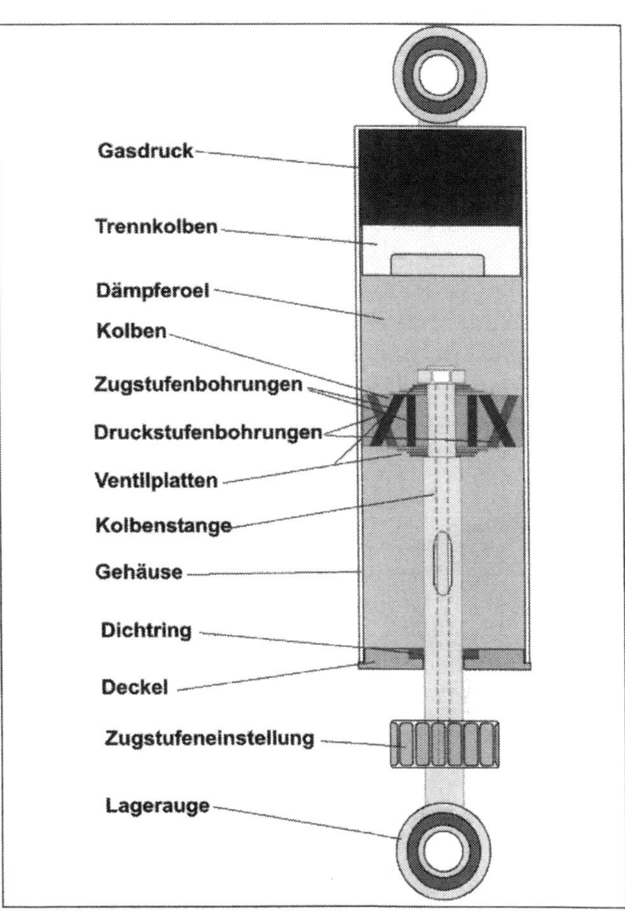

Niederdruck-Zweirohrdämpfer.

Dieser Stoßdämpfer ist recht einfach aufgebaut. Wie der Name schon sagt, besteht er aus zwei Rohren. Das innere Rohr enthält nur Dämpferöl. In ihm bewegt sich der Kolben. Der Kolben und die Kolbenstange bewegen sich immer dann, wenn das Fahrzeug ein- oder ausfedert. Der Kolben ist mit kleinen Dämpferbohrungen versehen, die den Öldurchfluss abdrosseln. So wird die Bewegungsgeschwindigkeit der Federung abgebremst.
Im zweiten Rohr befindet sich eine Gasfüllung. Der Vorteil dieser Konstruktion liegt darin, dass eine Schaumbildung des Dämpferöls durch den Gasdruck möglichst unterbunden wird.
Die Gasfüllung hat auch eine zweite Aufgabe. Durch das Eintauchen der Kolbenstange in den Dämpfer wird entsprechend dem Volumen der eingetauchten Kolbenstange Ölvolumen verdrängt. Flüssigkeiten sind nicht komprimierbar (jedenfalls fast nicht), Gas allerdings schon. So übernimmt das Gas auch den Volumenausgleich des durch die Kolbenstange verdrängten Dämpferöles.

Ein Stoßdämpfer ist für eine bestimmte Aufgabe konstruiert. Auch die Dämpfer des Fabia haben ganz spezielle, auf das Fahrzeug abgestimmte Eigenschaften. Wird nun die Höhenlage verändert, wird auch die Funktion des Dämpfers beeinflusst. Zum Teil muss sogar durch Anschlaggummis verhindert werden, dass der Dämpfer durchschlägt. Diese Art der Tieferlegung zeigt deutlich mangelnde Sachkenntnis und hat sicherlich wenige oder keine positiven Eigenschaften, die dem Fahrzeug zugerechnet werden müssen. Betrachten wir mal die Auslegung des Federweges eines Stoßdämpfers genauer:

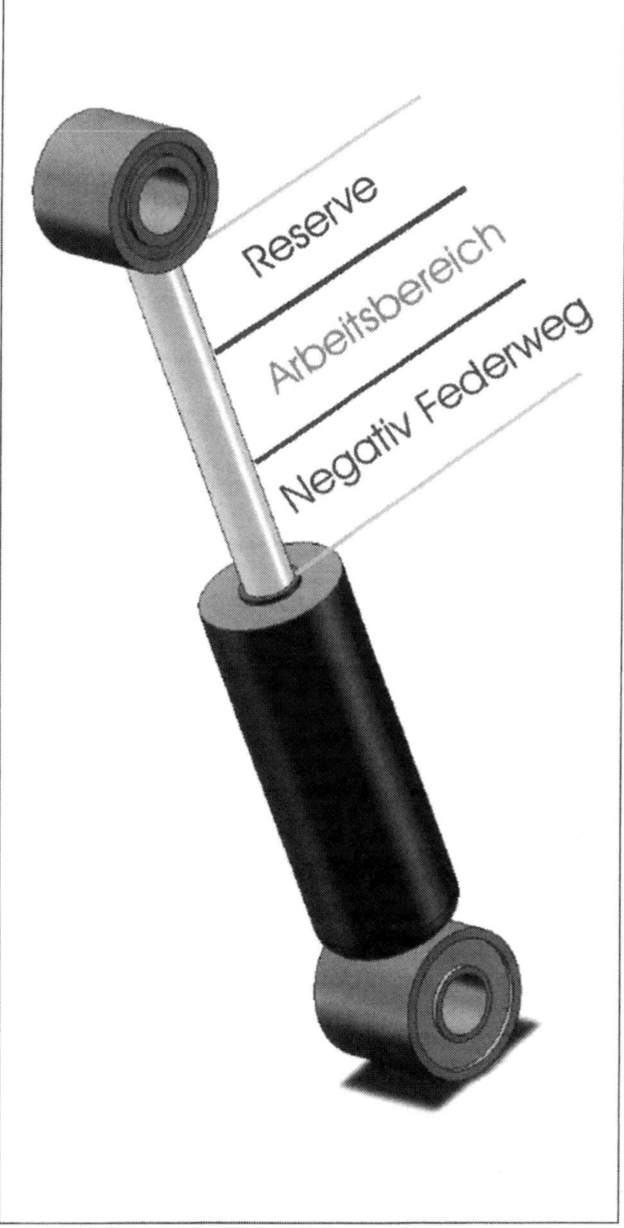

Aufteilung des Federweges.

Negativfederweg: Hier ist der eigentliche Grund für die verstellbaren Federn an Fahrzeugen. Ein gutes Fahrwerk muss auf die Last abgestimmt werden, um gutes Fahrverhalten zu ermöglichen.
Der Negativfederweg sollte ungefähr 1/3 des gesamten Federweges ausmachen. Er ermöglicht einen Boden/Radkontakt auch bei Bodenwellen und Senken. Ohne Negativfederweg würde ein Fahrzeug leicht den Fahrbahnkontakt verlieren, sobald eine Welle oder Senke das Ausfedern des Fahrwerks erforderlich macht.

Arbeitsbereich: Der Arbeitsbereich ist der Bereich des gesamten Federweges, in dem die Schwingungen bei normaler Fahrt aufgefangen werden sollen. Natürlich entstehen einzelne stärkere Schwingungen, die dann je nach Belastung im Negativfederweg oder auch mal in den Bereich der Reserve ausschlagen. Der Arbeitsbereich eines gut abgestimmten Dämpfers sollte im mittleren Drittel des Gesamtfederweges zu finden sein.

Reserve: Die Reserve, also das letzte Drittel des Federweges, soll lediglich die kurzen Überschreitungen im normalen Fahrbetrieb auffangen und im Notfall bei starken Wellen und Ähnlichem ausreichend Platz lassen, um das Durchschlagen des Stoßdämpfers zu verhindern.

Servolenkung

Störung	Was kann das sein?	Was muss ich tun?
A Lenkung ist schwergängig	**1** Servomotor defekt	Prüfen lassen
	2 Lenkgetriebe defekt	Prüfen und eventuell ersetzen lassen
B Lenkgeräusche	**1** Servomotor defekt	Prüfen lassen
	2 Lenkgetriebe defekt	Prüfen und eventuell ersetzen lassen
C Die Lenkung ist in nur eine Richtung schwergängig	**1** Defekt am Servolenkgetriebe	Lenkgetriebe ersetzen
D Zu hohe Lenkkräfte beim Rangieren oder zu niedrige bei hoher Geschwindigkeit	**1** Spannungsversorgung unterbrochen	Spannungsversorgung prüfen
	2 kein Geschwindigkeitssignal	Geschwindigkeitssignal prüfen (lassen)
E Schwammiges Fahrverhalten	**1** Reifen zu geringer Luftdruck	Luftdruck prüfen und einstellen
	2 Stoßdämpfer undicht	Ölverlust mit Finger prüfen, bleibt Öl am Finger: tauschen
	3 Stoßdämpfer verschlissen	Kolbenstange auf Riefen und Abplatzung prüfen
	4 Spurwerte stimmen nicht	Achsvermessung durchführen
	5 Federn erlahmt	Federn prüfen, ggf. austauschen
	6 Gummis Querlenker	hinten neue Streben einbauen
F Reifen	**1** starker, unregelmäßiger Verschleiß	Spurwerte stimmen nicht Achsvermessung durchführen
	2 Verschleiß innen	zu viel negativer Sturz
	3 Verschleiß außen	zu viel positiver Sturz
	4 Verschleiß in der Mitte	zu viel Luftdruck
	5 Verschleiß innen und außen	zu wenig Luftdruck
	6 Stoßdämpfer verschlissen	Stoßdämpfer prüfen, ggf. austauschen
G Schütteln am Lenkrad	**1** Räder unwuchtig	Räder wuchten lassen
	2 Spiel in der Lenkung	Kreuzgelenk prüfen
	3 Spiel in Fahrwerksteilen	Traggelenk und Spurstangen prüfen
… beim Bremsen	**4** Bremsscheiben verzogen	Neue Bremsscheiben und Beläge
H Geräusche bei Kurvenfahrt	**1** Radlager defekt	Richtige Seite durch Wechselkurven feststellen
	2 Spurwerte stimmen nicht	Reifenprofil kontrollieren

Heißes Eisen

Hauptaufgabe der Bremsanlage ist die Umwandlung von kinetischer Energie (Bewegungsenergie) in Wärmenergie, die durch Reibung entsteht. Temperaturen von mehreren hundert Grad können dabei die Bremsscheibe zum Glühen bringen. Umso wichtiger ist daher die vernünftige Wartung. Wir zeigen Ihnen alle Funktionen sowie alle Do-it-yourself-Arbeiten, die Sie an Ihren Bremsen durchführen können.

Grenzen der Belastbarkeit

Die Bremsanlage des Fabia gilt allgemein als robust und standfest. Der breiten Vielfalt unterschiedlicher Motorleistungen kommt Škoda durch den Einbau verschieden dimensionierter Anlagen nach. Der Fabia hat an der Vorderachse Scheibenbremsen, je nach Motorisierung sogar innenbelüftet. An der Hinterachse sind je nach Motorisierung Trommel- oder Scheibenbremsen verbaut. Obwohl die Bremsanlage also im Prinzip ausreichend dimensioniert ist, stößt die Anlage früher oder später an die Grenzen. Das ist ganz natürlich, denn eine Bremsanlage kann nichts anderes tun, als Bewegungsenergie in Wärme umzuwandeln. Je mehr Masse und Belüftung die Bremsscheiben haben, umso mehr Energie kann aufgenommen werden. Bei rasanten Passabfahrten kann es also durchaus passieren, dass der Druckpunkt immer schwammiger und der Pedalweg immer länger wird. Ist die Bremsflüssigkeit alt und der Wassergehalt groß, werden jetzt mit Sicherheit Dampfblasen entstehen. Das kann gefährlich werden, denn irgendwann geht der Tritt ins Leere. Bei extremer Beanspruchung meldet sich die Bremsanlage dann auch akustisch: Ein Wummern oder Brummen deutet auf eine thermische Überlastung hin. Die Scheibe beginnt sich zu verziehen, die Beläge fangen an zu schmieren. Kommen jetzt noch spürbare Vibrationen hinzu, ist es höchste Zeit die Anlage bei mittlerer Geschwindigkeit, möglichst ohne Bremsbetätigung abkühlen zu lassen.

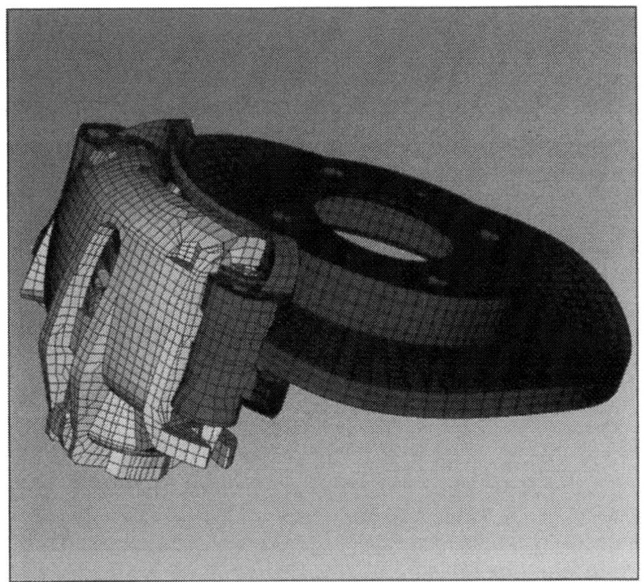

Verzug bei hohen Temperaturen: Diese CAD-Simulation zeigt, wie sich die Scheibe bei hoher Belastung verformt.

Wie funktionieren die Bremsen?

Wenn Sie auf das Bremspedal treten, presst eine mit dem Pedal verbundene Druckstange zwei hintereinander liegende Kolben in den Hauptbremszylinder, der sich im Motorraum befindet. Die Kolben übertragen die Kraft auf die dort eingeschlossene Bremsflüssigkeit. Der so entstehende hydraulische Druck in der Bremsflüssigkeit gelangt über Rohr- und Schlauchverbindungen zu den Radzylindern in den Bremssätteln. In diesen drücken Kolben die Bremsklötze gegen die Bremsscheiben. Dadurch verschiebt sich die auf langen Bolzen geführte Bremszange und überträgt den gleichen Druck auf den äußeren Bremsklotz. Liegt der Bremsdruck nicht mehr an, wird die Rechteckmanschette zurückverformt und zieht den Kolben von den Bremsscheiben zurück. So entsteht zwischen Bremsklotz und Scheibe ein Spiel von weniger als einem Millimeter – die Bremsscheibe dreht wieder frei. Ähnlich ist die Funktionsweise der Trommelbremse. Der vom Hauptbremszylinder kommende hydraulische Druck wirkt auf je 2 Kolben in einem Radbremszylinder. Diese Kolben bewegen sich jeweils nach außen und bewegen dadurch die Bremsbacken im oberen Bereich in Richtung Bremstrommel. Im unteren Bereich haben die Backen ein festes Widerlager. Liegt der Bremsdruck nicht mehr an, sorgen eingebaute Federn dafür, dass die Bremsbacken sich wieder von der Trommel lösen und dadurch die Kolben in den Radbremszylinder zurückdrücken.

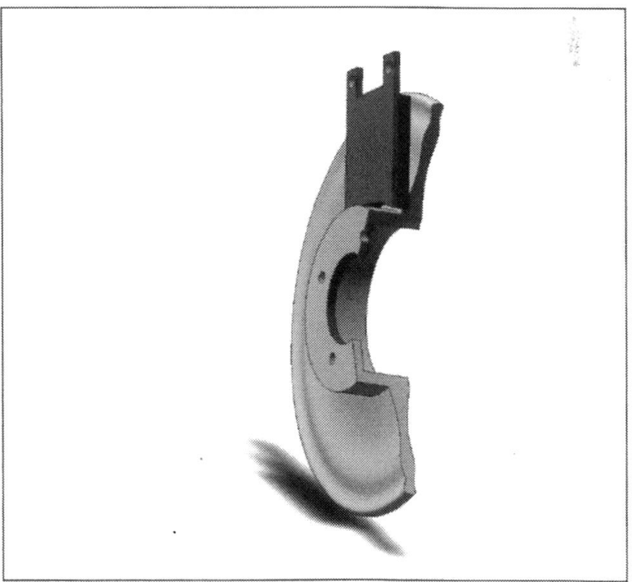

Bremssystem als Schnittbild.

Wozu eine Zweikreisbremse?

Zu Ihrer Sicherheit schreibt der Gesetzgeber vor, dass die Bremsanlage aus zwei voneinander getrennten Bremskreisen aufgebaut sein muss. Fällt ein Bremskreis aus, beispielsweise durch eine undichte Bremsleitung, so kann das Fahrzeug trotzdem mit Hilfe des zweiten sicher abgebremst werden. Beim Fabia wirkt die Zweikreisbremse diagonal, d. h. die Vorderradbremse einer Seite ist mit der Hinterradbremse der gegenüberliegenden Seite verbunden. Dieser Aufbau wird in Fachkreisen auch als »Diagonalaufteilung« bezeichnet, im Gegensatz zur Schwarz-Weiß-Aufteilung, bei der Vorder- und Hinterachse separat angesprochen werden.

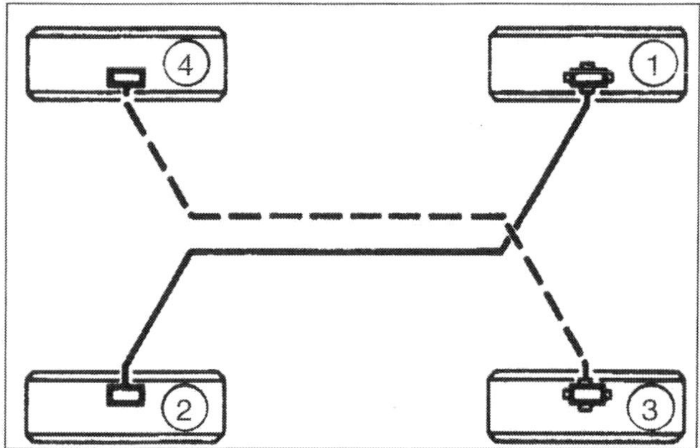

Diagonale Zweikreis-Bremsanlage: Beim Ausfall eines Bremskreises kann das Fahrzeug immer noch sicher zum Stehen gebracht werden.

Bremsanlage – Aufbau und Hauptkomponenten

Im Motorraum

A: Bremskraftverstärker:
Sitzt hinter dem Hauptbremszylinder. Bringt etwa 60 Prozent der Bremskraft auf. Bei Benzinmotoren wird der erforderliche Unterdruck am Ansaugrohr entnommen. Bei Diesel-Motoren ist zur Unterdruckerzeugung eine Vakuumpumpe eingebaut. Beim Bremsen reagiert eine elastische Membrane auf den Druckunterschied zwischen äußerem Luftdruck und dem Unterdruck. Sie drückt zusätzlich auf die Kolben im Hauptbremszylinder.

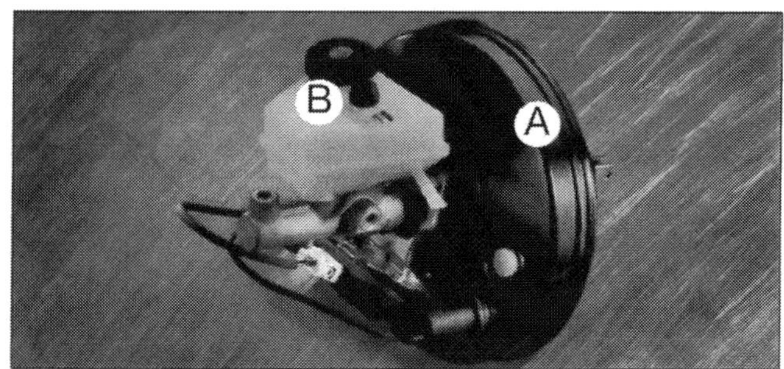

B: Bremsflüssigkeitsbehälter:
Heller Kunststoffbehälter, erkennbar am gelben Verschlussdeckel (s. Bilder unten). Befindet sich im Motorraum rechts neben dem Luftfilterkasten in Nähe der Spritzwand. Bei Dieselaggregaten und Fahrzeugen mit seitlichem Luftfilterkasten befindet sich der Bremsflüssigkeitsbehälter etwas versteckt unter dem Ansaugsystem und ist sehr schwer einsehbar.

C: Hauptbremszylinder:
Massives, röhrenartiges Teil aus Metall gefertigt. Sitzt unterhalb des Bremsflüssigkeitsbehälters. Wandelt die mechanische Kraft des Bremspedals in hydraulische Kraft um. Sorgt für schnellen Druckabbau im System beim Lösen der Bremsen.

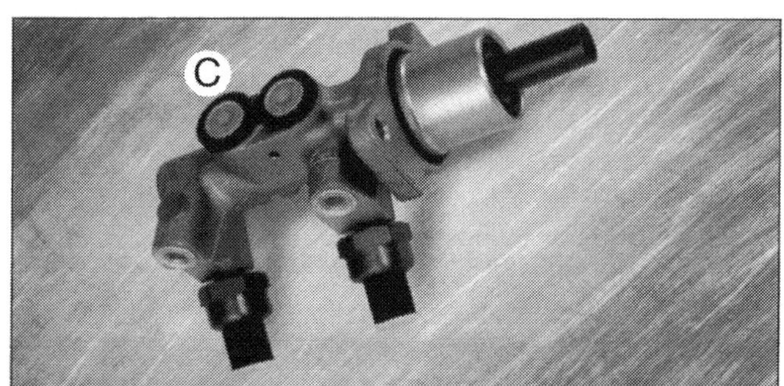

Benzinermotorraum (1,4 l): Der Behälter der Bremsflüssigkeit ist leicht zu erkennen, das Ablesen des Pegels somit unproblematisch.

Diesel: Erheblich schwerer zugänglich ist der Bremsflüssigkeitsbehälter beim Diesel und den Benzinern mit seitlich angebrachtem Luftfilterkasten.

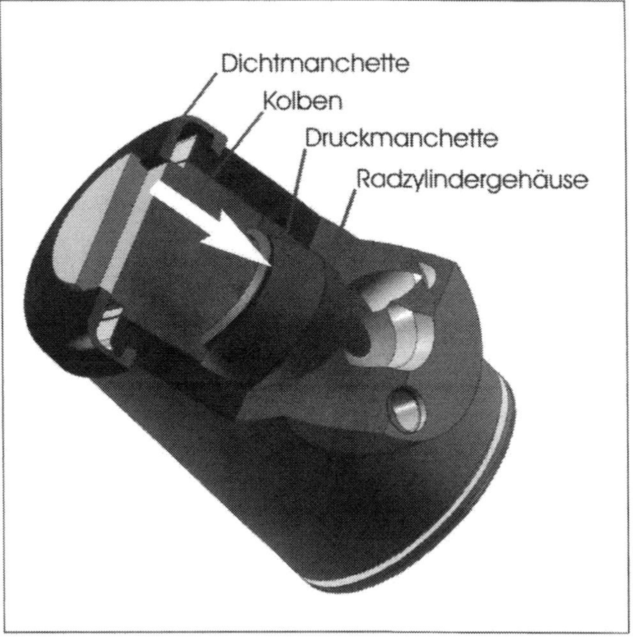

Bremszylinder im Schnitt.

An den Rädern

A: Bremsscheibe:
Eine massive Stahlscheibe, vorn teilweise innenbelüftet. Dreht sich mit jedem Vorderrad frei im Luftstrom. Führt die Reibungswärme durch die radialen Luftschlitze ab.

B: Bremsbelag/klötze:
Werden im Bremssattel montiert. Verschleißteil, das nur paarweise und immer an beiden Achsseiten gewechselt wird.

C: Bremssattel:
Sitzt wie ein Sattel auf der Bremsscheibe. Im Bremssattel schwimmend auf Führungsbolzen gelagert ist die Bremszange (Schwimmsattelbremsen).

D: Bremskolben:
Sitzt am jeweiligen Rad. Der Bremsflüssigkeitsdruck erreicht hier bis zu 120 bar. Die Kolben der Zylinder übertragen den Druck an die Bremsbeläge.

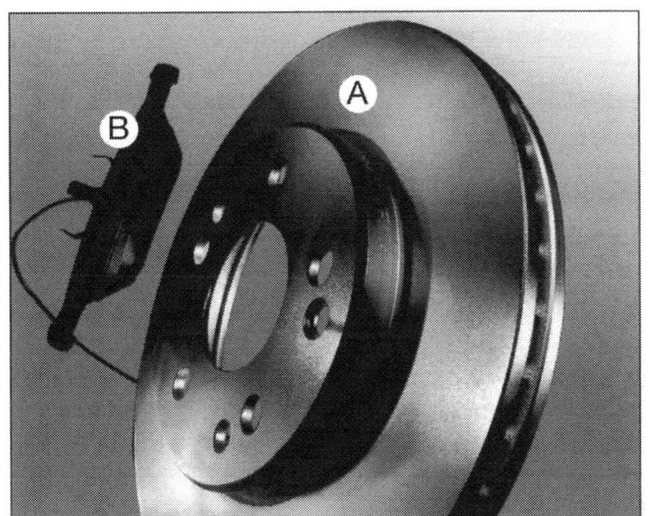

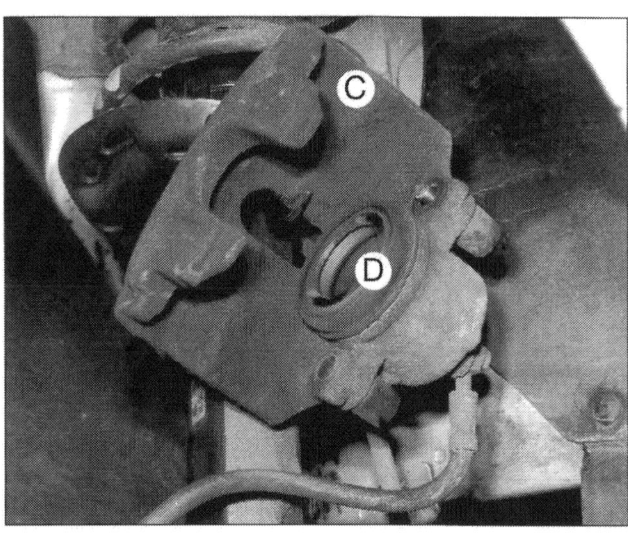

Bremsanlage – Funktion und elektronische Assistenzsysteme

Elektronische Helfer serienmäßig

Untersuchungen des Automobilzulieferers Bosch sowie Analysen der Euro NCAP-Gesellschaft haben gezeigt, dass durch die Verbreitung von ABS und ESP bereits viele Unfälle vermieden werden konnten. Der Fabia ist serienmäßig mit dem Antiblockiersystem ABS ausgestattet. Derzeit gibt es zwei Varianten. Die Bezeichnung des ABS/ASR-Systems lautet ABS Mark 70. ABS Mark 60 ist die Variante mit der ABS, EDS, ASR und ESP realisiert wurden.

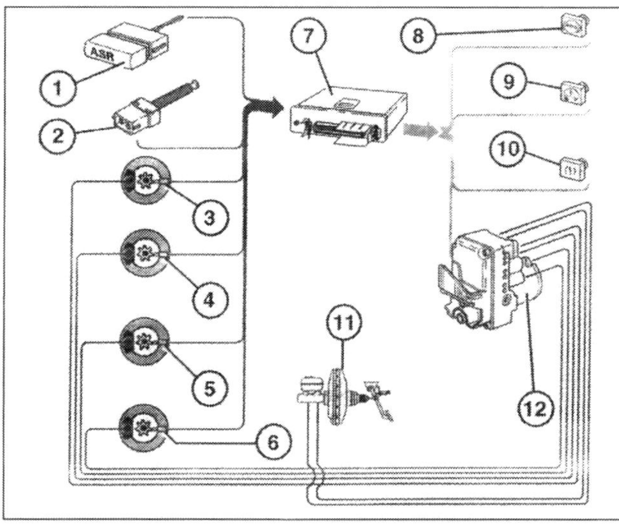

ABS-Bremsanlage ABS, ASR, MSR, EDS: Durch die Sensorik im ABS-System können durch geschickte Software für die Ansteuerung eine Vielfalt von sinnvollen Nebenfunktionen entstehen.
1 Schalter für ASR, 2 Bremslichtschalter, 3 Drehzahlfühler hinten links, 4 Drehzahlfühler hinten rechts, 5 Drehzahlfühler vorn rechts, 6 Drehzahlfühler vorn links, 7 Steuergerät in Hydraulikeinheit integriert, 8 Kontrolllampe ABS/EDS, 9 Kontrolllampe ASR, 10 Kontrolllampe Bremsflüssigkeitsstand
11 Hauptbremszylinder, Bremskraftverstärker, Bremspedal
12 Hydraulikeinheit

Die Bremskraftverstärkung erfolgt pneumatisch durch den Vakuumbremskraftverstärker. Beim diesen ABS-Systemen gibt es keinen mechanischen Bremskraftregler mehr. Eine speziell abgestimmte Software im Steuergerät übernimmt die Bremskraftverteilung für die Hinterachse (EBV).

Antiblockiersystem ABS

ABS verhindert das Radblockieren während des Bremsvorgangs. Alle vier Raddrehzahlen werden durch die ABS-Sensoren erfasst. Blockiert ein Rad, wird hier der Bremsdruck sehr schnell abgebaut und wieder aufgebaut. Das Rad kann nicht oder nur extrem kurz blockieren und bleibt somit spurtreu oder lenkfähig.

Antischlupfregelung ASR

Gegen durchdrehende Antriebsräder hilft die Antischlupfregelung ASR. Sie reduziert das Motordrehmoment, wenn die Vorderräder beim Beschleunigen, z. B auf regennassem oder unbefestigtem Untergrund, die Traktion verlieren. Dadurch wird nur so viel Drehmoment vom Motor auf die Räder übertragen, wie diese auch auf die Straße bringen können. Das System ist bei allen Geschwindigkeiten aktiv. Im Gegensatz zur elektronischen Differentialsperre EDS und dem elektronischen Stabilitätsprogramm ESP nimmt die Regelung des ASR keinen aktiven Bremseingriff vor.

Elektronische Differentialsperre EDS

Mit der elektronischen Differentialsperre EDS ausgestattete Fabias können viele Situationen meistern, in denen die Haftung der beiden Vorderräder unterschiedlich gut bzw. schlecht ist. Beim Anfahren wird die Kraft durch einen Bremseingriff am durchdrehenden Rad auf das Rad mit der besseren Haftung übertragen. Dadurch ist das mechanische Differential, das die unterschiedlichen Raddrehzahlen bei Kurvenfahrt ermöglicht, »überbrückt«. Einen negativen Effekt auf das Fahrverhalten oder die Lenkung gibt es bei diesem System nicht. Das EDS ist bis zu einer Geschwindigkeit von 80 km/h wirksam. Danach schaltet es sich selbstständig ab.

Brenzlige Situationen meistern mit ESP

ESP hält Ihren Fabia in der Spur, wenn dieser wegzurutschen oder auszubrechen droht. ESP greift durch einen gezielten Bremseingriff an einem oder mehreren Rädern in das Kurvenverhalten ein. Seine Popularität erlangte ESP vor allem durch den »Elchtest«. Bei diesem schnellen Ausweichmanöver mit doppeltem Spurwechsel, soll das Ausweichen vor plötzlich auftauchenden Hindernissen simuliert werden. ESP hilft beim schnellen Ausscheren den Wagen rechtzeitig um das Hindernis herumzulenken, um dann beim Wiedereinscheren nicht durch drohendes Übersteuern und anschließendes Schleudern im Graben zu landen.

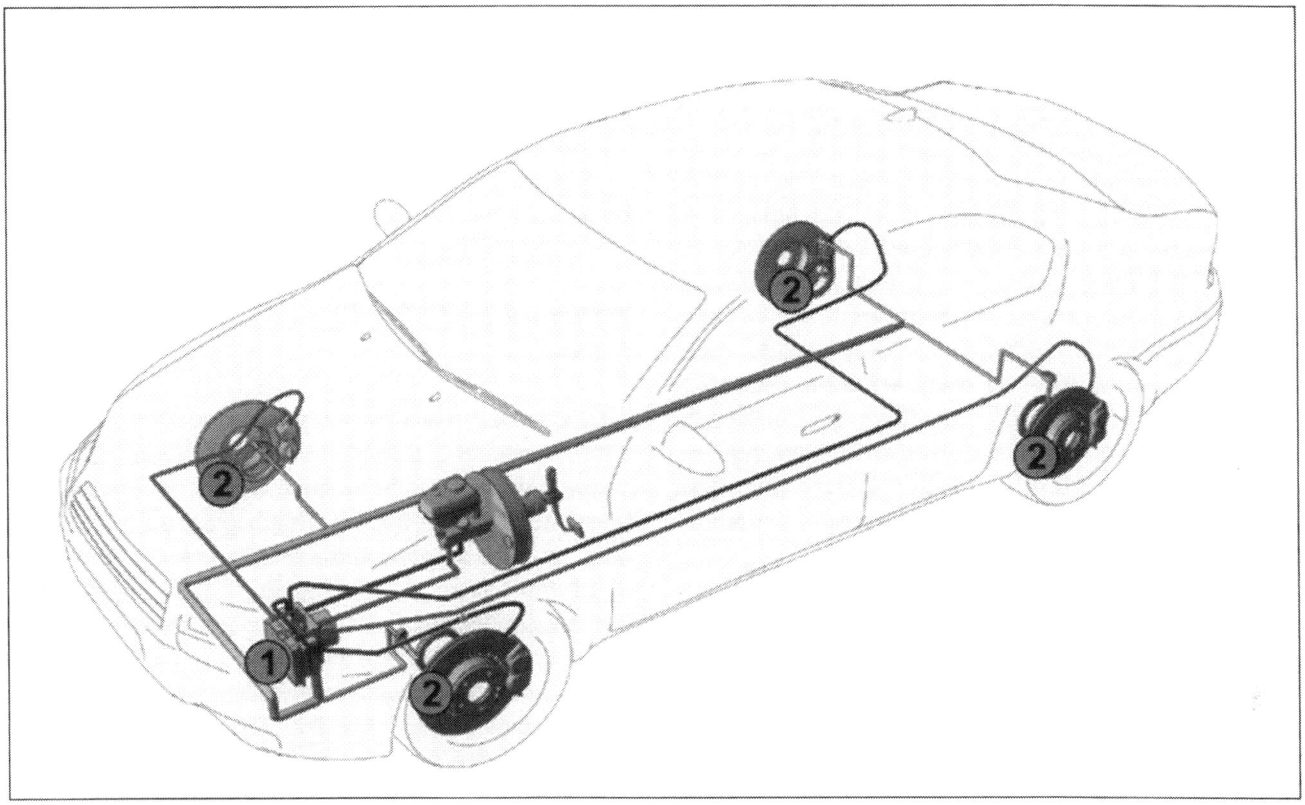

ABS-System Bestandteile: (1) ABS-Steuereinheit, (2) Radbremsen mit Drehzahlsensoren

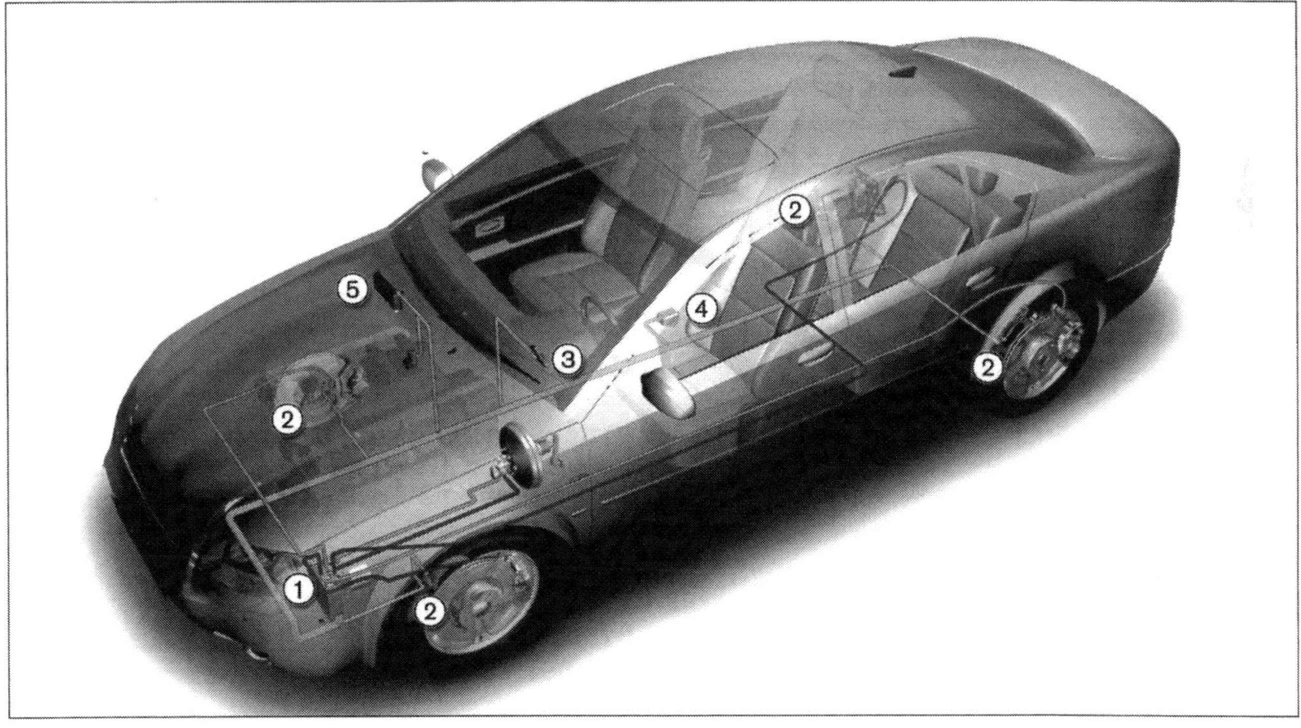

Komponenten des ESP:

1 ESP-Hydroaggregat mit integriertem Steuergerät, 2 Raddrehzahlsensoren, 3 Lenkwinkelsensor, 4 Drehratensensor mit integriertem Beschleunigungssensor, 5 Steuergerät für Motormanagement zur Kommunikation

Die Handbremse

Um den gesetzlichen Vorschriften Genüge zu tun, die eine zweite unabhängige Bremsbetätigung fordern, ist die Handbremse als solche ausgelegt. Mit der Handbremse sichern Sie Ihr Fahrzeug im Stand gegen unbeabsichtigte Fortbewegung. Sie wirkt auf beide Hinterräder und wird mechanisch betätigt. Beim Fabia mit hinterer Trommelbremse ist die Handbremsvorrichtung in die Bremsbacken integriert. Hier sorgt ein kleiner Keil zwischen Druckstange und dem jeweils vorderen Bremsbacken für den automatischen Ausgleich der Bremseinstellung. Beim Betätigen der Fußbremse entsteht zwischen Bremsbacken und Druckstange ein Spalt. In diesen rutscht der federbelastete Keil dann hinein und verhindert somit ein zu weites Zusammenziehen der beiden Bremsbacken.
Beim Fabia mit hinteren Scheibenbremsen ist die Handbremsbetätigung in die Bremssättel der Hinterrad-Bremse integriert. Der Bremskolben wandert mit dem verschleißenden Bremsbelag immer weiter aus dem Bremssattelgehäuse heraus und sorgt so dafür, dass die Beläge immer knapp vor der Bremsscheibe stehen. Die nachfließende Bremsflüssigkeit gleicht den vergrößerten Raum im Bremssattel aus. Die Nachstellvorrichtung verlängert den Druckstößel je nach Verschleißgrad der Bremsbeläge. Kernstück der Nachstellung ist ein Gewinde, auf dem sich ein zweites Teil je nach Belagverschleiß immer weiter nach vorn schraubt. Beim Belagwechsel darf der Bremskolben also nicht einfach wieder zurückgedrückt werden. Er wird stattdessen auf der Nachstellvorrichtung zurückgeschraubt.

Sollte trotzdem einmal eine manuelle Nachstellung der Handbremse notwendig sein, so ist diese folgendermaßen vorzunehmen.

- Bauen Sie das Ablagefach und ggf. die Mittelarmlehne im Bereich des Handbremshebels aus.
- Betätigen Sie das Bremspedal drei bis vier Mal kräftig.
- Ziehen Sie die Handbremse drei bis vier Mal kräftig an.
- Bringen Sie den Handbremshebel in die erste Raste.
- Ziehen Sie die Nachstellmutter so weit an, bis sich beide Hinterräder von Hand nur noch schwer durchdrehen lassen.
- Lösen Sie den Handbremshebel wieder und kontrollieren Sie, ob sich die Räder frei drehen lassen, ggf. die Mutter wieder etwas lösen.
- Bringen Sie den Handbremshebel in die vierte Raste. Nun dürfen sich die Hinterräder nicht mehr drehen lassen.
- Montieren Sie die Abdeckung und ggf. die Mittelarmlehne.

Unterschiedliche Bremsanlagen im Fabia

Die Sicherheit des Fabia zeigt sich auch durch seine zuverlässige und standfeste Bremsanlage. Entscheidende Faktore für die aufzubringende Bremsleistung sind das Fahrzeuggewicht, welches bei einer Verzögerung als träge Masse in Fahrtrichtung wirkt, sowie die Geschwindigkeit des Fahrzeugs. Bei erreichbaren Spitzengeschwindigkeiten bis zu 191 km/h (1,2 l TSI), einem zulässigen Gesamtgewicht von bis zu 1694 kg und einer Anhängelast bis zu 1200 kg stellt der Fabia nicht gerade geringe Anforderungen an seine Bremsen. Je nach Motorisierung sind im Fabia unterschiedliche Bremsanlagen verbaut. Bis zu einer Motorisierung von 44 kW und bis Baudatum 12.2008 ist eine 239 mm innenbelüftete Bremsscheibe verbaut. Sie hat eine Dicke von 18 mm. Der Belagträger ist im Achsschenkel integriert. Fahrzeuge mit Motorvarianten von mehr als 44 kW oder welche ab 01.2009 gebaut wurden, sind mit einer 256 mm innenbelüfteten Scheibe ausgerüstet. Hier beträgt die Bremsscheibenstärke 22 mm. Der Belagträger ist auch hier im Achsschenkel integriert. Die Dieselmotoren mit 77 kW sind mit einer 288 mm-Bremsscheibe mit 25 mm Scheibenstärke ausgestattet. Hier ist der Bremsträger am Achsschenkel verschraubt. Bestimmen Sie vor Beginn der Arbeiten an der Bremse, spätestens aber bei der Ersatzteilbeschaffung, welche Kombination in Ihrem Fahrzeug verbaut ist. Im Wissenswert-Kasten sind die Bezeichnungen sowie die Codierungen nochmals übersichtlich dargestellt.

Wartungsarbeiten an den Bremsen

Im Straßenverkehr entscheiden die Bremsen über Ihre Sicherheit und die anderer Verkehrsteilnehmer. Deshalb ist eine regelmäßige Kontrolle der Bremsanlage Ihre beste Lebensversicherung. Scheuen Sie sich nicht, die Räder abzunehmen und den Zustand der Bremsbeläge zu prüfen. Die Wartungen an der Bremsanlage sind zwar kein Hexenwerk. Auch die meisten Arbeiten an den Bremsen sind nicht anspruchsvoller als die Demontage eines Kotflügels oder Stoßfängers. Dennoch gilt, dass Sie im Zweifel auch die Fachwerkstatt zu Rate ziehen sollten und sich nur ans Schrauben machen, wenn Sie sich Ihrer Sache wirklich sicher sind. Überlassen Sie Arbeiten an der Bremse im Zweifelsfall lieber einer Fachwerkstatt. Bremsbeläge sind Bestandteil der Allgemeinen Betriebserlaubnis (ABE), außerdem sind sie vom Werk auf das jeweilige Fahrzeug abgestimmt. Deshalb dürfen nur vom Automobilhersteller beziehungsweise vom Kraftfahrtbundesamt (KBA) freigegebene Bremsbeläge verwendet werden. Sie haben eine KBA-Freigabenummer. Einen kleinen Bremsencheck können Sie auch ohne weitere Hilfsmittel mit verschiedenen Sichtprüfungen von Zeit zu Zeit durchführen. Gehen Sie daher in regelmäßigen Abständen, mindestens aber einmal im Monat, die anschließenden Punkte der Reihe nach durch.

Bremssattel vorne: Der verbaute Bremsentyp ist bei der FS III-Anlage auf dem Sattel eingeschlagen.

Prüfungen an der Bremsanlage

Sind der Pedalweg und Pedaldruck in Ordnung?
Der maximale Pedalleerweg sollte nicht mehr als ein Drittel des gesamten Pedalwegs betragen. Ist er länger, besteht die Möglichkeit, dass sich Luft in den Leitungen befindet. Ein Verlängern des Bremspedalwegs während der Fahrt lässt in aller Regel auf veraltete Bremsflüssigkeit oder gar eine Leckage im Hydrauliksystem schließen. Ist die Bremsflüssigkeit älter als

WISSENSWERTES

Bremsentyp identifizieren

Im Fabia gibt es unterschiedliche Kombinationen von Bremssattel/Bremsscheibe und Bremsbelag. Die Bezeichnung der Vorderradbremse ist auf den vorderen Bremssätteln eingeschlagen. Welche Bremse in Ihrem Fahrzeug verbaut ist, können Sie aber auch anhand der so genannten PR Nummer erkennen. Die PR-Nummer finden Sie auf dem Fahrzeugdatenträger, der im Serviceplan abgedruckt und auch im Kofferraum (Reserveradmulde) zu finden ist.

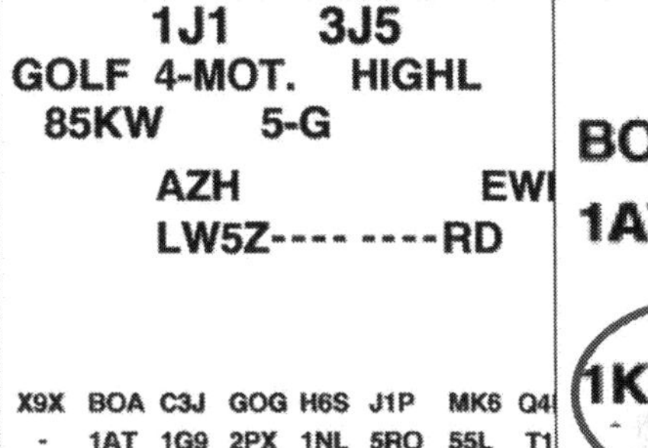

Bremsenkennziffer: Vorne ist die Zahl der hinteren, hinten die der vorderen Bremse abgedruckt

Motor	Vorderradbremse	Hinterradbremse
1,2 l, 44 kW bis 12.2008	FS II	Trommelbremse
1,2 l, 44 kW ab 01.2009	FS III	Trommelbremse
1,2 l, 51 kW	FS III	Trommelbremse
1,2 l, 63 kW	FS III	C 38
1,2 l, 77 kW	FS III	C 38
1,4 l, 63 kW	FS III	C 38
1,6 l, 77 kW	FS III	C 38
1,2 l, 55 kW TDI CR	FS III	C 38
1,6 l, 66 kW TDI CR	FS III	C 38
1,6 l, 77 kW TDI CR	FN 3	C 38
1,6 l, 55 kW TDI CR	FN 3	C 38
1,4 l, 51 kW TDI PD	FS III	Trommelbremse
1,4 l, 59 kW TDI PD	FS III	C 38
1,9 l, 77 kW TDI PD	C 54	C 38
1,4 l, 132 kW	FN 3	C 38

zwei Jahre, bedarf es keiner weiteren Ursachenforschung mehr. Lassen Sie die Bremsflüssigkeit ersetzen. Sind Sie sich nicht sicher, kann eine Undichtigkeit in der Anlage oder das Überaltern der Bremsflüssigkeit gefahrlos im Stand überprüft werden. Drücken Sie dazu bei stehendem Motor das Bremspedal ca. eine Minute lang und halten Sie den Druck aufrecht. Gibt das Pedal auch nach längerer Zeit nicht nach, sind Leitung und Bremsflüssigkeit in Ordnung. Wenn der Widerstand im Pedal aber abnimmt und Sie das Pedal immer näher zum Bodenblech pressen können, ist die Leitung undicht oder die Bremsflüssigkeit überaltert. Undichte Stellen sollten Sie auf gar keinen Fall auf die leichte Schulter nehmen! Suchen Sie umgehend eine Werkstatt auf.

Funktioniert der Bremskraftverstärker?

Die einwandfreie Funktion des Bremskraftverstärkers können Sie ohne weitere Hilfsmittel oder größeren Aufwand sicherstellen. Dazu das Bremspedal bei stehendem Motor und im Leerlauf mehrmals kräftig durchtreten und in der tiefsten Stellung halten. Nun den Motor starten. Das Pedal muss nun spürbar unter Ihrem Fuß nachgeben. Ist dies nicht der Fall, können unterschiedliche Defekte vorliegen. Ursache könnte eine Undichtigkeit des Unterdruckschlauchs vom Ansaugrohr zum Bremskraftverstärker sein. Auch ein defektes Rückschlagventil im Unterdruckschlauch, der Verschleiß des Gummirings zwischen Hauptbremszylinder und Bremskraftverstärker oder ein Defekt der Membran des Verstärkers könnten verantwortlich sein. Lassen Sie eine genaue Diagnose in einer Werkstatt durchführen.

Woran erkenne ich übermäßigen Verschleiß?

Bei der täglichen Fahrt wird der schleichende Prozess des Bremsenverschleißes vom Fahrer meist kaum wahrgenommen. DEKRA und TÜV oder auch der ADAC bieten Bremsentests an, mit denen Sie die Bremsleistung Ihres Fabia überprüfen lassen können. Nehmen Sie diese Leistung in Anspruch, erst recht, wenn Sie den Eindruck haben, dass sich die Verzögerungswerte verschlechtert haben. Darüber hinaus empfiehlt sich auch die Sichtprüfung der Bremsbelagdicke. Der flüchtige Blick und das Augenmaß können aber nicht die ordentliche Messung mittels Messschieber der Beläge im ausgebauten Zustand ersetzen, zumal der Zustand der hinteren Beläge aufgrund der Einbaulage nur schwer zu beurteilen ist. Zur flüchtigen Kontrolle können Sie mit einer Lampe durch ein Felgenloch leuchten und die Belagstärke abschätzen.

Bremsentest: Der Rollenprüfstand liefert Bremsleistungswerte der Vorder- und Hinterachse in Kilo-Newton (kN).

Beschädigung wie Riefen und Rillen: Nicht nur die Belagstärke, sondern auch die Oberfläche stets im Auge behalten.

Sichtprüfungen auf Undichtigkeiten

Prüfen Sie folgende Bauteile regelmäßig auf erkenntliche Undichtigkeiten und Beschädigungen:

- Hauptbremszylinder
- Bremskraftverstärker
- Bremssättel

Achten Sie auch darauf, dass die Bremsschläuche nicht verdreht sind und keine Porosität und Brüchigkeit oder Scheuerstellen aufweisen. Darauf achten, dass die Bremsschläuche beim maximalen Lenkeinschlag keine Fahrzeugbauteile berühren.
Prüfen Sie auch die Bremsanschlüsse und Befestigungen auf richtigen Sitz, Undichtigkeiten und Korrosion. Achtung: Wenn Sie Mängel feststellen, müssen diese unbedingt beseitigt werden (Reparaturmaßnahme).

Vorsicht: Wenn Sie einen sichtbaren Mangel erkennen können, müssen Sie unverzüglich die Mängel beheben (lassen). In diesem Fall das Fahrzeug unter keinen Umständen fahren, sondern lieber abschleppen (mit Abschleppstange!) lassen.

Bremsflüssigkeit kontrollieren

Der Behälter für die Bremsflüssigkeit sitzt im Motorraum links direkt auf dem Hauptbremszylinder. Kontrollieren Sie den Stand der Bremsflüssigkeit regelmäßig, erneuern Sie diese spätestens alle zwei Jahre.

- Auch bei einer intakten Bremsanlage kann der Pegel sinken. Ursache ist der Verschleiß an den Belägen der vorderen Scheibenbremsen. Dann wandern die Kolben der Radzylinder aus den Zylindern heraus – die Bremsflüssigkeit fließt nach. Da die Kupplungshydraulik ebenfalls dort angeschlossen ist, kann ein sinkender Pegel auch mit Defekten an diesem System zusammenhängen.

- Ein sinkender Bremsflüssigkeits-Pegel ist kein Grund zur Sorge, solange die Bremsflüssigkeit im Behälter zwischen den Markierungen »MIN« und »MAX« steht.

- Ob Sie Bremsflüssigkeit nachfüllen müssen, hängt vom Verschleißgrad der Bremsbeläge ab. Sind die Beläge nahezu abgefahren, kann der Pegel nahe der »MIN«-Marke verbleiben. Beim Einbau neuer Beläge werden die Bremskolben zurückgedrückt, der Stand im Bremsflüssigkeitsbehälter steigt dadurch wieder an. Bei neuen oder neuwertigen Belägen sollten Sie ggf. nachfüllen. Vergewissern Sie sich aber vorher, dass keine Undichtigkeit am Bremssystem vorliegt.

- Zum Nachfüllen verwenden Sie nur Bremsflüssigkeit nach US-Norm FMVSS 116 DOT 4. Bewahren Sie Bremsflüssigkeit, da sie Wasser anzieht, immer in einem fest verschlossenen Behälter auf.

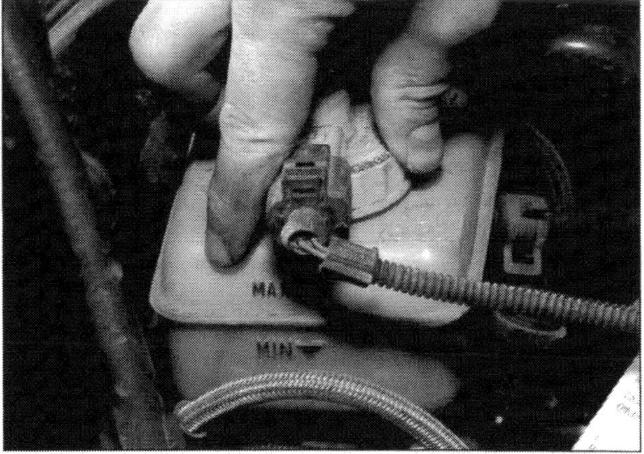

Bremsflüssigkeitsstand: Ob die Anlage mit ausreichend Flüssigkeit befüllt ist, lässt sich an den Markierungen des Behälters ablesen. Pegelschwankungen sind unbedenklich, solange der »MIN«-Wert nicht unterschritten wird.

GEFAHRHINWEISE

⚠ Bremsflüssigkeit

Bremsflüssigkeit ist giftig, lackschädigend und hygroskopisch, das heißt: Bremsflüssigkeit neigt dazu Wasser aufzunehmen. Diese Eigenschaft kann zu kritischen Situationen führen. Denn das Wasser in der Bremsflüssigkeit ist Gift für eine Bremsanlage, an der bis zu 600 °C entstehen können. Bekanntlich kocht Wasser schon bei rund 100 °C. Dabei setzt es Sauerstoff-Moleküle frei. Es kommt zur Blasenbildung in der Bremsflüssigkeit. Diese Blasen aus Luft lassen sich aber im Gegensatz zu Flüssigkeiten komprimieren, womit die Kraftübertragung vom Pedal zu den Bremsbelägen nicht mehr oder nur sehr schlecht funktioniert. Man tritt dann mangels Bremsdruck in der Leitung ins »Leere«. Zum Wiederaufbau des Bremsdrucks muss erst am Pedal mehrmals »gepumpt« werden, bis die Luft wieder entwichen ist und der Pedaldruck dadurch wieder zum Betätigen der Bremse aufgewendet werden kann. Eine unangenehme Erfahrung, zumal der verbleibende Weg nicht immer ausreicht um entsprechende Maßnahmen zu ergreifen. Wollen Sie sich diese Erfahrung ersparen, dann wechseln Sie die Bremsflüssigkeit regelmäßig (im Abstand von ca. zwei Jahren) in einer Fachwerkstatt!

Austausch fällig: Der Behälter links zeigt, wie sich mit der Zeit Schmutzpartikel (z. B. Gummiabrieb, Rost, usw.) in der Bremsflüssigkeit ablagern. Verminderte Temperaturbeständigkeit sorgt dafür, dass sich im Hochtemperaturbereich Dampfblasen bilden (das vorhandene Wasser kocht) und somit der Druck in der Leitung nicht mehr optimal aufbauen kann. Der Austausch durch neue Bremsflüssigkeit (s. rechts im Bild) ist nun unumgänglich. Der Zustand der Bremsflüssigkeit ist aber nicht immer an der Verfärbung zu erkennen. Grundsätzlich sollte sie alle zwei Jahre ausgetauscht werden.

Bremsbeläge/Scheiben vorn wechseln

Montagearbeiten

Da die Bremsanlagen nicht bei allen Fabia-Typen gleich aufgebaut sind, zeigen wir sämtliche Arbeiten exemplarisch an einer Ausführung (FS III) und erläutern die Unterschiede zu den anderen. Wichtig ist, dass Sie die Arbeiten erst an einem Rad komplett abschließen, bevor Sie sich der anderen Seite widmen. Stellen Sie außerdem sicher, dass niemand das Bremspedal betätigt, während Sie an der Bremse arbeiten. Beläge und Bremsscheiben werden nur achsweise erneuert, Sie brauchen einen Satz Bremsbeläge, also insgesamt vier Klötze. Bremsscheiben werden allerdings oftmals als einzelnes Teil geliefert. Fragen Sie vor der Bestellung sicherheitshalber nach.

Bremsbeläge vorne wechseln

Benötigtes Werkzeug und Material:
- 6er-Inbusschlüssel
- 1 Stück stabilen gebogenen Draht
- beim Wechsel: Bremsbeläge

- Lockern Sie (Fahrzeug steht auf dem Boden) die Radschrauben an der Vorderseite, die Sie zuerst bearbeiten und bocken Sie das Fahrzeug ordnungsgemäß auf (siehe Kapitel »Fahrzeug richtig aufbocken«).
- Bauen Sie das Vorderrad der entsprechenden Seite ab.

- Abdeckkappen A und B entnehmen (1). Falls vorhanden die Steckverbindung der Belagverschleißanzeige trennen.

- Führungsbolzen ausschrauben (2): Beide Führungsbolzen mit einem 6er-Inbus aus dem Bremssattel ausschrauben. Führungsbolzen herausnehmen (3). Achtung: Markieren Sie Beläge, falls diese wieder eingebaut werden sollen, ihrem Einbauort entsprechend. Sie dürfen auf gar keinen Fall die inneren Beläge mit den äußeren tauschen! Alles reinigen und die Beläge sorgfältig auf Dicke und Zustand prüfen. Bei glasigen Stellen oder Materialausbrüchen erneuern!

- Sattelgehäuse abnehmen und so mit Draht befestigen (z. B. am Federbein), dass das Gewicht des Bremssattels den Bremsschlauch nicht belastet bzw. beschädigt (5). Bremsbelag aus Bremssattelgehäuse herausnehmen. Bremsbeläge vorn wechseln (FS III-Bremse).

- Bremsbelagdicke messen (6). Zur Belagdicke zählt auch die Rückenplatte. Entscheiden Sie nach obiger Tabelle, ob ein Austausch der Beläge fällig ist.

Unterschied zu FN 3-Vorderradbremse

Bei der FN 3-Anlage ist eine zusätzliche Haltefeder am Bremssattel angebracht. Zum Lösen der Beläge wie bei der FS II-Anlage vorgehen, dabei vor dem Lösen der Führungsbolzen die Haltefeder mit einem Schraubenzieher heraushebeln (7) und abnehmen.

Einbau:

- Beachten Sie: Bei ausgebauten Bremsbelägen darf auf gar keinen Fall das Bremspedal getreten werden! Ansonsten würde der Kolben aus dem Gehäuse herausgedrückt, was den Ausbau des gesamten Bremssattels zur Folge hätte, um den Kolben in einer Werkstatt wieder einsetzen zu lassen.

- Kolben zurückdrücken (8). Ohne Rückstellwerkzeug kann alternativ auch eine Schraubzwinge verwendet werden.

Beläge und Scheiben: Vor der Montage gründlich reinigen.

- Behalten Sie währenddessen den Flüssigkeitsstand im Bremsflüssigkeitsbehälter im Auge. Durch das Zurückstellen des Kolbens könnte Flüssigkeit überlaufen. Sollten Sie beobachten, dass der Pegel über die Max.-Markierung steigt, saugen Sie etwas Flüssigkeit ab. Dazu verwenden Sie am besten eine kleine Handpumpe. Fangen Sie die Flüssigkeit in einem gesonderten Behälter auf. Vorsicht: Bremsflüssigkeit ist giftig! Daher auch nicht mit dem Mund durch einen Schlauch ansaugen!

- Danach alle Teile reinigen und die Bremsbeläge in Bremssattelgehäuse und Kolben einsetzen. Verschleißmessung: Zur Messung der Belagstärke zählt auch die Rückenplatte. Exakt lässt sich der Wert im ausgebauten Zustand mittels eines Messschiebers bestimmen.

- Anschließend Bremssattelgehäuse zuerst unten ansetzen und an Radlagergehäuse montieren. Der Zapfen vom Bremssattelgehäuse muss hinter der Führung vom Radlagergehäuse stehen!

- Bremssattelgehäuse mit beiden Führungsbolzen an Bremsträger anschrauben und mit 26 Nm anziehen.

- Abdeckkappen aufsetzen.

- Stecker der Bremsbelagverschleißanzeige (optional) in Halter am Federbein einsetzen.

Unterschiede der FN 3-Vorderradbremse

Beachten Sie beim Einbau der Bremssättel der FN 3-Anlage, dass diese laufrichtungsgebundene Bremsbeläge besitzt. Der Pfeil auf dem Belag muss nach unten zeigen. Dasselbe gilt natürlich auch für den linken kolbenseitigen Bremsbelag.

- Danach äußeren Bremsbelag auf den Bremsträger aufsetzen. Die äußeren Bremsbeläge haben eine Schutzfolie. Diese Schutzfolie von der Rückenplatte des äußeren Bremsbelages abziehen.

- Haltefeder wieder in das Bremssattelgehäuse einsetzen.

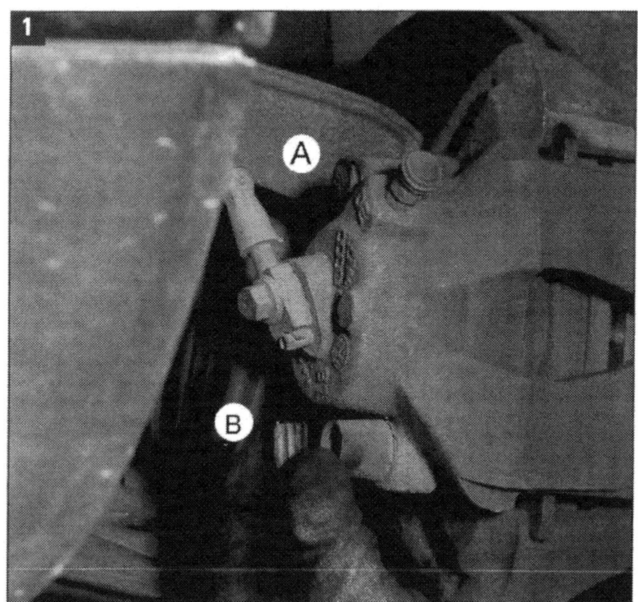

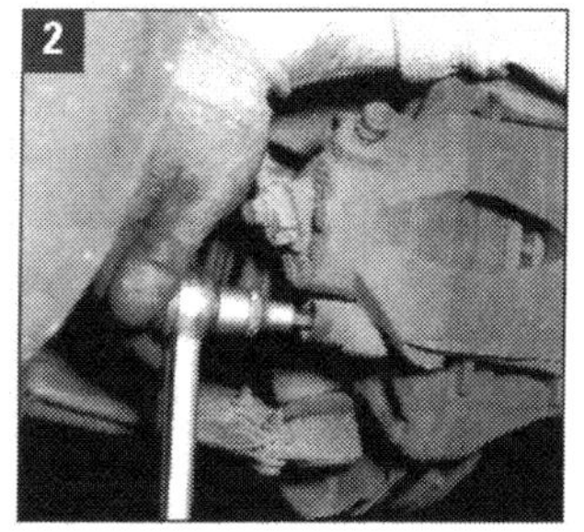

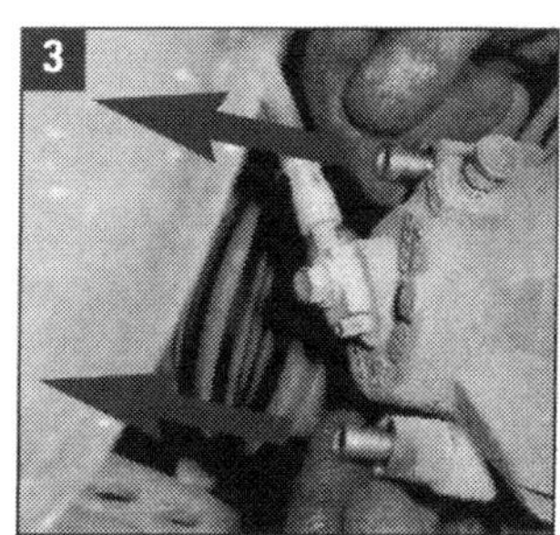

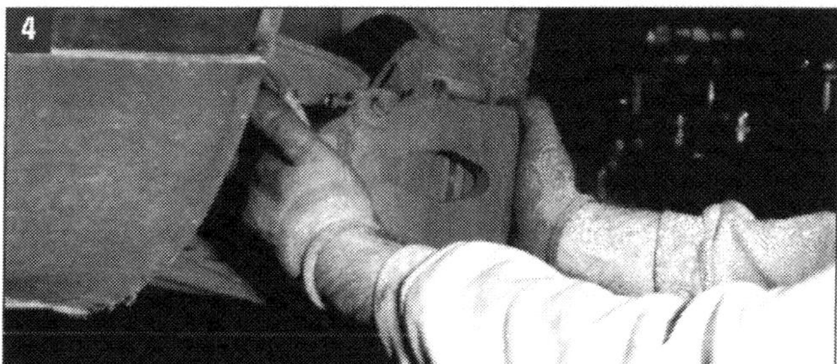

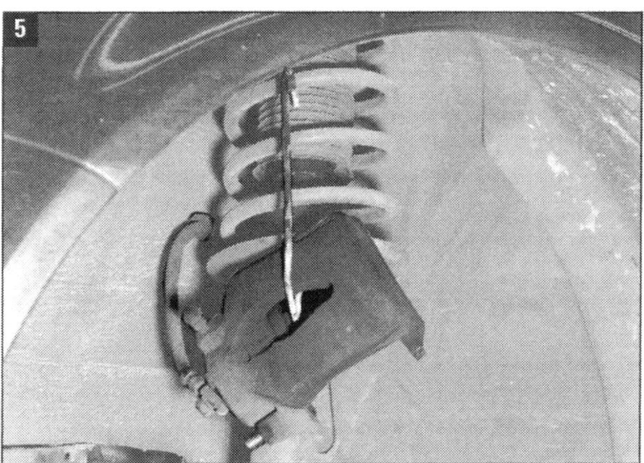

Leitungsschutz: Bremssattel zum Schutz der Leitung an der Feder aufhängen.

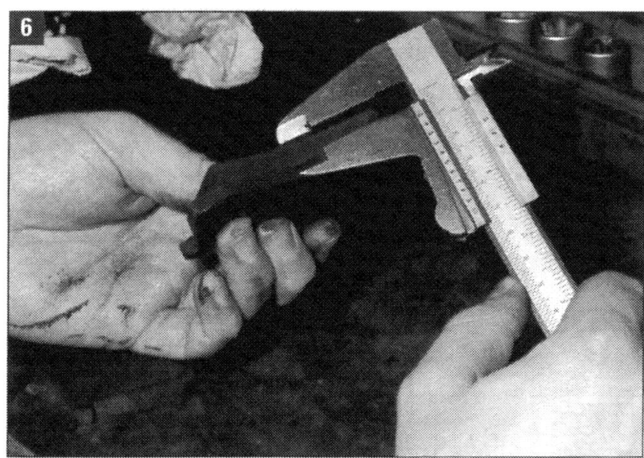

Verschleißmessung: Zur Belagstärke zählt auch die Rückenplatte. Exakt lässt sich der Wert im ausgebauten Zustand mittels eines Messschiebers bestimmen.

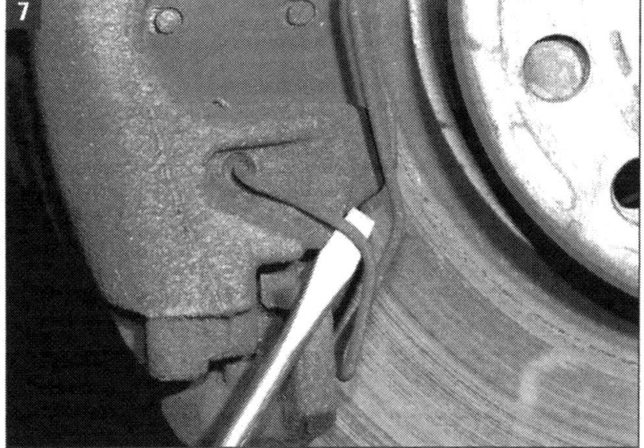

FN 3-Bremsen: Eine zusätzliche Haltefeder muss bei zur Demontage der Beläge gelöst werden.

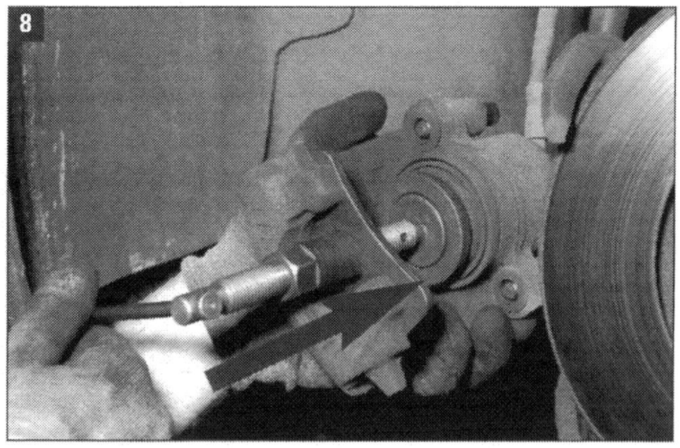

Rein damit: Durch Drehen fährt das Anschlagstück aus und drückt den Kolben des Bremszylinders zurück.

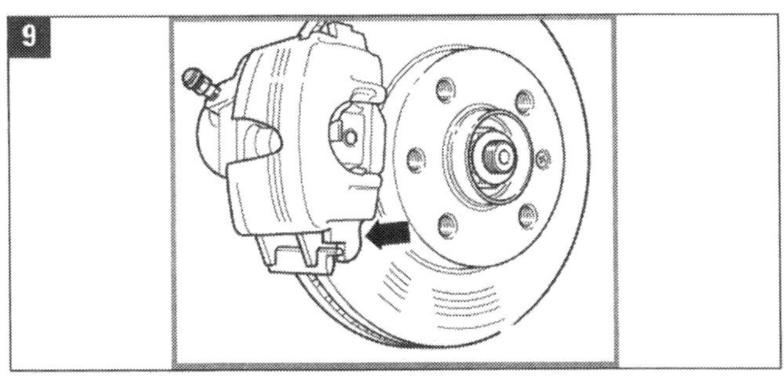

Einbaukontrolle FS III-Anlage: Ob der Sattel korrekt eingebaut ist, sehen Sie daran, dass der Zapfen – Pfeil – sich hinter der Führung vom Radlagergehäuse befindet.

Für alle Bremsanlagen zwingend erforderlich

- Nach dem Belagwechsel Bremspedal im Stand mehrmals kräftig durchtreten, damit die Bremsbeläge ihren dem Betriebszustand entsprechenden Sitz einnehmen.
- Anschließend den Bremsflüssigkeitsstand prüfen, eventuell nachfüllen/korrigieren.

Kolbenrücksteller: Vor dem Wiedereinsetzen der Beläge schafft er den nötigen Platz zur Montage, alternativ kann auch eine Schraubzwinge verwendet werden.

Bremsscheiben vorne wechseln (FS III-Bremse)

Benötigtes Werkzeug und Material:
- großer, stabiler Kreuzschlitzschraubenzieher
- Hammer und evtl. auch ein Kunststoffhammer
- Kolbenrückstellwerkzeug oder geeigneter Keil
- Drahtbürste
- Kupferpaste
- Satz Bremsscheiben (nur vom Hersteller freigegebene Scheiben verwenden!)

Ausbau

Bei Stand »MAX« etwas Bremsflüssigkeit absaugen. Da später der Kolben zurückgedrückt werden muss, besteht die Gefahr, dass Flüssigkeit ausläuft! Zunächst wie im Abschnitt »Bremsbeläge vorn wechseln« verfahren, der Bremssattel muss zur Demontage der Bremsscheibe abgebaut sein.

- Die Bremsscheibe ist mit einer Kreuzschlitz-Schraube an der Radnabe fixiert. Wenn der Schraubenzieher gut sitzt, genügt meist ein kleiner Schlag auf den Griff (1), um die Schraube zu lösen. Ist die Schraube festgerostet, sollten Sie auch Rostlöser verwenden. Die Bremsscheibe festhalten während dem Herausdrehen der Schraube.

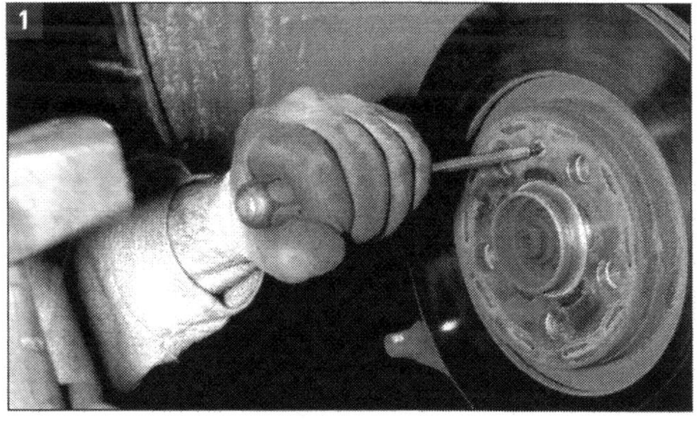

■ Auch die Scheibe kann festsitzen. Sie kann eventuell mit einem Kunststoffhammer losgelöst werden. Dazu zwischen die Schraublöcher mit dem Kunststoffhammer schlagen, dadurch springt Ihnen die Scheibe früher oder später entgegen. Nicht von hinten gegen die Reibfläche schlagen, sonst ist dieser Satz Scheiben ruiniert. Außerdem belasten Sie das Radlager dadurch unnötig.

Einbau

■ Vor Montage alle Teile reinigen (3) – verwenden Sie hierzu ausschließlich Bremsenreiniger – und mit Kupferpaste einstreichen (Korrosionsschutz). Alle Teile gründlich mit Bremsenreiniger säubern. Die Scheiben sind oft eingeölt, um Flugrost während der Lagerung zu vermeiden. Besonders die Reibfläche muss aber absolut fettfrei sein!

■ Zum Einbau neuer Scheiben (dicker als die alte) muss die Bremssattelhalterung angelöst und nach hinten gekippt/gedrückt werden.

■ Mit Kolbenrücksteller den Bremskolben zurückdrücken.

■ Nach diesen Arbeitschritten Bremse mit dem Bremspedal »anpumpen« und

Bremsbacken/Trommeln hinten wechseln

Bremsbacken hinten wechseln

Benötigtes Werkzeug und Material:

- neuer Bremsbackensatz
- Kreuzschlitzschraubendreher
- Schlitzschraubendreher
- Seitenschneider
- Wasserpumpenzange
- Kombizange

Ausbau

■ Räder hinten ausbauen.

■ Durch ein Schraubenloch einen Schlitzschraubendreher in die Trommel einführen) und Nachstellkeil nach oben drücken (auf der linken Seite ca. 10-Uhr-Stellung).

■ Sicherungsschraube der Bremstrommel herausdrehen und Bremstrommel entfernen.

■ Federteller mit Druckfedern unter Zuhilfenahme einer Kombi- oder Wasserpumpenzange ausbauen).

■ Bremsbacken mit einem Schraubendreher aus dem unteren Widerlager aushängen.

■ Untere Rückzugsfeder aushängen.

■ Handbremsseil aushängen.

■ Bremsbacken vorsichtig zwischen Radnabe Bremsträger herausnehmen.

■ Bremsbacken in den Schraubstock einspannen.

■ Zugfeder des Nachstellkeiles und obere Rückzugfeder aushängen.

■ Obere kleine Feder aushängen und Druckstange entnehmen.

Einbau

■ Anlageflächen der Bremsbacken am Bremsträger reinigen und mit Kupferpaste bestreichen.

- Neue Bremsbacke im Schraubstock einspannen.
- Kleine obere Feder in Bremsbacke und Druckstange einhängen.
- Druckstange in Bremsbacke einhängen.
- Bremsbacke mit Bremshebel in Druckstange einhängen.
- Obere Rückzugfeder einhängen.
- Zugfeder für Keil einhängen.
- Bremsbacken vorsichtig zwischen Bremsträger und Radnabe einbauen.
- Bremsbacken auf die Kolben des Radbremszylinders setzen.
- Handbremsseil einhängen.
- Untere Rückzugfeder einhängen.
- Bremsbacken in das untere Widerlager einhängen.
- Druckfedern mit Federteller einbauen (Stifte von hinten mit dem Finger gegenhalten).
- Radnabe vom Rost befreien.
- Ggf. neue Bremstrommel montieren (diese sollte vorher gut mit Verdünnung oder Bremsenreiniger ausgewaschen werden, da sie vom Hersteller aus mit einer korrosionshemmenden Schicht versehen sind.

Bremsbeläge/Scheiben hinten wechseln

Bremsbeläge hinten wechseln

Benötigtes Werkzeug und Material:
- neue Bremsbeläge zum Austauschen
- 13er-Ringschlüssel
- 15er-Gabelschlüssel
- 1 Stück stabiler gebogener Draht
- Spezialwerkzeug zum Rückstellen des Kolbens (VW 3272)
- Kreuzschlitzschraubenzieher
- neue selbstsichernde Schrauben
- Drahtbürste zum Reinigen der Nabe
- Spiritus zur Reinigung des Sattelgehäuses

Ausbau

- Clip abziehen (1): Das Handbremsseil ist mit einem Clip arretiert. Diesen zuerst herausnehmen.
- Bremshebel nach vorne drücken (2): Mit einem Schraubenzieher als Hebel tun Sie sich leichter.
- Anschließend das Bremsseil (siehe Pfeil) aushängen (3).
- Bremssattelgehäuse abschrauben (4): Mit dem 15er-Gabelschlüssel und 13er-Ringschlüssel untere Schraube am Sattel lösen, dabei am Führungsbolzen gegenhalten.
- Bremssattelgehäuse abnehmen (5): Mit einem Flachschraubenzieher lassen sich festsitzende Gehäuse vorsichtig lockern.
- Bremssattelgehäuse abnehmen (6): Das Gehäuse nach dem Lockern aus dem Führungsbolzen herausziehen und mit dem Draht aufhängen. Darauf achten, dass hierbei der Bremsschlauch weder geknickt noch gedehnt wird.
- Bremsbeläge entnehmen (7): Dazu die Staubmanschette vom Sattel ziehen und nach hinten wegdrücken. Nun die Belaghaltefedern entfernen und die Beläge entnehmen. Das Bremssattelgehäuse mit Spiritus reinigen, besonders die Klebefläche für den Bremsbelag muss fettfrei sein.

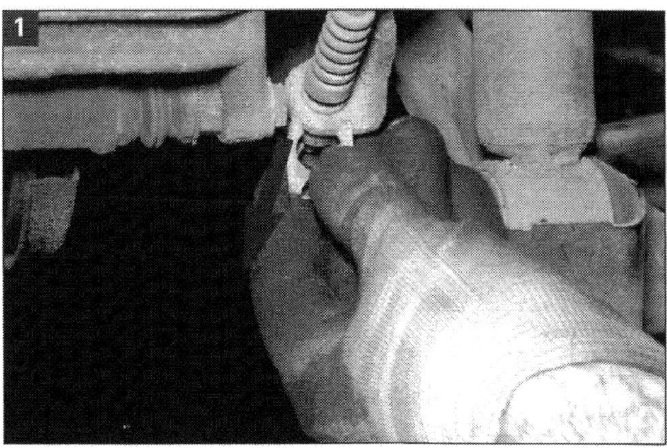

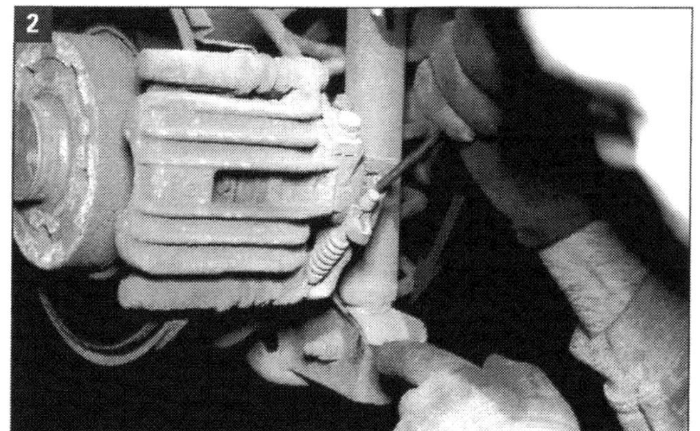
2

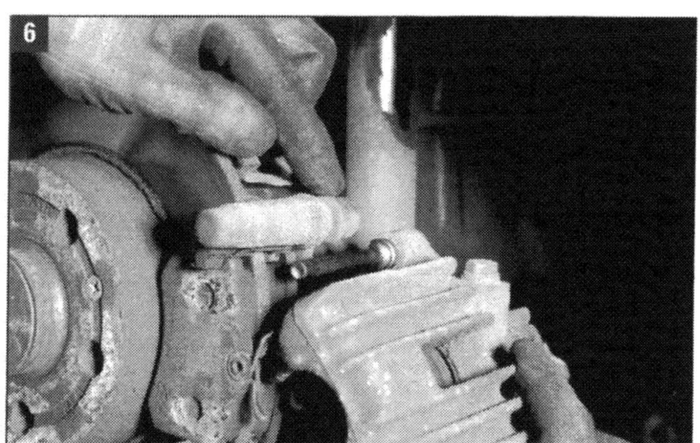
6

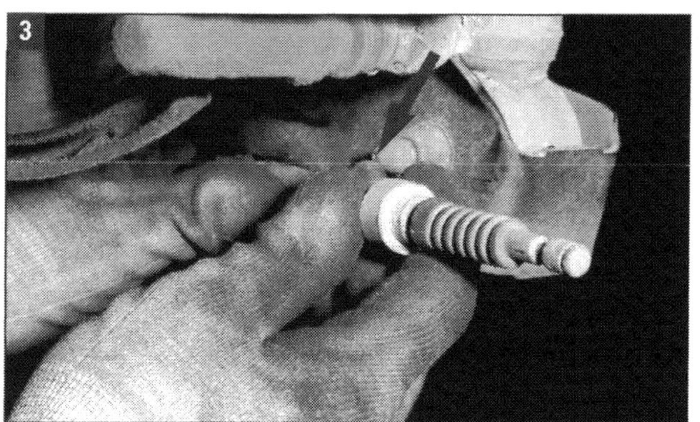
3

7

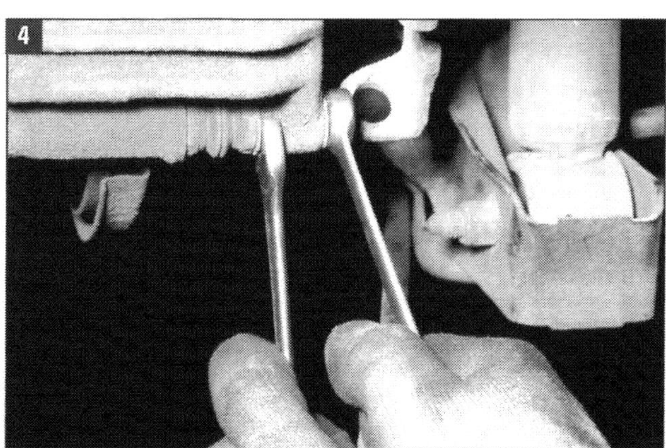
4

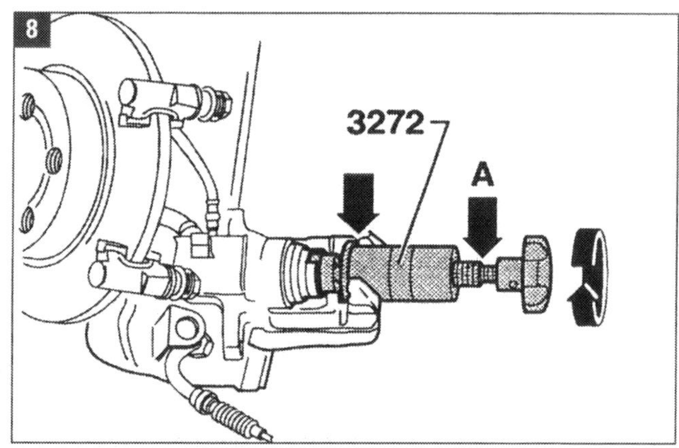
8
3272
A

5

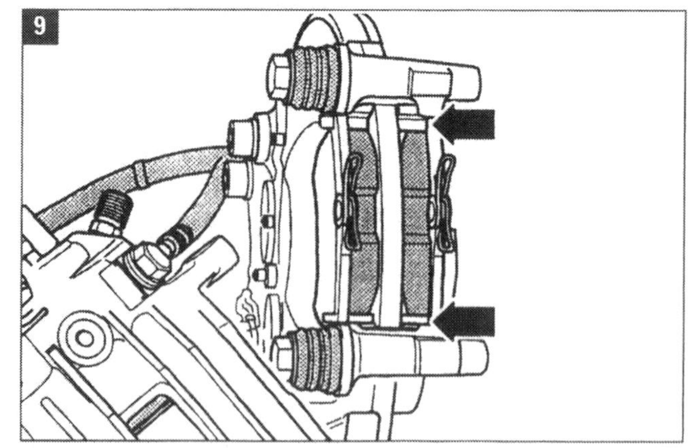
9

Vorsicht: Das Bremssattelgehäuse nach der Demontage aus der Führung nicht auf Zug belasten, da sonst der Bremsschlauch oder das Handbremsseil beschädigt werden könnten! Wie bei den vorderen Bremssätteln den Sattel an einem Draht zur Entlastung aufhängen!

Einbau

- Kolben durch Rechtsdrehen am Rändelrad des Spezialwerkzeuges 3272 einschrauben, dabei Schutzkappe nicht beschädigen.
- Bei schwergängigen Kolben kann ein Maulschlüssel SW 13 an den dafür vorgesehenen Schlüsselflächen (Pfeil A in Bild 8) angesetzt werden.
- Schutzfolie von der Rückenplatte des Bremsbelages abziehen. Belaghaltefedern (s. Pfeile in Bild 9) und Bremsbeläge in den Bremsträger einsetzen. Bremssattelgehäuse mit neuen selbstsichernden Schrauben befestigen.
- Handbremsseil einhängen und Clip einbauen.
- Räder montieren.
- Bremspedal im Stand mehrmals kräftig durchtreten, damit Bremsbeläge ihren dem Betriebszustand entsprechenden Sitz einnehmen.
- Bremsflüssigkeitsstand prüfen.
- Handbremseinstellung kontrollieren.

Bremsscheiben hinten wechseln

Beachten Sie: Vor dem Ausbau der Bremsscheiben zunächst wie unter »Bremssättel ausbauen« beschrieben Bremssättel abmontieren. Meist sitzt die Kreuzschlitzschraube, welche die Scheibe auf der Nabe fixiert, durch Korrosion fest. Diese können Sie aber Problemlos mit ein paar Hammerschlägen auf den Kopf des angesetzten Kreuzschlitzschraubenziehers wieder lösen.
Anschließend ein paar vorsichtige Schläge auf die Scheibe, danach müssten Sie bereits die Scheibe problemlos herunternehmen können.

Benötigtes Werkzeug und Material:

- neue Bremsscheiben zum Austauschen
- Flachschraubenzieher als Hebelwerkzeug
- Kreuzschlitzschraubenzieher
- Hammer zum Anlösen korrodierter Scheiben
- Drahtbürste zum Reinigen der Nabe
- Kupferpaste
- Pinsel zum Auftragen der Kupferpaste
- Spiritus zur Reinigung des Sattelgehäuses

Ausbau

- Schraube anlösen (1): Zum Lösen der Schraube wenige Hammerschläge bei angesetztem Kreuzschlitzschraubenzieher ausüben. Danach Schraube herausdrehen.
- Bremsscheibe lockern (2): Zum Lockern der korrodierten Schreibe ebenfalls wenige Hammerschläge ausüben.
- Bremsscheibe entnehmen (3): Danach Scheibe vorsichtig von Nabe abziehen, sodass die umgebenden Teile nicht beschädigt werden.
- Radnabe von Rost befreien (4): Weist die Nabe wie hier Korrosion auf, verwenden Sie eine Drahtbürste zum Entfernen.
- Blankpoliert (5): Mit etwas Mühe kann die Nabe danach wieder so aussehen. Erleichtert wird die Arbeit aber auch mit einem Winkelschleifer mit Drahtzopfbürste.
- Mit Kupferpaste einpinseln (6): Vor dem Einbau der neuen Scheibe die Nabe mit Kupferpaste einpinseln. Sie verhindert das Festbacken der Scheiben bei hoher Temperatur.
- Neue Scheibe einsetzen (6): Da der vorhandene Raum relativ knapp bemessen ist, drücken Sie zum Einbau vorsichtig das Bremssattelgehäuse nach hinten.
- Kolben rückstellen (8): Da der vorhandene Raum relativ knapp bemessen ist, drücken Sie zum Einbau vorsichtig das Bremssattelgehäuse nach hinten.
- Rad montieren.

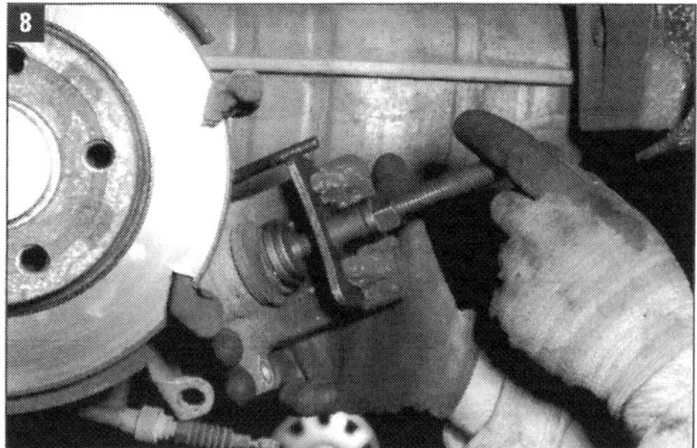

Handbremse einstellen

Häufiges Benutzen der Handbremse beim Parken beansprucht die Handbremszüge. Prüfen Sie die Wirkung daher regelmäßig. In seltenen Fällen müssen die Züge nachgestellt werden. Die Neueinstellung der Handbremsseile ist nur nach erfolgten Wartungsarbeiten notwendig, bei denen das Handbremsseil oder der Bremssattel demontiert oder erneuert wurde. Voraussetzung für eine korrekte Einstellung ist eine entlüftete und fehlerfreie Fußbremsanlage.
Kontrollieren Sie vor dem Einstellen, ob das Handbremsseil in den Führungen richtig verlegt ist. Auch die Nachstellvorrichtung in den Hinterradbremsen sollte einwandfrei arbeiten. Durch die automatische Nachstellung ist eine Justierung der Handbremse normalerweise nicht nötig.

Arbeitsschritte

- Handbremse vollständig lösen und mindestens einmal kräftig auf die Bremse treten.
- Karosserie-Montagearbeiten wie bei »Handbremszüge wechseln« durchführen (siehe nächste Seite).
- Handbremshebel in Ruhestellung bringen. Nachstellmutter so weit anziehen, bis sich die Hebel (Pfeil) an den Bremssätteln vom Anschlag abheben. Maximal 1,5 mm Abstand zum Anschlag ist je Seite zulässig. Ein größerer Abstand kann die Ratsche im Bremssattel am Arbeiten hindern. Im Laufe der Zeit und mit Vorliebe bei alternder Bremsflüssigkeit rostet sie dann fest.
- Handbremse drei Mal fest anziehen und anschließend wieder lösen.
- Prüfen Sie, ob beide Räder frei durchgedreht werden können.
- Nach der Neueinstellung ist durch die automatische Nachstellung der Hinterradbremse ein Nachstellen der Handbremse nicht mehr erforderlich.

Handbremszug: Die Betätigungskraft wird an die hinteren Räder per Drahtzug (s. Pfeil) übertragen.

Nachstellmutter: So weit anziehen, bis die Hebel (Pfeil) an den Bremssätteln gerade noch anliegen.

Bremsanlage

Störung	Was kann das sein?	Was muss ich tun?
A Bremsen quietschen	**1** Hochfrequente Schwingungen	Oft hilft es, die Längskanten der Beläge mit einer Feile anzuschrägen, dazu etwas Anti-Quietsch-Paste auf der Rückseite der Beläge.
	2 Verglaste Beläge nach extremer Überhitzung	Die Bremsklötze müssen ersetzt werden, dabei die Scheiben genau prüfen.
	3 Beläge verschlissen, der Verschleißanzeiger liegt an	Die Bremsklötze müssen ersetzt werden, dabei die Scheiben genau prüfen.
B Schwache Bremswirkung	**1** Ungünstige Materialpaarung zwischen Scheiben und Belägen	Scheiben und Beläge ersetzen und dabei Teile vom gleichen Hersteller verwenden.
... bei zu hartem Bremspedal	**2** Bremskraftverstärker ausgefallen	Unterdruckanschluss prüfen. Marderbiss?
... bei zu weichem Bremspedal	**3** Bremse überhitzt	Bei langsamer Fahrt abkühlen lassen.
	4 Luft im System	Mit speziellem Gerät entlüften lassen und dabei die Bremsflüssigkeit erneuern.
C Übermäßiger Verschleiß	**1** Überstrapazieren der Bremse	Lieber etwas stärker und dafür weniger lang bremsen.
... an einer Bremse	**2** Schwergängiger Sattel oder Belag verklemmt	Zerlegen und reinigen. Etwas stärkerer Verschleiß an der Kolbenseite ist jedoch normal.
... nur vorne	**3** Ungünstige Materialpaarung	Scheiben und Beläge ersetzen und dabei Originalteile verwenden oder größere Bremsanlage verwenden.
... nur hinten	**4** Lüftspiel zu gering	Spiel der Handbremse überprüfen. Diese sollte erst nach der ersten Raste greifen.
D Handbremse zieht nicht	**1** Automatische Nachstellung funktioniert nicht richtig	Hintere Bremssättel austauschen.
	2 Beläge hinten abgenutzt	Prüfen, ob beide Handbremsbetätigungshebel der Bremssättel auf die Ausgangsstellung zurückgehen

Bremsanlage

Störung	Was kann das sein?	Was muss ich tun?
E Bremsflüssigkeits stand zu niedrig	**1** Starker Verschleiß an den Bremsbelägen	Alle Bremsen auf Verschleiß prüfen und ggf. ersetzen. Beim Zurücksetzen der Kolben steigt der Stand an.
	2 Flüssigkeitsverlust	Undichte Stelle lokalisieren (Bremsleitungen?) Bei deutlichem Leck Auto abschleppen lassen.
F Warnleuchte geht an	**1** Bremsflüssigkeitsstand prüfen	Wenn nötig etwas nachfüllen.
	2 ABS- und/oder ESP-Ausfall	Wagen neu starten. Den Fehlerspeicher auslesen lassen. Manchmal ist der Bremslichtschalter Schuld.
G Schiefziehen beim Bremsen	**1** Reifenzustand	Reifenprofil und Luftdruck überprüfen.
	2 Eine Bremse ist defekt	An den Felgen die Temperatur erfühlen. Ist eine heißer als die anderen, hängt der Bremssattel, ist eine zu kalt, kommt hier kein Bremsdruck an.
H Hässliche Schleifgeräusche beim Bremsen	**1** Bremsscheiben angerostet	Vor und nach längeren Standphasen die Bremsanlage freibremsen.
	2 Bremsbeläge verschlissen	Prüfen, ob der Verschleißanzeiger bereits an der Scheibe kratzt.
	3 Fremdkörper in der Bremsanlage	Fahren Sie ein paarmal rückwärts und bremsen sie dann.
I Vibrationen beim Bremsen	**1** Bremsscheiben verzogen	Scheiben genau anschauen. Blaue Verfärbung deutet auf thermische Überlastung hin, dabei können sich die Scheiben verzogen haben.
	2 Bremsscheiben verschmiert	Auf den Scheiben können Spuren von Fremdmaterial verblieben sein, die für ein Rubbeln sorgen.
	3 Spiel in der Radaufhängung	Querlenker und andere Bauteile prüfen.
	4 Ungünstige Materialpaarung	Scheiben und Beläge ersetzen und dabei Originalteile Fahrwerk- und Lenkungsteile können zu Bremsflattern führen.

Karosserie

Dank der geringen Spaltmaße und der soliden Verarbeitung der Karosserie haben Sie ein schön anzusehendes, sicheres und komfortables Fahrzeug. Das bringt allerdings auch den Nachteil, dass einige Arbeiten sehr umfangreich werden können.

Solider Rohbau

Die Karosserie des Fabia verleiht ihm nicht nur ein elegantes Erscheinungsbild, sondern sorgt mittels der durchdachten Strukturbauweise auch für höchste passive Sicherheit. Die hohe Fertigungsgüte zeigt sich auch an den geringen Spaltmaßen der Karosserieteile zueinander und ist zugleich Garant für die im Vergleich zum Vorgänger nochmals verbesserte Steifigkeit. Ermöglicht wird dies durch die clevere Kombination unterschiedlicher Fertigungsverfahren sowie dem Einsatz verschiedener Stahlarten. Die selbsttragende Karosserie des Fabia beinhaltet die Bodengruppe, die Seitenteile, das Dach und die hinteren Kotflügel. Diese Baugruppen sind fest miteinander verschweißt und bilden einen sehr stabilen und verwindungssteifen Verbund bei gleichzeitig geringem Gewicht. Die Verbesserungen im Vergleich zum Vorgänger sind beeindruckend und zugleich Folge des intelligenten Materialmixes mit unterschiedlichen Festigkeiten bei den Strukturelementen. Schwerpunkte der Optimierung sind die passive Sicherheit, der Leichtbau sowie der Fußgängerschutz. Erreicht wurde dies durch den Einsatz höchstfester und gleichzeitig warm umgeformter Stahlbleche. Aber auch bei der Rostvorsorge hat Škoda viel aus der Vergangenheit gelernt. Besonders die Karosserien aus den siebziger Jahren waren nämlich kaum gegen Langzeitschäden durch Korrosion geschützt und verrotteten regelrecht von innen nach außen. Später wurden die Unterseiten mit Unterbodenschutz behandelt und alle Hohlräume sehr großzügig mit Wachs geflutet. Aber erst die heute übliche Vollverzinkung wirkt zuverlässig gegen Korrosion, damit der Zahn der Zeit nicht allzu schnell hässliche Spuren im Blechkleid hinterlassen kann.

Auf Tauchgang: Das Vollbad dient zur Grundierung der Rohkarosse und sorgt für den späteren Korrosionsschutz.

Roboter beim Rohbau: Die einzelnen Strukturteile des Unterbaus werden durch Schweißen zusammengefügt.

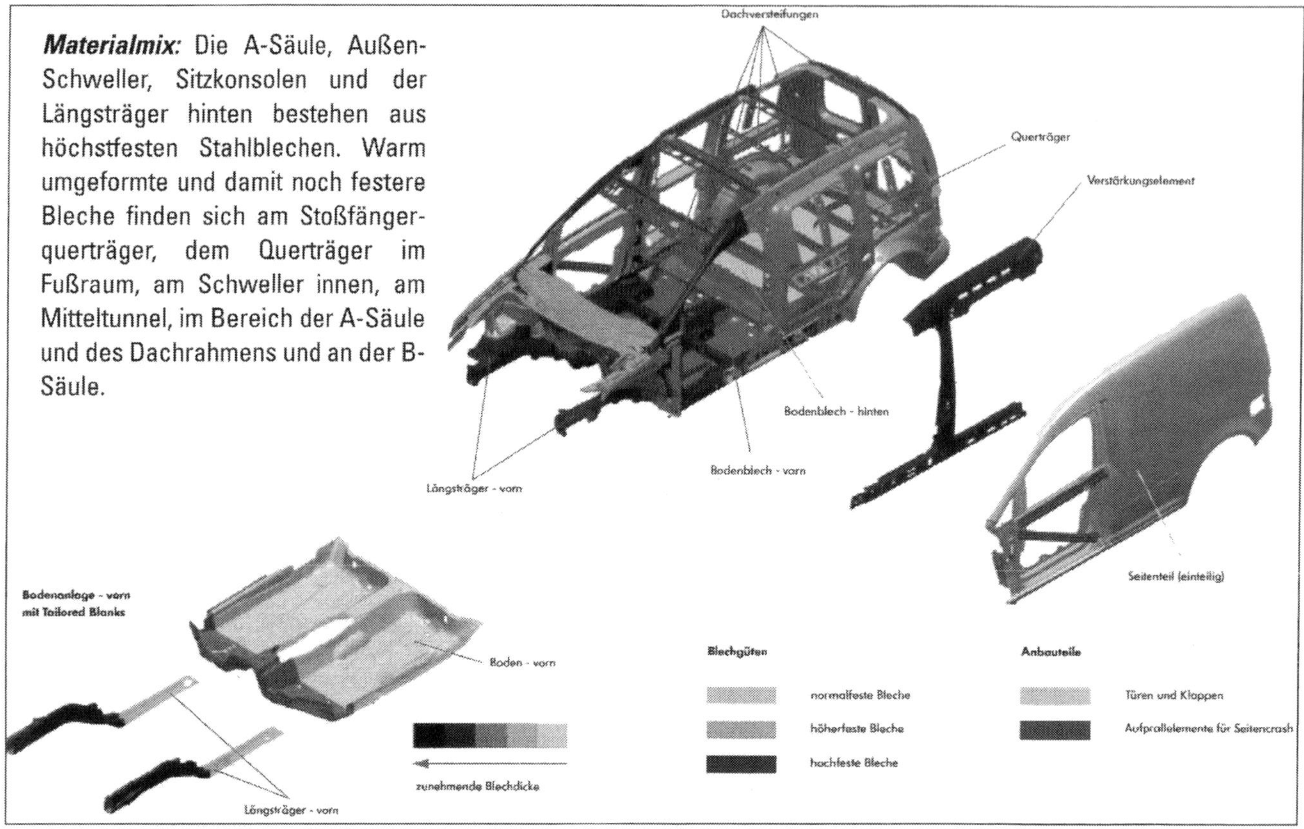

Materialmix: Die A-Säule, Außen-Schweller, Sitzkonsolen und der Längsträger hinten bestehen aus höchstfesten Stahlblechen. Warm umgeformte und damit noch festere Bleche finden sich am Stoßfängerquerträger, dem Querträger im Fußraum, am Schweller innen, am Mitteltunnel, im Bereich der A-Säule und des Dachrahmens und an der B-Säule.

Aufbau und Struktur

Wie bei den meisten Pkw bildet auch beim Fabia die Bodengruppe mit den Seitenteilen und dem Dachrahmen sowie den Längsträgern einen fest verschweißten Unterbau, an welchen die einzelnen Karosseriebleche wie Motorhaube, vordere Kotflügel, Türen und Heckdeckel angeschraubt sind. Die Front- und Heckscheiben stabilisieren die Karosserie zusätzlich und verleihen der Karosserie erst nach ihrem Einsetzen die endgültige Steifigkeit. Aber auch die Verglasung trägt bei einem modernen Auto zu einem großen Teil zur Versteifung bei: Die Scheiben sind daher bei der Limousine vorne und hinten sowie an den hinteren Seitenfenstern flächenbündig eingeklebt. Zum Tausch der Scheiben ist daher ein breites Werkzeugspektrum samt diversen Hilfsmitteln erforderlich. Leider ist ein Scheibentausch somit kein Fall für die heimische Garage mehr. Doch kein Problem: Glasschäden sind in aller Regel über den Kaskoschutz Ihrer Versicherung abgedeckt, kleine Schäden lassen sich sogar reparieren.

Sicherheitshinweise für die Arbeiten an Karosserie- und Anbauteilen

Reparaturarbeiten an der Karosserie im größeren Umfang sowie am Schiebedach, empfehlen wir Ihnen in einer Fachwerkstatt ausführen zu lassen. Die Motorhaube, Heckklappe, Türen, die vorderen Kotflügel und der Schlossträger sind durch die Schraubverbindung relativ einfach auszuwechseln. Jedoch sind die nötigen und hochpräzisen Einstellarbeiten nach der Montage nicht zu vernachlässigen oder zu unterschätzen. Es erfordert sehr viel Geschick und Erfahrung, um die vorgegebenen Spaltmaße exakt einzuhalten. Ein nicht gleichmäßig verlaufender Luftspalt an der Tür kann beispielsweise zu erhöhten Windgeräuschen führen oder ein lästiges Klappergeräusch im Fahrbetrieb provozieren. Aus diesen Gründen sehen wir von einer Montage- und Einstellanleitung dieser Bauteile in diesem Band ab. Kleinere Beulen und Kratzer, beispielsweise nach einem harmlosen Rempler, lassen sich zumeist kostengünstiger mittels Smart-Repair-Methoden wieder beseitigen. Dabei wird gezielt und mit vergleichsweise geringem Aufwand nur die entsprechende Schadstelle behandelt. Das Ergebnis ist meist ohne Tadel und braucht den Vergleich zur wesentlich teureren Reparatur in der Lackiererei nicht scheuen (näheres dazu auch im Kapitel »Werterhalt«). Für das Do-it-yourself gibt es Selbstreparatursets. Diese enthalten eine Airbrush-Lackpistole, die entweder mittels Reifendruck (Ersatzrad) oder Treibgasflasche (Baumarkt) betrieben wird und mit welcher Sie kleine Lackmängel, besser als nur mit dem Lackstift, ausbessern können. Zur Entnahme geringer Lackmengen eignet sich dann wiederum der Lackstift. Doch Vorsicht sollte nach allzu heftigen Kollisionen geboten sein: Schäden am Rahmen können nicht ohne Spezialkenntnisse und schon gar nicht in der heimischen Werkstatt gerichtet werden. Hierfür muss die Fachwerkstatt ran, um bei Ihrem Fabia auf einer Richtbank wieder die ursprüngliche Maßhaltigkeit der Rahmen-Konstruktion herzustellen. Schlecht reparierte Unfallschäden machen sich

Karosseriearbeiten

GEFAHRHINWEISE

Gurtstraffer: Bei Fahrzeugausstattungen mit Gurtstraffern, die bei einem Crash die Sicherheitsgurte schlagartig anziehen, ist besondere Vorsicht geboten. Aktiviert werden die Gurtstraffer von elektrisch gezündeten Gasgeneratoren. Dieses Rückhaltesystem ist fürs Do-it-yourself tabu. Montage und Demontage der Gurtstraffer sind Sache der Werkstatt, die dabei strenge Sicherheitsvorschriften einhalten muss. Wenn Sie an der Karosserie arbeiten, dürfen Sie nicht ohne Weiteres in der Umgebung der Gurtrolle mit Schlagschrauber oder Hammer arbeiten – die Gurtstraffer reagieren empfindlich auf Vibrationen und harte Schläge und können auslösen. Ziehen Sie zur Sicherheit vor allen Arbeiten unter dem Fahrzeug die Sicherung für die Gurtstraffer ab und warten Sie fünf Minuten, bis sich die Kondensatoren entladen haben.

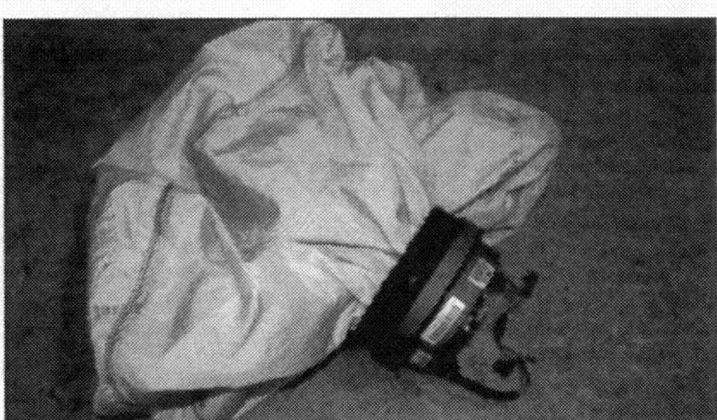

Verzinkung: Die Karosserie ist außen elektrolytisch- und innen feuerverzinkt. Bei Schweißarbeiten entsteht giftiges Zinkoxid. Sorgen Sie für gute Belüftung am Arbeitsplatz.

Klimaanlage: Es dürfen keine Schweiß- oder Lötarbeiten durchgeführt werden, bei denen sich Teile der Klimaanlage erwärmen können. Der Kältemittelkreislauf darf nicht geöffnet werden.

Elektrische Anlage: Aufgrund der Schweißarbeiten müsste eigentlich die Batterie abgeklemmt werden. Da es aber zu Problemen mit der Datensicherung kommen kann, raten wir davon ab. Bei Schweißungen an der Auspuffanlage müssen aber eventuell verbaute NOX-Sonden und Steuergeräte demontiert werden. Wenn Schweißarbeiten oder andere Funken erzeugende Arbeiten durchgeführt werden, können Gefahren durch die elektrischen Ströme, deren Magnetfelder aber auch durch die Hitze oder sogar Feuer entstehen. Ein Feuerlöschen sollte, wie in jeder Werkstatt, immer griffbereit sein

Am besten werden die zu bearbeitenden Bauteile zuerst aus dem Fahrzeug demontiert. Ist das nicht möglich, sollte die Masseverbindung immer in der Nähe der Reparatur und in direkter metallischer Verbindung zur Schweißstelle stehen. Fehlerströme können so deutlich verringert werden. Zur Sicherheit kann ein so genannter »Spannungsspitzen-Killer« das Bordnetz zusätzlich absichern.

Überspannungsschutz an der Batterie.

also gleich doppelt schlecht: Neben optischer (Wert mindernden) Mängel, wie beispielsweise schräger Fugenverläufe, ist der Wagen bedingt durch einen verzogenen Rahmen meist auch erheblich in seinen Fahreigenschaften beeinträchtigt.

Vorsicht bei Lackierarbeiten

Wird Ihr Fabia nach Lackierarbeiten zum Aushärten des Lacks in den Trockenofen gebracht, muss sichergestellt sein, dass Ihr Fahrzeug nicht über 80 °C hinaus erwärmt wird. Es besteht sonst die Gefahr, dass der Überdruck in der Klimaanlage zu Undichtigkeiten führen kann. Darüber hinaus kann es zu Beschädigung an elektrischen Komponenten kommen.

Arbeiten an Kunststoffteilen

Diverse Kunststoffteile, Verkleidungen und Deckel sind mit unterschiedlichen Halteclips und Spreiznieten gesichert. Verwenden Sie vom Hersteller empfohlene Kunststoffkeile und Hebel, um diese fachgerecht auszubauen und keine bleibenden Macken in der Oberfläche angrenzender Teile zu hinterlassen. Wie spröde oder elastisch sich ein Kunststoffteil verhält, ist in großem Maße von der Umgebungstemperatur abhängig. Seien Sie daher bei kalten Außentemperaturen besonders vorsichtig beim Hantieren mit Kunststoffteilen. Es besteht erhöhte Bruchgefahr!

Schweißarbeiten

Sind Schweißarbeiten am Fahrzeug unumgänglich, ist das Widerstandspunktschweißverfahren anzuwenden. Nur in zwingenden Ausnahmefällen sollten Sie nach Schutzgasverfahren arbeiten. Die Fahrzeugkarosserie ist verzinkt. Das bedeutet, dass bei Schweißarbeiten giftiges Zinkoxid entsteht! Sorgen Sie daher für gute Belüftung am Arbeitsplatz! Schweißen, Schleifen und andere grobe Arbeiten, die Funken bilden, erfordern ebenfalls das Abklemmen der Batterie und Sicherung der Batteriepole. Nähere Hinweise zum Thema Batterie ab- und anklemmen entnehmen Sie bitte dem Kapitel Elektrik.

Schläge und Erschütterungen

Während der Arbeiten an der Karosserie sind Hammerschläge und Erschütterungen unumgänglich. Um Schäden von Sicherheitskomponenten wie Airbag oder Gurtstraffer abzuwenden, sollten diese vor der Reparatur von einem geprüften Sachkundigen demontiert werden.

Klimaanlage

Halten Sie sich bei Karosseriearbeiten fern von Komponenten der Klimaanlage. Der Kühlmittelkreislauf darf nicht geöffnet werden. Austretendes Kühlmittel kann bei Berührung schlimme Erfrierungen verursachen. Ebenfalls sollten Sie es dringend vermeiden, den Klimakomponenten hohe Wärme zuzuführen. Das beinhaltet ein Verbot von sämtlichen Schweiß- und Lötarbeiten an Teilen der Klimaanlage sowie in deren Umfeld. Auch für den Umgang mit der Klimaanlage ist es aus arbeitsschutzrechtlichen Gründen erforderlich, die Sachkunde nachzuweisen. In den Werkstätten finden Sie Mechaniker, die diese Weiterbildung absolviert haben. Die Füllung und Wiederinbetriebnahme muss auch durch dieses Personal erfolgen. Ohne die entsprechenden Füllgeräte lässt sich dies ohnehin nicht erledigen.

Defekte Kunststoffteile der Karosserie

Beschädigte Kunststoffteile, wie die Stoßfänger, müssen nicht immer gleich ausgetauscht werden. Oftmals ist auch eine Reparatur möglich. Untersuchungen der Automobilhersteller, der Assekuranzen und der DEKRA haben gezeigt, dass fachgerecht reparierte Kunststoffteile den Neuteilen in Funktion, Stabilität und Optik gleichzustellen sind. Inzwischen haben nahezu alle Fahrzeughersteller Freigaben zur Reparatur von Kunststoffteilen erteilt. Eine Reparatur kann für Sie eine Kostenersparnis von bis zu 50% gegenüber einem Neuteil bedeuten. Beispiele für die Reparatur von Kunststoffen werden am Ende dieses Kapitels vorgestellt.

Wartungsarbeiten an der Karosserie

Eine sehr sinnvolle Wartungsarbeit ist die Untersuchung des Unterbodenschutzes sowie des Lackzustandes. Die frühe Entdeckung eines Schadens kann Ihnen viel Geld sparen. Prüfen Sie den Unterboden auf Beschädigungen und fehlende Beschichtungen. Schauen Sie auch in den Radhäusern und allen Unterholmen nach! Fehlenden Unterbodenschutz können Sie ganz einfach mit handelsüblichen Produkten nach Herstellerangaben wieder in Ordnung bringen. Die Prüfung des Karosserielacks ist eine zeitaufwändige Sache, wenn Sie die Arbeit sorgfältig ausführen wollen. Im Zuge der Untersuchung sollten Sie jede Tür und jede Klappe geöffnet haben. Achten Sie ganz besonders auf Schäden im Bereich der Karosserieverbindungen. Alle Bördel und Hilfsrahmen sind ebenfalls anfällige Strukturen. Diese finden Sie vermehrt an der Innenseite der Motorhaube, Heckklappe und den Türen. Haben Sie Mängel festgestellt, sollten Sie diese schnellstens beseitigen. Lackschäden an nicht (von außen) sichtbaren Bereichen lassen sich relativ einfach selbst ausbessern. Ihr Škoda-Händler hat ein breites Angebot an Lackstiften und Mittelchen, die sich hierfür eignen. Bei Lackschäden an sichtbaren Stellen sollten Sie die Reparatur ausgebildeten Fachkräften überlassen.

Ohne Muster verliert man schnell den Überblick: Der Tankdeckel ist schnell demontiert und recht handlich zum Mitnehmen.

Der kleine Schmierdienst

Grundsätzlich benötigen alle beweglichen Teile Schmierung. Heutzutage sind jedoch die meisten Scharniere und Gelenke selbstdichtend aufgebaut und oft mit einer lebenslangen Fettfüllung versehen. Trotzdem sollten Sie hin und wieder ein Auge auf diese Stellen werfen, den Schmutz äußerlich entfernen und mit einem geeigneten Mittel, wie z. B. einem teflonhaltigen Spray, etwas Schmierstoff an die Drehpunkte bringen. Bewegen Sie die zu schmierenden Teile beim Einsprühen, um ein besseres Eindringen des Mittels zu ermöglichen. Zu viel Aufgetragenes sollten Sie am besten gleich wieder abwischen. Um ein einwandfreies Gleiten der Türen und des Schiebedachs zu gewährleisten, sollten Sie auch diese Stellen hin und wieder etwas schmieren. Entfernen Sie zuerst altes Fett und Schmutz an den in Frage kommenden Stellen. Anschließend fetten Sie die Türfangbänder am besten mit dem Schmierfett Škoda-G 000 150 ein.

Scharniere schmieren.

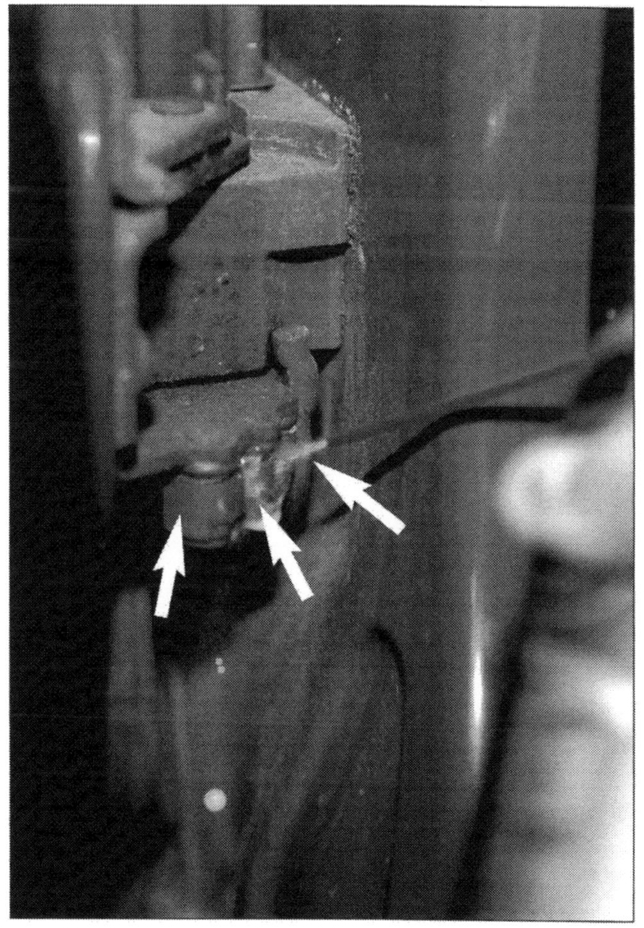

Fangbänder fetten.

Außenspiegel aus und einbauen

Ausbau

- Um die Außenspiegel (1) demontieren zu können, muss zuerst die Innenverkleidung der entsprechenden Tür demontiert werden. Diese Arbeiten werden im Kapitel »Innenraum« genauer beschrieben.

- Schalten Sie die Zündung aus und lassen Sie diese für die Dauer der Arbeiten ausgeschaltet. Als Nächstes muss die Steckverbindung des Spiegels (4) zum Türsteuergerät abgezogen werden. Nun nehmen Sie die innere Abdeckung des Spiegels vorsichtig ab. Die Befestigungsbolzen brechen gerne mal ab.

- Nun werden die Befestigungsschrauben herausgedreht und der Spiegel abgenommen. Die Verkabelung des Spiegels muss durch die Öffnung in der Tür zwischen der unteren und der mittleren Schraube durchgeführt werden. Achten Sie darauf, dass sich der Stecker nicht verhakt. Eventuell verbaute Schaummatten müssen nachher wieder mit verbaut werden. Sie dienen entweder zur Abdichtung oder zur Geräuschdämmung vor Windgeräuschen.

Einbau

Der Einbau erfolgt in umgekehrter Reihenfolge. Die Befestigungsschrauben müssen mit einem Drehmoment von 8 Nm angezogen werden. Nach der erfolgten Montage und dem Aufstecken der elektrischen Anschlüsse am Türsteuergerät sollten Sie unbedingt eine Funktionsprüfung durchführen.
Erst dann sollte die Verkleidung der Türe wieder montiert werden.

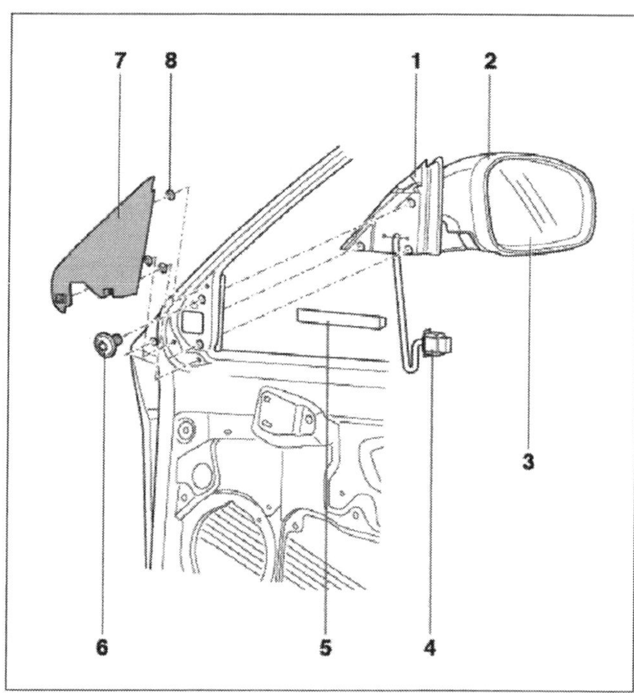

Übersicht an der Tür.
1 Aussenspiegel, 2 Gehäuse, 3 Spiegelglas, 4 Steckverbindung, 5 Dichtleiste, 6 Schraube, 7 Abdeckung, 8 Clip

Spiegelgehäuse aus- und einbauen

Ausbau

- Drehen sie die beiden Schrauben der Spiegelverkleidung unten heraus.

- Nehmen Sie die Verkleidung ab.

- Ziehen Sie nun den Gehäuserahmen nach hinten ab.

- Entriegeln Sie die Rastnase.

- Drücken Sie die Gehäuseecke vorsichtig etwas zur Seite und ziehen Sie das Spiegelgehäuse vom Träger nach oben ab.

Einbau

- Spiegelgehäuse von oben ansetzen, herunterdrücken und hörbar einrasten lassen.

- Drücken Sie nun den Gehäuserahmen wieder an.

- Montieren Sie die Verkleidung

Spiegelglas aus- und einbauen

Vorsicht: Das Spiegelglas splittert leicht. Glaspartikel spritzen dann oftmals aus den Bruchstellen heraus. Schützen Sie Ihre Hände durch Handschuhe und tragen Sie eine Schutzbrille. Schützen Sie auch das Spiegelgehäuse vor Beschädigungen, indem Sie es mit einem Textil-Klebeband abkleben!

Um das Spiegelglas ausbauen zu können, muss zuerst das Spiegelgehäuse demontiert werden. Diese Arbeit wurde etwas weiter vorne in diesem Kapitel beschrieben. Anschließend ist das Spiegelglas sehr gut zugänglich und die Demontage ist kein großes Problem mehr.

Ausbau

- Lösen Sie mit einem Schraubendreher die Rastnasen (Pfeile) auf der Rückseite des Spiegels.
- Schwenken Sie das lose Spiegelglas in Richtung der Türscheibe und ziehen Sie ggf. die Kontakte der Spiegelheizung (2) auf der Rückseite des Spiegelglases ab.
- Nehmen Sie das Spiegelglas ab.

Einbau

- Montieren Sie zuerst wie in diesem Kapitel beschrieben das Spiegelgehäuse.
- Drücken Sie das Spiegelglas mittig auf den Halter und drücken Sie es an, bis es hörbar einrastet.
- Überprüfen Sie den Sitz und die Einstellung.

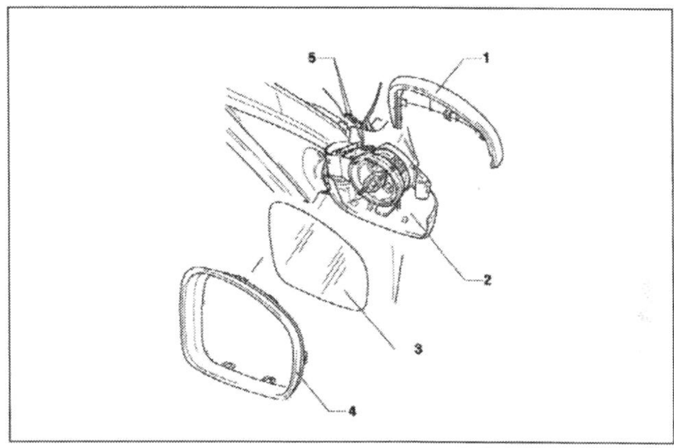

Spiegelglas aus- und einbauen.
1 Abdeckung, 2 Aussenspiegel, 3 Spiegelglas, 4 Abdeckrahmen, 5 Verkabelung

Türgriff vorne aus und einbauen

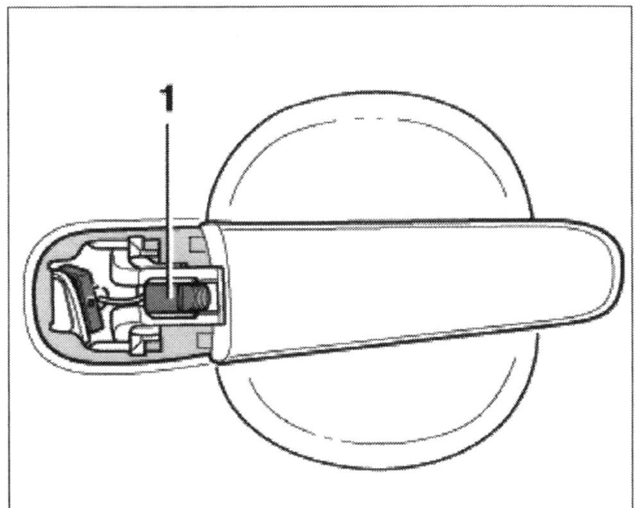

Türschloss und Anbauteile.
1 Betätigungszug

Bauteile rund um den Türgriff vorne	
Türschloss	Unterlagplatte aus Kunststoff
Seilzug zum Türgriff außen	Torxschraube
Schrauben	Schließzylindergehäuse
Lagerbügel (von innen) (links)	Blindstopfen (rechts u. hinten)
Spreiznieten	Abdeckkappe (Kunststoff)
Haltewinkel	Schlüssel
Seilzug zum Türöffner innen	Befestigungsschraube
Türgriff	Abdeckung
Sicherungsschraube	Unterlagplatte aus Kunststoff

Demontage des Außengriffes.

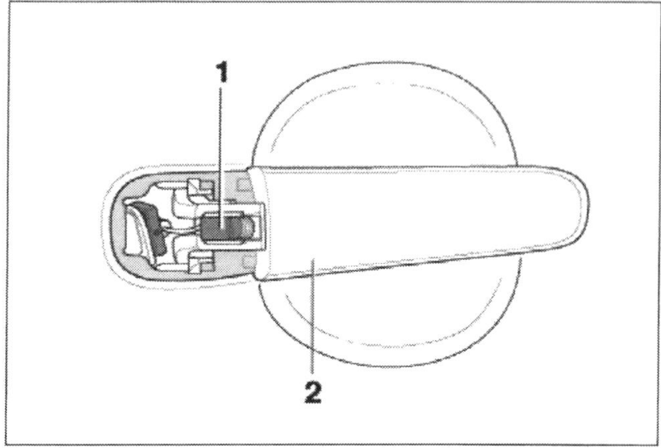

Entriegeln des Betätigungszuges.
1 Betätigungszug, 2 Türgriff

Ausbau

- Hebeln Sie zuerst die Abdeckkappe vor der Befestigungsschraube (1) heraus.
- Ziehen Sie den Türgriff (2) wie zum Türöffnen in Pfeilrichtung.
- Drehen Sie die Schraube (1) so weit heraus, bis Sie einen leichten Widerstand spüren. Nicht ganz herausdrehen! Drücken Sie beim Herausdrehen der Befestigungsschraube auf die Schraube. Der Haltebügel, der durch diese Schraube bewegt wird, arretiert das Schließzylindergehäuse (3).
- Entnehmen Sie das Schlossgehäuse, bzw. den Blindstopfen.

Achtung! Die Befestigungsschraube sollte nur so weit herausgedreht werden, bis sich der Schließzylinder entnehmen lässt. Wird sie weiter herausgedreht, kann der Haltebügel herausfallen und fällt in die Tür!

- Entnehmen Sie den Clip(2) aus dem Türgriff (1).
- Schwenken Sie den Türgriff (1) in Pfeilrichtung aus der Tür heraus.

Einbau

Der Einbau erfolgt in umgekehrter Reihenfolge. Bei der Montage des Zuges (2) muss der Türgriff (1) angedrückt werden, um möglichen Leerhub des Türgriffs zu vermeiden. Prüfen Sie auf jeden Fall die Funktion des Schlosses und des Griffs nach der Montage, bevor sie die Türe schließen. Hierzu kann der Schließer mit einem Schraubendreher betätigt werden. Andernfalls gehen Sie das Risiko ein, dass Sie die Tür zugeschlagen haben und diese sich von außen nicht mehr öffnen lässt.

Radhausschalen aus- und einbauen

Die Radhausschalen sind vorn und hinten einteilig ausgelegt. Die Montagearbeiten für die hinteren Radhausschalen unterscheiden sich nicht nennenswert von der Montage der vorderen Radhausschalen. Befestigt sind sie unter anderem mit Spreizmuttern und Schnappmuttern. Diese Teilchen gehen bekanntermaßen gern verloren oder kaputt. Es ist daher kein Fehler, sich schon im Vorfeld mit einigen dieser kleinen Clips und Schrauben einzudecken, um für alle Fälle gerüstet zu sein.

Ausbau

- Bocken Sie das Fahrzeug auf und demontieren Sie das Rad, an dem Sie die Radhausschale ausbauen möchten.
- Drehen Sie die 15 Schrauben (2) heraus (hinten 7 Schrauben).
- Ziehen Sie nun die Radhausschale aus dem Radhaus heraus.

Einbau

- Einbau in umgekehrter Reihenfolge durchführen.
- Achten Sie auf konstruktiv vorgegebene Überlappungen und korrekte Einbaulage.
- Montieren Sie das Rad (Anzugsdrehmoment der Radschrauben beachten!) und bocken Sie Ihr Fahrzeug wieder ab.

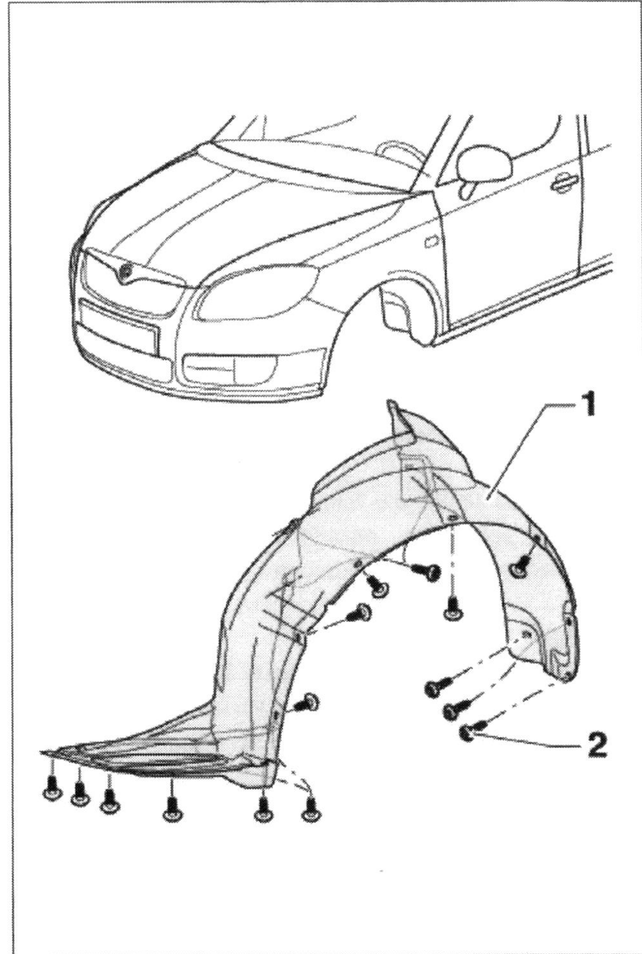

Schrauben und Clips im Innenkotflügel vorne.
1 Radhausschale, 2 Schraube

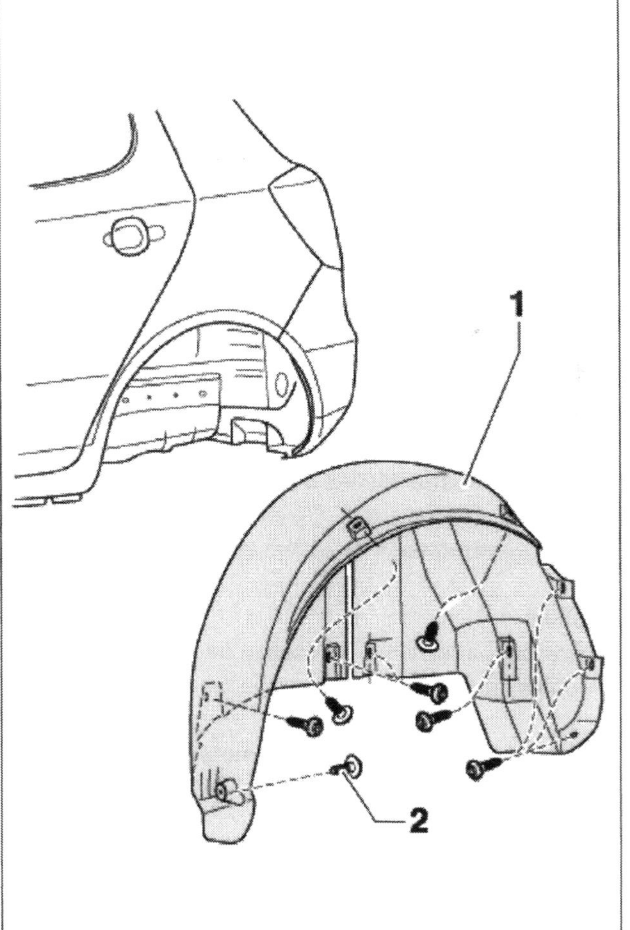

Schrauben und Clips im Innenkotflügel hinten.
1 Radhausschale, 2 Schraube

Gasdruckfeder aus- und einbauen

Öffnen Sie die Motorhaube bzw. Heckklappe, an der Sie die Gasdruckfeder ausbauen möchten. Entweder haben Sie einen Helfer, der Ihnen die entsprechende Klappe vor dem Herabfallen sichert oder Sie haben die Möglichkeit die Klappe sicher abzustützen oder hochzubinden. Denn sobald die Gasdruckfeder ausgebaut ist, fällt die entsprechende Klappe nach unten.

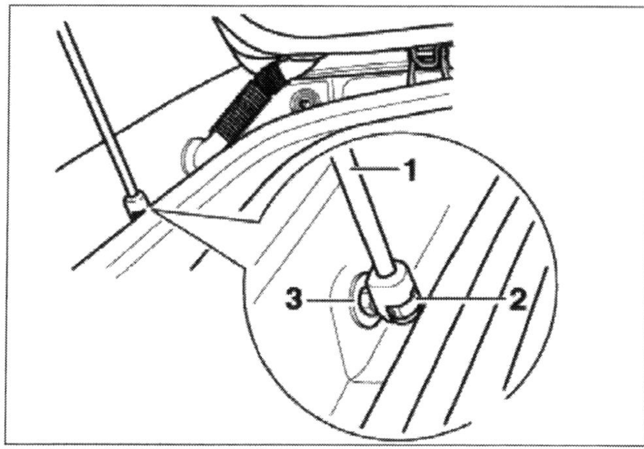

Demontage der Gasdruckfedern.
1 Gasdruckfeder, 2 Sicherungsbügel, 3 Kugelkopf

Ausbau

- Zum Entriegeln des Kugelkopfes einen kleinen Schraubendreher, wie gezeigt, unter den Sicherungsbügel (2) führen und leicht anheben. Sicherungsclip nicht ganz aushebeln! Bei ganz ausgehebelter Federklammer besteht die Gefahr die Klammer zu verbiegen, dadurch kann die Gasdruckfeder aus der Aufnahme springen!
- In diesem Zustand die Gasdruckfeder vom Kugelzapfen abziehen.
- Die andere Seite der Gasdruckfeder lässt sich genauso ausbauen.

Einbau

Der Einbau erfolgt in umgekehrter Reihenfolge, wobei Sie sicherstellen sollten, dass die Sicherungsbügel nach der Montage wieder richtig sitzen. Die Kugelzapfen zur Aufnahme der Gasdruckfeder werden mit einem Drehmoment von 22 Nm eingeschraubt.

Stoßfänger hinten aus- und einbauen

Ausbau

- Drehen Sie jeweils 3 Schrauben im Radhaus links und rechts heraus.
- Hebeln Sie nun die Spreitznieten von unten am Stoßfänger ab.
- Bauen Sie die Rückleuchten aus und entfernen Sie die darunter liegenden Schrauben.
- Jetzt können Sie die Stoßfängerabdeckung mit einem Helfer zusammen parallel nach hinten aus den Führungsprofilen herausziehen.

Einbau

Der Einbau erfolgt in umgekehrter Reihenfolge, wobei Sie beim Ansetzen besonders vorsichtig im Bereich der Kotflügel sein sollten. Eventuell den Bereich abkleben. Achten Sie auf Parallelität und ein gleichmäßiges Spaltmaß zu den hinteren Kotflügeln. Vergessen Sie nicht, die Kabel der Kennzeichenleuchten und evtl. der PDC vorher wieder aufzustecken.

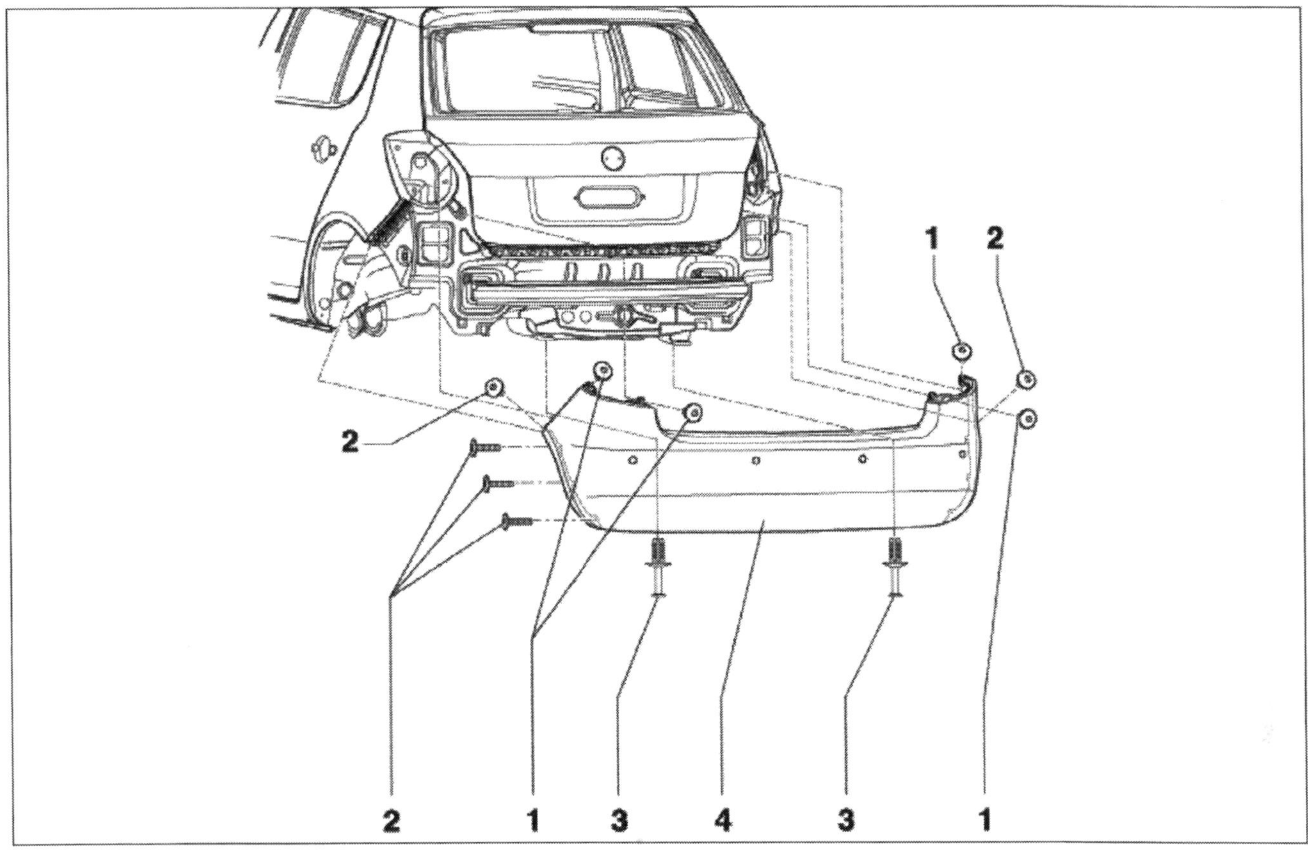

Montageübersicht Stoßfänger hinten. 1 Schraube, 2 Schraube, 3 Spreitzniete, 4 Stoßfänger,

Stoßfänger vorne aus- und einbauen

Stoßfängerabdeckung vorne aus- und einbauen. Der Kühlergrill muss nicht gesondert ausgebaut werden!

Ausbau

- Bauen Sie beide vorderen Räder aus und lösen Sie die Radhausschalen im vorderen Bereich.
- Öffnen Sie die Motorhaube und drehen Sie die beiden Schrauben von oben heraus.
- Hebeln Sie die beiden Spreizniete heraus.
- Hebeln Sie die beiden Abdeckungen der Nebellampen heraus.
- Drehen Sie die Schrauben im Bereich der Nebelscheinwerfer des Stoßfängers heraus.
- Entfernen Sie die Schrauben im linken und rechten Radhausbereich.
- Hebeln Sie nun mit Hilfe eines Schraubendrehers die Spreizniete im unteren Bereich heraus.
- Entfernen Sie die Schrauben im unteren Bereich.
- Jetzt können Sie die Stoßfängerabdeckung mit einem Helfer zusammen parallel nach vorne abnehmen.
- Ziehen Sie alle Steckverbindungen und Schläuche zur Scheinwerferreinigungsanlage und Ähnlichem ab, soweit sie denn verbaut sind.

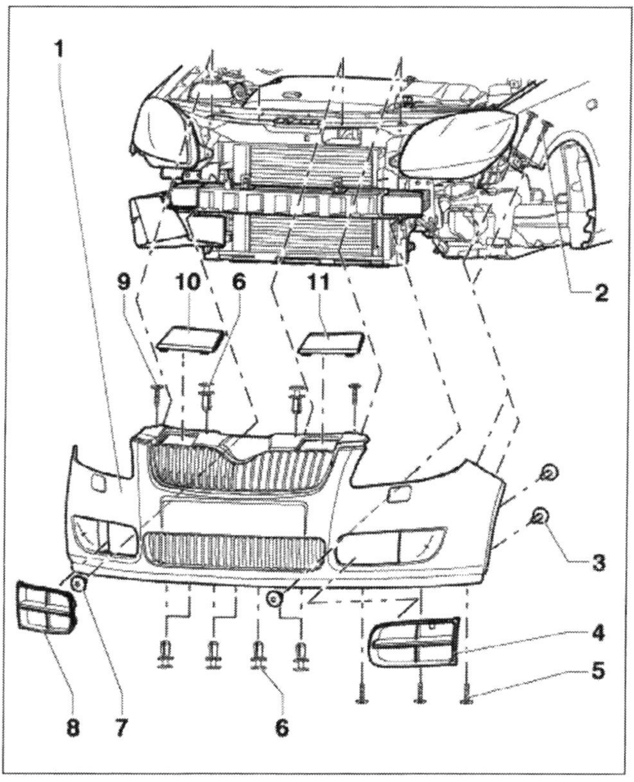

Einbau

Der Einbau erfolgt in umgekehrter Reihenfolge, wobei Sie beim Ansetzen besonders vorsichtig im Bereich der Kotflügel sein sollten. Eventuell den Bereich abkleben. Achten Sie auf Parallelität und ein gleichmäßiges Spaltmaß zu den hinteren Kotflügeln. Vergessen Sie nicht, ggf. vorhandene Kabel und Schläuche vorher wieder aufzustecken.

Montageübersicht Stoßfänger vorne.
1 Stoßfänger, 2 Schraube, 3 Schraube, 4 Abdeckung Nebelscheinwerfer links, 5 Schraube, 6 Spreitzniete, 7 Schraube, 8 Abdeckung Nebelscheinwerfer rechts, 9 Schraube, 10 u. 11 Abdeckung oben

Reparatur von Kunststoff

Wenn Sie die Instandsetzung gebrochener Kunststoffteile selbst durchführen und nur die partiellen Lackierarbeiten dem Lackierbetrieb oder Lackdoktor überlassen, wird es noch schonender für Ihren Geldbeutel. Das Angebot an Kunststoffreparatursets ist groß. Bei der Auswahl des richtigen Produktes sollten Sie die Art des zu reparierenden Kunststoffs kennen. Angaben dazu finden sich meist in einem Prägestempel auf der Rückseite des jeweiligen Bauteils.
Komplettsets mit vielfältigen Anwendungsmöglichkeiten können in der Erstanschaffung recht teuer werden. Seien Sie sich des Umfangs Ihrer Reparaturarbeiten bewusst.

Bei Fahrzeugen finden unterschiedliche Kunststoffe Verwendung. Die unterschiedlichen Kunststoffarten müssen durchaus unterschiedlich gehandhabt werden, um ein gutes Arbeitsergebnis zu erzielen. Zuerst einmal ist es wichtig, die Kunststoffart erkennen zu können. Bei vielen der Plastikteile ist auf einem Label auf der Rückseite auch die Kunststoffart vermerkt. Ist man sich aber nicht sicher oder hat keine Angaben zum Material gefunden, kann man anhand der typischen Eigenschaften einige thermoplastischen Kunststoffarten unterscheiden.

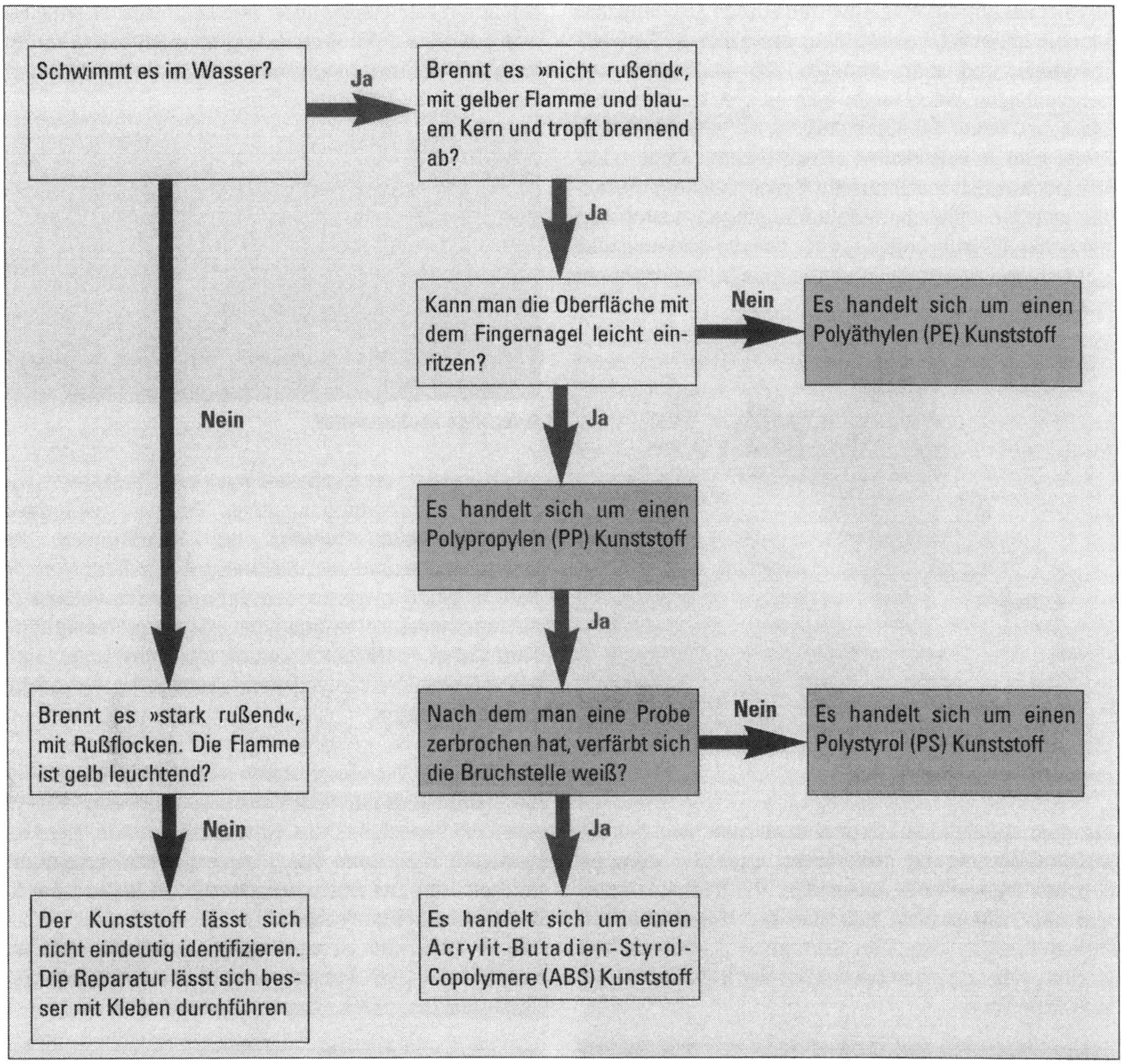

Schwimmt es im Wasser? → Ja → Brennt es »nicht rußend«, mit gelber Flamme und blauem Kern und tropft brennend ab?

Schwimmt es im Wasser? → Nein → Brennt es »stark rußend«, mit Rußflocken. Die Flamme ist gelb leuchtend?

Brennt es »nicht rußend«, mit gelber Flamme und blauem Kern und tropft brennend ab? → Ja → Kann man die Oberfläche mit dem Fingernagel leicht einritzen?

Kann man die Oberfläche mit dem Fingernagel leicht einritzen? → Nein → Es handelt sich um einen Polyäthylen (PE) Kunststoff

Kann man die Oberfläche mit dem Fingernagel leicht einritzen? → Ja → Es handelt sich um einen Polypropylen (PP) Kunststoff

Es handelt sich um einen Polypropylen (PP) Kunststoff → Ja → Nach dem man eine Probe zerbrochen hat, verfärbt sich die Bruchstelle weiß?

Nach dem man eine Probe zerbrochen hat, verfärbt sich die Bruchstelle weiß? → Nein → Es handelt sich um einen Polystyrol (PS) Kunststoff

Nach dem man eine Probe zerbrochen hat, verfärbt sich die Bruchstelle weiß? → Ja → Es handelt sich um einen Acrylit-Butadien-Styrol-Copolymere (ABS) Kunststoff

Brennt es »stark rußend«, mit Rußflocken. Die Flamme ist gelb leuchtend? → Nein → Der Kunststoff lässt sich nicht eindeutig identifizieren. Die Reparatur lässt sich besser mit Kleben durchführen

Kunststoff schweißen

Der Trick beim Kunststoffschweißen liegt darin, die Teile, die miteinander verbunden werden sollen, im Randbereich zu verflüssigen, und dann das Schmelzbad zu vermischen. Um eine gute Durchmischung der Materialien zu erreichen, wird Material des gleichen Kunststoffs in die Schweißstelle eingebracht. In der Regel ist es so, dass der Schweißbereich etwas dicker wird. Durch die Materialzufuhr wird vermieden, das anliegende Stellen dünner und somit schwächer werden.

Brennender Kunststoff

Voraussetzung für eine gute und stabile Schweißstelle ist zum einen die Verwendung des gleichen Schweißmaterials und zum anderen die Sauberkeit der Schweißstelle. Auch wenn man es sich kaum vorstellen kann, bildet der Kunststoff im Bereich der Bruchstelle eine »Oxidschicht«. Dieser Bereich kann natürlich auch durch mechanische Beanspruchung verhärtet werden. Mögliche Verunreinigungen schwächen die Schweißstelle auch deutlich. Um die Schweißstelle gut reinigen zu können, wird mit dem Dreikantschaber die Schweißstelle gereinigt.

Kunststoffschweißwerkzeug

Mit dem abfallenden Material kann man sehr gut die Materialbestimmung vornehmen und den entsprechenden Schweißstab auswählen. Als Nächstes muss nun das Kunststoffteil mit Hilfe der Holzstücke, der Schnappzangen oder den Schraubzwingen so fixiert werden, dass sich das Bauteil bei der Reparatur nicht verziehen kann.

Dreikantschaber

Nachdem der Heißluftföhn mit Hilfe des Thermometers auf die auf der Verpackung angegebene Verarbeitungstemperatur eingestellt wurde, kann mit dem Schweißen begonnen werden.

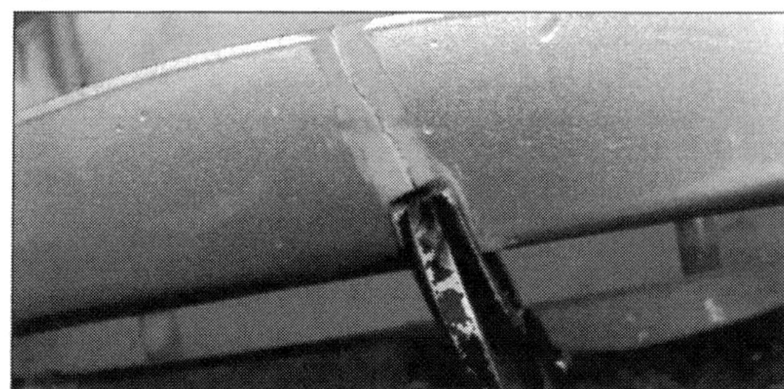

Gripzange am Kunststoff

Im Grundsatz unterscheidet man zwei Verfahren, die hier zur Anwendung kommen. Beim so genannten Fächelschweißen werden der Randbereich der Schweißstelle und das Schweißgut bis kurz vor die Verflüssigung erwärmt und dann das Schweißgut in die Schweißstelle eingebracht. Mit dem Heißluftföhn wird dabei »gefächelt«, sodass das Schweißgut und beide Seiten der Schweißstelle möglichst gleichmäßig erwärmt werden.

Das nächste Verfahren eignet sich auch sehr gut für die dünnwandigen Materialien im Fahrzeug. Hierzu muss eine spezielle Düse verwendet werden. Der Materialstab wird dann durch einen Schacht eingeführt und mit Hilfe der Andruckfläche am Ende der Düse in das Material eingedrückt.
Dieses Verfahren ist auch durch Anfänger leicht zu handhaben. Der Verzug, also das Verformen der Schweißstelle, fällt wesentlich geringer aus.

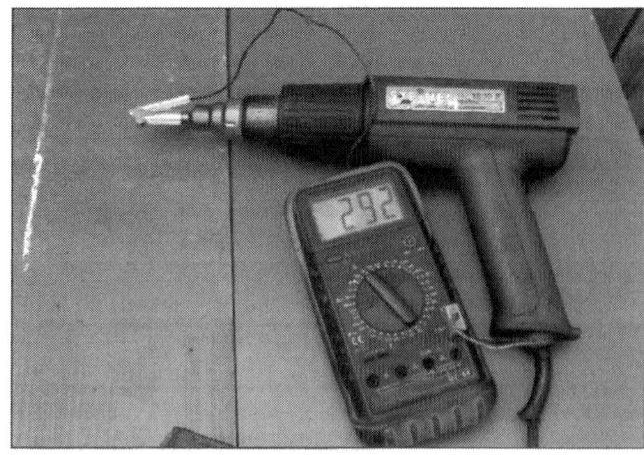

Heißluftföhn am Thermometer

Bei beiden Varianten ist nach dem Erkalten erforderlich, die Schweißstellen nachzubearbeiten.
Für die groben Arbeiten eignen sich am besten das Teppichmesser und auch der Dreikantschaber.
Natürlich entstehen hier auch mechanische Belastungen auf das neu geschweißte Kunststoffteil. Diese Belastung sollte das reparierte Bauteil aber aushalten können.

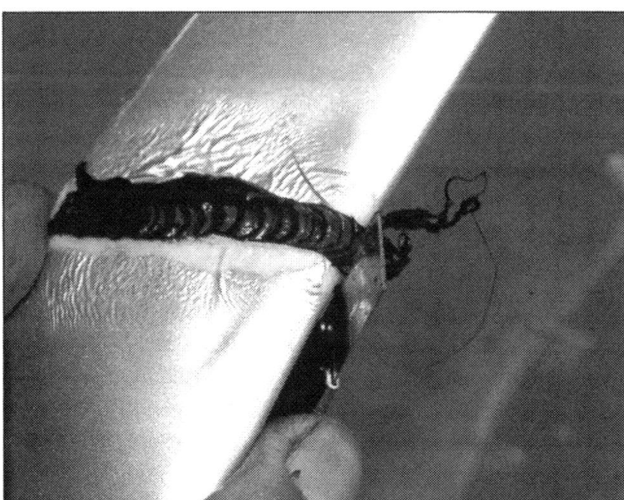

Kunststoffschweißen/ Überstände abschneiden

In weiteren Arbeitsschritten wird die Schweißstelle nun mit Hilfe des Schleifpapiers verschliffen und anschließend für die Lackierung vorbereitet. Die anliegenden Lackstellen sollten nun auch recht gründlich mit dem groben Schleifpapier bearbeitet werden. In vielen Fällen finden Sie hier noch Spuren von Verzug, die sich mit der groben Schleifpapierkörnung leicht beseitigen lassen.

Verschleifen der Schweißstelle

Sollte mal ein Schweißstab nicht zur Verfügung stehen oder das Material nicht genau zu bestimmen sein, können auch aus einem Restmaterial einige Schweißstäbe selbst gefertigt werden. Hierzu eignen sich natürlich auch Kunststoffteile von gleichen Fahrzeugen, die wegen Beschädigungen ersetzt wurden. Dieses Altmaterial kann nun sinnvoll »recycelt« werden.

Schweißstab selbst zuschneiden

Je nach Härte und Sprödigkeit des Materials lässt es sich mit Hilfe einer Blechschere, einem Messer oder auch mit der Stichsäge auf die entsprechenden Abmessungen zuschneiden, die sich durch den Schacht der Schweißdüse einführen lassen. Je länger und je gerader dieser Schweißstab ausfällt, desto leichter lässt sich mit ihm arbeiten.

Kunststoffschweißdraht

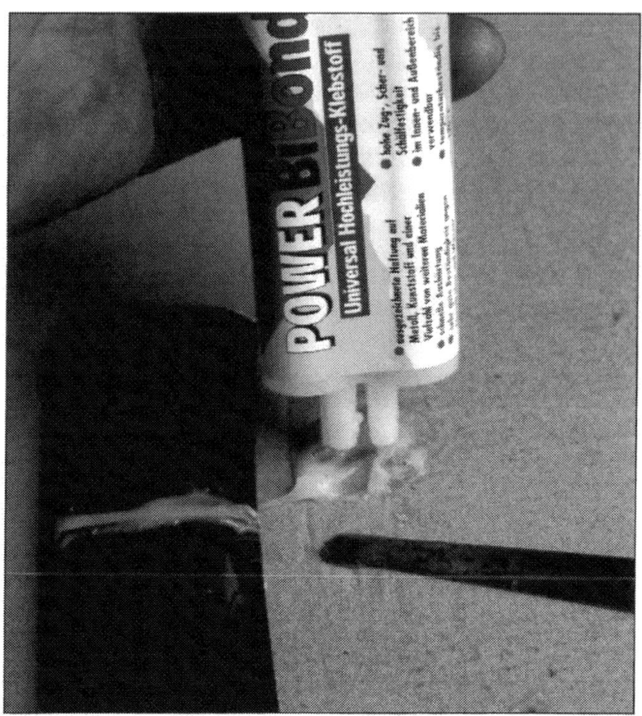

Klebstoff anmischen

Kleben von Kunststoff

Schweißen, so sagt man, verbindet Gleiches mit Gleichem. So entsteht bei sorgfältiger Ausführung keine feststellbare Schwächung des Materials. Kleben hingegen basiert darauf, die Gefügestrukturen miteinander zu verbinden. Legt man eine Glasplatte auf eine andere, ist es noch kein Problem die aufgelegte Glasplatte anzuheben. Sobald aber eine Flüssigkeit zwischen die Glasplatten gelangt, ist es nicht mehr möglich die Glasplatte zu heben.

Nach diesem Prinzip arbeiten die meisten Kontaktkleber. Zwar werden hinsichtlich der Zugbeanspruchung durchaus die originalen Materialwerte erreicht, jedoch die Bruchfestigkeit ist meist geringer.
Reaktionskleber löst die zu klebenden Materialien an und vermischt sie im Randbereich der Klebestelle mit dem Klebstoff. Die Festigkeit ist deutlich höher. Auch die Biegebeanspruchung fällt besser aus. Jedoch müssen durch die unterschiedlichen Lösemittel der unterschiedlichen Materialien durchaus immer andere Klebstoffe zum Einsatz kommen. In der Regel sind mit dem Reaktionskleber höhere Festigkeiten der Klebestelle zu erreichen.

Natürlich gibt es heute schon viele Klebstoffe, die auch als Kontaktkleber eine höhere Zugfestigkeit erreichen, als sie bei den Verkleidungsteilen erforderlich wäre. Ein klarer Vorteil liegt darin, dass kein Verzug entsteht und die Verkleidungsteile spannungsfrei repariert werden können. Die Handhabung des Klebstoffes ist auch deutlich einfacher.

Genau wie auch beim Schweißen, muss die Klebestelle sauber und fettfrei sein. Gerade bei dünnwandigen Bauteilen empfiehlt es sich, die Bruchstelle mit dem Dreikantschaber zu bearbeiten. Ziel ist neben der Reinigung eine Kehlung zu erzeugen, also die Klebestellen anzuschrägen. Die Idee dahinter ist lediglich, die Kontaktfläche zu vergrößern und somit die übertragbare Kraft zu erhöhen.

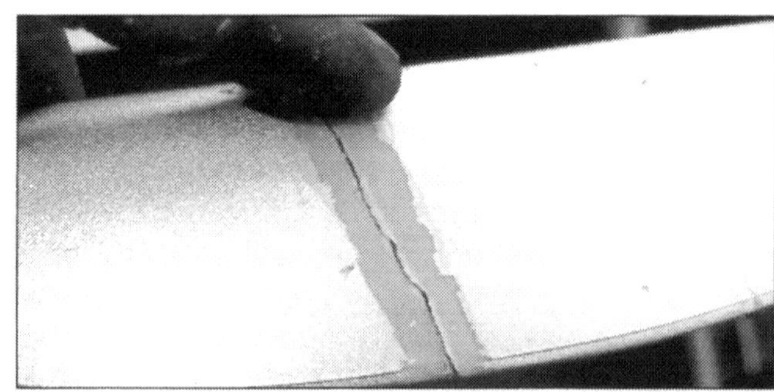

Saubere Klebestellen

Innenraum

Mit einem hochwertigen und gut verarbeiteten Cockpit empfängt der Fabia seine Insassen. Praktisch ist der Innenraum des Fabia ohnehin – mit umlegbarer Rückbank und jeder Menge Stauraum. Auf Langstrecken stellen auch die Sitze ihre Qualität unter Beweis sowie die gute Bedienbarkeit.

In diesem Kapitel erfahren Sie, welche Arbeiten im Innenraum selbst erledigt werden können, aber auch wovon Sie besser Abstand nehmen sollten. Denn hinter den vielen Abdeckungen und Verkleidungen in Ihrem Fabia lauern durchaus auch Gefahren, wie die pyrotechnischen Elemente des Rückhaltesystems in den Airbags und den Gurtstraffern. Aber wir wollen Sie keineswegs gleich zu Beginn entmutigen. Es gibt noch eine Reihe anderer Dinge, die Sie mit Hilfe der folgenden Abschnitte erledigen können. Dazu gehören zum Beispiel der Lampenwechsel der Innenraumbeleuchtung oder auch der Ausbau diverser Verkleidungen, zum Beispiel an der Türinnenseite. Gerade diese Arbeit kann für Sie früher oder später wichtig werden, wenn der Fensterheber streiken sollte.

An welchen Teilen sollte nicht gearbeitet werden?

Wie bereits erwähnt: Vor Arbeiten an Komponenten, die dem Insassenschutz dienen, müssen wir warnen. Wenn es an Kenntnis und Erfahrung mangelt, sollten Sitze und Lenkrad wegen der darin enthaltenen Airbags tabu sein. Denn selbst in den Werkstätten darf nur speziell geschultes Personal an diesen Teilen tätig werden. Das Risiko, bei Reparaturversuchen verletzt zu werden, ist ja nur die eine Seite. Ein bei einem Unfall nicht mehr ordnungsgemäß funktionierender Insassenschutz, stellt die weitaus schwerer wiegende andere Seite dar. Sogar bei einer Verschrottung des Fahrzeugs, etwa nach einem Unfall, müssen die Airbageinheiten und Gurtstraffer nach bestimmten Vorschriften sicher entsorgt werden. Auf keinen Fall dürfen Sie diese Komponenten wie üblichen Abfall behandeln. Das gilt auch für gezündete Einheiten und technischen Ladungen, wozu übrigens auch die Gurtstraffereinheiten zählen. Denn es ist nicht mit Sicherheit zu bestimmen, ob wirklich alle im Fahrzeug vorhandene Pyrotechnik sicher gezündet wurde.

Profitipp: Montagekeil für Verkleidungen

Die teilweise kratzempfindlichen Kunststoffe der Innenraumverkleidung verlangen einen äußerst sensiblen Umgang. Will man nicht gleich beim ersten Demontageversuch hässliche Spuren hinterlassen, empfiehlt sich die Verwendung eines Montagekeils für den Innenraum (Škoda-Nummer: 3409). Dieser ist aus weichem und elastischem Kunststoff und erlaubt es, mit der flachen Seite auch in den meist sehr engen Spalten problemlos zu arbeiten. Weitere Schutzmaßnahmen sind das Abkleben der entsprechenden Stellen mit Klebeband und das Unterlegen mit einem schützenden Stofftuch. Die Vielzahl der Verkleidungsteile ist mit

⚠ Arbeiten am Rückhaltesystem

GEFAHRHINWEISE

Achtung Lebensgefahr!

Grundsätzlich dürfen keine Arbeiten an Systemen der Airbageinheiten von ungeschulten Personen durchgeführt werden. Es handelt sich nicht nur um tatsächliche Sprengsätze, sondern auch um Fahrzeugeinrichtungen, die der Sicherheit des Fahrzeuges dienen. Unsachgemäßer Umgang kann Ihr Leben oder Ihre Gesundheit schon bei der Demontage gefährden. Auch wenn es auf den ersten Blick einfach erscheint, sollten Sie niemals ohne entsprechende Ausbildung an diesen Systemen arbeiten. Für die Arbeit, den Umgang und die Lagerung mit diesen Systemen muss ein »Airbag-Sachkunde-Lehrgang« abgeschlossen und bescheinigt worden sein. Auf die Demontage dieser Systeme wird in diesem Buch absichtlich nicht eingegangen. Das Abklemmen der Batterie reicht nicht aus, um eine sichere Montage an diesen Systemen gewährleisten zu können.

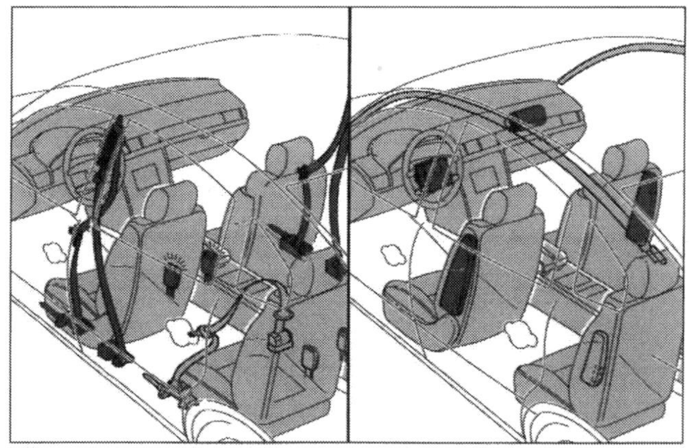

Sicherheits-Rückhaltesysteme: Die Dreipunkt-Automatik-Gurte sind vorne serienmäßig mit einem Gurtstraffer ausgestattet, Airbags befinden sich vorne, in den Sitzen und in den Seiten des Dachhimmels. Hier darf nur der Fachmann dran!

Halteclips angebracht, die Sie mit einem Schraubendreher schnell beschädigen oder gar abreißen werden. Ein Ärgernis, denn die Wiederanbringung des Verkleidungsteils kann dann zum Problem werden. Auch hier können Sie mit dem Keil sensibler vorgehen.

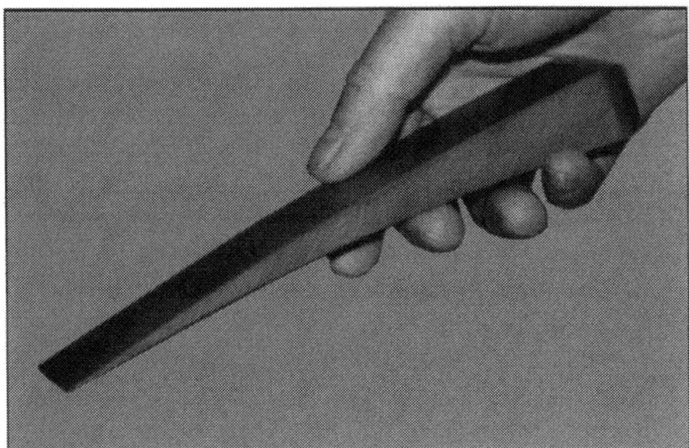

Kommt in die meisten Spalten: Ein Montagekeil ist im Fachhandel für wenige Euro zu erhalten und spart bei Montagearbeiten im Innenraum oder generell bei Kunststoffteilen oder anderen empfindlichen Fläche eine Menge Ärger und Kratzer.

Sitzgurte regelmäßig prüfen

Zum Thema Sicherheit im Innenraum gehört auch eine regelmäßige Gurtkontrolle. Achten Sie dabei auf Beschädigungen wie Einrisse oder Ausfransungen. Solche Verschleißerscheinungen können im Ernstfall zur Achillesferse des Rückhaltesystems werden. Denn sollte der Gurt bei einem Unfall durch die hohe Beanspruchung versagen, dann dort, wo er beschädigt ist. Rollen Sie daher bei der Sichtprüfung bei hellem Tageslicht die gesamte Gurtlänge ab. Fahren Sie mit den Fingern über den gesamten Gurt und fühlen Sie dabei, ob es Beschädigungen wie oben beschrieben gibt. Nehmen Sie den Gurt auch genauestens in Augenschein. Die Behandlung mit irgendwelchen Mittelchen ist ebenfalls tabu! Denken Sie daran, dass im Falle eines Unfalls mehrere Tonnen am Gurt zerren.

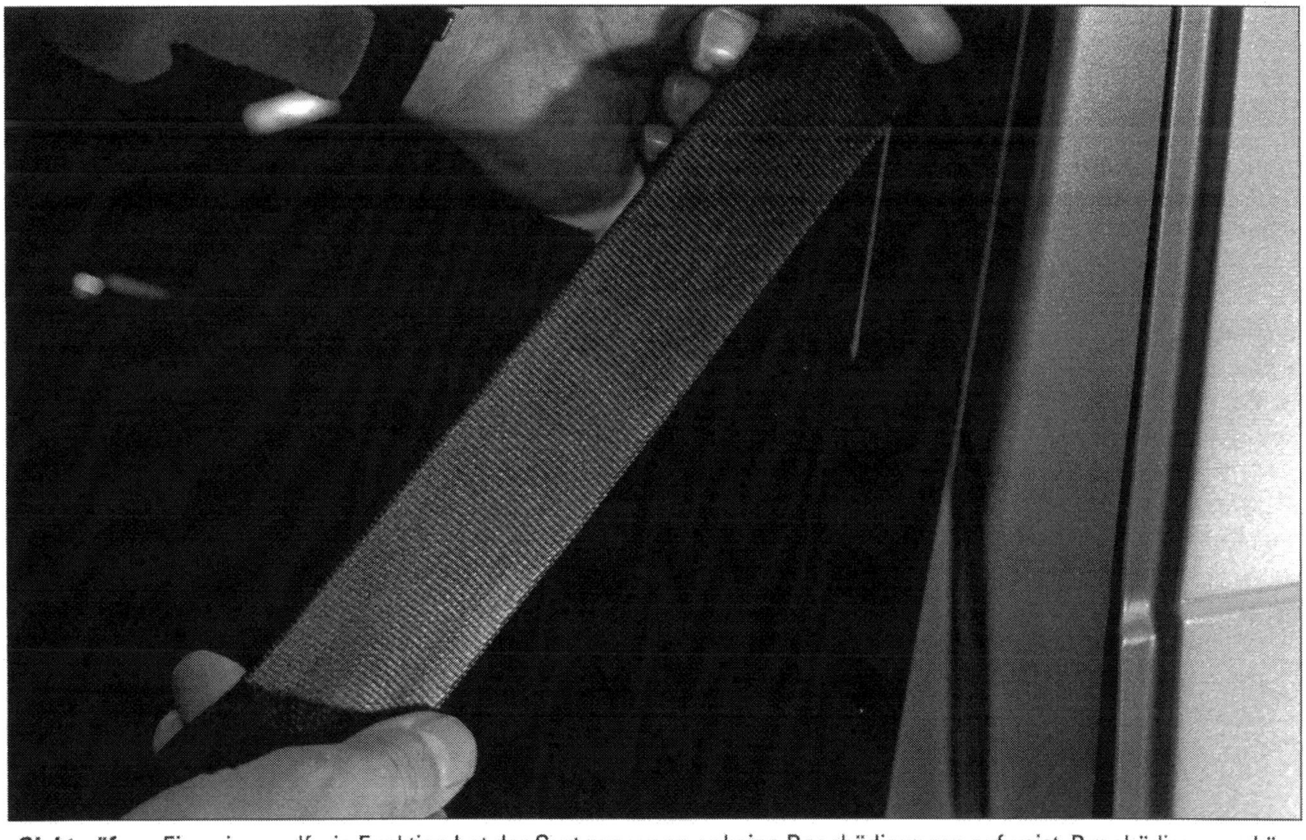

Sichtprüfung: Eine einwandfreie Funktion hat der Gurt nur, wenn er keine Beschädigungen aufweist. Beschädigungen können nach häufigem Einklemmen in der Tür auftreten.

Innenraumleuchten, Leseleuchte, Lampen wechseln

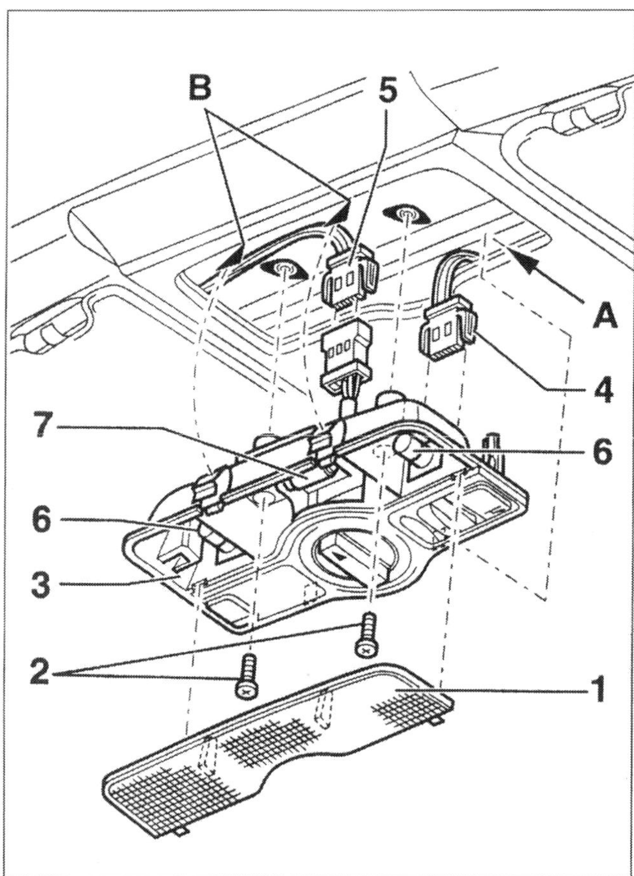

1 Streuscheibe, 2 Schraube, 3 Gehäuse, 4 u. 5 el. Anschluss, 6 Leuchtmittel Leseleuchte, 7 Leuchtmittel Innenleuchte

Wenn Sie eine der Lampen an der vorderen Dachkonsole wechseln wollen, brauchen Sie nur die Streuscheibe mit den Fingern oder vorsichtig mit dem Montagekeil abzuhebeln.

Ausbau Streuscheibe, Lampe in der vorderen Dachkonsole

- Die Streuscheibe ist an zwei Halteclips in der Dachkonsole fixiert. Setzen Sie zum Entfernen mittig an und clipsen Sie die Streuscheibe entweder mit den Fingern oder unter Zuhilfenahme des Montagekeils aus.
- Ziehen Sie zum Auswechseln die defekte Lampe aus ihrer Fassung.
- Achten Sie beim Wiedereinbau der neuen Lampe auf festen Sitz und biegen Sie ggf. die Kontaktklammern ein wenig nach.
- Zum Einbau clipsen Sie die Streuscheibe wieder ein.

Ausbau der Lampe in der hinteren Dachkonsole

- Die Lampe der hinteren Innenraumbeleuchtung ist ebenfalls nur in den Dachhimmel eingeclipst und daher ebenso mühelos herauszubekommen. Setzen Sie zum Entfernen zunächst an einer, dann an der anderen Seite an und clipsen Sie die gesamte Lampe aus.
- Die Glühlampen (Soffitte) ist lediglich zwischen die beiden Kontaktbügel geklemmt und kann daher leicht entnommen und ersetzt werden.
- Zum Einbau clipsen Sie die Lampe wieder ein.

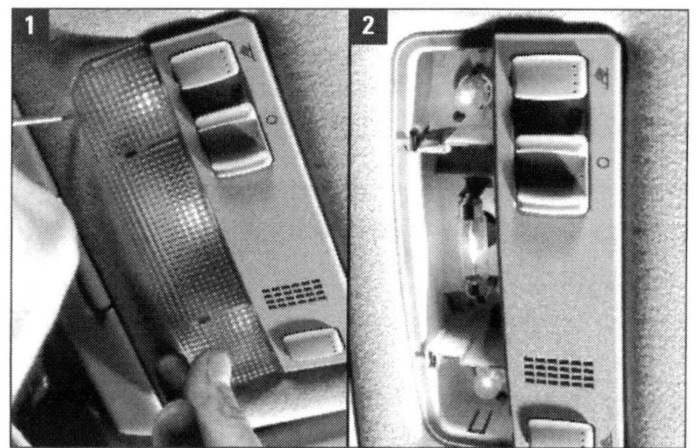

Lichtschalter aus- und einbauen

Durch die Steckbauweise sind viele Schalter und Knöpfe im Fabia mit geringem Aufwand und ohne Werkzeug aus- und wieder einzubauen. So verhält es sich auch mit dem Lichtschalter. Er kann durch einfaches Drücken und Drehen aus dem Armaturenbrett gelöst werden.

Lichtschalter ausbauen

- Drücken Sie wie dargestellt den Schalter zunächst in den Schaft (Bild 1).
- Mit einer Drehung bis zur Stellung »Standlicht« (Drehschalter in senkrechter Stellung) ist er aus der Halterung gelöst (Bild 2) und kann nun herausgezogen werden (Bild 3).
- Bevor Sie den Schalter ganz entnehmen können, lösen Sie die Steckverbindung am hinteren Ende (Pfeil Bild 4).

Lichtschalter einbauen

Der Einbau erfolgt in umgekehrter Reihenfolge. Achten Sie auf ein sicheres Einrasten des Elektriksteckers. Zum Einbau muss der Schalter so eingeführt werden, dass die Stellung wieder auf »Standlicht« (Drehschalter senkrecht) steht.

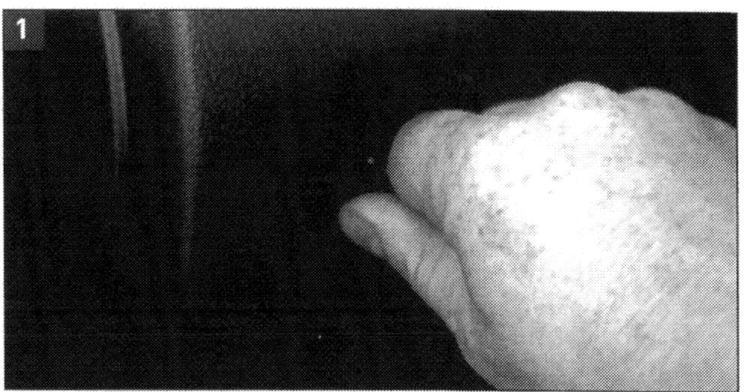
1

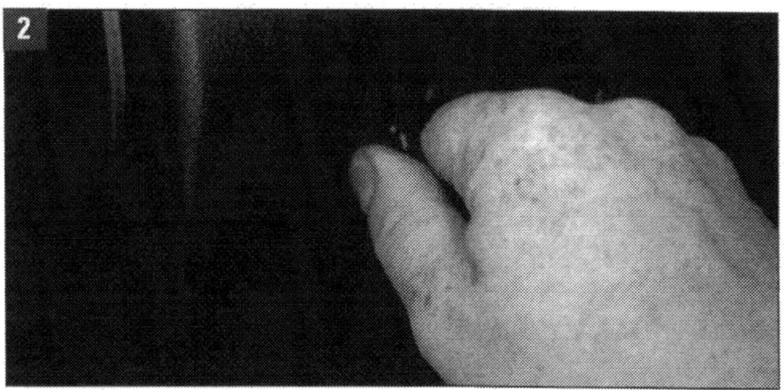
2

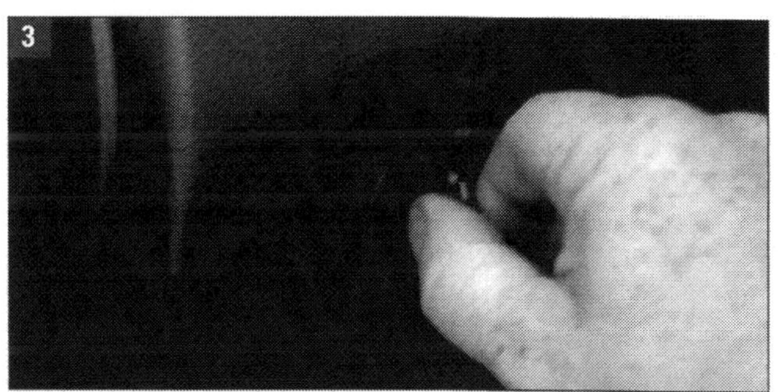
3

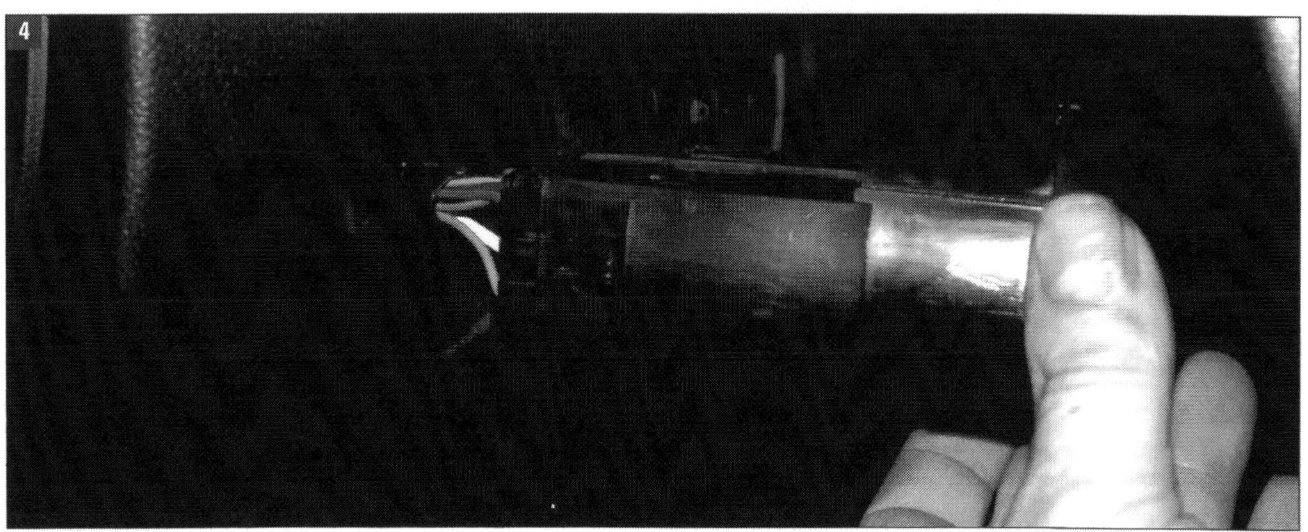
4

Möbel raus – Möbel rein

Gestühl und Kindersitzlösungen

Sitzbezüge müssen speziell auf die Seitenairbags in dem Gestühl abgestimmt sein. So genannte Reboard-Kindersitze dürfen auf dem Beifahrersitz nur installiert werden, wenn der Beifahrerairbag deaktiviert wurde! Beachten Sie, dass die einfache Deaktivierung per Schlüssel nicht ausreichen muss um die Airbageinheit nicht zu zünden. Die meisten Hersteller empfehlen eine Deaktivierung durch Abklemmen und das Verbauen einer speziellen Kurzschlussbrücke. Die Verwendung von geeigneten Kindersitzen mit der Isofix-Halterung ist daher einfacher und empfehlenswert. Das Isofix-System verfügt über eine Verankerung unter der Rücksitzbank, in welche die Kindersitze befestigt werden. Vorteil: Der Airbag vorne rechts bleibt aktiviert und kann so bei einer Kollision für Ihren Beifahrer nützlich sein. Zudem bleibt Ihnen auch die Auswahl der Sitzgröße passend zu Ihrem Nachwuchs und dessen Vorlieben.

Achtung bei Reboard-Sitzen: Der Warnhinweis an der B-Säule (Beifahrerseite) macht es deutlich: Die Anbringung von Reboard-Kindersitzen ist bei aktiviertem Airbag verboten! Und außerdem lebensgefährlich für Ihr Kind!

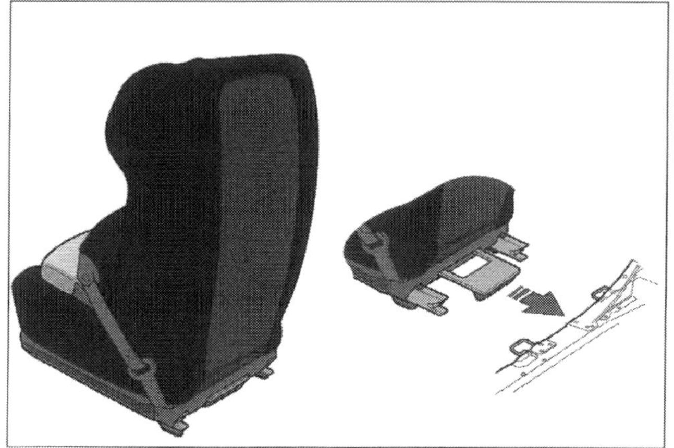

Isofix-Vorrichtung: Zu den Sicherheitsmerkmalen der Innenausstattung gehört auch die Normbefestigung für Kindersitze.

Vordersitze ausbauen

Die vorderen Sitze Ihres Fabia sind mit »Sidebags«, also Seitenairbags ausgerüstet. Die Demontage und Montagearbeiten an diesen Bauteilen dürfen ausschließlich durch geschultes Fachpersonal durchgeführt werden. Es handelt sich um pyrotechnische Ladungssätze. Es besteht durchaus Gefahr für Gesundheit oder sogar das Leben. Aus diesem Grund wurde die Demontage nicht in diesem Band beschrieben. Ein ausgelöster Airbag kommt selten allein... nach der Auslösung sind das Steuergerät und einige andere Bauteile reif für den Austausch. In Anbetracht der Folgen steckt in den Arbeiten wenig Sparpotential gegenüber der Werkstatt. Auf diese Arbeiten wird aber im Reparaturhandbuch genauer eingegangen.

Sitzbank hinten aus- und einbauen

Der Fabia und der Fabia Combi sind serienmäßig mit einer Sitzbank für drei Personen hinten ausgerüstet. Um möglichst viel Stauraum zu erhalten, können Sie die Sitzbänke auch umklappen. Für den extremen Beladungsfall kann diese aber auch ganz entfernt werden. Denken Sie daran, dass die Sitzbank während des Transports großer Gegenstände verstaut werden muss. Am besten bauen Sie vor Fahrtantritt zu Ihrem Ladegut die Bank aus und verstauen sie sicher in der heimischen Garage.

Benötigtes Material und Werkzeug
– kleiner Schraubendreher

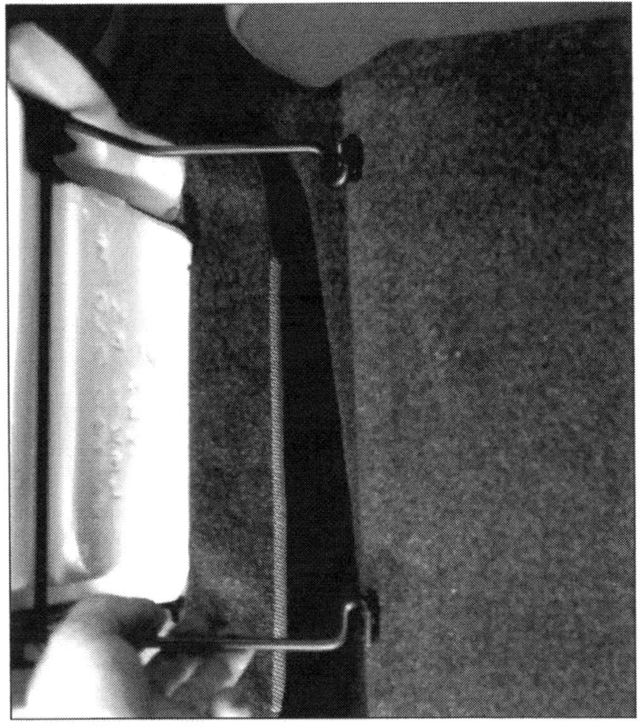

Haltehaken der Sitzbank aushängen.

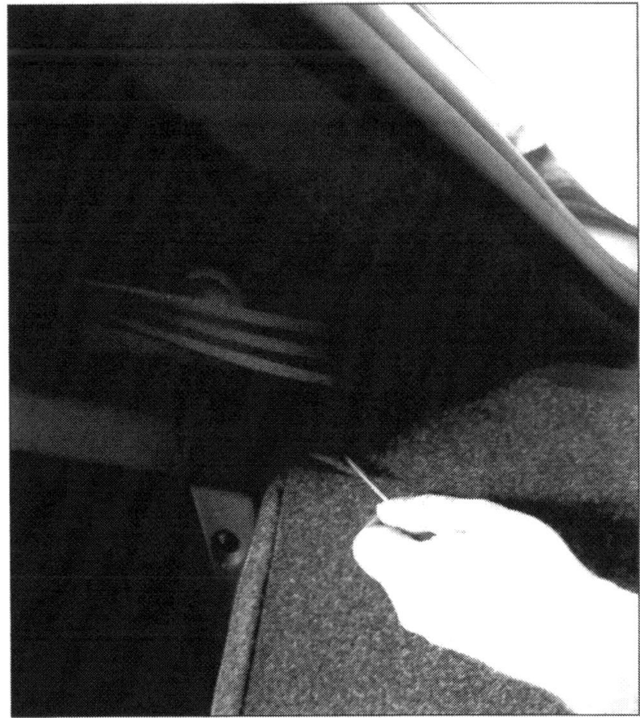

Rasthaken aufdrücken.

Werksmäßig ist es lediglich vorgesehen, die hintere Sitzreihe nach vorn zu klappen. Soll sie trotzdem ausgebaut werden, muss bedacht werden, dass die Haltewinkel am Boden noch immer hervorstehen.

Sitzhälfte ausgebaut.

- Klappen Sie zunächst die Sitzbank vor. Nun können Sie die Haltehaken aus den Ösen am Fahrzeugboden herausdrücken und die Sitzbank herausnehmen.

- Der Einbau erfolgt in umgekehrter Reihenfolge.

Sitzlehnen aus- und einbauen

- Klappen Sie zuerst die Lehnen nach vorne. Drücken Sie den Rasthaken auf der rechten Außenseite der Lehne (bei nicht geteilter Lehne) oder auf beiden Außenseiten (bei geteilter Lehne) nach hinten und heben Sie die Lehne nach oben aus den seitlichen Lagern. Ziehen Sie die Lehne aus dem gegenüberliegenden Lager heraus und entnehmen sie diese dem Fahrzeug.

- Der Einbau erfolgt in umgekehrter Reihenfolge. Die Rasthaken rasten automatisch ein.

Achten Sie darauf, dass die Gurtsysteme erreichbar sind und nicht eingeklemmt werden.

Verkleidungen – versteckt und aufgedeckt

Ablagen und Verkleidungen

Sämtliche Bestandteile der Mechanik, Elektrik und Elektronik im Innenraum sind hinter Verkleidungen und Blenden versteckt. Sie verschönern zwar die optische Anmutung, aber bei Arbeiten an den Teilen dahinter sind sie im Weg. Bei der Demontage der einzelnen Verkleidungen gibt es jedoch kein Problem, so lange Sie wissen, an welchen Punkten Sie (am besten mit Ihrem Kunststoffkeil) ansetzen müssen. Achten Sie darauf, dass die Abdeckungen der Airbageinheiten nicht beklebt (z. B. Fotorahmen fürs Auto etc.) oder anderweitig verändert wurden. Auch Handy- oder Navihalterungen können, an der falschen Stelle angebracht, durch eine Airbagauslösung zum Wurfgeschoss werden. Bei der Reinigung verwenden Sie bitte nur einen trockenen oder nur leicht angefeuchteten Lappen (siehe auch Kapitel »Werterhalt«).

De- und Montage der Türverkleidungen

Der aufwändigere Teil dieser Arbeit findet sich an Fahrer- und Beifahrertür des Fabia. Im hinteren Bereich fällt die Demontage recht leicht. Die Kunststoffnieten sind gut zu erkennen und von außen zugänglich. Škoda (VW) hat für diese Arbeiten eine spezielle Zange, die das Herausziehen der Stiftköpfe der Spreiznieten wesentlich erleichtert. Etwas kniffliger wird es, wenn man diese Nieten mit Hilfe eines umgebauten Spachtels aushebelt. Noch weiter wird die Arbeit mit einem kleinen Schraubendreher erschwert.

Spachtel mit Loch und Schlitz.

Aushebeln mit dem Spachtel.

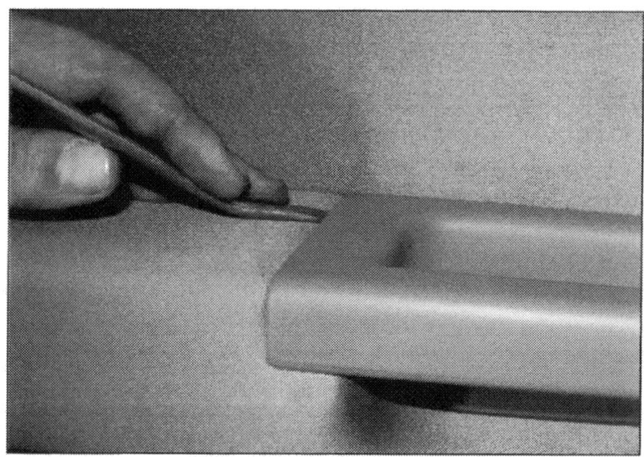

Aushebeln mit einem kleiner Schraubendreher.

Türverkleidung vorne ausbauen

Der Aus- und Einbau der Türverkleidung ist eine etwas knifflige Aufgabe. Aber Sie müssen sich daran wagen, wenn Sie beispielsweise an die Lautsprecher herankommen wollen oder den Fensterheber reparieren müssen. Die in der Tür verbauten Elemente (Lautsprecher, Fensterheber und Türschloss) sind beim Fabia an verschiedenen Stellen hinter der Verkleidung befestigt. Sie erreichen diese leider nur nach der Demontage der kompletten Türverkleidung. Am meisten Elektrik und Mechanik verbirgt die Fahrertür unter der Verkleidung – von der Fensterheberbedienung aller vier Scheiben bis zur Einstellung der Außenspiegel. Deshalb wird an dieser Tür das schrittweise Vorgehen demonstriert. Die etwas einfacher zu demontierende

Beifahrertürverkleidung ist ähnlich aufgebaut, wie die der beiden hinteren Türen. Die Unterschiede zeigen wir bei den entsprechenden Schritten. Schalten Sie bei allen Montage- und Demontagearbeiten die Zündung aus.

- Zunächst die Abdeckung für den Türhandgriff von unten nach oben aushebeln. Hierzu eignet sich das Demontagewerkzeug für Türinnenverkleidungen (MP8-602/1) oder ein kleiner Schraubendreher.
- Nach Entfernen der Griffschale werden dahinter zwei Schrauben zugänglich, von denen die Verkleidung gehalten wird. Schrauben Sie diese heraus.
- Die Türverkleidungen werden unten von zwei oder einer Innenmehrkantschrauben gehalten. Stellen Sie sicher, dass alle Schrauben gelöst sind.
- Bei Fahrzeugen mit mechanischen Fensterhebern muss noch die Fensterkurbel demontiert werden. Hierzu wird der Abstandsring zwischen Kurbel und Türverkleidung nach außen verschoben und die Kurbel abgenommen.
- Schalter ausstecken und Tür an den Seiten mit einem flachen Schraubenzieher abclipsen .

Fensterkurbel: Zur Demontage den Abstandsring nach außen drücken.

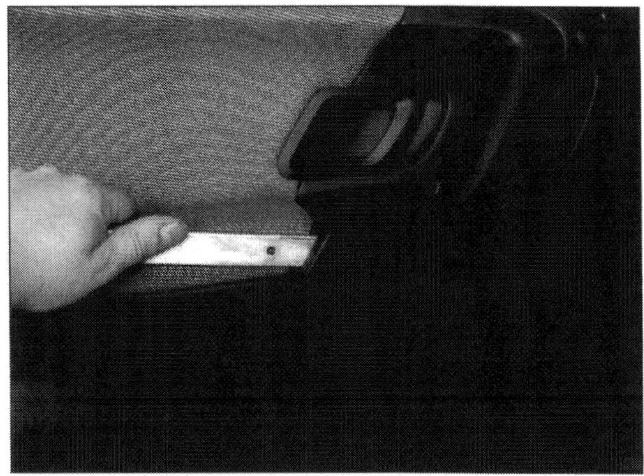

Griffschale lösen: Die Griffschale nach oben aus der Türverkleidung ausclipsen.

Griffschale abnehmen: Dahinter werden zwei Halteschrauben sichtbar.

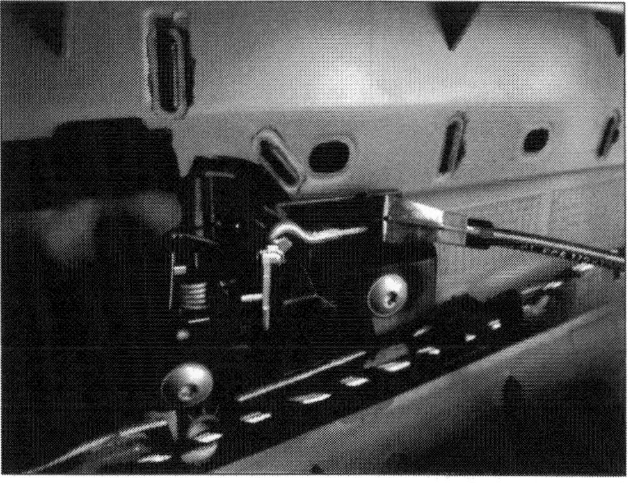

Seilzug aushängen: Der kleine Haken wird nach dem Lösen der Verkleidung zugänglich, um dann ausgehängt zu werden.

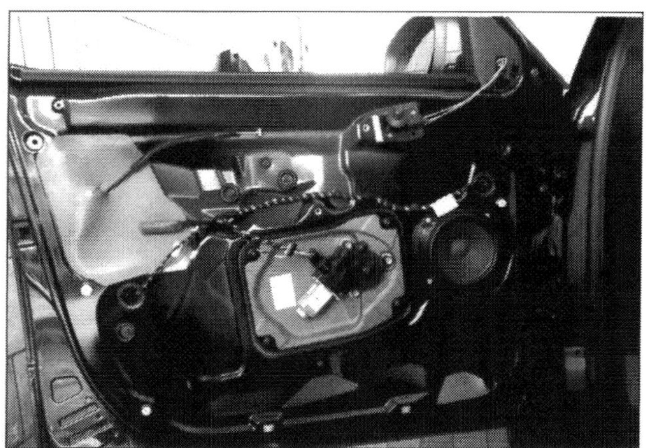

Tür ohne Verkleidung.

Die unteren Schrauben: Vergessen Sie nicht, die Schrauben unten an der Verkleidung zu lösen.

- Die Verkleidung kann nun nach oben aus dem Fensterschacht gehoben werden (Bild 8). Achtung: Nehmen Sie die Verkleidung nicht vollständig ab, solange noch die Stecker des Türsteuergeräts eingesteckt sind. Für manche Arbeiten reicht es die Verkleidung nur zu lösen, da durch das Ausstecken aller elektrischer Anschlüsse auch Fehler im Steuergerät verursacht werden können.

- Hinter der Verkleidung werden nun Lautsprecher, Fensterheber und Türsteuergerät sichtbar.

Einbau

- Den Einbau in umgekehrter Reihenfolge erledigen und defekte Halteclips ersetzen. Wenn die Lautsprecherblende ausgebaut werden soll, muss diese ersetzt werden. Sie kann nicht zerstörungsfrei demontiert werden.

- Die Fensterkurbel bei manuell bedienbaren Fensterhebern sollte links in 2-Uhr- und rechts in 10-Uhr-Stellung montiert werden.

Verkleidung aushebeln: Im Bild finden Sie die Halteklammern der Tür.

Ausbau der Seitenverkleidungen im hinteren Innenraum

Benötigtes Werkzeug:
- Torxschraubendreher Gr. 20
- Kreuzschlitzschraubendreher
- Schlitzschraubendreher klein
- Montagekeil
- Kleine Taschenlampe

Grundsätzlich sollten Sie alle Spreizniete und Stifte vor der Montage auf Beschädigungen prüfen. Von Vorteil ist es, wenn Sie ein paar jedes Nietentyps auf Lager haben. Kleinteile gehen immer dann kaputt, wenn man nicht damit rechnet. Wenn sich der Zusammenbau durch einen verlorenen Niet verzögert, wird dieses kleine Ersatzteil zur wertvollen Investition.
Die Demontage jeder einzelnen Verkleidung sprengt den Rahmen dieses Buches. Diese detaillierten Arbeitsschritte werden aber im Werkstatthandbuch eingearbeitet. Im Grundsatz wurden die Verkleidungen in zwei Kategorien eingeteilt. Es gibt Verkleidungen aus Kunststoff sowie Verkleidungen aus Stoff. Beide Bauarten werden sowohl mit Schrauben, wie auch mit Clipsen befestigt.
Verkleidungsteile, die auch zur Aufnahme von Lautsprechersystemen oder der Gepäckraumabdeckung dienen, sind zumeist mit Kreuzschlitz- und/oder mit Torxschrauben zusätzlich befestigt. Sind alle Befestigungsschrauben demontiert, lassen sich die Verkleidungen leicht abnehmen.
Gerade bei Strukturverkleidungsteilen finden Halterungsclipse, wie schon bei der Türkleidung vorne erwähnt, ein Einsatzgebiet. Hier hilft der Montagekeil, diese Verkleidungsteile schadfrei zu lösen.

Ausbau der Dachsäulenverkleidungen

Der Ausbau der Verkleidungen der Dachsäulen wird meist nur dann notwendig, wenn entweder der Himmel ausgebaut werden soll oder Kabel von Sondereinbauten wie Steckdosen, Bildschirmen oder Ähnlichem verschwinden müssen.
Vor der Montage sollten alle Bauteile, also die Verkleidung und auch die Befestigungsclipse in der A-Säule, auf Beschädigungen geprüft werden. Fehlende oder gebrochene Haltenasen führen zum Ersatz der Verkleidung. Eine fehlende Nase kann bedeuten, dass sich die Verkleidung nicht mehr wie vorgesehen befestigen lässt.

Ein kompletter Satz Clips.

In der Regel werden die Dachsäulenverkleidungen durch verdeckte Halteclips in der Karosserie gehalten. Zusätzlich übernehmen die Keder der Dichtungsgummis Führungs- und Haltefunktionen.
Die Montage der beschriebenen Teile erfolgt immer in umgekehrter Reihenfolge.

Die obere Verkleidung der A-Säule

Sie muss oben mit Hilfe eines Demontagekeiles ausgeclipst und dann aus den Haltepunkten der Cockpitverkleidung herausgezogen werden. Ggf. muss der Stecker des Lautsprechers ausgesteckt werden.

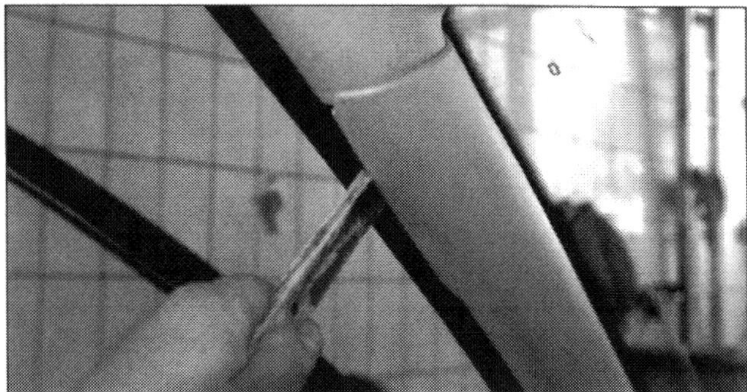

Demontage der Verkleidung.

Die untere Verkleidung der A-Säule

Zuerst muss die untere Verkleidung der B-Säule ausgebaut werden, da die untere Verkleidung der A-Säule gleichzeitig auch die vordere Schwellerleiste ist. Auf der Fahrerseite muss zusätzlich noch der Hebel zur Motorhaubenentriegelung ausgebaut werden. Anschließend wird die Verkleidung zuerst im unteren Bereich aus den Halterungen heraus gehebelt. Zuletzt wird die Verkleidung aus der oberen Verkleidung der A-Säule herausgezogen.

Die obere Verkleidung der B-Säule

Um die obere Verkleidung der B-Säule demontieren zu können, muss zuerst die ovale Abdeckung im oberen Drittel der Verkleidung vorsichtig ausgeclipst werden. Die darunterliegende Schraube entfernen. Der obere Umlenkpunkt des Haltegurtes muss gelöst werden. Nun kann die Verkleidung von unten nach oben aus den Tür-Kedergummis und den oberen Haltepunkten in der Karosserie herausgezogen werden.

Demontage der Verkleidung.

Die untere Verkleidung der B-Säule

Zuerst muss die Verkleidung in Richtung Innenraum aus den oberen Halterungspunkten herausgezogen werden. Nun muss sie noch nach oben aus den Befestigungspunkten der Einstiegsleiste herausgezogen werden.

Die Verkleidung der C-Säule

Zuerst muss die ovale Blende ausgeclipst werden, um die darunter befindliche Schraube lösen zu können. Danach wird die Blende von unten nach oben ausgeclipst.

Die Verkleidung der D-Säule (Combi)

Die Verkleidung der D-Säule ist komplett durch Clips gehalten. Daher kann diese einfach ausgeclipst werden.

Die hintere Seitenverkleidung

Bevor die hintere Seitenverkleidung demontiert werden kann, müssen die Abdeckung der Kofferraum-Ladekante, die Rücksitzlehne, die Verkleidung der C-Säule und beim Combi auch die Verkleidung der D-Säule demontiert werden. Nun wird die Abdeckkappe des Befestigungsclips ausgehebelt, um die darunter liegende Schraube lösen und den Clip entfernen zu können. Die Befestigungsschraube des Kleiderhakens und der Rückleuchte entfernen. Die Halteschrauben lösen und die vordere Kunststoffblende ausbauen. Die Spreizniete muss noch entfernt werden, um dann die Verkleidung ausclipsen zu können. Damit er nicht verloren geht, sollte der Kleiderhaken entnommen werden. Auf der linken Seite muss nun noch das Kabel der Kofferraumbeleuchtung ausgesteckt werden.

Der Einbau erfolgt in umgekehrter Reihenfolge.

Die Schwellerleisten hinten

Um die Verkleidung ausbauen zu können, müssen zuerst die Verkleidungen der C-Säule oben, B-Säule unten, die hintere Seitenverkleidung und die Rücksitzbank ausgebaut werden. Im Bereich der Rücksitzbank ist die Schwellerverkleidung mit einer Schraube und einem Clip gehalten. Diese müssen entfernt werden, bevor die Verkleidung nach oben ausgehebelt werden kann.

Demontage der Schwellerleiste hinten.

Die Mittelkonsole

Mittelkonsole.

Die Mittelkonsole des Fabia ist einteilig ausgeführt. Um die Mittelkonsole ausbauen zu können, müssen zuerst die Schalthebelabdeckung und die Verkleidung des Handbremshebels entfernt werden.

Die Schalthebelabdeckung ist nur gesteckt und kann vorsichtig nach oben gezogen werden. Um die Verkleidung des Handbremshebels zu demontieren, muss die Handbremse angezogen werden. Nun kann mit einem kleinen Schraubendreher durch die Öffnung unten am Griff die Rastnase entriegelt und die Verkleidung nach vorne über den Hebel geschoben werden.

- Falls Ihr Fabia mit einer Mittelarmlehne ausgestattet ist, müssen Sie diese vorher auch noch ausbauen. Dazu lösen Sie mit dem schon mehrfach beschriebenen Kunststoffkeil die linke Abdeckung des Stützfußes und entfernen die darunter liegende Befestigungsschraube. Die Armlehne kann nun nach oben abgenommen werden.

- Hebeln Sie nun mit einem kleinen Schraubendreher vorsichtig die drei Schraubenabdeckungen aus der Mittelkonsole aus. Entfernen Sie die darunter liegenden Schrauben. Nun können Sie, bei angezogener Handbremse, die Konsole von hinten beginnend nach oben herausnehmen. Achtung! Bedenken Sie, dass Sie noch die Kabel der Schalter und des Zigarettenanzünder ausstecken müssen, da diese nicht sehr lang sind.

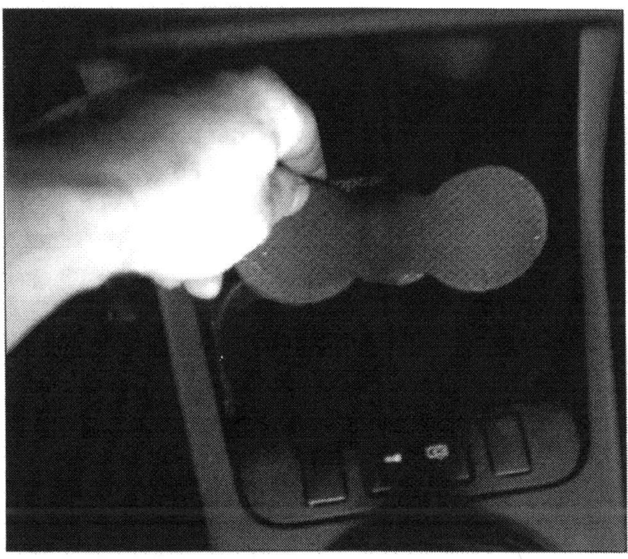

Verschraubung unter der vorderen Abdeckung.

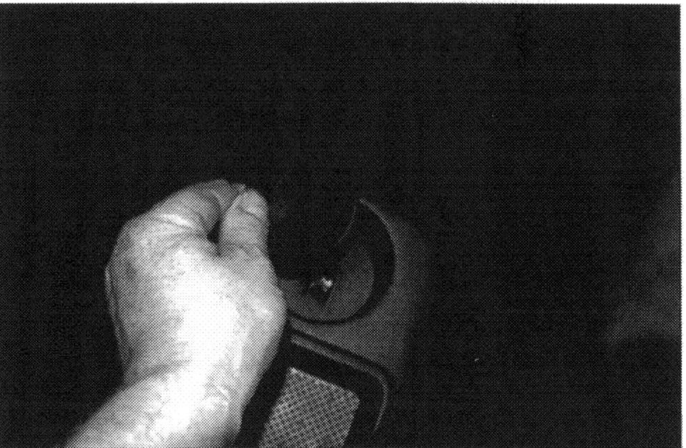

Verschraubung unter der hinteren Abdeckung.

Der Einbau erfolgt in umgekehrter Reihenfolge. Hierbei sind wieder die elektrischen Verbindungen zu beachten. Der Schraube für die Mittelarmlehne ist noch besondere Bedeutung zu schenken. Sie hat ein Anzugsdrehmoment von 14 Nm.

Der Himmel

Sollen Sonderumbauten wie zusätzliche Leuchten oder Dachantennen integriert werden, ist es manchmal auch erforderlich den Himmel auszubauen. Der sachgerechte Umgang mit diesem Bauteil erspart dauerhafte und meist auch sichtbare Beschädigungen, die einen dann bis zum Dienstzeitende des Fabia stören. Auch hier ergeben sich unterschiedliche Varianten, denen auch mit unterschiedlichen Arbeitsschritten Rechnung getragen werden muss.

Haltegriffe und Sonnenblenden

Die Haltegriffe beziehungsweise ihre Befestigung unterscheiden sich nicht bei den unterschiedlichen Modellen und Ausführungen des Fabia. Für die Demontage müssen sie aufgeklappt werden. Nun lassen sich mit einem kleinen Schraubendreher jeweils die beiden Abdeckungen am Halter des Haltegriffes öffnen. Danach können die beiden Befestigungsschrauben herausgedreht werden und der Haltegriff abgenommen werden.

Demontage der Sonnenblenden.

Wenn ein beleuchteter Innenspiegel in den Sonnenblenden verbaut ist, muss die Zündung während der Montagearbeiten ausgeschaltet werden und auch ausgeschaltet bleiben.

Klappen Sie die Sonnenblende auf und schwenken Sie sie aus der Halterung neben dem Innenspiegel. Nun hebeln Sie die Abdeckkappe für die Gelenkverschraubung mit einem kleinen Schraubendreher auf und drehen die Befestigungsschraube im Blendengelenk heraus. Ziehen Sie die Sonnenblende aus der Aufnahme und ziehen Sie die Steckverbindung für die Spiegelbeleuchtung, so weit verbaut, ab.

Als Nächstes müssen Sie vorsichtig die Abdeckkappe der inneren Halterung herunterhebeln. Nun können auch hier die jetzt sichtbaren Schrauben herausgedreht werden und der Halter aus der Aufnahme im Dach entnommen werden.

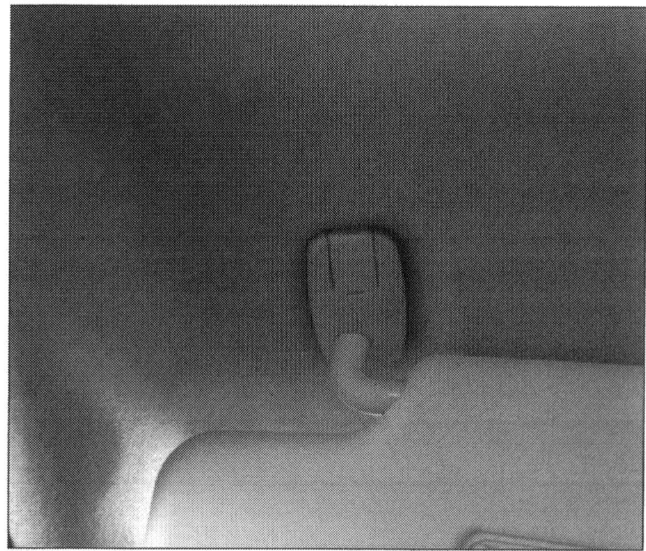

Verdeckte Verschraubung der Sonnenblende.

Formhimmel

Um den Formhimmel ausbauen zu können, müssen Sie zuerst eine Reihe Arbeiten durchführen. Alle diese sind in diesem Kapitel bereits beschrieben. So müssen alle Haltegriffe und beide Sonnenblenden sowie beide Innenleuchten ausgebaut werden. Aber auch die Verkleidungen von A-, B-, C- und ggf. D-Säule müssen entfernt werden. Im hinteren Bereich ist der Formhimmel von zwei Clips gehalten. Diese können mit dem schon bei den Türverkleidungen erwähnten Werkzeug entfernt werden. Achtung: Gerne reißen diese Clips schon mal ab. Dies hat zur Folge, dass sie später nicht mehr richtig halten, aber auch, dass die im Dach verbliebenen Reste Geräusche erzeugen können. Also ganz wichtig: Immer nach den Resten suchen. Damit der Formhimmel leichter entnommen werden kann, sollten die hinteren Sitze umgeklappt und die vorderen Sitzlehnen ebenfalls umgelegt werden. Nun ziehen Sie noch vorsichtig die Türdichtgummis von den Rahmen, da diese über eine nach innen ragende Lippe ebenfalls den Formhimmel halten. Um den Himmel dann endgültig nach hinten aus dem Fahrzeug entnehmen zu können, empfiehlt sich die Zuhilfenahme einer zweiten Person. Und nochmals Achtung: Der helle Himmel neigt gerne zum Verschmutzen. Daher bei Arbeiten am Himmel immer auf saubere Finger achten. Noch besser ist das Tragen von Einweghandschuhen.

Behandeln Sie den Formhimmel mit besonderer Vorsicht: Knickstellen bleiben oftmals sichtbar und instabile Verkleidungen hängen später gerne etwas durch.

Formhimmel.

Elektrische Fensterheber

Störung	Was kann das sein?	Was muss ich tun?
A Fensterscheibe wird nur in eine Richtung verstellt	**1** Schalter defekt	Schalter auswechseln
B Fensterscheibe wird in keine Richtung verstellt	**1** Fensterscheibe in den Führungen schwergängig, Sicherung wegen Überlastung des Motors durchgebrannt	Fensterscheibe in den Führungen gängig machen, Sicherung erneuern
	2 Fensterheber wird nicht angesteuert	Fehlerspeicher abfragen (lassen), Fensterhebermotor prüfen
C Fensterscheibe wird im ganzen Verstellbereich zu langsam verstellt	**1** Fensterscheibe in den Führungen verklemmt,	Spiel der Scheibe prüfen, ggf. korrigieren
	2 Kabelverbindungen defekt oder oxidiert	Überprüfen, reinigen, ggf. auswechseln
	3 Schalter defekt oder oxidiert	Überprüfen, ggf. auswechseln
D Fensterscheibe wird an der oberen Grenze des Verstellbereichs zu langsam verstellt	**1** Fensterscheibe in den Führungen verklemmt,	Spiel der Scheibe prüfen, ggf. korrigieren

Zentralverriegelung

Störung	Was kann das sein?	Was muss ich tun?
A Verriegelung funktioniert nicht	**1** Sicherung durchgebrannt	Erneuern
	2 Servomotor oder Schlossschalter der Fahrer- oder Beifahrertür defekt	Funktion überprüfen, ggf. auswechseln
	3 Verkabelung unterbrochen	Überprüfen, ggf, erneuern
	4 Can-Bus-Fehler	Fehlerspeicher abfragen (lassen)
B Schlösser werden entriegelt aber nicht verriegelt	**1** Mehrfachstecker an Motor und Türkasten locker oder oxidiert	Auf festen Sitz kontrollieren, ggf. reinigen
	2 Schalter in Servomotor defekt	Durchgangsprüfung an den entsprechenden Motorklemmen durchführen
	3 Can-Bus-Fehler	Fehlerspeicher abfragen (lassen)
C Schlösser werden verriegelt aber nicht entriegelt	**1** Mehrfachstecker an Motor und Türkasten locker oder oxidiert	Festen Sitz kontrollieren, ggf. reinigen
	2 Schalter in Servomotor defekt	Durchgangsprüfung an den entsprechenden Motorklemmen durchführen
	3 Can-Bus-Fehler	Fehlerspeicher abfragen (lassen)
D Eines der Schlösser funktioniert nicht	**1** Schalter in Servomotor defekt	Durchgangsprüfung durchführen
	2 Kabel- bzw Steckerverbindung am Servomotor oder Türkasten defekt	Überprüfen, ggf. instand setzen
	3 Mechanische Übertragungsteile klemmen	Teile auf Funktion überprüfen und festen Sitz kontrollieren. Ggf. Teile etwas fetten, verschlissene Teile auswechseln

»Schalten, regeln und steuern« oder »Ohne Strom geht nichts«

Ein Auto braucht im Wesentlichen drei Dinge um zu fahren: Kraftstoff, Luft und Zündung. Alle diese Dinge werden durch elektrische Bauteile gesteuert, geregelt und durch Elektronik beeinflusst.
Während der Kraftstoff als ausgesprochen wertvoll gilt, wird die Stromversorgung sträflich vernachlässigt. Früher oder später rächt sich das: Mysteriöse Fehlfunktionen oder sogar der Totalausfall des Bordnetzes sind die Folge.

Na klar... früher war alles einfacher, denkt man. Stimmt aber nicht. Es ist neu, das Datenbussystem im Auto, ist aber real leichter zu prüfen. »Früher...!!!«, ruft mir der Altgeselle zu »...ham wa alles noch mit der Prüflampe..!«. Das Argument, dass man manchmal das halbe Auto zerlegt hat, lässt er kaum gelten. Die Prüflampe gehört nun endgültig, schön in Kupfer, Stahl und Hausmüll getrennt, auf den Recyclingweg. Und einfacher war es auch nicht. Die guten Mechaniker haben die meisten Standardschaltpläne im Kopf und müssen meist nur wegen der Kabelfarben oder dem Einbauort im Schaltplan schauen.

Und genau das ist jetzt zwar anders, aber nicht schwerer. Die OBD ermöglicht Messungen und Funktionsprüfungen an Bauteilen, ohne die entsprechenden Bauteile überhaupt zu Gesicht zu bekommen. Dazu aber etwas später.

Was ist eigentlich der Unterschied zwischen Elektrik und Elektronik?

Von der Elektrik spricht man bei Bauteilen die nach einem einfachen physikalischen Prinzip funktionieren. Kabel: »Stromleitung durch freie Elektronen«, Elektromotor: »Drehbewegung durch Einwirken elektrischer Feder auf Festmagneten«. Die Elektronik beschreibt alle Bauteile, die durch andere elektrische Bauteile oder Größen beeinflussen, steuern oder regeln können. Eine klare Grenze gibt es aber nicht. Betrachtet man beispielsweise die Lichtmaschine, würde man sie sicherlich jetzt der »Elektrik« zuordnen. Die Ladespannung wird aber »elektronisch« geregelt. Der Übergang zwischen diesen beiden Begriffen ist also eher fließend.

Vernetzung

Seit ungefähr1980 ist zur Datenübertragung im Fahrzeug der CAN-Daten-Bus Industriestandard. Über eine, zwei Leitungen oder sogar über Glasfaserkabel werden elektrische Signale mit einer Übertragungsrate von bis zu 500 kBit/s zwischen den einzelnen Steuergeräten ausgetauscht. Der Code enthält neben den Daten auch Informationen, für welches Steuergerät seine Daten relevant sind. Die Dateninformationen werden in einer bestimmten »Sprache« übermittelt. Schließlich müssen die Informationen auch hinsichtlich Dringlichkeit sortiert werden. Die Motortemperatur ändert sich beispielsweise deutlich langsamer als der zeitliche Abstand der Zündung oder die erforderliche Kraftstoffmenge. Neben dem ursprünglichen Netz sind mittlerweile mehrere Datennetze mit unterschiedlichen Geschwindigkeiten, Aufgaben und Ausführungen im Fahrzeug verbaut, die den möglichst reibungslosen Betrieb gewährleisten sollen.

Es gibt eigentlich zwei Argumente für die Datenbusvernetzung. Zum einen die Sparsamkeit und zum anderen die Flexibilität des Systems.

Die Anbindung an ein Datennetz ermöglicht es tatsächlich, etliche Meter Kabel an einem Fahrzeug einzusparen. Eigentlich reicht es aus, ein Steuergerät in der Tür mit einem Plus- und einem Minuskabel zu versehen und zwei weitere Kabel zur Buskommunikation zu verwenden. Betrachten wir uns zur Verdeutlichung einen solchen Datenfluss:

Petra fährt mit ihrem Fabia durch eine fremde Stadt und möchte sich bei einem Passanten nach dem Weg erkundigen. Um ihn besser ansprechen zu können, betätigt sie den elektrischen Fensterheber für die Beifahrerfensterscheibe.

- Der Taster stellt den Fahrerwunsch »Beifahrerscheibe öffnen« dar (das ist die Eingabe).
- Das Türsteuergerät erfasst den Fahrerwunsch und leitet ihn als Datensatz in das Datenbussystem ein. Anhand des »Statusfeldes« erkennen die angeschlossenen Steuergeräte, inwieweit diese Nachricht für sie relevant ist. Interessant ist sie zuerst einmal für das Türsteuergerät auf der Beifahrerseite (diese Umsetzung nennt man Verarbeitung).
- Der Befehl wird im Türsteuergerät rechts wieder aufgeschlüsselt und der Elektromotor in der richtigen Drehrichtung angesteuert (das ist die Ausgabe). Dieser Ablauf findet in Bruchteilen von Sekunden statt. Petra bemerkt die Datenübertragung nicht. Das Fenster aber ist auf.

Eingabe – Verarbeitung – Ausgabe

Das so genannte EVA-Prinzip beschreibt den Arbeitsvorgang in einer Steuerung. Eingabe ist der Ablaufauslöser. Hier wird der Startschuss für eine bestimmte Aktion gegeben. Die Verarbeitung löst die erforderlichen Vorgänge aus, die für die Umsetzung des Befehls erforderlich sind.

Über dieselben Leitungen können auch die Zentralverriegelung oder auch der elektrische Spiegel angesteuert werden. Und das sogar scheinbar gleichzeitig. Bedenkt man jetzt noch, dass für die Schaltereinheit vorne in physikalischer Verdrahtung bereits zehn einzelne Kabel erforderlich wären, das Umschaltrelais und den Scheibenhebermotor mal ganz ausgeklammert, ergibt sich sehr leicht erkennbar eine deutliche Einsparung an wertvollem Indianergold (Kupferdraht). Das ist nicht nur billiger, sondern gleichzeitig auch weniger störanfällig. Auch für Kabel an Knickstellen gilt: Was nicht da ist, kann nicht brechen. Passiert das dennoch einmal, würde die Fehlermeldung beim Kabelbruch dann »TÜRSTEUERGERÄT VORNE LINKS KEINE KOMUNIKATION« lauten. Die Fehlersuche ist durch die geführte Fehlersuche mit dem Tester etwas leichter, als die für die alten Systeme. Weniger Kabel bedeutet auch weniger Chaos, braucht aber mehr fachliche Übersicht.

Eine Vielzahl von Informationen können von mehreren Geräten verwendet werden. Als Beispiel betrachten wir uns einmal das Geschwindigkeitssignal. Aufgenommen wird es vom ABS-System. Dieses System wertet das Signal auch aus und setzt diese Information in den Datenbus. Diese Information wird nun vom ABS-Steuergerät (Fahrhilfen und Bremshilfen), vom Motorsteuergerät (Geschwindigkeitsregelung), vom Tachometer (Anzeige), vom Radio (Lautstärke), vom Steuergerät der Lenkhilfe (Lenkkräfte, Korrekturen) und noch einigen anderen verwendet. Die Information stammt von Sensoren, die früher mal nur für das ABS-System gearbeitet haben. Heutzutage können dadurch in einem Fahrzeug eine Unmenge von Komponenten und Systemen unterschiedlichster Anwendungsgebiete miteinander arbeiten.

Betrachten wir uns die BUS-Topographie (die Landkarte des Datennetzes) mal etwas genauer:

Der Generator Ihres Fabia wird beispielsweise durch ein so genanntes elektrisches Lastmanagement überwacht und in seiner Aufgabe unterstützt.

Möglich wird ein solches System erst durch das CAN-Bus des Fahrzeuges. Dieses System sorgt dafür, dass eine ausreichende Spannung zum Starten des Motors an der Batterie anliegt.

Das Bordnetzsteuergerät erfasst für diese Funktion die Motordrehzahl, die Batteriespannung und die Generatorlast. Zusätzlich liegen über den Datenbus Informationen vor, welche großen Verbraucher zurzeit eingeschaltet sind. Diese Daten werden ausgewertet und entsprechend einem Schema, welches drei Lastzustände beschreibt, reagiert.

Das Bordnetzsystem überwacht nun selbsttätig den Lastzustand und reagiert aktiv auf Veränderungen durch den Erregerstrom bis hin zur Abschaltung minder wichtiger Verbraucher bei Überlastung oder Unterspannung.

Die Anbindung der Bauteile und Systeme erfolgt zum einen über das Datennetz und natürlich auch über eine reale Verkabelung. Diese wird als physikalische Verdrahtung bezeichnet. Alle Anschlüsse, die mit einem Kupferkabel tatsächlich eine Verbindung zwischen zwei Geräten herstellen, werden als physikalische Verdrahtung bezeichnet. An den meisten Stromverbrauchern im Fabia sind zwei Kabel angeschlossen. Doch oft lässt sich nur eine Leitung vom Verbraucher zur Batterie oder zum Generator zurückverfolgen. Die andere ist meist schon nach wenigen Zentimetern am Blech der Karosserie, am Motor oder am Getriebe festgeschraubt oder an einer Steckerzunge eingesteckt. Die Automobilbauer machen sich hier ein physikalisches Prinzip zunutze. Metallteile, in der Autoelektrik als Masse bezeichnet, können nämlich Strom leiten. Man spart daher die langen Kabel für die Rückleitung des Stroms zum Minuspol der Batterie ein und überlässt diese Aufgabe der Masse. Wenn ein Verbraucher nicht funktioniert, liegt das häufig an fehlender Masseverbindung. Der Kontakt zur Fahrzeugmasse wird auf Umwegen hergestellt, woraus durchaus nicht sofort verständliche Fehler resultieren können.

Fehlersuche und Diagnose

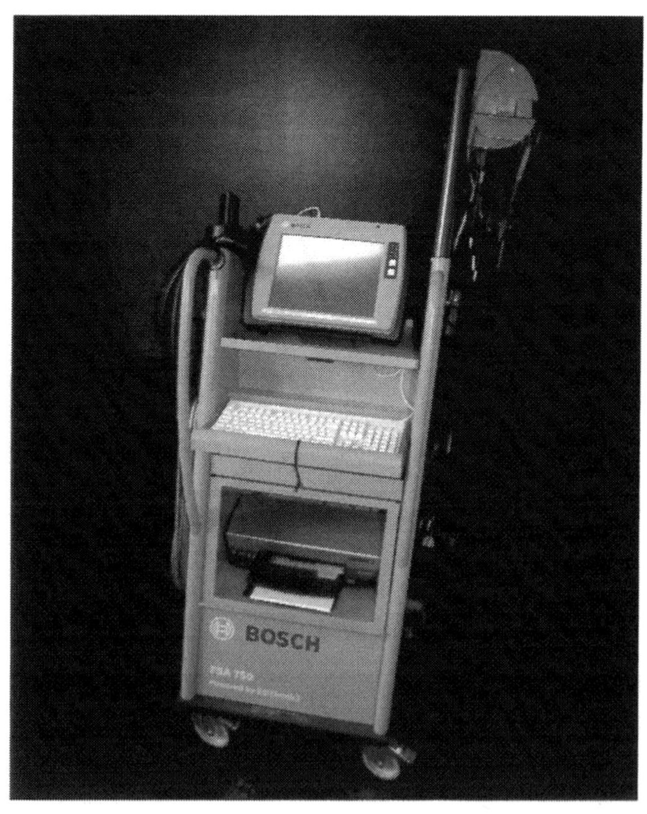

FSA von Bosch.

Bei einem Fehler in der Elektronik ist guter Rat teuer. Denn das Ermitteln der Fehlerquelle, die so genannte Diagnose, ist heutzutage ohne ein entsprechendes Diagnosetool, wie im Bild zu sehen, nicht möglich. Diagnosegeräte können dabei aber weitaus mehr, als nur den Fehlerspeicher auslesen. Das moderne Škoda-System verbindet gleich mehrere Funktionen miteinander. Eine geführte Fehlersuche erläutert dem Servicetechniker ein schrittweises Vorgehen zum Beheben des aufgetretenen Fehlers. Niemals sollte die erste Hilfe nach gut nachbarschaftlichem Rat erfolgen. Setzen Sie das Steuergerät beispielsweise durch mehrstündiges Abklemmen der Batterie zurück, wird zwar der Fehlerspeicher gelöscht aber neben dem Radiocode (der sich wieder eingeben lässt) gehen alle Feinabstimmungsdaten (so genannte Adaptionswerte), die das Steuergerät selbst ermittelt hat, verloren. Im schlimmsten Fall wird durch das mehrstündige Abklemmen auch die Software beschädigt und das Auto läuft nicht mehr. Mit etwas Glück kann der freundliche Škoda-Partner diese wieder aufspielen. Gelingt das nicht, werden die Neuanschaffung eines Steuergerätes (könnten auch mehrere werden...) und die Anpassung an das System unumgänglich. Bei jeder Art von Messungen sollte immer ein Dauerladegerät angeschlossen werden, um die Bordnetzspannung aufrecht zu erhalten.

Multitalent: Der Umgang mit dem Multimeter ist nicht schwer und doch sehr hilfreich. Spannung, Stromstärke oder der Widerstand eines Verbrauchers können leicht ermittelt werden.

Gar nicht so wenige Störungen an der Elektrik lassen sich mit einfachen Mitteln beheben. Man muss sich natürlich etwas auskennen, weswegen wir Ihnen Grundbegriffe erläutern und Hilfen bieten wollen. Wie bei anderen Baugruppen auch, gehören dennoch viele Störungen in die Fachwerkstatt oder zu einem versierten Mechaniker. Hilfen hierzu werden auch im Buch »Reparaturanleitung« unseres Verlages genauer beschrieben.

On Bord Diagnose (OBD)

Seit den 1990er-Jahren sind alle Automobilhersteller gesetzlich dazu verpflichtet, die Abgas beeinflussenden Systeme während des Fahrbetriebs permanent zu überwachen und auftretende Fehler zu speichern. Die On Bord Diagnose in Ihrem Fabia erfüllt genau diese Aufgabe. Das System ist ebenso in der Lage Fehler zu erkennen, als auch abzuspeichern. Es informiert ggf. auch den Fahrer über eine Anzeige im Cockpit, um ihn zu Werkstattbesuch zu veranlassen. Die im Fabia eingesetzte OBDII ist in der Lage, bei der Eigendiagnose die Fehlerart (Unterbrechung, Kurzschluss, unplausibles Signal), den Fehlerstatus (sporadisch, resistent) und die Fehlerquelle zumindest im System zu erkennen. Dies erleichtert der Werkstatt die Fehlersuche (das Auftrennen verschiedener Steckverbindungen

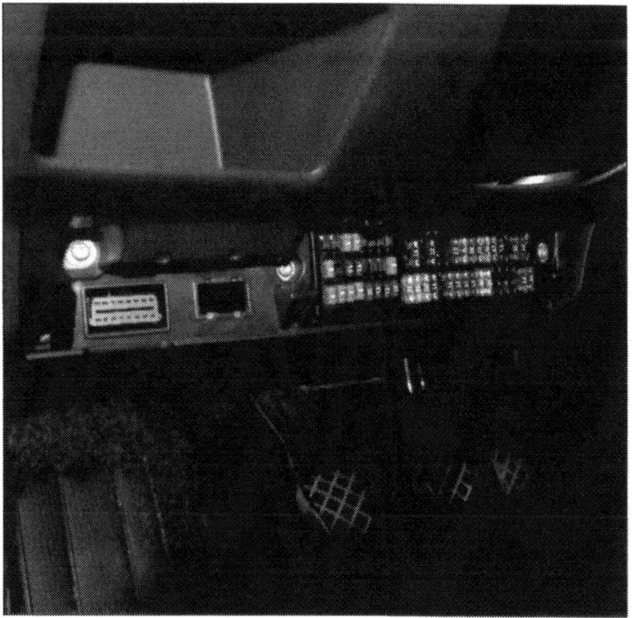

OBD-Anschlussdose: Die Verbindung zwischen Auto und Tester.

mit anschließenden und aufwändigen Funktions- und Bauteileprüfungen wird oftmals unnötig). Zur Informationsübertragung wurde eine Diagnoseschnittstelle geschaffen, die eine Kommunikation zwischen den eingesetzten Steuergeräten und einem angeschlossenen Diagnosetester ermöglichen.
Der Informationsfluss ist in beide Richtungen möglich, das heißt: Zusammen mit dem Werkstattreparaturleitfaden hilft dieses System der Werkstatt das Einkreisen des Fehlers zu beschleunigen, die Reparatursicherheit zu erhöhen und damit auch Reparaturkosten zu senken. Die Diagnosegeräte haben sich mittlerweile vom einfachen Fehlerauslesegerät zu richtigen Hightechrechnern mit Eingriffsmöglichkeiten in die Steuergeräteumgebung entwickelt. Damit ein solches System funktionieren kann, müssen alle Systeme miteinander vernetzt sein und untereinander kommunizieren können. Dies ermöglicht der so genannte CAN-Daten-Bus.

Bauteile und Komponenten

Der Anlasser

Beim Drehen des Zündschlüssels in Richtung Start gibt das Zündschloss Spannung an die Halte- und Einzugswicklungen (1 und 2) des Ausrückrelais (13) frei, das oben auf dem Anlasser sitzt. Der Relaisanker zieht den Ausrückhebel (4) an. Dieser schiebt über Führungsringe und Einspurfeder den Mitnehmer mit dem Zahnritzel (7) gegen den Zahnkranz des Motorschwungrads, wodurch sich diese Teile drehen. Der Anker (18) des Startermotors dreht sich noch nicht, der Hauptstrom für Erreger- und Ankerwicklung ist noch nicht eingeschaltet.
Erst wenn das Ritzel so weit eingespurt ist, dass das Ende des Schubweges erreicht ist und die Kontaktbrücke im Ausrückrelais an den Relaiskontakten anliegt, wird der Startermotor eingeschaltet. Der nun umlaufende Starteranker schraubt durch die Wirkung des Steilgewindes das im Zahnkranz gegen Drehung festgehaltene Ritzel weiter in den Zahnkranz hinein, bis es am Anschlagring (9) der Ankerwelle (8) anschlägt. Die Einzugswicklung ist kurzgeschlossen, die Haltewicklung hält den Relaisanker bis zum Abschluss des Startvorgangs in der eingezogenen Stellung fest. Der Motor wird durchgedreht. Ist der Motor angesprungen, steigt die Drehzahl des Starterritzels über die Leerlaufdrehzahl des Startermotors an. Der Rollenfreilauf (6) löst die kraftschlüssige Verbindung zwischen Ritzel und Ankerwelle. Der Anker wird vor Hochdrehen geschützt, das Ritzel bleibt im Eingriff. Beim Ausschalten des

WISSENSWERTES

Grundbegriffe der Elektrik

Spannung (Volt): Vergleichbar mit dem Druck in einer Wasserleitung. Je größer der Druck, umso schärfer der Strahl. Autos benutzen derzeit ein 12-Volt-Bordnetz, in naher Zukunft wird die Voltzahl wohl deutlich erhöht. Besonders hohe Spannungen werden in Zündanlagen bereitgestellt. Bis zu **40 000** Volt sorgen dafür, dass der Strom auch größere Distanzen überspringen kann. Im Grunde soll er das aber nur an der Zündkerze, weshalb alle spannungsführenden Teile gut isoliert sind.

Stromstärke (Ampere): Vergleichbar mit der Durchflussmenge am Wasserhahn. Neben der Spannung, die zu Stromüberschlagen führen kann, ist die Stromstärke das eigentlich Gefährliche am Strom. Wird dicht an der Stromquelle ein Kurzschluss verursacht, fließt maximaler Strom. Vergleichbar einem Wasserrohrbruch, der eine ganze Straße unter Wasser setzen kann.

Leistung (Watt): Das Produkt aus Spannung und Strom gibt an, welche elektrische Arbeit ein Verbraucher abgibt, beziehungsweise aufnimmt. Das hängt wiederum von dessen Widerstand ab. Bildlich gesprochen: Der wenig geöffnete Wasserhahn kann bei hohem Druck die gleiche Menge abgeben wie ein voll geöffneter Hahn bei geringem Druck. Wie viel entnommen werden soll, bestimmt allein der Verbraucher und dessen Aufnahmefähigkeit.

Widerstand (Ohm): Fließt der Strom ungehindert, ist der Widerstand = 0. Bei einer Unterbrechung des Stromkreises dagegen unendlich. Jeder Verbraucher bietet normalerweise einen gewissen Widerstand, wenn auch zum Teil einen sehr geringen. Kurzschluss: Wenn Sie zum Beispiel mit einem Schraubenschlüssel beide Batteriepole verbinden, kann durch den massiven Stahl fast unendlich Strom fließen. Das schweißt sogar den Schlüssel an den Polen fest! Vor Kurzschlüssen im Bordnetz schützen Schmelzsicherungen mit ihrer dünnen Drahtbrücke. Dieser Draht ist das genau definierte schwächste Glied im Stromkreis und brennt bei Überlastung durch. Der Stromfluss wird somit unterbrochen und weiterer Schaden vermieden.

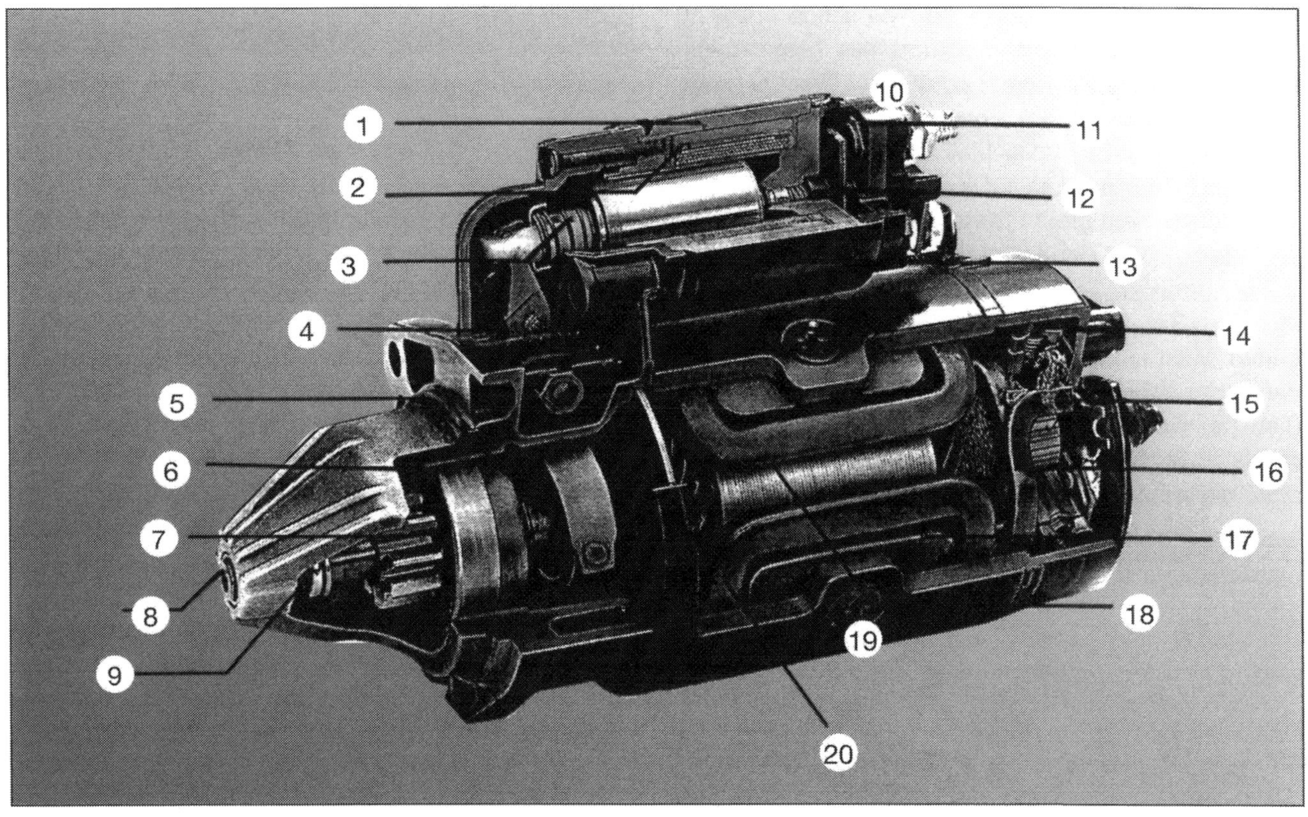

Aufbau eines Anlassers: (1) Antriebslager, (2) Starterritzel, (3) Ausrückrelais, (4) Anschlussklemme 30, (5) Verschlussdeckel, (6) Bürstenhalterplatte mit Kohlebürsten, (7) Erregerwicklung, (8) Polgehäuse, (9) Anker, (10) Polschuh, (11) Planetengetriebe (Vorgelege), (12) Ausrückhebel, (13) Einspurgetriebe.

Startschalters gehen Ausrückhebel, Mitnehmer und Ritzel durch die Rückstellfeder (3) in die Ruhestellung zurück. Das Ritzel bleibt bis zum nächsten Startvorgang in der Ruhelage.

Funktioniert der Anlasser nicht, können mehrere Teile die Ursache sein. Der Magnetschalter oder die Schleifkohlen können klemmen oder stark abgenutzt sein. Auch ein Verschluss der Lagerung ist möglich. Es kann vorkommen, dass sich der Anlasser bei geladener Batterie nicht oder zu langsam dreht und den Motor nicht durchzieht. Dann sollten auch die Leitungsanschlüsse am Magnetschalter und die Massebänder zwischen Motor, Aufbau und Batterie auf festen Sitz überprüft werden. Diese Teile dürfen nicht oxidiert sein.

Der Generator

Natürlich benötigt Ihr Fabia auch während der Fahrt elektrischen Strom. Motorsteuerung und Benzineinspritzung müssen mit Energie versorgt werden. Alle weiteren unbedingt erforderlichen oder für Ihre Sicherheit und Bequemlichkeit eingebauten automatischen Systeme sowie die gesamte Lichtanlage sind ohne elektrische Energie arbeitsunfähig. Die Autoelektrik ist also eine wichtige Angelegenheit. Ein leistungsfähiger Drehstromgenerator ist das Kraftwerk (Lichtmaschine) Ihres Fahrzeugs. Er versorgt schon bei Leerlauf des Verbrennungsmotors alle elektrischen Aggregate mit Strom und lädt ständig die Batterie auf. Der Generator im Fabia bringt es auf etwas mehr als 2 kW elektrische Leistung. Angetrieben wird die Lichtmaschine über den Keilrippenriemen. Eine Drehstrom-Lichtmaschine produziert dreiphasigen Wechselstrom. Da die Batterie mit Gleichstrom geladen werden muss, besorgen Leistungsdioden die Gleichrichtung des Wechselstroms. Diese Leistungsdioden verhindern auch die Entladung der Batterie bei stehendem Fahrzeug.

Die abgegebene Spannung der Lichtmaschine hängt von ihrer Antriebsdrehzahl, dem Magnetfeld des Rotors und der abgefragten Leistung ab. Je schneller die Lichtmaschine dreht, umso höher steigt die Spannung wie bei einem Fahrraddynamo. Ein solches Auf und Ab ertragen weder die Stromverbraucher im Auto noch die Batterie.

Der Generator Ihres Fabia wird, wie schon erwähnt, durch ein so genanntes elektronisches Lastmanagement überwacht. Ein Regler schützt vor Überspannungen und verhindert ein Überladen der Batterie. Der Regler ist an die Lichtmaschine angeschraubt. Er korrigiert die Ladespannung auf einen Wert um 13,8 V. Das Lastmanagement greift unterstützend in diesen Regelprozess ein. Von der Anhebung der Leerlaufdrehzahl bei zu geringer Ladespannung bis zur Abschaltung einzelner Komfortverbrauchern nach einem vorgegebenen Muster kann die Batterieladung beziehungsweise der Erhalt der Ladespannung unterstützt werden. Der Generator ist praktisch wartungsfrei, da es nichts zu schmieren gibt. Selbst die Schleifkohlen sind ohne weiteres für 100.000 Kilometer und mehr gut.

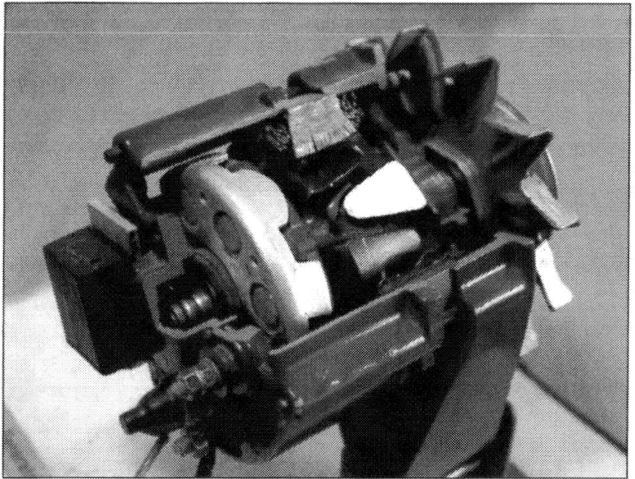

Aufbau einer Lichtmaschine: Gehäuse, Stator, Läufer, elektronischer Feldregler mit Bürstenhalter, Schleifringe, Gleichrichter, Lüfter.

Die Batterie

Energiespeicher im Fabia.

Damit Ihr Fahrzeug starten kann, muss der Anlasser (Starter) ausreichend elektrische Leistung erhalten. Das sind im Augenblick des Starts bis zu 2000 Watt, gegenüber knapp 400 Watt, die dem Starter zum Durchdrehen des warmen Motors genügen. Diese Startenergie bereitzustellen, ist die wichtigste Aufgabe der Batterie. Sechs in Reihe geschaltete Zellen bilden das Herz einer 12-Volt-Auto-Batterie. Jede Zelle besteht aus positiven und negativen Hartblei-Gitterplatten. Die positive Platte enthält Bleidioxid, die negative Platte reines Blei. Dazwischen sitzt ein Separator. Er trennt die beiden Platten voneinander, lässt aber den Elektrolyten (bei Säurebatterien Schwefelsäure plus destilliertes Wasser; bei Gel-Batterien ein gasungsfreies, auslaufsicheres Gel) durch feinste Poren passieren. Im Inneren der Batterie laufen chemische Prozesse ab, durch die sie Energie aufnimmt und im Rahmen ihrer Kapazität speichert. Bei der Stromabgabe wird chemische in elektrische Energie umgewandelt. Dabei setzt die Blei-Säure-Batterie Gase frei, die zentral abgeführt werden. Ein Rückzündungsschutz verhindert die Zündung des brennbaren Gases. Bei Batterien mit Rohr und Schlauch für die Zentralentgasung darf der Schlauch nicht abgeklemmt werden! Bei Batterien mit nur einer Öffnung in der oberen Deckelseite muss diese frei von Verstopfungen sein.

Unter normalen Betriebsbedingungen macht die Wartung der Batterie im Fabia wenig Aufwand. Bei hohen Außentemperaturen, langen oder auch extrem kurzen täglichen Fahrten oder nach jedem Ladevorgang empfiehlt es sich jedoch, den Säurestand zu prüfen. Die Batterieflüssigkeit aus Schwefelsäure und destilliertem Wasser kann bei hohen Temperaturen oder bei defektem Lichtmaschinen-Spannungsregler übermäßig Wasser verdunsten. Auch eine Selbstentladung (lange Standzeiten) oder eine Tiefentladung durch einen nicht ausgeschalteten, starken Stromverbraucher (wie beispielsweise eine Kühlbox in einer nicht durch das Bordnetzmanagement überwachten Steckdose) kommen als Ursache in Frage. Füllen Sie aber nur destilliertes Wasser nach. Die im Leitungs- sowie auch abgekochtem Wasser enthaltenen leitfähigen Salze und weitere mineralische Stoffe schaden der Batterie. Wirkt die Batterie trotz richtigem Säurestand kraftlos, wird per Säureheber die Säuredichte in der Batteriezelle geprüft. Diese Prüfung gibt zusammen mit der Belastungsprüfung Aufschluss über den Batteriezustand. Eine ausgebaute Batterie oder den Akku in einem vorübergehend stillgelegten Fahrzeug sollten Sie einmal im Monat nachladen. Verwenden Sie dazu aber nur Geräte, die ausgewiesen ohne Strom- und Spannungsspitzen arbeiten. Batteriestopfen müssen gut schließend eingeschraubt sein. Die Batterie muss zum Laden eine Mindesttemperatur von 10 °C haben. Schnellladen schadet der Batterie und ist nur im Ausnahmefall (z. B. bei Starthilfe) akzeptabel.

Zum Schutz der Umwelt sind Kauf und Entsorgung einer Autostarterbatterie per Gesetz geregelt. Ein Pfandsystem verhindert, dass Batterien unsachgemäß entsorgt werden und dadurch giftige Inhaltsstoffe in die Umwelt gelangen können.

Eine ausgediente Batterie muss beim Händler oder der Werkstatt abgegeben werden. Dort ist man verpflichtet, die Alt-Akkus unentgeltlich abzunehmen. Beim Kauf einer Batterie muss ein Alt-Akku zurückgegeben oder ein Pfand bezahlt werden. Haben Sie für die alte Batterie bereits Pfand bezahlt, erhalten Sie dort, wo Sie die Batterie gekauft haben (natürlich nur gegen Vorlage der Quittung) Ihr Geld wieder zurück. Geben Sie beim Kauf einer Batterie eine alte zurück, für die Sie noch kein Pfand entrichtet haben, ist es egal, wo Sie sie gekauft haben. Ein Pfand für die neue Batterie entfällt aber auch in diesem Fall. Zurzeit wird dem Händler durch die Recyclingfirmen sogar ein annehmbares Entgelt geboten. In der Regel nehmen deshalb die Händler Ihre Altbatterie auch gerne ohne einen Neukauf an.

Die Sicherungen

In Ihrem Fabia sorgen zahlreiche Sicherungen für den Schutz der elektrischen Systeme. Eine Sicherung ist Teil eines Stromkreises. Sie tritt in Aktion, wenn zum Beispiel bei einem Kurzschluss (defekter Verbraucher, beschädigtes Kabel) der Strom plötzlich stark ansteigt. Das Innenleben der Sicherung wird zerstört, der Stromfluss unterbrochen, eine Überlastung des Stromkreises verhindert – übrigens auch dann, wenn Sie an einen bereits voll ausgelasteten Stromkreis zusätzliche Verbraucher anschließen.

Sicherungen in mehreren Stromkreisen

Damit Ihr Fahrzeug bei einem elektrischen Defekt nicht ohne Strom dasteht, sind die Sicherungen auf verschiedene Stromkreise verteilt. Die Einspritzanlage und die meisten elektrischen Aggregate haben eine eigene Absicherung. In einem separaten Sicherungskasten mit Relaisplatte überwachen verschiedene Hauptsicherungen auch den Stromfluss zwischen Batterie und Verbrauchern wie Anlasser und Lichtmaschine und schützen so die gesamte Fahrzeugelektrik bei Störungen durch Kabelbrand oder Kurzschluss.

Batterie Begriffe und Normen

WISSENSWERTES

Kennzeichnung. Ist auf dem Gehäuse der Batterie, bezeichnet ihre Eigenschaften. Beispiel: 12V 340A 70Ah (12 V = Nennspannung; 340 A = Kälteprüfstrom; 70 Ah = Nennkapazität).

Nennspannung. Die allgemeine Spannungsabgabe beträgt bei allen Fabia II-Modellen 12 V (Volt). Die tatsächliche Spannung hängt vom Ladezustand der Batterie ab.

Nennkapazität. Entspricht dem Speichervermögen einer Batterie, gemessen in Amperestunden (Ah). Gibt an, wie viel die voll geladene Batterie bei 25 Grad in 20 Stunden abgeben kann, ohne dass dabei die Spannung unter 10,5 V absinkt (Entladeschlussspannung). Das Standlicht des Fabia nimmt z. B. 25 Watt auf. Bei der Bordspannung von 12 V gibt die Batterie nach der Formel Strom (A) = Leistung (W) geteilt durch Spannung (V) einen Strom von 2,08 Ampere ab. Mit einer 40-Ah-Batterie könnten Sie also theoretisch 19,2 Stunden mit eingeschaltetem Standlicht parken.

Kälteprüfstrom. Ein definierter Entladestrom in Ampere (A), der einer 12-Volt-Batterie bei -18 Grad C entnommen werden kann, ohne dass die Spannung innerhalb von 30 Sekunden unter 9 Volt, innerhalb von 150 Sekunden unter 6 Volt absinkt.

Selbstentladung. Chemische Vorgänge im Inneren der Batterie führen zur Entladung, auch wenn kein Verbraucher angeschlossen ist. Eine geladene Starterbatterie verliert täglich etwa 0,5 Prozent ihrer Ladung. Hohe Temperaturen, Beschädigungen und Verschmutzungen des Batteriedeckels beschleunigen die Selbstentladung.

Sicherungskasten geöffnet: die drei Hauptsicherungen im Sicherungskasten an der Batterie und weitere Anschlussklemmen mit Streifensicherungen.

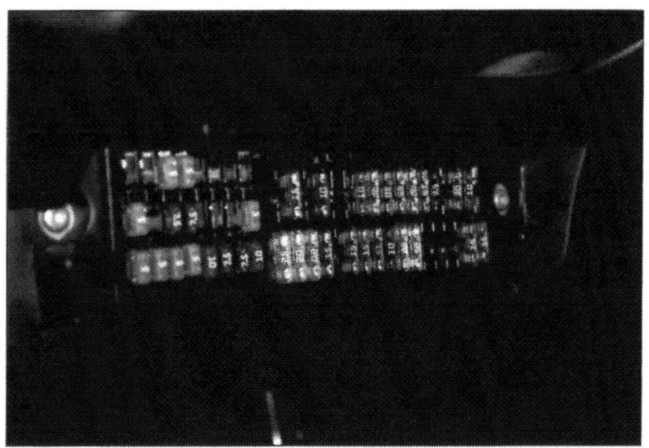

Die Sicherungsbelegung ist abhängig von Baujahr, Motorisierungen und Ausstattung Ihres Fahrzeugs. Die Belegung bei Ihrem Auto finden Sie auch im Deckel vor dem Sicherungskasten oder in Ihrer Bedienungsanleitung.a

Sicherungskasten: Hinter der Klappe unten am Armaturenbrett verbirgt sich der Sicherungskasten. Mit der Plastikzange können Sie besser als mit den Fingern einzelne, defekte Sicherungen entnehmen.

Die Auswahl der richtigen Sicherung

Die Auswahl der richtigen Sicherung: Die Sicherungen sind nach Belastbarkeit farblich markiert (in Ampere).

Kennfarbe	Stromstärke
Schwarz	1 A
Grau	2 A
Violett	3 A
Rosa	4 A
Hellbraun	5 A
Dunkelbraun	7,5 A
Rot	10 A
Hellblau	15 A
Gelb	20 A
Weiß/ farblos	25 A
Hellgrün	30 A
Blaugrün	35 A
Orange	40 A
Hoch belastbare Sicherungen:	
Pink	30 A
Rot	50 A
Gelb	60 A
Schwarz	80 A

Die Beleuchtung

Die Fahrzeugbeleuchtung ist das zentrale aktive Sicherheitselement im nächtlichen Straßenverkehr. Ein neuzeitlicher Autoscheinwerfer soll angesichts immer höherer Verkehrsdichte den Gegenverkehr möglichst nicht blenden, auch bei höheren Geschwindigkeiten die Fahrbahn gut ausleuchten und dem Fahrzeug ein unverwechselbares Gesicht geben. Die wichtigsten Teile eines Scheinwerfers sind Lichtquelle, Reflektor und Streuscheibe, wobei moderne Scheinwerfer schon ohne Streuscheibe auskommen. Der Blinker ist fester Bestandteil des Scheinwerfers, er lässt sich nicht separat austauschen. Als Lichtquelle setzt Škoda bei den Scheinwerfern Halogenlampen ein. Der Reflektor war früher fast ausschließlich parabolisch, heute gibt es Stufenreflektoren, Freiformflächen oder Systeme mit Abbildungsoptik PES. Die Reflektoren aus Stahlblech oder Kunststoff sind mit einer dünnen Schicht Aluminium plus Spezialschicht präpariert. Streuscheiben aus Glas oder Kunststoff streuen oder bündeln das Licht zur Erzielung des gewünschten Ausleuchtungseffekts. Sie haben normalerweise nach innen hin ein Raster optischer Elemente (Linsen, Prismen), sind neuerdings aber auch völlig klar, also nur noch Schutz- und keine eigentlichen Streuscheiben.

Dritte Bremsleuchte

WISSENSWERTES

Seit 1998 ist eine dritte Bremsleuchte, wie in den USA schon seit den 1980er-Jahren, auch hierzulande bei allen Neufahrzeugen Pflicht. Die stetig zunehmende Verkehrsdichte und das damit verbundene Auffahrunfallrisiko erforderten für die Signalwirkung der Bremsleuchten neue Konzepte. Denn fest steht: Je früher ein Bremssignal erkannt wird, desto kürzer sind Reaktionszeit und damit auch der Anhalteweg. Untersuchungen der Autoindustrie ergaben, dass die verbesserte Signalwirkung einer dritten Bremsleuchte die Reaktionszeit um bis zu 0,4 Sekunden verkürzt. Bei einer Geschwindigkeit von 130 km/h bedeutet dies immerhin eine Reduzierung des Anhaltewegs um 15 m. Die größere Warnwirkung hilft also Auffahrunfälle zu vermeiden. Mittlerweile ist auch die Nachrüstung älterer Fahrzeuge unproblematisch. Detaillierte, leicht verständliche Einbauanleitungen und komplettes Montagezubehör machen den Einbau auch für wenig geübte Selbermacher möglich. Vorsicht sollte bei Nachrüstteilen geboten sein, die den Austausch einzelner Leuchtdioden ermöglichen. Ihre Verwendung ist laut Gesetzgebung nicht zulässig. Apropos Leuchtdioden: Die kleinen leuchtenden Halbleiter erreichen ihre volle Leuchtkraft schon nach weniger als 1 ms. Zum Vergleich: Die normale Glühbirne braucht dazu ca. 200vms! Auch die Lebensdauer der LEDs ist in aller Regel länger als die normaler Glühbirnen. Überprüfen Sie regelmäßig, ob alle Bremsleuchten noch ihren Dienst verrichten. Fragen Sie zur Not eine zweite Person um Mithilfe. Beim Defekt gilt: Wechseln Sie am besten die Birnen beider Bremslichter. Wenn die eine versagt, naht nach aller Wahrscheinlichkeit auch der Defekt der zweiten Birne.

Der Freiflächenreflektor

Der so genannte Freiflächen-Reflexionsscheinwerfer Ihres Fabia erzeugt einen genau definierten Lichtkegel auch ohne Streuscheibe. Die optimale Form des Reflektors ist nach speziellen mathematischen Verfahren per Computer berechnet. Bestimmte Segmente im Reflektor sind bestimmten Bereichen auf der Straße zugeordnet. Infolge dadurch ermöglichter kleinerer Brennweiten können im Bauraum herkömmlicher parabolischer Reflektoren drei getrennte Reflektoren für Abblendlicht, Fernlicht und Nebellicht untergebracht werden. Gleichzeitig wird die Lichtausbeute erhöht.

Hupe und Warnblinker

WISSENSWERTES

Die Straßenverkehrszulassungsordnung (StVZO) schreibt vor, dass jedes Fahrzeug zum Abgeben von Warnzeichen mit einer Hupe ausgestattet sein muss. Außerdem muss die Warnblinkanlage funktionieren, damit im Notfall das haltende oder liegen gebliebene Fahrzeug gesichert werden kann. Da die Warnblinkanlage auch bei ausgeschalteter Zündung funktioniert, wird der Schalter direkt von Batterieplus über eine Sicherung versorgt. Die Richtungsblinker erhalten dagegen nur bei eingeschalteter Zündung Strom. Achtung! Warnblinkanlage darf nicht zum Entladen des Einkaufs oder zum Halten in der zweiten Reihe missbraucht werden. Die Hüter des Gesetzes verlangen dafür ein Bußgeld. Ebenso ist der Einsatz der Hupe, ohne dass Gefahr im Verzug ist, kostenpflichtig.

Spezialglas für die Streuscheibe

Der Gesetzgeber schreibt für das Abblendlicht eine spezielle Lichtverteilung vor. Mit einer asymmetrischen Hell-Dunkel-Grenze, bei der sich das Lichtmaximum auf der rechten Seite der Fahrbahn konzentriert. Damit diese Vorgaben eingehalten werden, ist die übliche Streuscheibe auf der Innenseite mit Zylinderlinsen, Prismen und Parallelflächen ausgestattet, die das vom Reflektor kommende Licht in der gewünschten Richtung verteilen. Beim Fabia besteht die allerdings klare, wegen der modernen Reflektoren von optischen Elementen freie Streuscheibe aus Kunststoff, der gegen Steinschlag zehnmal widerstandsfähiger ist als Glas. Eine harte Decklackschicht schützt vor Kratzern. Ein anderer Effekt des Kunststoff-Einsatzes: Der Scheinwerfer ist etwa ein halbes Kilogramm leichter als einer mit Glasscheibe.

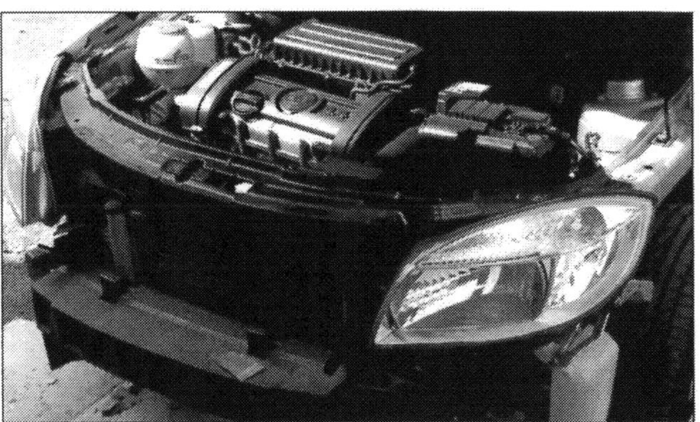

Scheinwerfer Fabia.

DE-Nebelscheinwerfer serienmäßig
DE ist die Abkürzung für dreiachsiger Ellipsoid und bezeichnet die Form der Reflektorflächen. Die Technik erlaubt Scheinwerfer besonders kleiner Bauart mit hoher Lichtleistung. Sie funktionieren ähnlich wie Dia-Projektoren: Eine Blende, die wie ein Dia wirkt, begrenzt die Lichtverteilung und erzeugt die Hell-Dunkel- Grenze. Sie ist beim DE-Licht besonders scharf, weshalb es für Nebelscheinwerfer sehr gut geeignet ist. Eine Linse übernimmt die Funktion des Objektives und projiziert die Lichtverteilung auf die Straße. Jüngste Entwicklung sind die Poly-Ellipsoid-Systeme (PES).

Instrumente und Geräte

Die meisten Messstellen im Inneren Ihres Fabia werden durch elektronische Bauteile kontrolliert. Das spart Ihnen jede Menge Arbeit, weil Sie nur noch wenige Anzeigen und Kontrolllämpchen beachten müssen. Die allerdings sollten Sie stets im Blick haben und eventuelle Fehlanzeigen in jedem Fall ernst nehmen: Leuchtet während der Fahrt plötzlich eine Kontrollleuchte auf, ist dies grundsätzlich ein Alarmzeichen. Vor allem den rot aufleuchtenden Symbolen muss höchste Aufmerksamkeit gelten, sie haben oberste Priorität und signalisieren eine Gefahr (anhalten, Motor abstellen!). Gelbe Symbole signalisieren eine Warnung (begleitet von warnendem Signalton).

Kontroll- und Warnleuchten
Zwei der brisantesten Warnleuchten betreffen die Bremsen und Motorschmierung. Blinkt die Öldruckleuchte während der Fahrt rot auf, sofort anhalten, Motor abstellen, Ölstand prüfen. Entweder muss Öl nachgefüllt werden oder es liegt ein Fehler vor. Dann darf der Motor auch nicht einmal mehr im Leerlauf laufen. Fachmännische Hilfe ist angesagt. Häufige Fehlermeldungen der gelben Ölwarnleuchte kommen beim Fabia aber auch aus nur schwer erklärlichen Ursachen zustande. Meist weiß bei diesem Problem leider auch die Werkstatt keinen Rat. Eine mögliche Fehlerquelle könnte die Motorhaubensensorik sein. Diese überwacht die Häufigkeit der Motorhaubenöffnungen und leitet daraus das Wartungsbemühen des Fahrers ab. Treten bei der Übertragung dieser Information zum Steuergerät Störungen auf, geht die Motorelektronik von einem Missstand der Schmiermittel aus (trotz des Ölstandssensors in der Ölwanne). Die Folge ist die besagte Warnmeldung. Leider kann die Warnung aber auch nicht einfach übergangen werden. Was wäre, wenn sich die Elektronik doch nicht irrt und Ihrem Motor tatsächlich Schaden droht? Es bleibt Ihnen also nichts außer der Kontrolle des Ölstandes. Brennt die rote Kontrollleuchte für die Bremsanlage, können drei Probleme vorliegen. Welche Funktion gemeint ist, wird mit einem Informationshinweis auf dem Display in der Mitte der Instrumententafel angezeigt: Ist der Bremsflüssigkeitsstand zu niedrig, heißt die Warnung: Stop! Bremsflüssigkeit / Betriebsanleitung lesen; stimmt etwas mit ABS, EDS, ASR oder ESP nicht, lautet der Hinweis: Stop! Bremsenfehler / Betriebsanleitung lesen. Wenn der dritte Fall vorliegt, ist am schnellsten Abhilfe zu schaffen: Handbremse angezogen. Eine weitere Warnung betrifft die Funktionstüchtigkeit der Abgasanlage. Störungen zeigt Ihnen die Anzeige mit dem gelb aufleuchtenden Motorblock im Tachometer. Auch hier gilt: Um weiteren Schaden zu vermeiden unverzüglich eine Werkstatt aufsuchen.

Sensoren, Kabel und Schalter
Die Kontrollsysteme selbst arbeiten nun auch nicht immer ohne Störungen. Manchmal sind Sensoren oder Kabel beschädigt, bisweilen sorgt somit auch ein kaputter Schalter für eine Fehlinformation.

PRAXISTIPP

Instrumente zeigen nicht an

Es gibt eigentlich keine physikalische Anbindung der Sensoren zu den Anzeigeleuchten im Tachometergehäuse. Beim Cockpit handelt es sich um ein eigenständiges Steuergerät, welches auch die Wegfahrsperre integriert. Die Befehle zur Auslösung einer Kontrollleuchte erfolgen immer über dieses Steuergerät. Gerade bei länger abgeklemmter Batterie kann es vorkommen, dass ein Teil der Software verloren gegangen ist. Ein Ergebnis einer solchen Situation ist das »dunkle Cockpit«.Hier hilft nur das Aufspielen neuer Daten beim Škoda-Händler. Im schlimmsten Fall droht der Ersatz des einen oder anderen Steuergerätes.

Lichterspiel nach Zündung ein: Das Aufleuchten aller Kontrollanzeigen dient zum Funktionstest der kleinen Lampen.

Batteriespannung und Ladesystem

Batterie-Sichtprüfung

Die Pflege der Kontakte sichert die Leitfähigkeit und verhindert Korrosion an den jeweiligen Polanschlüssen. Haben sich dennoch an den Polen Oxidkristalle abgelagert, gehen Sie wie folgt beschrieben vor.

- Oxidkristalle an den Batterieklemmen mit warmem Sodawasser abwaschen oder mit Neutralon (Varta-Produkt) behandeln.
- Volkswagen schreibt neuerdings vor, dass die Batteriepole nicht mehr gefettet werden dürfen.
- Die Batterie-Polklemmen dürfen nur gewaltfrei von Hand aufgesteckt werden, um Beschädigungen des Gehäuses zu vermeiden. Klemmenanzugsdrehmoment 6 Nm.
- Gehäuse auf Risse und Beschädigungen inspizieren, insbesondere auf ausgelaufene Batteriesäure. Diese sofort mit Seifenlauge abspülen!

GEFAHRHINWEISE

⚠ Batterien

Beim Umgang mit Blei-Säure-Batterien gelten folgende Sicherheitsvorschriften: Feuer, Funken, offenes Licht und Rauchen sind verboten. Vermeiden Sie Funkenbildung durch elektrostatische Entladungen und Kurzschlüsse (Werkzeuge nie auf der Batterie ablegen!). Vor dem Aus- und Einbau von Blei-Säure-Batterien müssen alle schaltbaren Stromverbraucher sowie der Motor aus sein, damit es nicht zu einer Funkenbildung kommt. Aufgrund der Verätzungsgefahr tragen Sie unbedingt eine geeignete Brille zum Schutz der Augen und Schutzhandschuhe. Batterie nicht kippen! Ladegerät erst nach dem Anschließen an die Batteriepole einschalten, vor dem Abklemmen ausschalten. Beim Laden von Batterien entsteht hochexplosives Knallgasgemisch: Es besteht daher Explosionsgefahr! Bei erforderlichem Schnellladen darf sich das Gehäuse nicht über 55 Grad erhitzen! Halten Sie Kinder von Säure und Batterien fern. Entsorgen Sie Altbatterien nach Vorschrift und nie über den Hausmüll!

- Batteriepole und die angebrachten Leitungsanschlüsse auf Beschädigungen kontrollieren. Bei Polschaden ist der erforderliche Kontakt nicht sichergestellt.
- Halterung kontrollieren, auf der die Batterie sitzt.
- Lose (montierte) Batterien sind erhöhten Erschütterungen ausgesetzt, wodurch sich ihre Lebensdauer verkürzt, zudem besteht erhöhte Explosionsgefahr. Bei einem Unfall stellt eine lose Batterie ein zusätzliches Sicherheitsrisiko dar.

Batterieprüfung . Säurestandskontrolle und Kontaktpflege

- Führen Sie die Kontrolle des Batteriesäurestandes einmal jährlich, zum Beispiel im Herbst, oder ca. alle 15.000 km durch. Die Batterie befindet sich rechts vorne im Motorraum und reicht fast an den linken Frontscheinwerfer heran. Auf der Längsseite der Batterie sind Säurestandsmarken aufgebracht. Kontrollieren Sie diese.
- Bei Batterien mit magischem Auge (Batterien mit schwarzem oder weißem Gehäuse) ist die Kontrolle sehr erleichtert: Im Sichtfenster zeigt eine Farbänderung ungünstig veränderten Lade- oder Säurezustand an. Luftblasen können die Farbanzeige verfälschen. Klopfen Sie leicht auf das magische Auge! Im Normalfall ist die Anzeige grün. Škoda schreibt für das Nachfüllen oder Absaugen (zu hoher Säurestand) die Batterie-Füllflasche VAS 5045 vor.
- Die Batteriesäure muss mindestens bis zur MIN-Markierung am Gehäuse reichen (Oberkanten der Platten müssen gut bedeckt sein), darunter darf der Stand nicht abfallen. Richtig ist es, den Säurestand immer auf der MAX-Marke zu halten.
- Bei einer geladenen Batterie bis zum oberen Strich (15 mm über den Oberkanten der Platten) mit destilliertem Wasser auffüllen.
- In eine stark entladene Batterie nur so viel Wasser füllen, dass die Platten gerade bedeckt sind. Beim Aufladen steigt der Säurestand erheblich. Erst nach dem Laden bis zur oberen Marke nachfüllen.

- Den Akku nicht überfüllen. Die Säure tritt sonst an den Verschlussstopfen oder an der seitlichen Entlüftungsbohrung aus. Das verursacht Korrosion und Säurekristalle an der Oberfläche der Batterie oder an Funktionsteilen im Motorraum. Daher überschüssige Batteriesäure unbedingt absaugen.

Pole an der Batterie fetten: Zwar ist das heute nicht mehr gefordert, da die Abdichtung zwischen Batterie und Gehäuse deutlich besser geworden ist, schaden kann der kleine Fettring aus Polfett, der Pol und Gehäuse abdichten soll, aber auch heute nicht. Übrigens sollte nie der Pol selbst eingefettet werden. Fett bedeutet einen Übergangswiderstand und der wiederum wirkt sich, wie das Oxid auch, negativ auf der Stromleitung aus.

Ladezustand und Kapazität der Batterie prüfen

Wirkt die Batterie trotz richtigem Säurestand kraftlos, sollten Sie den Ladezustand kontrollieren. Dazu verwenden Sie einen handelsüblichen Säureheber (Aräometer). Seine Skala zeigt die Dichte des Elektrolyten in der Batteriezelle an.

Säuredichtemessung mit dem Säureheber

- Führen Sie die Messung erst durch, wenn die letzte Aufladung mindestens sechs Stunden zurückliegt.
- Schrauben Sie alle Batterie-Stopfen (Verschlussstopfen der Batteriezellen) heraus und tauchen Sie den Säureheber senkrecht in die Batteriezelle (1). Dann so viel Batteriesäure ansaugen, bis die Messspindel frei in der Säure schwimmt. Je hoher die Säuredichte, desto mehr taucht der Schwimmer auf.
- An der Skala des Säurehebers können Sie die Säuredichte in kg pro Kubikdezimeter (l) ablesen.
- Vergleichen Sie nun den abgelesenen Messwert mit den Werten in der Tabelle.
- Die Säuredichte muss mindestens 1,24 kg/l betragen. Ferner dürfen die Messwerte für die Säuredichte der einzelnen Batteriezellen nicht mehr als 0,03 kg/l voneinander abweichen. Ist die Dichte zu gering: Batterie laden. Nach dem Laden die Säuredichteprüfung wiederholen.

Ladezustand in normalen Klimazonen:

Spezifische Dichte (kg/l)	Zustand der Batterie
1,28	voll geladen
1,22	halbentladen
1,15	entladen

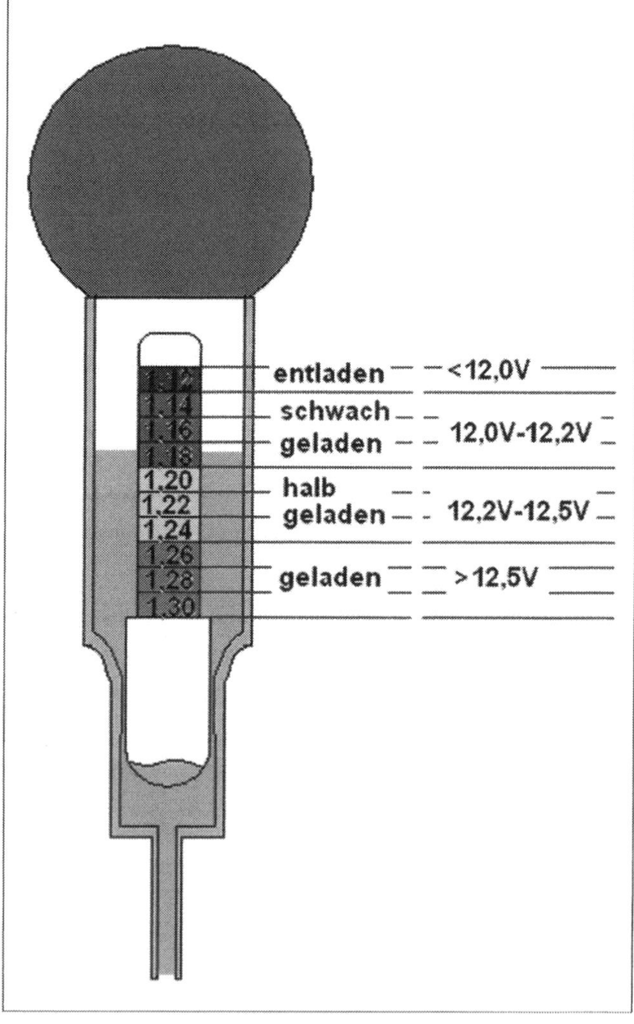

Säuredichte bestimmen: Unkompliziert und schnell erledigt.

PRAXISTIPP

Belastungsprüfung der Batterie

Im Zusammenhang mit der Säuredichteprüfung gibt eine Belastungsprüfung Aufschluss über den Zustand der Batterie. Erforderlich ist dazu ein Batterieprüfgerät. Wird ein Gerät VAS 1979 oder VAS 5033 verwendet, muss die Batterie nicht ausgebaut und auch nicht abgeklemmt werden. Dann Zündung ausschalten und die Zangen der Prüfleitungen an die Batteriepole anschließen. Je nach Batteriekapazität muss am Prüfgerät der richtige Belastungsstrom eingestellt werden:

Batterie-kapazität	Kälteprüf-strom	Belastungs-strom	Mindest-spannung
36Ah	175A	100A	10,0V
40–49Ah	220A	200A	9,2V
50–60Ah	265–280A	200A	9,4V
61–80Ah	300–380A	300A	9,0V
81–110Ah	380–500A	300A	9,5V

Durch die hohe Belastung der Batterie während dieser Prüfung sinkt die Batteriespannung, bei einwandfreier Batterie allerdings nur bis zur Mindestspannung. Wenn die Spannung sehr schnell unter die Mindestspannung laut Tabelle sinkt, ist die Batterie nur schwach geladen oder defekt.

Batteriespannung messen

- Liegt die letzte Batterieladung weniger als sechs Stunden zurück, das Abblendlicht für etwa 30 Sekunden einschalten, damit durch die Ladung entstandene Spannungsspitzen abgebaut werden.
- Nach vier bis fünf Minuten Wartezeit die Batteriespannung zwischen den Polen messen. Dazu alle Stromverbraucher ausschalten. Eine ausgebaute Batterie sollten Sie einmal im Monat mit einem Ladegerät nachladen. Škoda empfiehlt zum Akkuladen die V.A.G.-Geräte 1471, 1648 oder 1974. Völlig leere Batterien können bei Frost einfrieren und platzen, randvoll geladen vertragen sie Kälte recht gut. Das gilt übrigens auch für einen Akku im vorübergehend stillgelegten Fahrzeug. Befindet sich die Batterie noch an Bord, schalten Sie zum Laden die Zündung aus. Räume, in denen Batterien geladen werden, dürfen wegen des entstehenden Knallgases nicht mit offenem Licht oder rauchend betreten werden. Stellen Sie Durchlüftung sicher: Funken beim An- oder Abklemmen könnten das Gas ebenfalls entzünden. Die Batteriestopfen müssen gut schließend eingeschraubt sein. Die Batterie muss eine Mindesttemperatur von 10 °C haben.

Und noch ein Tipp: So genanntes Schnellladen schadet der Batterie und führt bei tief entladenen Batterien auch nur zu »Oberflächenladung«.

Spannung (V)	Zustand der Batterie
12,66	100% geladen
12,48	75% geladen
12,3 (und mehr)	50% entladen

Prüfung des Spannungsreglers

- Multimeter zwischen Plus-Klemme (rotes Kabel) der Lichtmaschine und Masse anklemmen.
- Motor kurz laufen lassen, damit die Lichtmaschine betriebswarm wird (ca. 80 °C).
- Schalten Sie das Licht, Radio oder das Frischluftgebläse ein. Das entspricht einer Strombelastung von drei bis zehn Ampere. Die Ladespannung muss jetzt zwischen 13,5 und 14,8 Volt liegen.
- Messen Sie eine höhere Spannung, ist der Regler defekt und muss ausgetauscht werden. Ist die Spannung zu niedrig, deutet das auf abgenutzte Schleifkohlen oder einen Reglerdefekt hin. In diesem Fall zuerst den Fehlerspeicher auslesen, eventuell die Lichtmaschine ausbauen und zum Überholen in die Autoelektrik-Werkstatt bringen.

Ruhestrommessung am Fahrzeug

Liefert die am Vortag intakte Batterie keinen Strom, hat vielleicht ein defekter Verbraucher im Bordnetz den Akku über Nacht entladen. Das überprüfen Sie zunächst mit einer Strommessung. Wenn nötig ermitteln Sie dann den betreffenden Verbraucher. Bei Schaden an Leitungssätzen (Kabel, Kabelbäume) ist es wichtig, die Ursache wie Schmoren/Überhitzung, Scheuern, Klemmen, Quetschen, Durchtrennen, Ermüdungsbruch, Korrosion, Marderbiss oder Montagefehler herauszufinden. Nur so kann sichergestellt werden, dass sich der Schaden nach der Reparatur nicht wiederholt. Ersetzen Sie niemals eine defekte Sicherung durch eine stärkere Sicherung oder gar eine massive Brücke! Angeschmolzene Kabel oder sogar Kabelbrände können die Folge sein. Gehen Sie den Dingen lieber auf den Grund.

Im günstigsten Fall sollte ein Fahrzeug, wenn es abgestellt wurde, keine Energie umsetzen. Da diverse Steuergeräte in Bereitschaft liegen, verhält es sich nicht anders als beim heimischen Fernsehgerät. Es fließt immer ein geringer Strom, der auch irgendwann die Batterie vollständig entladen hat. Natürlich sollte, wenn schon nicht vermeidbar, der Strom so klein wie möglich ausfallen. Defekte Bauteile oder fehlerhafte Sensoren können allerdings leicht einen größeren Stromverbrauch verursachen. Schon beim Öffnen einer Tür werden neben der Innenraumleuchte diverse Steuergeräte hochgefahren und gehen in Bereitschaft. Die Stromaufnahme steigt dann zum Teil bis zu 30 A an. Schon diese Zahl zeigt, dass die Messung mit dem Multimeter nicht ratsam ist. Die Stromaufnahme kann mit einer Strommesszange leicht erfasst werden.

Strommesszange über alle oder Minus-/ Pluskabel der Batterie anschließen und den Wert ablesen. Die kleine Amperezange gibt es schon recht günstig in Elektronikversandhäusern.

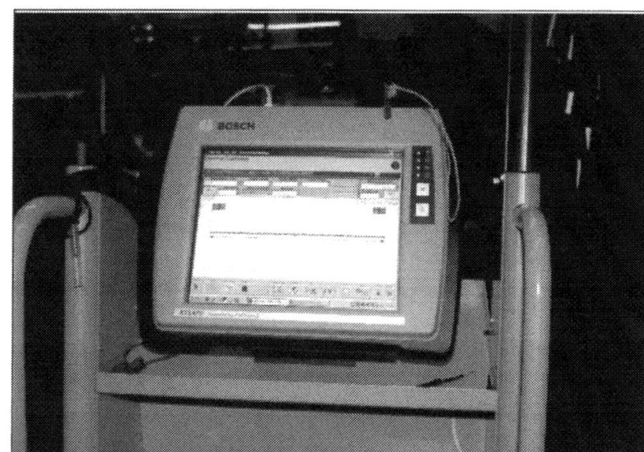

Besser ist natürlich eine Langzeitüberwachung über einen Tester. Hier kann die Aufzeichnung auch durchaus über mehrere Stunden durchgeführt werden. Die Auswertung erfolgt dann anhand des Oszilloskopbildes.

Batterie laden/Batterie aus- und einbauen

Batterie laden

- Pluskabel des Ladegeräts am Batterie-Pluspol, Minuskabel am Minuspol anklemmen.
- Ladestrom am Batterieladegerät entsprechend der Batteriekapazität einstellen und Ladegerät einschalten.
- Bei tief entladenen Batterien, bei denen die Ruhespannung unter 11,6 V abgesunken ist, den Ladestrom auf maximal 10% der Batteriekapazität einstellen. Bei einer 60-Ah-Batterie beträgt der Ladestrom dann 6 A.
- Unterschreitet nach Auffüllen der Batteriesäure und Aufladen der Batterie die Ruhespannung den Wert von 12,5 V, muss die Batterie ersetzt werden.
- Die Ladezeit muss dann mindestens 24 Stunden betragen.
- Wird die Batterie wieder angeklemmt, denken Sie daran, die Fahrzeugausstattungen wie Radio, Uhr und Komfortelektrik auf einwandfreie Funktion zu prüfen.

Batterie aus- und einbauen

Bevor Sie die Batterie ausbauen können, müssen Sie die Abdeckung der Scheinwerfer entfernen (falls vorhanden), eventuell das Luftfiltergehäuse und den Sicherungshalter auf der Batterie demontieren. Der Sicherungskasten ist entweder mit Clips oder mit Schrauben befestigt.

Ausbau:

- Schalten Sie die Zündung aus. Klemmen Sie das Batterie-Masseband am Batterie-Minuspol ab, damit beim weiteren Hantieren kein Kurzschluss entstehen kann. Mutter an der Klemme des Minuskabels lösen, Klemme vom Batteriepol abnehmen.
- Zum Öffnen des Sicherungshalters die Verriegelungslaschen zusammendrücken und Abdeckung aufklappen.
- Schrauben Sie die Befestigungsschraube des Stromleitbleches von der Plusklemme der Batterie ab.
- Zum Abklemmen der angeschlossenen Leitungen an den Streifensicherungen schrauben Sie die Befestigungsschrauben ab.
- Drücken Sie mit dem Daumen auf den Spannbügel und hebeln Sie mit einem Schraubendreher die Verrastung des Hebels mit der Batterie auf. Nehmen Sie den Sicherungshalter nach oben von der Batterie ab.
- Pluskabel-Klemme lösen und abnehmen.
- Sechskant-Schraube M8 x 25 am Batteriefuß losdrehen und den Befestigungsbügel abnehmen.
- Batterie herausheben.

Einbau:

- Achten Sie beim Einbau darauf, dass nur Batterien mit 10,5 mm-Fußleisten verwendet werden, um festen Sitz zu gewährleisten. Die Nase des Batterieträgers muss so in die Aussparung der Fußleiste eingreifen, dass sich die Batterie nicht mehr nach links oder rechts verschieben lasst. Nur so ist Rüttelsicherheit gegeben, um die Bleiplatten vor Schaden zu bewahren.
- Nun das Pluskabel mit 6 Nm an der Befestigungsschraube anschließen, dann das Minuskabel.
- Zur Aktivierung des automatischen Tief-/Hochlaufs fahren Sie alle Türscheiben mit elektrischen Fensterhebern bis zum Anschlag nach oben. Anschließend betätigen Sie alle Fensterheberschalter für mindestens eine Sekunde in Stellung schließen.

Motor mit Starthilfekabel starten

Verwenden Sie zur Überbrückung von einer vollen zu einer leeren Batterie spezielle Elektronik-Starthilfekabel. Damit schützen Sie die elektronischen Bauteile Ihres Fabia vor gefährlichen Spannungsspitzen.

Spannungsspitzenkiller.

- Hilfsfahrzeug dicht an Ihr Fahrzeug heranfahren, damit die Batterien durch die Starthilfekabel verbunden werden können. Schalten Sie in Ihrem Fahrzeug alle Stromverbraucher ab.

- Die Pluspole mit dem Starthilfekabel verbinden, zuerst die leere, dann die volle Batterie anklemmen.

- Das andere Kabel zuerst am Minuspol der Fremdbatterie und dann am Minuspol der entladenen Batterie (oder an Masse) anschließen.

- Motor des Hilfswagens starten und mit erhöhter Drehzahl laufen lassen, damit die Lichtmaschine viel Strom liefert.

- Starten Sie Ihr Fahrzeug. Wenn der Motor nicht gleich anspringt, sollten Sie nach weiteren Versuchen immer wieder eine Pause einlegen, damit der Anlasser abkühlen kann. Dabei den Motor des Hilfsfahrzeugs weiterlaufen lassen. Die leere Batterie in Ihrem Fabia wird dadurch schon nachgeladen.

- Zum Abnehmen der Starthilfekabel zuerst den Minuspol der eigenen Batterie, dann den der Fremdbatterie abklemmen. Anschließend Kabel von den Pluspolen abnehmen, erst Vollbatterie, dann Leerbatterie.

PRAXISTIPP

Anschieben / Anschleppen

Wagen anschieben

Das klappt am besten, wenn Motor und Anlasser in Ordnung sind. Verzichten Sie aufs Anschieben, wenn der Motor wegen einer defekten Zündanlage nicht startet. Unverbrannte Gemischanteile können nachgezündet werden und die Temperatur im Katalysator auf gefährliche Höhen treiben. Anschieben oder Anschleppen über eine Strecke von mehr als 50 Metern ruiniert den Katalysator. Fahrzeuge mit Automatikgetriebe können nicht angeschoben werden.

- Zündung einschalten und zweiten oder dritten Gang einlegen.
- Kupplung durchtreten, Wagen durch Helfer anschieben lassen, bis er in Schwung ist.
- Kupplung schnell kommen lassen – der Motor wird abrupt durchgedreht und müsste anspringen. Dann sofort Kupplung treten und Gas geben.

Wagen anschleppen

Auch diese Methode eignet sich nicht bei einer defekten Zündanlage. Arbeiten Sie nur mit einem erfahrenen Helfer zusammen. Denken Sie daran, dass Bremskraftverstärker und Servolenkung bei stehendem Motor nicht arbeiten. Fahrzeuge mit Automatikgetriebe können nicht angeschleppt werden. Auch hier gilt: Anschieben oder Anschleppen über eine Strecke von mehr als 50 Metern ruiniert den Katalysator.

- Zündung einschalten, zweiten oder dritten Gang einlegen und Kupplung treten.
- Der Zugwagen muss langsam anfahren.
- Bei etwa 15 km/h die Kupplung langsam kommen lassen. Bleiben Sie stets bremsbereit (Hand an die Handbremse).
- Ist der Motor angesprungen, Kupplung treten und Gas geben.
- Dem Schleppfahrer ein Hupsignal geben, beide Fahrzeuge sanft abbremsen.

Achtung! Sämtliche Servoeinrichtungen (Bremse/Lenkung) funktionieren ohne laufenden Motor nicht

Glühlampenwechsel

Die Glühlampen in den Scheinwerfern werden vom Motorraum her ausgebaut. Der Wechsel einer Lampe fürs Standlicht verändert die Justierung des Scheinwerfers nicht. Bei allen anderen Lampen sollten Sie nach einem Tausch die Einstellung des betreffenden Scheinwerfers kontrollieren.
Fassen Sie intakte Glühlampen nicht mit den Fingern am Glaskolben an. Selbst geringe Spuren von Handschweiß verdampfen auf der brennenden Lampe, trüben den Glaskolben und können im Extremfall das Lampenglas zerstören. Verwenden Sie deshalb zum Einsetzen einer Lampe ein sauberes Tuch.
Streuscheibe und Scheinwerferreflektor sind miteinander verklebt. Bei einem beschädigten Scheinwerferglas oder einem matten Reflektor ist daher stets der Austausch des kompletten Scheinwerfers fällig. Der einzelne Wechsel des Streuglases oder des Reflektors ist nicht möglich.
Vorsicht: Nach dem Einbau eines neuen Scheinwerfers grundsätzlich die Einstellung kontrollieren (lassen). Der Blinker ist Bestandteil des Scheinwerfers und lässt sich separat nicht tauschen. Vor dem Ausbau wie bei allen Arbeiten an der elektrischen Anlage das Batterie-Masseband (Minuspol) abklemmen!

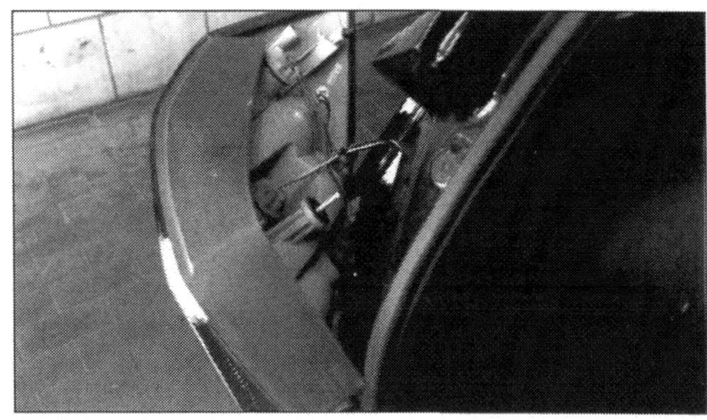

Rücklicht befestigt.

Lampen zugänglich machen:
Bei Fahrzeugen mit Scheinwerferreinigungsanlage sind gegebenenfalls die Schlauchleitungen zur Seite zu legen. Prinzipiell gilt für alle Arbeiten an der elektrischen Anlage:

- Die Zündung und andere elektrischen Verbraucher müssen ausgeschaltet sein. Der Zündschlüssel sollte abgezogen werden.

Lampen für Abblendlicht und Fernlicht auswechseln

- Gummikappe abnehmen.
- Drehen Sie den Lampenträger gegen den Uhrzeigersinn auf.
- Entnehmen Sie die Glühlampe mit dem Lampenträger aus dem Lampengehäuse.
- Glühlampe aus dem Reflektor herausziehen. Neue Lampe so einsetzen, dass die Rastnasen am Lamellenteller in den Aussparungen am Reflektor liegen.
- Drehen Sie den Lampenträger mit dem Uhrzeigersinn zu.
- Gummikappe wieder aufsetzen.

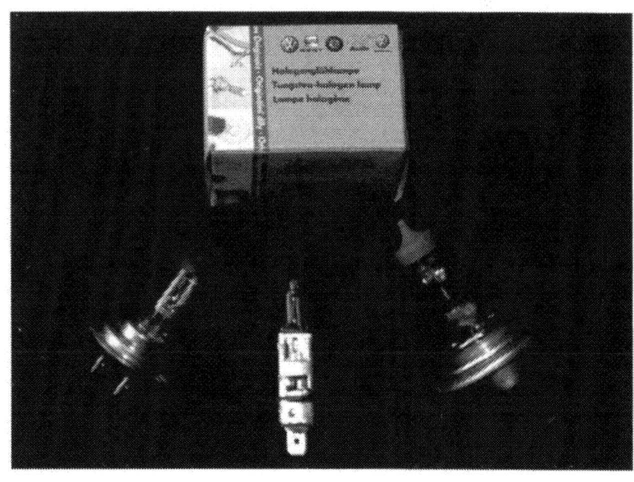

Lampe für Abblendlicht beim Fabia.

Lampen für Standlicht auswechseln

- Kleinen Deckel abnehmen.
- Ziehen Sie die Lampenfassung mit der Lampe für das Standlicht aus dem Reflektor heraus.
- Ziehen Sie die Glühlampe aus der Lampenfassung heraus.
- Neue Lampe so einsetzen, dass der Kontaktbereich der Lampe in den Aussparungen der Fassung liegt.
- Stecken Sie die Lampenfassung mit der Lampe für das Standlicht in den Reflektor hinein.

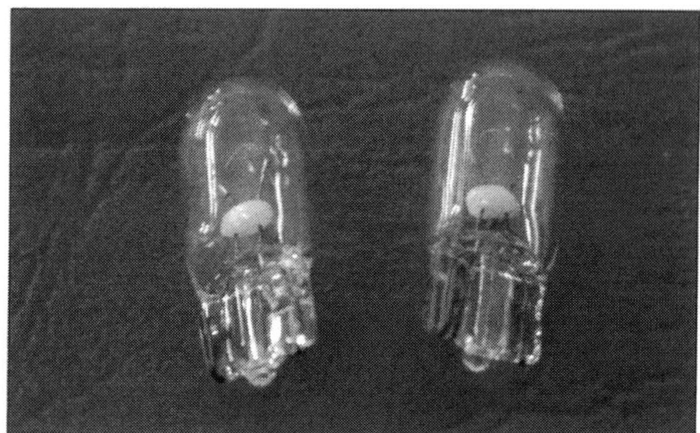

Lampen für Standlicht.

Lampen für Blinklicht auswechseln

- Drehen Sie den Lampenträger gegen den Uhrzeigersinn auf.
- Entnehmen Sie die Glühlampe mit dem Lampenträger aus dem Lampengehäuse.
- Glühlampe etwas hineindrücken und gegen den Uhrzeigersinn aus dem Lampenträger herausziehen. Neue Lampe beim Einsetzen vorsichtig herunterdrücken und im Uhrzeigersinn verdrehen, dass die Rastnasen am Lampenträger einrasten.
- Setzen Sie den Lampenträger in das Lampengehäuse ein und drehen Sie ihn im Uhrzeigersinn zu.

Lampen für Blinklicht auswechseln.

Hauptscheinwerfer ausbauen

Ausbau:

- Bauen Sie den Stoßfänger vorn aus (siehe Kapitel »Karosserie«).
- Lösen Sie die Befestigungsschrauben (Pfeile im Bild) und ziehen Sie das Scheinwerfergehäuse ein Stück nach vorn heraus.
- Trennen Sie die Mehrfachsteckverbindung für Scheinwerfer.
- Ziehen Sie das Scheinwerfergehäuse nach vorn heraus.

Einbau:

- Beim Einbau gehen Sie sinngemäß in umgekehrter Reihenfolge vor.
- Die Befestigungsschrauben werden nur sanft mit 6 Nm angezogen.
- Prüfen Sie die Scheinwerfer nach dem Anschließen auf Funktion (Stand-, Abblend-, Fernlicht, Blinker und Nebelscheinwerfer).
- Achten sie auf die Spaltmasse.
- Lassen Sie die Scheinwerfer einstellen.

Lampen der Heckleuchte wechseln

Ausbau:

- Öffnen Sie die Heckklappe.
- Schrauben Sie die zwei Befestigungsschrauben heraus.
- Ziehen Sie das Lampengehäuse nach hinten ab.
- Ziehen Sie die Steckverbindung ab.
- Drehen Sie die fragliche Glühlampe heraus und ersetzen Sie diese durch eine neue.

Einbau:

- Stecken Sie die Steckverbindung auf.
- Setzen Sie das Schlussleuchtengehäuse in den Karosserieausschnitt ein und ziehen Sie die Befestigungsschrauben leicht an (2,5 Nm).
- Achten Sie auf die Spaltmasse.

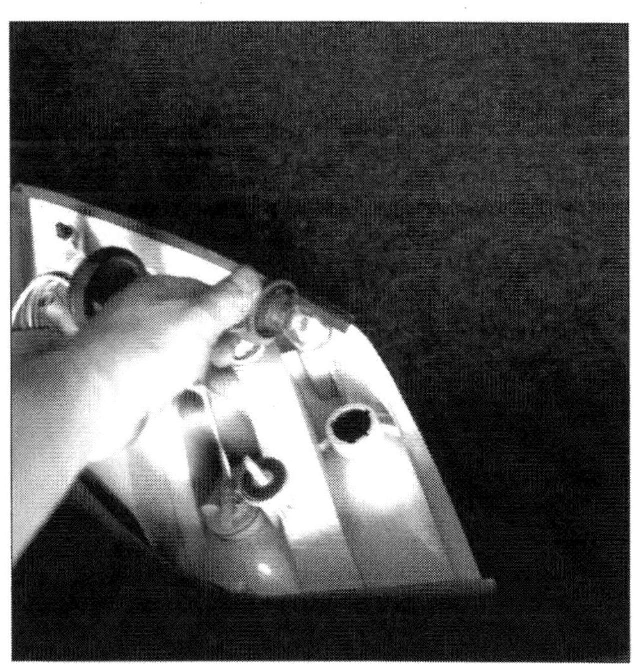

Blick auf die Birnen.

Kennzeichenleuchte wechseln

- Befestigungsschrauben an der jeweiligen Kennzeichenleuchte (Pfeile im oberen Bild) herausdrehen.
- Nehmen Sie das Streuglas zusammen mit der Glühlampe ab.
- Ersetzen Sie die Glühlampe (12 V/5 W) und bauen Sie das Glas wieder ein.
- Beim Einbau achten Sie bitte auf den richtigen Sitz des kleinen silberfarbenen Blendschutzstreifens. Er muss immer der Stoßfängerseite zugewandt sein.

Kennzeichenleuchte demontieren.

Seitliche Blinkleuchte wechseln

- Drücken Sie die Blinkleuchte auf der Seite der Lagerstelle, vorsichtig in Pfeilrichtung gegen die Kraft der Federklammer, auf der anderen Seite der Leuchte und nehmen Sie diese heraus. Wenn Sie einen Schraubendreher benutzen, seien Sie vorsichtig, damit der Lack nicht zerkratzt wird. Der Ausbau der Blinkleuchte ist nur in einer Richtung möglich. Aber Sie können von außen nicht erkennen, auf welcher Seite die Lagerstelle und auf welcher Seite die Federklammer sitzt. In der Regel lässt sich die Blinkleuchte aber nur in Richtung der Feder verschieben.
- Gummifassung mit Steckkompatibel vom Lampengehäuse abziehen.
- Wenn Sie die Lampe (12 V/5 W) austauschen müssen, ziehen Sie diese aus der Fassung heraus (nicht drehen!).
- Stecken Sie dann die Gummifassung mit Steckkompatibel auf das Lampengehäuse auf.
- Setzen Sie die Blinkleuchte in den Kotflügel ein.

Lampe der Zusatzbremsleuchte wechseln, Fabia

Die Zusatzbremsleuchte ist beim Fabia am oberen Rand der Heckscheibe eingebaut.

- Öffnen Sie die Heckklappe.
- Drücken Sie die Leuchte etwas nach unten und haken Sie vorsichtig alle Halteclips aus.
- Klappen Sie die Leuchte zur Seite und clipsen Sie sie aus.
- Ziehen Sie den Stecker ab.
- Entriegeln Sie die Rastnasen und nehmen Sie die Leuchtleiste heraus.

Die Montage erfolgt in umgekehrter Reihenfolge.

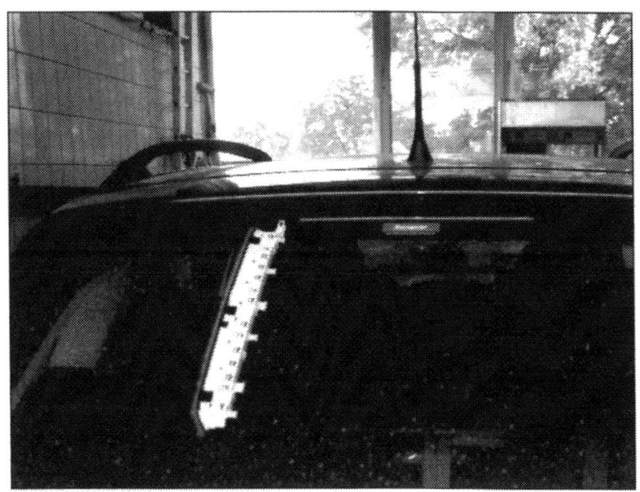

Zusatzbremsleuchte.

Zusatzbremsleuchte wechseln, Fabia Combi

Die Zusatzbremsleuchte ist beim Fabia Combi in die Heckklappe eingebaut. Sie ist mit Leuchtdioden versehen. Diese können nicht einzeln ersetzt werden.

Ausbau:

- Öffnen Sie die Heckklappe.
- Nehmen Sie den Gummistopfen im Bereich der Leuchte aus der Heckklappe.
- Führen Sie einen Schraubendreher durch das Loch in der Heckklappe und schieben Sie damit die Arretierleiste der Leuchte nach rechts.
- ACHTUNG: Die Arretierleiste und die drei Blechsschellen fallen in die Heckklappe und müssen später wieder entnommen werden!!!
- Entnehmen Sie die Leuchte aus der Heckklappe.

Einbau:

- Schieben Sie die Halteklammern auf die Leuchte auf (die Nasen am Schellenende müssen unter die Kante am Glas der Leuchte greifen).
- Setzen Sie die Arretierleiste auf und sichern Sie diese durch Verschieben.
- Stecken Sie die Steckverbindung auf.
- Führen Sie die Leuchte in die Heckklappe und clipsen Sie diese ein. Beachten Sie den korrekten Sitz der Dichtung.

Sicherungen auswechseln

Den Sicherungskasten finden Sie, wenn Sie die Fahrertür öffnen und die untere Verkleidung am Armaturenbrett mit einem Schraubendreher oder notfalls mit dem Zündschlüssel aufhebeln. Die kleine Zange zum Sicherungswechsel finden Sie im Deckel untergebracht. Zusätzliche Sicherungen befinden sich an der Relaisplatte und im Batteriehalter. Die Relaisplatte befindet sich hinter der linken Fußraumabdeckung. Beim Dieselmotor befindet sich die Sicherung für die Vorglühanlage im Sicherungshalter auf der Batterie.

- Öffnen Sie die Fahrertür und hebeln Sie mit einem Schraubendreher oder notfalls mit einem Zündschlüssel die Abdeckplatte am Armaturenbrett ab.

- Mit dem Sicherungszieher (Kunststoffpinzette auf der Abdeckplatte) die defekte Sicherung aus dem Steckplatz ziehen.

- Neue Sicherung mit gleicher Amperestärke in den Steckplatz eindrücken. Achten Sie dabei auf korrekten Sitz.
- Brennt die neue Sicherung sofort wieder durch, haben Sie eventuell eine zu schwache Sicherung eingesetzt oder der Verbraucher ist defekt. In diesem Fall sollten Sie dem Problem schnellstens auf den Grund gehen. Der Verbraucher könnte beschädigt werden, im schlimmsten Fall sogar ein Kabelbrand entstehen.

Belegung der Relais

Die Belegung der Relaisplatte ist bautypenabhängig. Diese sind mit arabischen und römischen Zahlen nummeriert und Sicherungen mit Buchstaben gekennzeichnet. Diese Belegung kann von der Ausstattung und dem Baujahr Ihres Fahrzeuges abhängen. Die Belegungspläne sollten Sie dann mit Ihrem Fahrzeugdatenträger bei Ihrem Škodapartner anfragen und eventuell ausdrucken lassen.

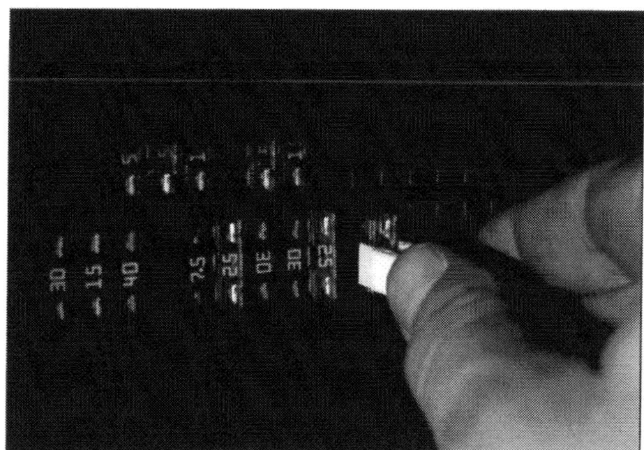

Defekte Sicherung entnehmen: Achten Sie darauf, immer eine gleich starke Sicherung einzusetzen.

Von 1 bis 44: Die Sicherungen in ihren Haltern im Sicherungskasten unter der Schalttafel.

Hupe ausbauen und prüfen

Die Hupe des Fabia ist am Frontträger auf der rechten Fahrzeugseite hinter dem vorderen Stoßfänger montiert – den man ausbauen muss, um an die Hupe heranzukommen. Das Horn wird über ein Relais betätigt. Sind zwei Hörner verbaut, hat jedes Horn hat einen eigenen Steckanschluss.

Ausbau:

- Nach Ausbau des Stoßfängers die Haltemuttern (Pfeile) an den Signalhörnern losen und die Hörner abnehmen.
- Drahtsicherungen der Steckkontakte eindrücken und Stecker abziehen.
- Über Hilfsleitungen die Hupe direkt mit der Fahrzeugbatterie verbinden: Schwarz/gelbes Hupenkabel an den Pluspol, braunes Hupenkabel an den Minuspol (Masse). Falls die Hupe jetzt nicht ertönt, muss sie ausgewechselt werden. Ertönt sie jedoch, muss im elektrischen System nach dem Fehler für das Hornversagen gesucht werden.

Einbau:

- Alte oder neue Signalhörner einsetzen und anschrauben. Stecker aufsetzen sowie Stoßfänger wieder anbauen.

Reparaturen an der Lichtmaschine

Generell ist es möglich den Generator zu reparieren. Wie man schon an dem Schaubild gut sehen kann, besteht der Generator aus nicht allzu vielen Teilen. Die Zerlegbarkeit scheitert meist an unzureichendem Werkzeug. Beispielweise muss bei einigen Generatoren die Diodenplatte (der Gleichrichter) demontiert werden. Da er angelötet ist und zudem recht dicke Drähte in der Lichtmaschine verbaut wurden, wird ein Lötgerät mit einer hohen Leistung notwendig.
Für die Demontage der Lager müssen passende Abzieher vorhanden sein, um den Anker und seine Welle nicht zu beschädigen. In den meisten Fällen sind die Kohlen des Reglers verschlissen. Bei einigen Lichtmaschinen sind diese einzeln, beziehungsweise mit dem Bürstenhalter lieferbar.

Entscheidend für einen sinnvollen Austausch der Kohlen ist der Zustand der Schleifringe des Ankers. Sind diese durch den langen Betrieb eingelaufen, werden die neuen Kohlen sehr schnell wieder verschleißen. Hier sollte dann auf einen Austauschgenerator zurückgegriffen werden.

Bei allen Arbeiten an der Lichtmaschine gelten die bekannten Hinweise: Nach Abklemmen des Massekabels den Minuspol der Batterie am besten mit Isolierband abkleben, Generator nicht bei angeschlossener Batterie ausbauen, beim Ausbau Radio-Codierung beachten, nach Wiedereinbau Fehlerspeicher auslesen. Fahrzeuggeneratoren und Anlasser sind Austauschteile: Ein defekter wird beim Kauf eines überholten oder neuen Teils in Zahlung genommen. Er muss aber noch vollständig, einigermaßen sauber und zusammengebaut sein.

Batterie

	Störung	Was kann das sein?	Was muss ich tun?
A	**Rote Ladekontrolle brennt nicht beim Einschalten der Zündung**	**1** Batterie leer	Mit Starthilfekabel starten oder Wagen anschleppen
		2 Batteriekabel gebrochen, Kabelklemmen lose oder oxidiert	Batteriekabel und -klemmen kontrollieren
		3 Kontrollleuchte defekt	ersetzen
		4 Schleifkohlen abgenutzt	Regler tauschen
		5 Spannungsregler defekt	Regler austauschen
		6 Lichtmaschine schadhaft	Lichtmaschine überholen oder austauschen
		7 Feuchtigkeit bildet einen isolierenden Schmierfilm zwischen den Schleifringen und Kohlen (z. B. nach Motorwäsche)	Lichtmaschine mit Druckluft ausblasen oder Schleifringe und Kohlen sauber reiben
B	**Ladekontrolle brennt oder glimmt bei laufendem Motor**	**1** Keilrippenriemen lose bzw. ohne Spannung	Keilrippenriemenspannung kontrollieren
		2 Mangelnder Kontakt an Kabelanschlüssen der Lichtmaschine oder unterbrochene Kabel	Kabelanschlüsse und Kabel prüfen
C	**Batterieoberfläche feucht**	**1** Zu viel eingefülltes destilliertes Wasser	Ausgasen lassen, keine Säure absaugen
		2 Batterieverschlüsse verstopft	Entlüftungslöcher säubern
		3 Spannungsregler defekt	Austauschen
J	**Batterie gast stark**	**1** Batterie Zellenschluss	Batterie ersetzen
		2 Ladespannung zu hoch	Lastmanagement prüfen, Fehlerspeicher auslesen (lassen)

Anlasser

	Störung	Was kann das sein?	Was muss ich tun?
A	**Beim Drehen des Zündschlüssels in Startstellung dreht der Anlasser zu lange oder gar nicht**	**1** Kontrolllampen brennen- schwach oder verlöschen	
		1a Batterie entladen	Mit Starthilfekabel starten, Auto anschieben/anschleppen,
		1b Kabelanschlüsse lose oder oxidiert	Kabel, befestigen, Anschlüsse säubern, Anlasser überholen
		1c Batterie entladen	lassen oder austauschen
		2 Kontrolllampen brennen hell, Klicken aus Richtung Anlasser immer noch nicht:	Anlasser überholen lassen oder austauschen
		2a Kohlenbürsten bzw. deren Anschlüsse im Anlasser gelöst	
		2b Kontakte im Magnetschalter defekt	
		2c Anlasserwicklung schadhaft	
B	**Der Anlasser dreht, aber der Motor dreht nicht**	**1** Ritzel verschmutzt	Ritzel reinigen
		2 Einrückvorrichtung klemmt	Anlasser überholen lassen
		3 Verzahnung des Ritzels oder Motorschwungscheibe beschädigt	Wagen bei eingelegtem Gang durch Helfer ein Stuck vorschieben lassen: Erneut starten. Beschädigte Teile ersetzen
C	**Magnetschalter schaltet schnell ein und aus. Anlasser läuft nicht an**	**1** Batterie stark entladen, beim Einschalten des Magnetschalters fällt die Spannung ab und er schaltet wieder ab	Batterie laden
		2 Einrückvorrichtung klemmt	Anlasser überholen lassen
		3 Verzahnung des Ritzels oder der Motorschwungscheibe beschädigt	Wagen bei eingelegtem Gang durch Helfer ein Stück vorschieben lassen. Zündung aus! Erneut starten. Beschädigte Teile ersetzen

Anlasser

	Störung	Was kann das sein?	Was muss ich tun?
D	**Anlasser läuft weiter, obwohl der Zündschlüssel losgelassen wurde**	**1** Magnetschalter hängt oder schaltet nicht ab	Zündung sofort abschalten, notfalls Batterie abklemmen. Magnetschalter reparieren oder Anlasser austauschen
		2 Zünd-/Anlassschalter defekt	Schalter ersetzen
E	**Ritzel spurt nach Anspringen des Motors nicht aus**	**1** Rückstellfeder des Einrückhebels lahm oder gebrochen	Zündung abschalten, ggf. Anlasser austauschen

Hupe

	Störung	Was kann das sein?	Was muss ich tun?
A	**Hupe tönt nicht**	**1** Sicherung defekt	Ersetzen
		2 Kabel vom Lenkrad zum Lenksäulensteuergerät unterbrochen	Kabelverlauf kontrollieren, Steckkontakte der Hupe blank kratzen
		3 Hupe defekt	Prüfen, ggf. ersetzen
		4 Relais defekt	Prüfen, ggf. ersetzen
B	**Hupe tönt dauernd**	**1** Hupenkontakt vom Lenkrad defekt	Prüfen, ggf. ersetzen
		2 Hupe hat inneren Masseanschluss	Hupe ersetzen. Unterwegs: Kabel von der Hupe abziehen

BREMSLICHT

	Störung	Was kann das sein?	Was muss ich tun?
A	**Eine Bremsleuchte brennt nicht**	**1** Glühlampe durchgebrannt	Austauschen
		2 Masseverbindung unterbrochen. Brennen alle Übrigen Lampen in derselben Heckleuchte?	Kabel kontrollieren
		3 Unterbrechung in der Zuleitung	Kabel kontrollieren
B	**Beide bzw. alle drei Bremslichter brennen nicht**	**1** Sicherung defekt	Ersetzen
		2 Bremslichtschalter defekt	Überprüfen, ggf. ersetzen
		3 siehe A1 und A3	
C	**Bremslicht brennt dauernd**	**1** Kabel zum Bremslichtschalter haben direkten Kontakt	Kabel kontrollieren
		2 Bremslichtschalter defekt	Überprüfen, ggf. ersetzen

WARNBLINK- UND BLINKANLAGE

	Störung	Was kann das sein?	Was muss ich tun?
A	**Kontrolllampe für Richtungsblinker leuchtet in ganz kurzen Intervallen auf. Normaler Blinkrhythmus beim Warnblinken**	**1** Eine Glühlampe defekt oder ohne Kontakt	Auswechseln
B	**Richtungsblinken funktioniert, aber kein Warnblinken**	**1** Sicherung defekt	Auswechseln
		2 Kabel vom Steckkontakt am Warnblinkschalter zum Lenksäulensteuergerät unterbrochen	Durchgang kontrollieren, ggf. erneuern
		3 Warnblinkschalter defekt	Auswechseln
C	**Warnblinken funktioniert, aber kein Richtungsblinken**	**1** Kabel zwischen Blinkerschalter zum Lenksäulensteuergerät unterbrochen	Durchgang kontrollieren, ggf. erneuern
		2 Blinkerschalter defekt	Auswechseln (lassen)
		3 Sicherung defekt	Ersetzen

Treibende Kraft

Mit einer breit gefächerten Auswahl an Otto- und Dieselmotoren lässt der Fabia keine Wünsche offen. Die sehr effizienten und schadstoffarmen Aggregate vom normalen Benzinmotor, aufgeladenen und nicht aufgeladenen Diesel-Direkteinspritzmotoren wurden in der Serie stetig weiterentwickelt. So sind seit geraumer Zeit auch die modernen Commonrail-Motoren erhältlich.

Der Fabia wartet mit einer breiten Palette von Motoren auf. Erklärte Philosophie von Škoda ist es, dem Kunden ein genau auf seine Wünsche und Ansprüche zugeschnittenes Triebwerk zur Verfügung zu stellen – von hoch ökonomisch bis ausgesprochen sportlich. Alle Motoren sind flüssigkeitsgekühlt und quer zur Fahrtrichtung eingebaut. Sie sind oben links und rechts in Gummi-Metall-Lagern aufgehängt. Dadurch könnten sie theoretisch wie ein Pendel schwingen. Die Drehmomentkräfte werden von einer weit unten angeordneten Stütze abgefangen. Schwingungen werden nur geringfügig auf die Karosserie übertragen, wodurch sich der Fahrkomfort erhöht.

Die Wahl des Motors fällt also gar nicht leicht. Die Entscheidung zwischen Vernunft und Fahrspaß liegt in dieser Motorenpalette allerdings nicht so weit auseinander. Man sollte aber auch nicht nur nach der Situation schauen, die im Moment die Kosten des Autos ausmachen. Erfahrungsgemäß wird der Staat schon einen Weg finden, die neu erstandene Sparsamkeit der Autofahrer in irgendeiner Form als Steuer wieder einzukassieren.

Die Entscheidung zum Dieselmotor ist nicht nur von Sparsamkeit geprägt. Kenner der VW-TDI wählen durchaus dieses Motorkonzept aufgrund der Spritzigkeit und des druckvollen Durchzugs, der auch im Vergleich zu anderen Fahrzeugherstellern seinesgleichen sucht.

Wie vieles bei Škoda entstammt auch die Motorisierung durch Kombinationen aus bewährten Komponenten der Großserie bei der Mutter VW. Bis zum heutigen Tag wurden in dieser Fabiaserie 20 Motoren verbaut. Im Laufe der Produktionszeit wird sicherlich noch die eine oder andere Variante hinzukommen.

Die Benzinmotoren

Bezeichnung	Hubraum ccm	Motorkennbuchstabe	Leistung
Fabia 1,2	1198	BBM	44 kW
Fabia 1,2	1198	CHFA	44 kW
Fabia 1,2	1198	BZG	51 kW
Fabia 1,2	1198	CEVA	51 kW
Fabia 1,2	1198	CGPA	51 kW
Fabia 1,2 TSI	1197	CBZA	63 kW
Fabia 1,2 TSI	1197	CBZB	77 kW
Fabia 1,4	1390	BXW	63 kW
Fabia 1,4	1390	CGGB	63 kW
Fabia 1,6	1598	BTS	77 kW
Fabia 1,6	1598	CFNA	77 kW
Fabia 1,4 RS	1390	CAVE	132 kW

Die Dieselmotoren

Bezeichnung	Hubraum	Motorkennbuchstabe	Leistung
Fabia 1,2 TDI CR	1199	CFWA	55 kW
Fabia 1,4 TDI PD	1390	BNM	51 kW
Fabia 1,4 TDI PD	1390	BNV	59 kW
Fabia 1,4 TDI PD DPF	1390	BMS	59 kW
Fabia 1,6 TDI CR	1598	CAYA	55 kW
Fabia 1,6 TDI CR	1598	CAYB	66 kW
Fabia 1,6 TDI CR	1598	CAYC	77 kW
Fabia 1,9 TDI PD	1896	BSW	77 kW

Volkswagen kennzeichnet jeden Motortyp mit drei »Kennbuchstaben« und einer sechsstelligen »laufenden Nummer«. Wurden von einem Motortyp mehr als 999.999 Triebwerke hergestellt, wird die erste der sechs Stellen durch einen Buchstaben ersetzt.
Die neuen Benzindirekteinspritzer und Commonrail-Dieselmotoren hingegen sind nun mit einem vierstelligen »Kennbuchstaben« versehen.

Alle Motoren haben einen Keilrippenriemen, der die Nebenaggregate wie Generator, Servopumpe und Klimakompressor antreibt und nur sehr selten erneuert werden muss. Mit welchem Motor aus der umfangreichen Palette Ihr Fahrzeug ausgestattet ist, können Sie dem Fahrzeugdatenträger im Serviceplan oder natürlich den amtlichen Fahrzeugpapieren entnehmen. Ein Fahrzeugdatenträger ist ferner auf der B-Säule links aufgeklebt. Auch er enthält die im Serviceplan verzeichneten Daten plus der Produktions-Steuerungsnummer.
Betrachten wir nun einige typische Vertreter der Motorenpalette etwas genauer:

Benzinmotoren

Motorblock auf dem Montagetisch.

Der Motorblock der Benzinmotoren besteht aus Aluminium. In allen anderen Fällen ist der Motorblock ganz aus Grauguss. Der Zylinderkopf aus Aluminiumguss ist auf den Motorblock aufgeschraubt. Nach unten wird der Motor durch eine Leichtmetall-Ölwanne abgeschlossen. Hier sammelt sich das für Schmierung und Kühlung nötige Motoröl. Der Zylinderkopf für die Benzinmotoren funktioniert nach dem Querstromprinzip: Das frische Kraftstoff-Luft-Gemisch strömt auf der einen Seite ein, die verbrannten Gase werden auf der anderen Seite ausgestoßen. Ein schneller Gaswechsel über die Ein- und Auslassventile ist auf diese Art sichergestellt. Hydraulische Ausgleichselemente, so genannte Hydrostößel, halten automatisch das Ventilspiel konstant. Entsprechende Einstellungen etwa im Rahmen der Wartung sind damit überflüssig. Für Aufbereitung und Zündung des Kraftstoff-Luft-Gemisches sorgen wartungsfreie Motormanagement-Systeme. Das Einstellen des Zündzeitpunktes oder Leerlaufs im Rahmen der Wartung ist nicht erforderlich. Nur die Zündkerzen und der Luftfiltereinsatz müssen regelmäßig erneuert werden.

Wolfsburger Nostalgie: Bereits seit 40 Jahren werden Benzinmotoren durch Elektronik gesteuert.

Der 1,4 Liter Benzin-Motor mit 55 kW (75 PS) (BXW)

Der 1,4 Liter-Motor mit vier Ventilen pro Zylinder hat eine Leistung von 55 kW (75 PS) bei einer Drehzahl von 5000/min. Er verfügt über zwei obenliegende Nockenwellen, von denen die eine mit einem Zahnriemen direkt von der Kurbelwelle angetrieben wird. Anders als sonst bei Motoren mit zwei Nockenwellen üblich, wird die zweite Nockenwelle jedoch nicht direkt vom Haupt-Steuerriemen angetrieben, sondern über einen zweiten Zahnriemen von Nummer eins aus in Rotation versetzt (»Verbindungsantrieb«). Der Leichtmetall-Zylinderkopf und die fünffach gelagerte Kurbelwelle erinnern dann wieder an andere VW-Motoren – abgesehen von der Ölpumpe, die hinter dem Steuerrad der Kurbelwelle sitzt.
Bei allen diesen Motoren sind Motorkennbuchstaben und Motornummer auf einem Aufkleber am Zahnriemenschutz (siehe Pfeil) zu finden. Zusätzlich findet man sie auf dem Kurbelgehäuse über dem Getriebe und natürlich auf dem Fahrzeugdatenträger. Die Kenn-

buchstaben sind auch in das Typenschild des Fahrzeugs eingestanzt.
Der größtenteils baugleiche Motor mit dem Kennbuchstaben BCA ist ein alter Bekannter, der bereits im Golf, Vento und Newbeetle und weiteren Konzernfahrzeugen einen Einsatzort gefunden hat.
Der BXW ist noch recht neu, fand aber parallel zum Fabia auch im Polo, Golf V und Seat Ibiza einen Arbeitsraum.
Alle Varianten sind für den Betrieb mit Super bleifrei (95 Oktan) ausgelegt, können aber auch ohne Bedenken mit Normalbenzin betrieben werden. Eine geringe Leistungseinbuße und ein etwas höherer Verbrauch müssen dann allerdings einkalkuliert werden.

Die 1,6 Liter-Benzin-Motoren

Bei den 1,6 Liter-Motoren handelt es sich um Zweiventilmotoren. Es stehen also jeweils ein Auslass- und ein Einlassventil pro Zylinder zur Verfügung. Die Motornummer (Kennbuchstaben und Seriennummer) ist bei diesem Typ an der Vorderseite neben der Trennfuge zwischen Motor und Getriebe in den Zylinderblock eingeschlagen. Sie ist auch wieder am Zahnriemenschutzdeckel aufgeklebt. Zusätzlich finden sich die Kennbuchstaben im Typenschild des Fahrzeugs sowie auf den Fahrzeugdatenträgern in Serviceheft und auf dem Kofferraumboden.

Der Motor wird auch im Touran sowie im Golf verbaut. Wie für den 1,4 Liter-Motor ist der Motor für den Betrieb mit Super bleifrei (95 Oktan) ausgelegt, kann aber auch ohne Bedenken mit Normalbenzin betrieben werden. Auch hier sind eine geringe Leistungseinbuße und ein etwas höherer Verbrauch zu erwarten.

1,2 TSI

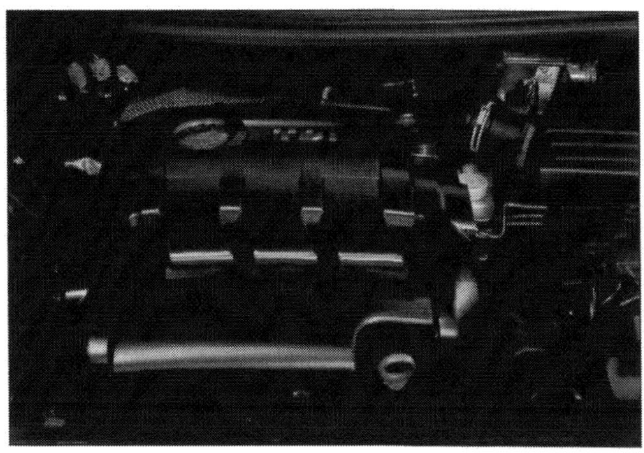

TDI

Dieselmotoren

VW darf für sich das Recht in Anspruch nehmen, der Diesel-Entwicklung entscheidende Impulse gegeben zu haben. Schon mit der Einführung des Turbodiesel im Golf I zeigt sich der Diesel so spritzig wie nie zuvor. Jahre später demonstriert der konzernweit bei vielen weiteren Modellen eingesetzte 1.9 TDI wahre Spartugenden: Ein Durchschnittsverbrauch von unter 4,5 Liter auf 100 Kilometer zeugt von den Fortschritten in Sachen Diesel-Motortechnik. Dabei ist dieser Diesel-Fabia nun wirklich keine lahme Ente, sondern entwickelt ein bemerkenswertes Temperament. Sprints von 0 auf 100 km/h sind mit Schaltgetriebe durchaus in 10,9 Sekunden erledigt. Mitverantwortlich für die guten Fahrleistungen ist auch ein beachtlicher Drehmomentverlauf. Sein Maximum an Durchzugskraft stellen die Diesel-Fabia bereits bei 1500 U/min bereit – satter Durchzug also bereits aus niedrigen Drehzahlen. So mancher leistungsstärkerer Benziner hatte da schon an der Ampel das Nachsehen. Die Anforderungen an Abgaswerte und Partikelbildung zeigten die Grenzen der Verteilereinspritzpumpen. Der VW-Konzern begann, seine TDIs vom Verteilereinspritzverfahren mit einer zentralen Einspritzpumpe auf die Pumpe-Düse-Technik umzustellen. Für einen ruhigeren Motorlauf und ein besseres Abgasverhalten konnten nun so genannte Mehrfacheinspritzungen mit höherem Druck realisiert werden. So konnte dann ein Eingriff in den Verbrennungsablauf des Motors realisiert werden. Pumpen-Düsen-Systeme werden nun nach und nach von den Railsystemen abgelöst und ergeben ein weiterhin verbessertes Abgasverhalten mit beeindruckenden Motoreckdaten und geringerem Verbrauch.

Was ist ein TDI?

TDI-Schriftzug am Heck.

TDI ist die Abkürzung für »Turbodiesel Direkteinspritzer« und gibt einen Hinweis darauf, dass in diesen Motorkonzepten keines der Vorkammerverfahren angewendet wird, sondern die Verbrennung im Brennraum selber beginnt. Bei Audi fand die TDI-Technik bereits sehr früh ein Einsatzgebiet.

Das klassische Merkmal des DIs, also das Einspritzen des Kraftstoffes direkt in den Brennraum, stellt natürlich besondere Anforderungen an die Einspritzsysteme. Um eine bessere Vergasung des Kraftstoffes erreichen zu können, wurden der Verdichtungsdruck und damit auch die Temperatur im Brennraum gesteigert. Gegen den höheren Druck muss die Kraftstoffeinspritzung ankommen. Nicht nur, dass Kraftstoff in irgendeiner Form in den Zylinder gelangen soll, sondern die Anforderungen an Wirtschaftlichkeit, Abgaswerte und zuletzt auch die Partikelgröße der Verbrennungsrückstände erfordern sehr fein zerstäubte Kraftstoffnebel. Um diese feine Zerstäubung auch noch unter dem Verdichtungsdruck realisieren zu können, ist es erforderlich, mit einem Druck von zum Teil mehr als 1200 bar einzuspritzen.

Andere Hersteller hingegen setzten sehr früh schon auf die Commonrail-Systeme. Bei Citroën/Peugeot nennen sich die Motoren dann meist HDI. Mercedes verwendet die Bezeichnung CDI. Natürlich gehören die RAIL-Systeme auch zu den Dieseldirekteinspritzverfahren, unterscheiden sich aber deutlich im Aufbau und auch in der Philosophie.

TDI und SDI

Ein weiteres wichtiges Merkmal und der wesentliche Unterschied zu den SDI (»Saugdiesel Direkteinspritzer«-Motoren) stellt der Turbolader da. Zwei deutlich andere Systeme kamen hier zum Einsatz. Man unterschied zwischen Bypass und VTG-Ladern. Die Zylinderfüllung lässt sich durch die unter Druck gesetzte Luft leicht verbessern. Der Motor saugt mehr Luft an und so entsteht die Möglichkeit zusätzlichen Kraftstoff zu verbrennen. Ein Problem der Turbomotoren lag in dem Anspruchsverhalten des Turboladers. Da die Turbine mit dem Motorabgas angetrieben wird, konnte bis zu einer Motordrehzahl von ca. 2000 1/min kein ausreichender Ladedruck aufgebaut werden. Einmal darüber hinweg, beginnt der Motor deutlich spürbar Drehmoment aufzubauen. Das so genannte Turboloch ist durch die verstellbaren Leitschaufeln im VTG-Lader nicht mehr vorhanden. VTG bedeutet »Variable Turbine Geometrie«. Durch die Ablenkung des Abgasstrahls kann zwischen langsamer Turbinendrehzahl und hoher Turbinendrehzahl gewählt werden. Je weiter der Abgasstrom in die Mitte der Turbine gelenkt wird, umso langsamer dreht diese. Das Anströmen des äußeren Randes der Turbine ermöglicht so schon bei geringer Abgasgeschwindigkeit eine hohe Turbinendrehzahl und somit einen hohen Ladedruck bei Motordrehzahlen, die knapp über dem Leerlauf liegen.

Bio-Diesel

Hinweis zur Verwendung von Biodiesel

Biodiesel, auch RME-Kraftstoff (»Rapsölfettsäuren-Methyl-Ester«) genannt, darf nur in Fahrzeugen verwendet werden, die von Škoda serienmäßig oder für RME-Kraftstoff freigegeben sind. Wenn Sie RME-Kraftstoff einfüllen, obwohl Ihr Fahrzeug dafür nicht geeignet ist, kann das Kraftstoffsystem beschädigt werden. Verwenden Sie nur RME-Kraftstoff entsprechend der DIN EN 14214 (FAME= »Fatty Acid Methyl Ester«)! Bei Biodiesel, der von dieser Norm abweicht, kann der Kraftstofffilter verstopfen. Und über noch eines sollten Sie sich im Klaren sein: Bei Betrieb mit Biodiesel können die Fahrleistungen geringfügig niedriger sowie der Kraftstoffverbrauch geringfügig höher ausfallen. Biodiesel ist auch nur wintertauglich bis ca. -10 °C. Bei niedrigeren Temperaturen empfiehlt Škoda Winterdieselkraftstoff zu tanken. Beachten Sie bei Betrieb mit Biodiesel auch die geänderten Intervalle für das Entwässern und das Wechseln des Kraftstofffilters. Sind

Standzeiten von mehr als ca. zwei Wochen geplant, empfiehlt Škoda das Fahrzeug vorher mit herkömmlichem Dieselkraftstoff vollzutanken und über eine Strecke von ca. 50 Kilometer zu fahren, um Schäden an der Einspritzanlage zu vermeiden.

Was Sie am Motor noch selber tun können

Bei den Fabia-Motoren handelt es sich um aufwändige Konstruktionen, die mit entsprechender Sorgfalt behandelt werden müssen. Wenn Sie nicht sicher sind, ob Sie eine Arbeit an den Bestandteilen des Motors fachgerecht durchführen können: Verzichten Sie aufs Do-it-yourself! Ein falsch ausgetauschter Zahnriemen zum Beispiel kann schwere Schäden an Kolben und Ventilen verursachen. Überlassen Sie Reparaturen an Zylinderkopfdichtung und Ventilen also besser der Fachwerkstatt, ebenso die Beseitigung eines Lagerschadens. Dort gibt es nicht nur das Fachwissen und die Erfahrung im Abschätzen der Schäden, sondern auch nötige Spezialwerkzeuge, Prüf- oder Messgeräte und alle andere Hilfsmittel bis hin zum Hebewerkzeug zum Ausbau der kompletten Antriebseinheit. Für die heimische Garage bleiben Ihnen trotzdem noch eine Reihe von Prüf- und Wartungsarbeiten, die Sie in Eigenregie durchführen können. Auf diese werden wir auch in den folgenden Arbeitsschritten ausführlich eingehen. Wichtig ist, dass Sie die Wartungsarbeiten regelmäßig durchführen und damit Ihren Motor in Schuss halten. Denn ein schlecht gewarteter Motor kann Ausgangspunkt einer Verkettung von Folgeschäden sein.

WISSENSWERTES

Grundbegriffe Motorentechnik

Alle Motoren arbeiten nach dem **Viertaktprinzip.** Das bedeutet: Bis der Motor Leistung abgibt, muss der Kolben vier Hübe zurücklegen.

Ansaugen (1. Takt): Kolben geht nach unten zum Unteren Totpunkt (UT). Einlassventil öffnet, das Kraftstoff-Luft-Gemisch strömt in den Zylinder.

Verdichten (2. Takt): Kolben bewegt sich von UT zum Oberen Totpunkt (OT). Einlassventil schließt. Der Kolben verdichtet das eingeströmte Gemisch.

Verbrennen (3. Takt): Kurz vor OT springt an der Zündkerze der Funke über. Beim Diesel zündet das Gemisch von selbst. Das Gemisch verbrennt und drückt den Kolben nach UT. Über das Pleuel wird die Kurbelwelle in Umdrehung versetzt.

Ausstoßen (4. Takt): Kolben bewegt sich wieder nach oben. Auslassventil öffnet, die verbrannten Gase werden ins Auspuffsystem geschoben.

Hubraum Der Raum, den die Kolben bei ihrer Bewegung von UT nach OT durchmessen. Wenn der Kolben seinen höchsten Punkt erreicht hat, bleibt noch der Brennraum, in dem sich das Kraftstoff-Luft-Gemisch befindet. Hubraum und Brennraum bilden zusammen den Zylinderraum.

Verdichtungsverhältnis Das Verhältnis des Zylinderraums zum Brennraum. Es gibt an, auf den wievielten Teil des Zylinderraums das Kraftstoff-Luft-Gemisch verdichtet wird. Bei Benzinern liegt es in der Regel bei etwa 10:1, bei Dieselmotoren bei rund 20:1.

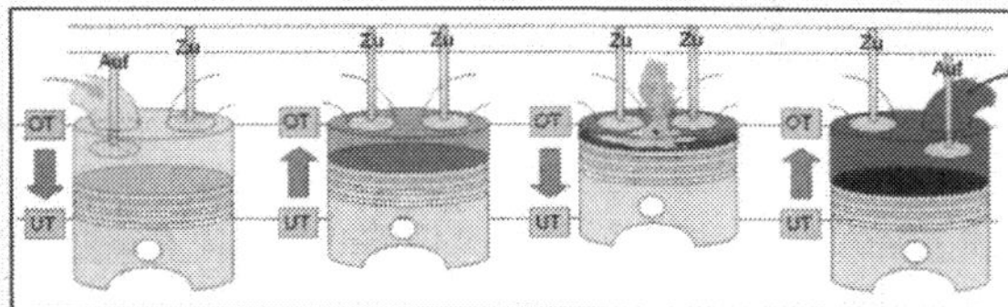

Takte am Motor

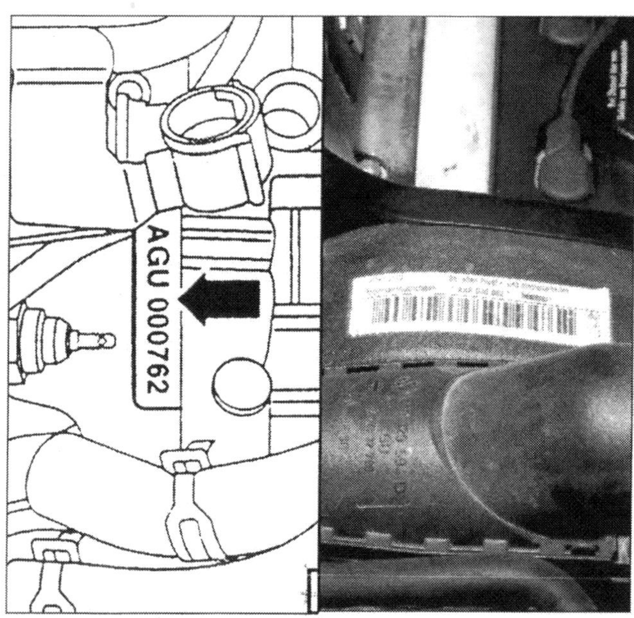

Motorkennunmmer: Sowohl an der Trennfuge zwischen Getriebe und Motor als auch auf dem Keilriemenschutz findet sich die Motortypbezeichnung wieder

Zur Identifizierung Ihres Motors nach den Motorkennbuchstaben beachten Sie die verschiedenen Datenträger an Ihrem Fabia. Diese befinden sich an unterschiedlichen Stellen im Motorraum.
Sie sind zum Beispiel auf der Abdeckung des Riementriebs als Aufkleber oder an der Trennfuge zwischen Motor und Getriebe angebracht. Die Kennbuchstaben werden bei der Beschaffung der Ersatzteile relevant.

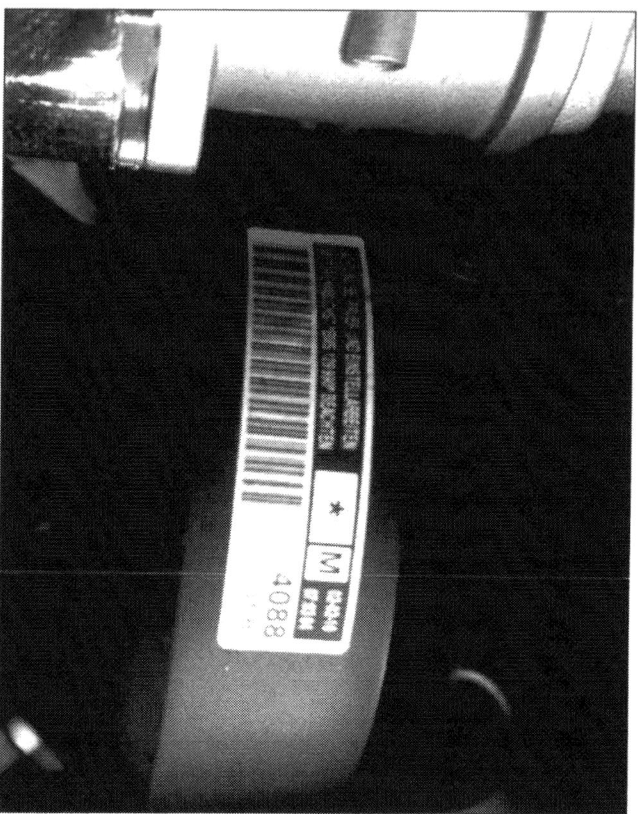

Die Motordatenträger.

Der Keilrippenriemen

Der Antrieb von Nebenaggregaten wie der Wasserpumpe oder dem Klimakompressor (bei Fahrzeugen mit Klimaanlage) geschieht über einen Keilrippenriemen. Dieser wird selbst durch das Antriebsrad (5), welches auf der Kurbelwelle sitzt, angetrieben. Seine Längsrillen dienen der Führung an den Antriebsrädern der einzelnen Aggregate. Die Breite ist so dimensioniert, dass sie dem Riemen eine hohe Stabilität verleiht. Der Verlauf des meterlangen Riemens unterscheidet sich je nach Motorvariante und Ausstattung. Der Riemen ist aber bei allen Fabia in seiner Auslegung so standfest, dass er nur sehr selten erneuert werden muss. So ist kein Wechselintervall vorgeschrieben. Dennoch kann natürlich ein prüfender Blick von Zeit zu Zeit nicht schaden. Wenn der Riemen deutliche Laufspuren zeigt oder an den Rändern ausgefranst ist, sollte er getauscht werden.

Vom Keilriemen angetriebene Nebenaggregate: (1) Riemenscheibe, (2) Umlenkrolle, (3) Drehstromgenerator, (4) Klimakompressor, (5) Kurbelwelle, (6) Spannrolle.

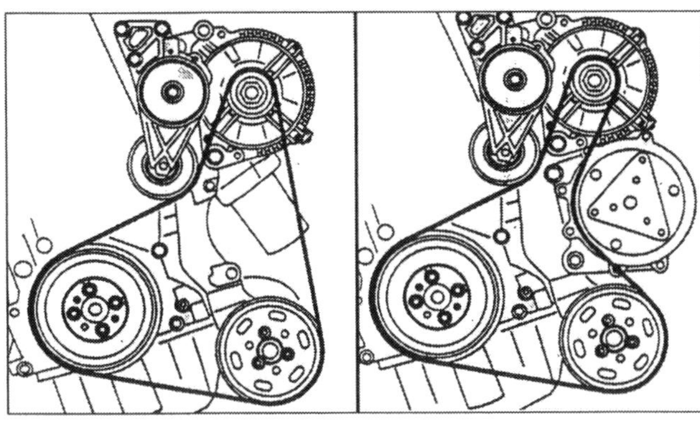

Mit und ohne Klimakompressor: Am komplexeren Verlauf des Riemens lässt sich die Mehrausstattung erkennen.

Der Zahnriemen

Der Steuerriemen (auch Zahnriemen genannt) hat die Aufgabe die Nockenwelle anzutreiben, welche über Hydrostößel die Ventile öffnet und schließt. Der Zahnriemen sitzt außerhalb des Kurbelgehäuses auf Zahnrädern an Nockenwelle und Kurbelwelle. Durch die Übersetzung der Zahnradpaarung Nockenwellen/Kurbelwellenrad im Verhältnis 2:1 treibt der Zahnriemen die Nockenwelle mit halber Umdrehungsgeschwindigkeit der Kurbelwelle an. Im Gegensatz zum Keilriemen besitzt der Zahnriemen keine längs verlaufende Rillen sondern quer geschnittene Zähne. Aufgrund der höheren Kräfte ist er durch die Einlage von Stahl- oder Kevlarlagen verstärkt. Die Zähne dienen dazu, eine genaue Position der Nockenwelle zur Kurbelwelle sicher zu stellen. Diese Steuerzeiten sind für den Motor elementar. Reißt der Riemen oder springt er nur um einen Zahn über, kann der Motor schweren Schaden nehmen. Im ungünstigsten Fall schlagen die Ventile auf den Kolben auf. Eine Schmierung ist nicht nötig, im Gegenteil: Der Riemen sollte frei von Fetten und Ölen gehalten werden. Allerdings muss bei den Motoren in streng einzuhaltenden Intervallen der Zahnriemen gewechselt werden. Die verschiedenen Intervalle sind vom Motortyp und der Bauzeit abhängig. Vergleichen Sie unbedingt die Service-Unterlagen Ihres Fabia mit den Angaben aus der Tabelle. Ist ein vorgesehener Wechsel nicht erfolgt, lassen Sie Arbeit schnellstmöglich in einer Werkstatt erledigen! Warum? Der Wechsel erfordert eine Menge Erfahrung sowie das eine oder andere Spezialwerkzeug.

Nichts zu machen: Trotz der äußerst stabilen Auslegung steht bei den TDIs regelmäßig der Wechsel an, den Sie in der Werkstatt erledigen lassen sollten.

Die Motorschmierung

An allen Stellen, an denen Metallteile aneinander reiben, braucht es eine Schmierung. Das Motoröl ist dafür zuständig, dass Teile wie der Kolben und seine Zylinderlaufbahn oder auch die Lager der Kurbel- und Nockenwelle beim Verrichten ihrer Arbeit keiner Metallreibung ausgesetzt sind.

Die Durchströmung des Motors mit Öl wird durch ein komplexes Leitungssystem innerhalb des Motorblocks ermöglicht. Dabei versorgt die Ölpumpe die zahlreichen Bohrungen mit dem wichtigen Schmiermittel. Ihre Aufgabe ist es, das Öl aus der Ölwanne, die sich unten am Motorblock befindet, anzusaugen und über den Hauptstrom des Schmiersystems letztlich an alle Leitungen weiterzureichen. Dabei passiert das Öl auch den Ölfilter, der Verunreinigungen wie Ruß oder Staubablagerungen herausfiltert. Steigt der Öldruck zu sehr an, kann ein Überdruckventil an der Öldruckpumpe geöffnet werden, damit überschüssige Ölmengen zurück zur Ölwanne fließen können. Einen zu niedrigem Öldruck erkennt der Öldruckschalter, die Warnlampe im Cockpit schlägt dann, begleitet von einem

Signalton, Alarm. Dann heißt es: Sofort anhalten und Ölstand kontrollieren. Meist ist nämlich »nur« zu wenig Öl im System und die Ölpumpe hat Luft angesaugt. Tritt das Problem nach dem Nachfüllen jedoch weiterhin auf, muss von einem mechanischen Schaden an der Ölpumpe, einer Verstopfung des Ansaugsiebes oder einem kapitalem Lagerschaden ausgegangen werden.

Der Ölkreislauf

Der Ölkreislauf sorgt mit Hilfe der Öldruckpumpe dafür, dass immer genügend Schmierung an allen benötigten Stellen vorhanden ist. Dieses System wird deshalb auch als Druckumlaufschmierung bezeichnet. Das Motoröl wird dabei unter Druck in einen Kreislauf durch den gesamten Motor geleitet. Vom Ölfilter gelangt das Öl durch die Ölbohrungen und Kanäle in Richtung Motorblock bis zu den Schmierstellen der Kurbelwelle und der Pleuel. Von den Gleitlagern der Kurbelwelle wird das Öl in den Zylinderkopf und zu den Lagerstellen der Nockenwelle sowie zur Kipphebelbrücke gedrückt. Von dort aus fließt das Öl über Rücklaufkanäle zurück in die Ölwanne, wo es wieder durch die Ölpumpe angesaugt wird und den Kreislauf von neuem durchlaufen kann.

Ölpumpe im Schnitt.

Der Ölfilter

Genauso wie das Öl nach einer gewissen Zeit gealtert ist und gewechselt werden muss, ist auch der Ölfilter auszutauschen. Er setzt sich mit den Verschmutzungen zu und wird im Extremfall über einen »Bypass« (durch den zu hohem Druck tritt ein Überdruckventil in Aktion) übergangen. Damit ist eine sichere Schmierung zwar stets gewährleistet, aber die notwendige Filterung wird umgangen, was zum Beispiel an den Lagerstellen einen erhöhten Verschleiß hervorruft.

Öldruckwarnung: Leuchtet die Öldruckwarnlampe (A) während der Fahrt rot auf, sollten Sie so schnell wie möglich anhalten und nach der Ursache suchen.

Der Öldruckschalter

Ein wichtiges Bauteil an der Ölfiltereinheit des Fabia ist der Öldruckschalter. Er ist drucklos geschlossen und wird bei Erreichen des Schaltdruckes geschlossen. Die Öldrucküberwachung wird zehn Sekunden nach dem Einschalten der Zündung aktiviert. Die Einschaltverzögerung der Warnung beträgt drei Sekunden, die Ausschaltverzögerung etwa fünf Sekunden. In der Praxis bedeutet das: Nach Einschalten der Zündung muss bei stehendem Motor die Öldruckkontrolllampe im Schalttafeleinsatz leuchten. Spätestens drei Sekunden nach dem Anlassen sollte die Leuchte verlöschen. Wenn bei eingeschalteter Zündung und stehendem Motor der Öldruckschalter geschlossen ist, oder aber bei Drehzahlen über 1500 U/min noch geöffnet ist, erfolgt eine Warnung durch Blinken der Leuchte und dreimaliges Ertönen des Summers. Selbst wenn der Öldruck in der Zwischenzeit wieder in Ordnung ist, hält die Warnung für mindestens fünf Sekunden an. Passiert das Ganze bei Drehzahlen über 5000 U/min oder dreimal in Folge, wird die Öldruckwarnung gespeichert. Ansonsten ist das System spätestens nach dem Ausschalten der Zündung wieder auf null gesetzt. Für eine genauere Analyse muss der Öldruck gemessen und die Funktion des Öldruckschalters überprüft werden. Dazu verwendet die Werkstatt die V.A.G.-

Geräte 1342 (Öldruck-Prüfgerät) und 1527 B (Diodenprüflampe). Dabei arbeitet die Diodenprüflampe genau umgekehrt: Bei Motorstillstand darf diese nicht leuchten, bei leicht erhöhtem Leerlauf muss die Leuchtdiode dagegen bei dem für den jeweiligen Motor angegebenen Überdruck aufleuchten (1,4 l-Motor 0,3 bis 0,7 bar, 1,6/1,8/2,0 l- Motor 1,2 bis 1,6 bar). Bei einer Drehzahl von 2000/min und 80 Grad Öltemperatur soll der Öldruck mindestens 2,0 bar betragen. Geringerer Öldruck weist auf ein defektes Öldruckregelventil, eine defekte Ölpumpe oder aber verschlissene Kurbelwellen- oder Pleuellager hin. Aber auch nach oben sind Grenzen gesetzt: Bei höherer Drehzahl darf der Öldruck 7,0 bar nicht überschreiten. Liegt er darüber, muss das Öldruckregelventil erneuert werden. Wird der Öldruck zu hoch, drohen Undichtigkeiten – es kann sogar der Ölfilter platzen.

Leichtlauföl

Auch Leichtlauföl (Synthetiköl) kommt nicht ohne Erdöl aus. Allerdings wird der Molekülaufbau des Rohöls in einem aufwändigen Verfahren (Cracken) aufgelöst und nach neuer Rezeptur mit speziellen Additiven neu zusammengesetzt. Synthetiköl ist im Prinzip nicht künstlicher als Mineralöl, aber durchweg teurer. Dafür versprechen die Hersteller einen geringeren Öl- und Kraftstoffverbrauch, eine größere Beständigkeit und langsamere Alterung. Das bedeutet theoretisch auch längere Ölwechselintervalle. Allerdings sieht Ihre Vertragswerkstatt für Leichtlauföle keine längeren Ölwechselintervalle vor. Wenn Sie sich den Luxus dieses Spitzenöls leisten, sollten Sie sich also trotzdem an die vorgesehenen Intervalle halten.

Die Hydrostößel

Frühere Motorkonstruktionen ohne Hydrostößel mussten noch von Zeit zu Zeit manuell nachjustiert werden. Dies entfällt im Fabia dank des automatischen Ventilspielausgleichs. Die Hydrostößel selbst bestehen aus Kolben, Zylinder und Druckfeder. In den Motoren des Fabia kompensieren die Hydrostößel die Wärmeausdehnung und den Verschleiß des Ventiltriebs. Ohne diese Maßnahme wäre, durch die im heißen Motor verlängerten Ventilschäfte, die Abdichtung zum Zylinder nicht mehr ausreichend. Die Funktionsweise ist recht einfach: Ist der Stößel nicht belastet (Ventil geschlossen), so drückt eine Feder den Kolben aus dem Zylinder, bis dieser am Ventilschaft anstößt. Das

Ölnormen und Begriffe

WISSENSWERTES

Viskosität. Maß der Fließfähigkeit des Öls. Im Winter muss Motoröl so dünnflüssig sein, dass es nach dem Kaltstart sofort alle Schmierstellen versorgt. Im Sommer dagegen ist dickflüssiges Öl gefragt, das auch bei hohen Temperaturen den Schmierfilm nicht abreißen lässt.

SAE-Klasse (Society of Automotive Engineers). Bezeichnet die Klasse der Viskosität, zum Beispiel SAE 15W-40. Je kleiner die erste Zahl, um so dünner fließt das Öl bei Kälte (W = Winter). Ein Öl mit 0W schmiert noch bei minus 30 Grad, bei 5W steigt dieser Wert auf minus 25 Grad, bei 15W auf minus 15 Grad. Je höher die zweite Zahl, um so besser widersteht das Öl hohen Temperaturen.

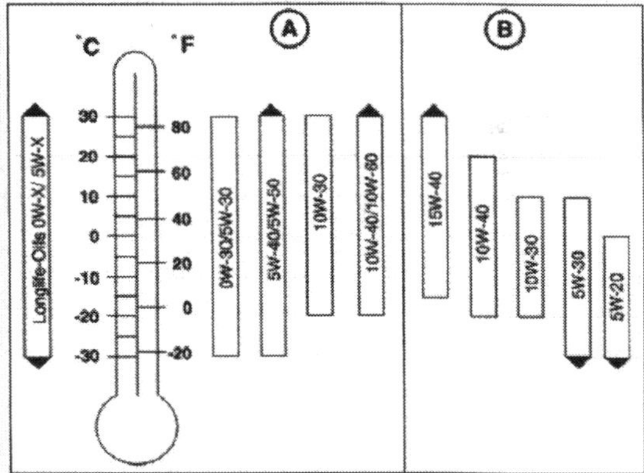

Die Ölviskositätsempfehlungen von VW:
In Mitteleuropa genügt das ganze Jahr über ein Öl der Viskositätsklasse 15W-40.
A: Mehrbereichs-Leichtlauföle nach VW-Norm 500 00; für Benzinmotoren, nicht für Turbo-Diesel.
B: Mehrbereichsöle nach VW-Norm 505 00 (alle Motoren) oder nach VW-Norm 501 01 bzw. API-SF oder SG; für Benzinmotoren, nicht für Turbo-Diesel.

ACEA (Association des Constructeurs Européen d'Automobiles). 1996 eingeführte europäische Ölnorm. Löst die CCMC-Norm ab. Für Benziner gibt's die Gruppen A1 (spritsparendes Öl), A2 (gering belastetes Öl), A3 (Hochleistungs-Öl). Für Diesel gilt die Einteilung B1, B2 und B3.

CCMC (Comittée des Constructeurs d'Automobiles du Marché Commun). Die Spezifikation besteht aus den Buchstaben G (Benziner) und PD (Diesel) sowie einer Zahl. Je höher diese ist, um so besser ist die Qualität des Öls.

Ventilspiel ist quasi null. Motoröl fließt, von der Ölpumpe unter Druck gesetzt, durch eine umlaufende Ölnut in den Ölvorratsbehälter und dann durch das Rückschlagventil in den kleinen Hochdruckraum. Beginnt nun der Nocken auf den Hydrostößel zu drücken, schließt das Rückschlagventil und schottet somit den Hochdruckraum ab. Da man Öl nicht zusammenpressen kann, besteht jetzt zwischen Nocken und Ventilschaft eine »starre« Verbindung, und das Ventil öffnet sich unter dem Druck der Nockenwelle. Treten Defekte am Hydrostößel auf, macht sich das durch ein Klappergeräusch bemerkbar. Die Ursachen hierfür können unterschiedlich sein. Haben Sie Ihren Fabia für längere Zeit nicht mehr gefahren, kann kurz nach dem Start die Ölversorgung noch nicht ausreichend sein. Andersherum kann aber kurz nach einer hohen Belastung bei erhöhten Außentemperaturen oder bei extrem niedrigem Ölstand die Ölversorgung ebenfalls nicht ausreichend sein. Ein schlechtes Zeichen ist ein anhaltendes Ventilgeräusch, das auch nach längerer Fahrt nicht verschwindet. Dann kommen Sie an einem Austausch der Stößel nicht vorbei. Dazu sind umfangreiche Demontagearbeiten nötig, Reparaturen wie diese finden Sie daher in unserer Reihe »Reparaturanleitung«.

Hydrostößel als Schnittmodell.

Ausgleichende Wirkung: Durch den Ventilspielausgleich der Hydrostößel dichten die Ventilteller stets optimal ab.

Motormanagement

Die stetig komplexeren Anforderungen an die Motorsteuerung, auch bedingt durch die verschärften Abgasbestimmungen, machen eine effizientere Verbrennung sowie emissionsminimierte Verwertung des Kraftstoffs erforderlich.
Sensoren (Fühler) erkennen die Ist-Zustände wie Temperatur, Last, Drehzahl und einige andere, erfassen aber auch Begebenheiten, die den normalen Motorlauf beeinflussen. Die Klimaanlage stellt eine solche Last dar. Aktoren (Stellglieder) verändern die Drosselklappenstellung oder auch die Luftzumischung. Realisiert werden diese sehr umfangreichen Steuerungsprogramme durch mehrere Computer, die zudem noch miteinander vernetzt sind. Für den Motor können sich nun anhand der bekannten Betriebszustände Rechenmodelle ergeben, die bestimmte Aktionen durch Aktoren erforderlich machen.
Der bordeigene Computer, also das Steuergerät (oder besser die Steuergeräte), kann aufgrund der zur Verfügung stehenden Informationen die Regelung vieler Systeme übernehmen. Schon allein am Motor ergeben sich vielfältige Aufgaben, die im normalen Betriebszustand bewältigt werden.

- Leerlaufdrehzahlregelung
- Lambdaregelung
- Steuerung des Kraftstoffrückhaltesystems
- Klopfregelung
- Abgasrückführung
- Steuerung des Turboladers
- Steuerung der Saugrohrumschaltung
- Regelung der Nockenwellenverstellung

Zusammenschluss der Steuergeräte

Bei Automatikfahrzeugen wird die Getriebesteuerung mit dem Motorsteuergerät verknüpft, um zum Beispiel komfortable Schaltvorgänge umzusetzen. Das Schaltsignal der Automatik veranlasst die Motorsteuerung das Drehmoment zurückzunehmen, wodurch kein Rucken beim Gangwechsel zu spüren ist. Auch mit den Fahrsicherheitssystemen wie ABS und ESP muss das Motorsteuergerät zusammenarbeiten.

Bits und Bytes: Die Motorsteuerung ist für die Verbrennungsoptimierung und Emissionsverbesserung ist unerlässlich geworden.

Druckregler der Automatik: Im Sinne des Fahrkomforts stimmt sich das Motorsteuergerät auch mit dem Automatikgetriebe ab. Druckregler bestimmen die Schaltvorgänge.

Das Duell von Diesel und Otto

WISSENSWERTES

Als Ende des 19. Jahrhunderts die Herren Rudolf Diesel und Nikolaus August Otto ihre Erfindungen zum Patent anmeldeten, konnten beide nicht ahnen, dass ihr Duell um das beste Motorenkonzept bis heute nicht entschieden sein würde. Lange Zeit galt der Benziner als das Maß der Dinge, war er doch auch schon rund 30 Jahre früher erfunden worden. Die schweren, robusten Diesel kamen zunächst nur bei Schiffen, Lastkraftwagen und Taxis zum Zuge, also überall dort, wo Temperament und Spitzenleistung kein Thema waren. Denn im Gegensatz zum Benziner, bei dem das Gemisch durch einen Funken fremdgezündet wird, braucht der hochverdichtete Diesel mehr Zeit, bis sich das Gemisch auf Grund des Druck- und Temperaturanstieges entzündet. Durch diesen so genannten Zündverzug kann der Diesel bis heute keine hohen Drehzahlen erreichen, bei maximal 5500 U/min ist Schluss. Kraft war dagegen schon immer vorhanden: Dieselkraftstoff hat mit 35,3 MJ/L nämlich einen höheren Energiegehalt als Benzin (32 MJ/L). Der spezifische Verbrauch pro kW war deshalb von Anfang an niedriger, das Drehmoment höher. Ab den 70er-Jahren machte der Turbolader den Dieseln zusätzlich Dampf. Das verfügbare Drehmoment hing bei hohem Luftüberschuss im Wesentlichen nur noch von der dazu eingespritzten Menge Diesel ab. Der Benziner ist dagegen in jedem Betriebszustand auf ein bestimmtes Gemisch (14,7 Teile Luft zu einem Teil Kraftstoff) – abgesehen von den Benzindirekteinspritzern FSI, welche auch mit »Luftüberschuss« betrieben werden können – angewiesen. Alles andere verbrennt nur unvollständig. Das konnten erst die elektronisch gesteuerten Einspritzsysteme wirklich gut, die Anfang der 80er-Jahre zusammen mit dem geregelten Katalysator Einzug hielten. Die Diesel kamen erst später in den Genuss einer digitalen Motorsteuerung, dann aber zusammen mit der Hochdruck-Direkteinspritzung. Heute ist das Vorglühen eine Sache von Sekunden, Abgasrückführung und Rußfilter sorgen für eine weitgehend reine Weste. Aber: Das raue Laufgeräusch ist geblieben und längst nicht jedermanns Sache. Auch direkt einspritzende Benziner der neuesten Generation versprechen weiteres Sparpotential und noch saubere Abgase. Die Technik von Diesel und Benziner wird dabei immer ähnlicher. Bereits heute laufen die ersten Diesotto-Motoren auf dem Prüfstand.

Komponenten der Steuerung und Regelung im Detail

Der Saugrohrdrucksensor

Der Saugrohrdrucksensor liefert zusammen mit der Motordrehzahl eine der Hauptsteuergrößen für die Bestimmung der Einspritzgrundzeit. Er kann entweder im Saugrohr oder als Element der Motorsteuerung verbaut sein.

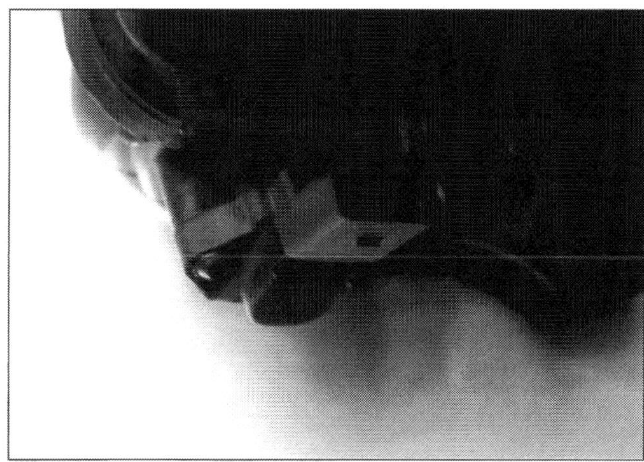

Saugrohrdrucksensor.

Das Drosselklappenpotentiometer

Der Zugkraftwunsch wird über diesen Sensor an die Motorsteuerung weitergegeben. Der Wert gibt an, wie viel Gas der Fahrer gibt.

Drosselklappenpotentiometer.

Der Höhendrucksensor

Sitzt direkt im Steuergerät. Der Sensor erlaubt eine exakte Bestimmung der Dichte der Umgebungsluft. Diese Information findet in zahlreichen Anpassungsfunktionen Anwendung. Beim Turbomotor kommt noch ein Ladedrucksensor zum Einsatz.

Höhendrucksensor.

Der OT-Geber oder I-Geber

Seine Position an der Kurbelwelle gibt dem Steuergerät Anhaltspunkte über die Stellung der Kurbelwelle und damit über die Stellung jedes einzelnen Zylinders. Wichtig ist auch die Stellung der Nockenwelle, über die ein weiterer Sensor Auskunft gibt. Das Steuergerät kann durch ihn erkennen, welche Zylinder sich gerade im Verdichtungstakt befinden, und so jeder einzelnen Zündspule das Zündsignal geben.

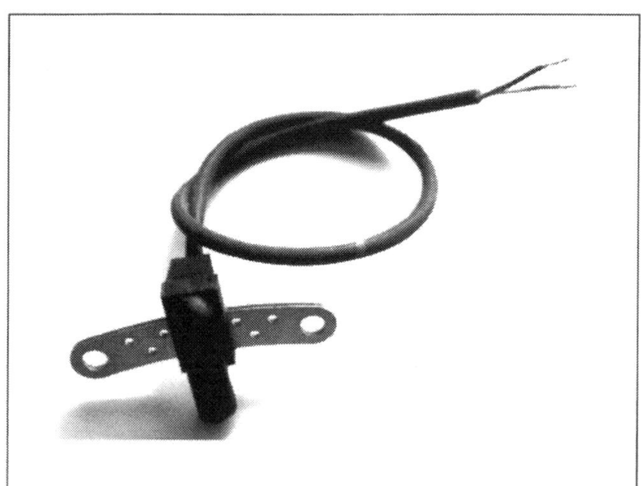

Der OT-Geber oder I-Geber.

Das E-Gas und der Drosselklappen-Geber

Die Vierzylinder ab Modelljahr 9/98 und die Sechszylinder ab 1/99 haben ein elektronisches Gaspedal. Die Drosselklappe wird nicht mehr durch einen Seilzug betätigt. Zwischen den beiden Teilen besteht keine mechanische Verbindung mehr. Am Gaspedal sitzen

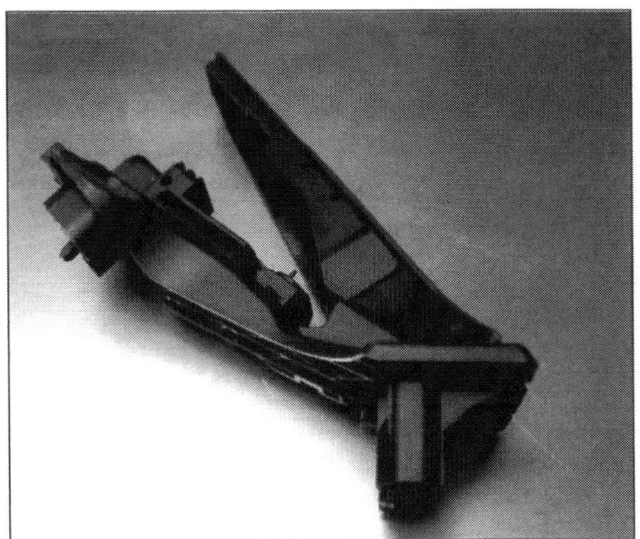

Fahrpedal- oder E-Gas-Sensor.

stattdessen zwei Geber, die das Steuergerät über die Gaspedalstellung informieren. Die Stellung des Gaspedals (»Fahrerwunsch«) ist eine Haupteingangsgröße für das Motorsteuergerät. Entsprechend dieser Eingangsgröße betätigt das Steuergerät einen Elektromotor an der Drosselklappe. Das Steuergerät öffnet die Drosselklappe nun aber nicht immer so weit, wie vom Fahrer vorgeschlagen. Die Elektronik passt die Drosselklappenstellung stattdessen an den jeweiligen Betriebszustand an. So kann beim Beschleunigen die Drosselklappe schon ganz geöffnet sein, obwohl das Gaspedal erst halb durchgetreten ist. Dies hat den Vorteil, dass Drosselverluste an der Klappe vermieden werden. Das E-Gas greift auch bei der Antriebsschlupfregelung ein: Wenn der Fahrer zu viel Gas gibt, kann das Steuergerät das Gas so weit zurücknehmen, bis kein Rad mehr durchdreht.

Der Klopfsensor

Ein Piezokeramik-Bauteil, eingebaut in den Zylinderblock, registriert die bei klopfender Verbrennung entstehende Schwingung und wandelt sie in elektrische Signale um. Die Motorsteuerung reguliert danach den Zündzeitpunkt.

Klopfsensor.

Motortemperaturfühler

Der Motortemperatursensor sitzt im Kühlmittel-Kreislauf und gibt dessen Temperatur an das Steuergerät weiter. Der Ansauglufttemperatursensor befindet sich im Ansaugkanal und gibt die Temperatur der Ansaugluft an das Steuergerät weiter.

Motortemperaturfühler.

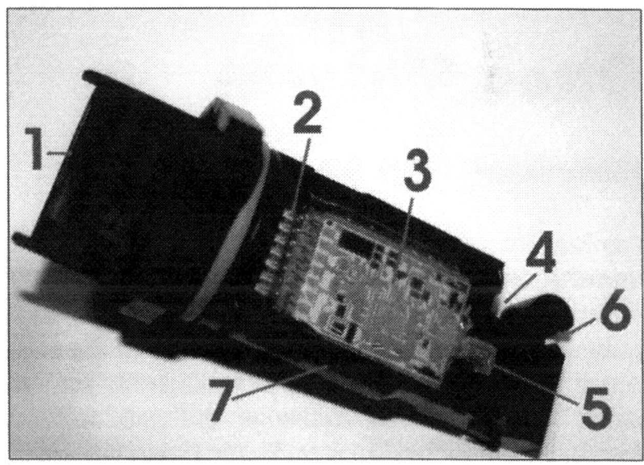

Aufbau des HFM: (1) Anschluss, (2) Leitungen, (3) Platine, (4) Lufteinlass, (5) Sensorelement, (6) Luftauslass, Gehäuse.

Der Luftmassenmesser

Er befindet sich im Ansaugrohr zwischen Luftfilter und Drosselklappe und bestimmt die Menge der angesaugten Luft, die bekanntlich von Temperatur, Feuchtigkeit und Dichte abhängt. Im Gegensatz zum früher verwendeten mechanischen Luftmengenmesser, der lediglich das Volumen der durchgesetzten Luft im Ansaugtrakt bestimmen konnte, gibt der heute sowohl beim Diesel als auch beim Benziner verwendete Heißfilmluftmassenmesser viel präzisere Signale zur Einspritzregelung ab. Die Messung basiert auf dem Prinzip »thermischer Lastsensoren«: Die Oberfläche des Sensors ist ein unterschiedlich beschichteter Filmdraht und beinhaltet gleich drei verschiedene elektrische Widerstände. Sie funktionieren als Heiz-, Sensor- und Temperaturwiderstand. Durch den Luftstrom kühlt die Oberfläche des beheizten HFM-Sensors ab, die daraus resultierenden Werte kann das Steuergerät interpretieren. Leider zählt der HFM zu den reparaturanfälligen Teilen. Ein Defekt äußert sich durch verminderte Leistungsabgabe des Motors, da ohne die Daten des HFM die Elektronik im Notprogramm läuft. Das heißt: Es wird anhand von Durchschnittswerten die durchströmende Luftmenge geschätzt und der Motor dementsprechend grob geregelt. Defekte werden durch Verschmutzung, zum Beispiel von der Motorseite durch Öl oder durch Wassereinbruch von der Luftseite, verursacht. Eine solche Verschmutzung bzw. Benetzung kann durch das ständige Nachheizen bis zur Überhitzung des empfindlichen Heißfilms führen. Leider kann man diesem Problem auch nicht mit einer Reinigung des Drahtes zu Leibe rücken, da dieser gut abgeschirmt ist. Es bleibt also nur der Austausch.

Ottos Motoren

Einspritzung und Zündung

Die Einspritzdüsen werden für jeden Zylinder einzeln angesteuert. Das bildet die ideale Grundlage für ein funktionales Gemischaufbereitungssystem. Die Betätigung der Einspritzventile erfolgt elektromechanisch, durch die Ansteuerung können die Einspritzzeit und damit auch die Einspritzmenge geregelt werden. Durch die verkürzten Wege im Saugrohr ist die Gefahr, dass sich bei kaltem Motor das Benzin an der Saugrohrwand niederschlägt, ebenfalls stark verringert. Auch die Zündanlage wird von diesem System komplett angesteuert. Jeder Zylinder hat seine eigene Zündspule, die auf der Zündkerze montiert ist. Verbrannte Verteilerkappen und Finger gehören bei diesen Zündanlagen endlich der Vergangenheit an. Die Ansteuerung durch das Steuergerät ermöglicht die Veränderung des Zündwinkels und des Zündzeitpunktes. Sogar eine Laufruheregelung für jeden einzelnen Takt des Motors wird nun möglich.

Die Einspritzdüsen

Das Steuergerät sorgt mit Hilfe eines elektrischen Impulses für das Öffnen der Einspritzdüsen. Die Öffnungsdauer, Art der Düsen und der anliegende Kraftstoffdruck entscheiden dann über die jeweils eingespritzte Kraftstoffmenge. In jedem Fall wird der Kraftstoff fein zerstäubt, um sich mit der Luft zu mischen.

Einspritzdüsen.

Die Lambdasonde

Die Lambdasonde hat die Aufgabe den Luftanteil im Abgasstrom zu messen. Sie ist Bestandteil eines Regelkreises, der ständig die richtige Zusammensetzung des Luft-Kraftstoffgemisches sicherstellt. Das optimale Mischungsverhältnis der Luftmenge zu Kraftstoff, bei dem eine maximale Umsetzung der Schadstoffe im Katalysator erreicht wird, liegt bei Lambda=1. Es entspricht einem Anteil von Luft zu Kraftstoff im Verhältnis von etwa 14,5:1 (auch »stöchiometrisches Mittel« genannt). Änderungen dieser Zusammensetzung werden von der Lambdasonde, die im Abgasrohr sitzt, registriert und dienen dem Motormanagement zur

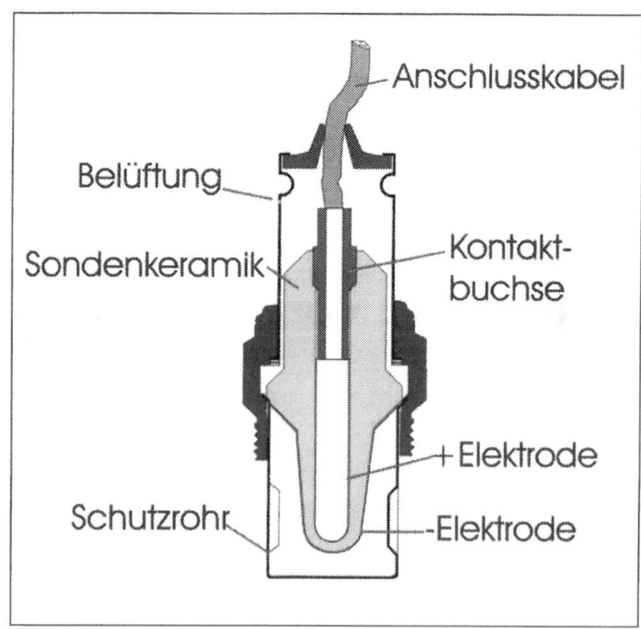

Aufbau der Lambdasonde.

Steuerung zahlreicher Funktionen. Übermäßige Abweichungen werden ebenfalls erkannt und gelten als erster Hinweis für mögliche Fehler. Das Funktionsprinzip der Lambdasonde beruht auf der Umwandlung des gemessenen Luft-Kraftstoffverhältnisses in elektrische Spannung. Dies ermöglicht ein gasundurchlässiger Keramikkörper, der von einer dünnen, mikroporösen Platinschicht ummantelt ist. Die Keramik erlaubt ab einer Temperatur von ca. 300 °C die Leitung von Sauerstoffionen. Der Unterschied an Sauerstoffanteilen im Abgasstrom zwischen Abgas- und Luftseite bewirkt dabei die Entstehung einer elektrischen Spannung. Der Regelwert nimmt bei Lambda=1 sprunghaft einen bestimmten Wert (z. B. 500 mV) an. Bei Abweichungen dieser Größe (z. B. zwischen 100 mV = mageres Gemisch und 800 mV = fettes Gemisch), leitet das Motorsteuergerät entsprechende Korrekturmaßnahmen ein.

Rudolfs Diesel hat Erfahrung

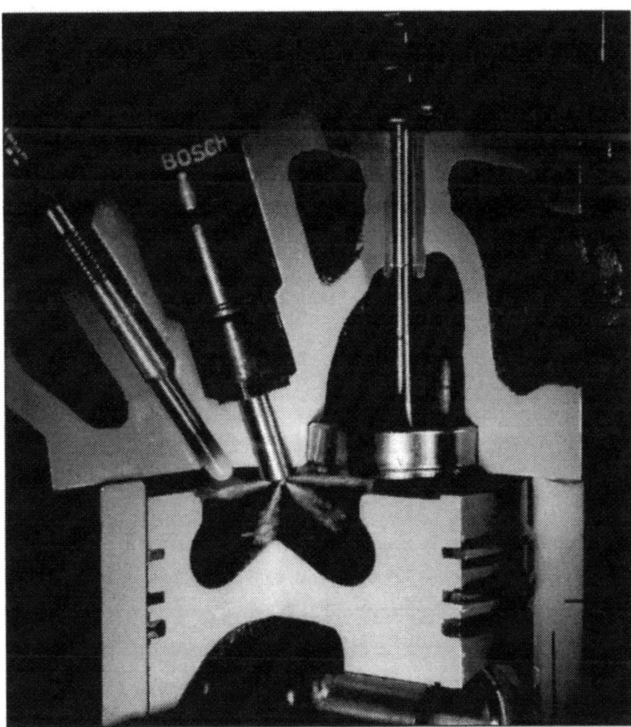

Verdichtungs-/Arbeitstakt des Direkteinspritzers: Das Einspritzventil (1) zerstäubt den Diesel in die Kolbenmulde, die als Verbrennungsraum dient (2). Die Glühstiftkerze (3) minimiert dabei den Schadstoffausstoß und verkürzt den Zündverzug beim kalten Motor.

1989 startete die Erfolgsgeschichte der TDI-Motoren (Turbocharged Direct Injection = Turbodieseltechnik mit Direkteinspritzung): VW-Partner Audi stellte damals auf der IAA in Frankfurt den weltweit ersten Pkw-Dieselmotor mit Direkteinspritzung und elektronischer Regelung vor. In Serie zunächst im Audi 80 verbaut, sorgte der durchzugsstarke Turbodiesel auch oder vor allen Dingen seiner gesitteten Trinkmanieren wegen für Aufsehen bei der Fachpresse sowie den glücklichen Käufern. Der TDI-Erfolg ist mittlerweile auch im Rennsport unbestritten: Im Jahr 2006 sorgte ein TDI, abermals in einem Audi, für reichlich Aufsehen: Als Sieger des ruhmreichen 24 Stundenrennens von Le Mans. Der Verbrauchsvorteil der 650 PS-Boliden kam hier voll zum Tragen. Durch längere Etappen auf der Strecke und damit weniger Boxenstopps gegenüber den Ottoaggregaten der Konkurrenz, bescherte der TDI Audi auf dem Siegerpodium den ersten und dritten Platz. Sie als Fabia TDI-Fahrer müssen wir damit aber zuletzt beeindrucken. Denn auch ohne Le Mans-Sieg wissen Sie die genannten Vorzüge Ihrer Motorisierung im täglichen Einsatz besser zu schätzen, als wir es in Worten ausdrücken könnten.

Die Electronic Diesel Control (EDC)

Die Komplexität moderner Dieselmotoren stellt selbstverständlich auch Herausforderungen an die Steuerung des Verbrennungsvorgangs. Ebenso wie der Einspritz- und Zündvorgang beim Benziner, wird auch die Selbstzündung des Dieselkraftstoffs heute von Sensoren, Aktoren und einem Steuergerät beeinflusst und gesteuert. Zusammengefasst sind all diese Aufgaben in der Electronic Diesel Control, kurz EDC. Ihr Regelkreis verfolgt dabei das klassische Prinzip Eingabe – Verarbeitung – Ausgabe. Für die Eingabe, der Datenerfassung aller momentanen Stellgrößen des Motors, sind die Sensoren zuständig. Zu den wichtigsten zählen Temperatursensoren im Kühlmittelkreislauf, im Ansaugkanal oder auch an der Einspritzpumpe. Der Kurbelwellen-Drehzahlsensor erkennt die Stellung der Kurbelwelle, wodurch die Position der einzelnen Kolben errechnet wird. Auch beim Diesel misst ein Luftmassenmesser die Menge und Dichte der angesaugten Luft. Die Aufladung mittels Turbo macht auch einen Ladedrucksensor erforderlich. Der Fahrpedalsensor gibt den Fahrerwunsch an das Steuergerät weiter. Dieses verarbeitet die Daten und bedient dann die Stellglieder, wie beispielsweise das Ladedruck-Regelventil oder auch die Regelung der Abgasrückführung. Diese hat beim Diesel die Aufgabe, die Rohemissionen zu senken und arbeitet nur in bestimmten Lastzuständen. Das wichtigste Teil ist jedoch die Pumpe, deren elektronische Regelung über Einspritzzeitpunkt und -menge wacht. Die Regelung ist dabei so exakt, dass bei den PDE-Triebwerken während der kurzen Zeitdauer eines Taktspiels mehrere Einspritzintervalle möglich sind. Dadurch läuft ein Diesel wesentlich sanfter und umweltfreundlicher.

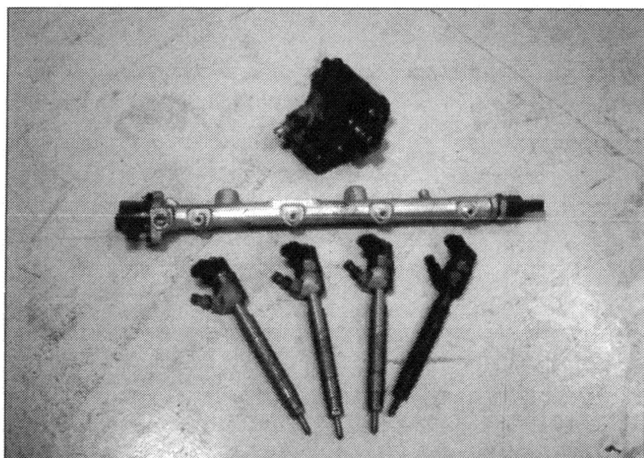

Hauptkomponenten der Direkteinspritzung: Der Injektor, die Hochdruckbenzinpumpe und das Steuergerät.

Drucksache: Erst durch enorm hohe Drücke gelang es, den Diesel über eine Mehrlochdüse so fein zu zerstäuben, dass Drehfreudigkeit und Motorlauf salonfähig wurden.

Die Hochdruckeinspritzung

Doch wie konnte sich aus dem ehemals stinkig-blau qualmenden und vor allen Dingen trägen Dieselmotor das leistungsfähige und drehmomentstarke TDI-Sparwunder entwickeln? Hauptverantwortlich für diesen Fortschritt ist die Entwicklung der Hochdruck-Direkteinspritzung. Zunächst unter Verwendung einer zentralen Verteilereinspritzpumpe, die den Dieselkraftstoff allen Einspritzventilen zuteilt, und später mit der Pumpe-Düse-Technologie, bei der jeder Zylinder seine eigene Hochdruckpumpe in Form eines Dieselinjektors direkt am Zylinder sitzen hat. Damit wurden Einspritzdrücke von über 2000 bar möglich. Gegenüber der Vorkammer- oder Wirbelkammerverfahren bietet die Direkteinspritzung einen deutlich gesteigerten Wirkungsgrad. Der im Brennraum als feiner Sprühnebel verteilte Dieselkraftstoff bietet ein viel größeres Angriffsvolumen zur Entflammung und kann dadurch optimaler ausgenutzt werden.

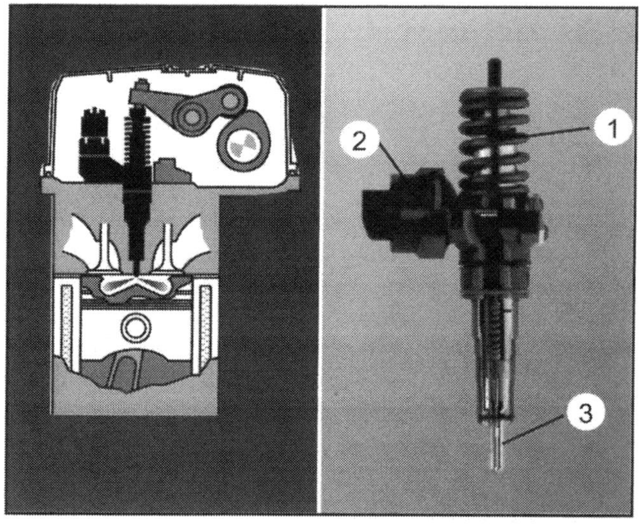

Pumpe-Düse Einheit: In einem Gehäuse vereinigt sind Hochdruck-Kolbenpumpenelement (1), das Magnetventil zur Steuerung des Einspritzverlaufs (2) und die Einspritzdüse mit dem Einspritzventil (3)

Pumpe-Düse-Technik bei den Motoren AJM, ARL, ASZ, ATD, AUY und AXR

Als Nachfolger dieser Technologie entwickelte VW in Zusammenarbeit mit Bosch die Pumpe-Düse-Technik (PD). Die PD-Technik ist ein elektronisches Einspritzsystem, bei dem jeder Motorzylinder eine PD-Einheit hat. Sie kam ab Oktober 1998 – zunächst in einer 115 PS-Variante – zum Einsatz. Nach und nach wurden dann alle Dieselmotoren auf PD-Technik umgestellt. Durch den gesteigerten Einspritzdruck gelang es zwar die Energiebilanz des ohnehin effizienten Dieselbrennverfahrens weiter zu steigern, doch erforderten die enormen Drücke auch weitere Maßnahmen. So muss der nicht verbrannte Kraftstoff auf dem Rückweg in den Tank heruntergekühlt werden. Unter dem Wagenboden sitzt daher ein Wärmetauscher. Auch andere Teile mussten modifiziert werden. Denn die Pumpenelemente werden von der Nockenwelle angetrieben, was den Zahnriemen enormen Belastungen aussetzt. Nach anfänglichen Schwierigkeiten mit gerissenen Riemen, hat der VW-Konzern diese Technik längst im Griff. Ein regelmäßiger Wechsel des Riemens ist dennoch wichtig. Ab Modelljahr 2004 kann der Riemen 120.000 Kilometer unter der Haube bleiben, bei früheren Modellen muss er noch alle 90.000 Kilometer ersetzt werden.

Die Glühanlage

Da in der kalten Jahreszeit beim Startvorgang die Wärme der verdichteten Luft nicht zur Selbstzündung ausreicht, gibt es die Vorglühanlage. Sie heizt mittels einer Glühkerze den Brennraum auf Selbstzündungs-Temperatur auf. Die modernen 3-Phasen-Glühkerzen in Ihrem Fabia ermöglichen einen problemlosen Kaltstart genauso schnell wie beim Benziner, selbst bis -30 °C Außentemperatur. Nach Einschalten der Zündung hat die Glühkerze in weniger als zwei Sekunden bereits eine Temperatur von 850 °C erreicht, was allemal genügt, um einen sicheren Kaltstart zu ermöglichen. Danach werden während dem Warmlaufen (Phase 2) die Glühkerzen weitergeglüht. Dies hat gleich mehrere Vorteile: Zum einen werden die Emissionen um bis zu 40% reduziert – vollständige Verbrennung des Dieselkraftstoffs – zum anderen wird das dieseltypische Nagelgeräusch in dieser Phase minimiert. Als erfreulicher Langzeiteffekt bleibt Ihr Dieselaggregat durch den ruhigeren Motorlauf geschont, was zur längeren Lebensdauer beiträgt.

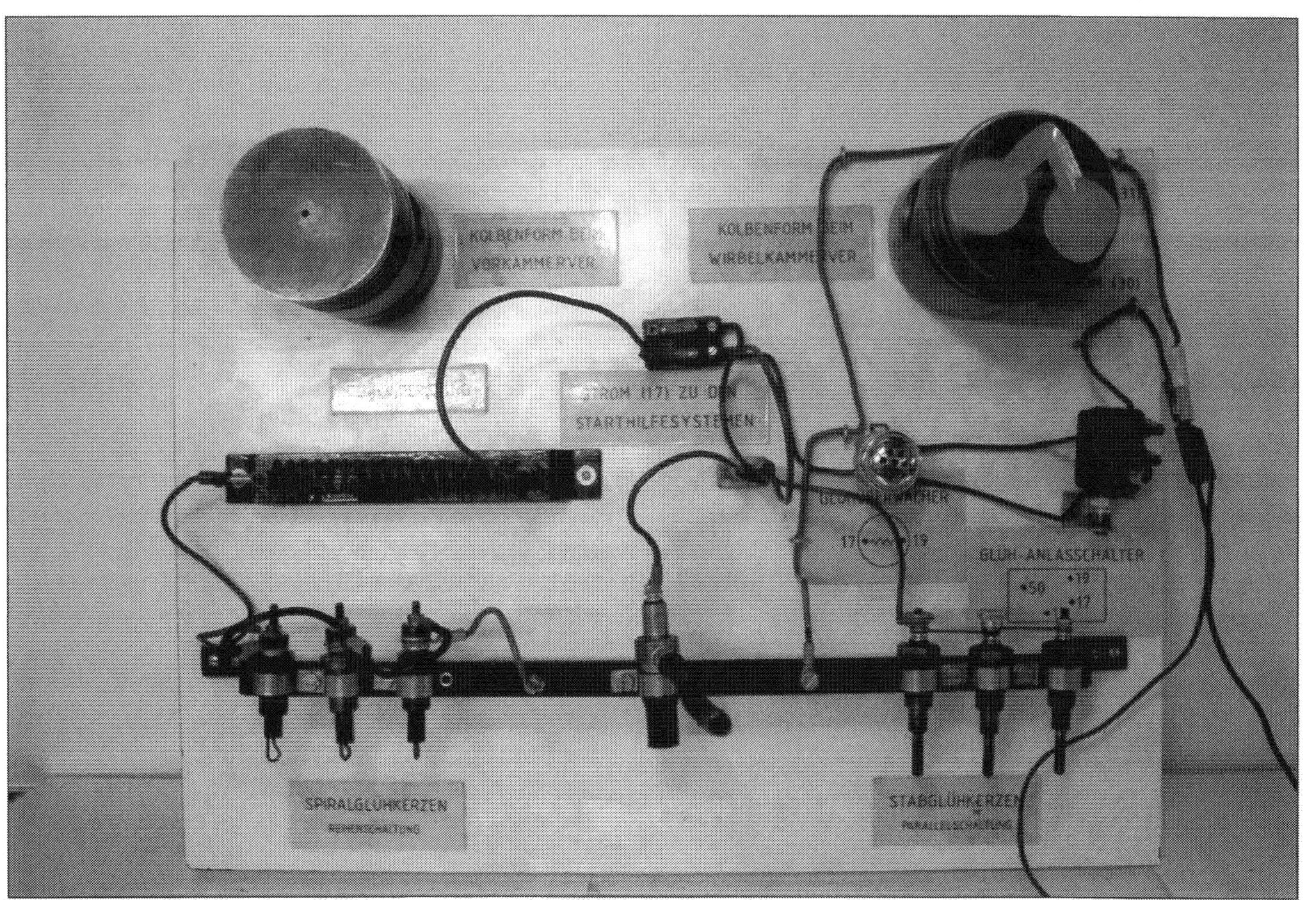

Die Glühanlage.

Aufbau einer Glühstiftkerze: (1) u. (2) Heiz- und Regelwendel (innerhalb des Glührohrs), (3) Kerzenkörper, (4) Einschraubgewinde, (5) Anschlussbolzen

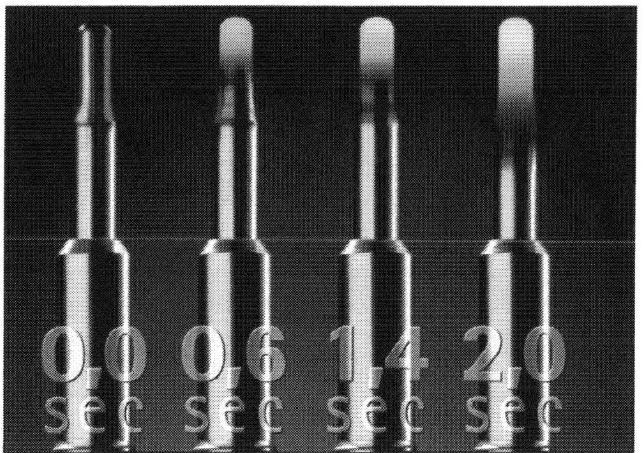

Zeitraffer: Bereits kurze Zeit nach der Ansteuerung durch das Vorglührelais erreicht die Glühstiftkerze eine Temperatur von 850 °C.

Das Verschleißteil Glühkerze

Durch die Verwendung einer Regelwendel, die vor Überhitzung schützt, ist die Glühkerze sehr standfest. Um die Funktion sicherzustellen, empfehlen wir Ihnen die Glühkerzen regelmäßig etwa alle 30.000 km zu prüfen. Ein regelmäßiger Wechsel wird von Škoda nicht vorgesehen, bei sehr stark beanspruchten Motoren, beispielsweise durch häufigen Hängerbetrieb oder in überwiegend heißen Temperaturregionen kann der Wechsel aber auch schon nach 30.000 km notwendig sein. Lesen Sie dazu im Arbeitsabschnitt die Seiten »Glühkerzen prüfen/austauschen«. In allen TDI-Dieselmotorvarianten des Fabia wird dieselbe Glühkerze verwendet. Sie können zum Beispiel vom Glühkerzenhersteller Beru das Modell GN855 einsetzen. Beachten Sie unbedingt das Anzugsdrehmoment von 15 Nm bei der Montage, um Schäden an der Glühkerze und dem Einschraubgewinde zu vermeiden. Bei den neuen Commonrail-Motoren sollten sie die genaue Kerze anhand Ihrer Fahrzeugpapiere erfragen.

Motorraumverkleidung oben demontieren

Wer den Motorraum seines Fabia begutachtet, sollte sich nicht blenden lassen: Über der eigentlichen Technik des Antriebsaggregates sitzen großflächige Kunststoffabdeckungen (leider aber nicht bei allen Fahrzeugen). Vom Motor selbst ist also so gut wie nichts zu sehen. Zwar sind der Luftfilter, der Ölmessstab sowie der Öleinfüllstutzen gut zu erreichen, um aber weiterführende Wartungstätigkeiten durchführen zu können muss die Plastikhaube im Motorraum runter.

Benötigtes Werkzeug:
– flacher Schraubenzieher
– Ratsche mit Verlängerung und 10er-Nuss

- Hinweis: Die unterschiedlichen Motoren weichen in der Befestigungsart ab. Einige Abdeckungen können einfach nach oben abgezogen werden. Die Übersicht (4) gibt Ihnen dazu einen Anhaltspunkt.

- Beim TDI: Mit einem flachen Schraubenzieher zuerst alle Stopfen heraushebeln (1), dann mit einer Ratsche und einer Verlängerung die Muttern lösen (2). Sind alle Muttern entfernt, lässt sich die Abdeckung leicht abnehmen.

- Beim 1,4 Liter-Benziner: Die Pfeile (3) zeigen die Stopfen der Befestigungsschrauben für die Abdeckung an. Stopfen entfernen und Muttern herausschrauben, danach Haube nach oben abnehmen.

Motorraumverkleidung unten demontieren

Die untere Abdeckung dient zum Schutz der Aggregate von unten, bei den Dieseln aber auch der Geräuschdämmung. Dazu sind auf der Oberfläche schalldämmende Würfelstrukturen aufgebracht die unangenehme Frequenzen tilgen. Die Abdeckung ist im vorderen Bereich (Schlossträger) eingesteckt und an etlichen Stellen angeschraubt. Sie muss zum Beispiel zum Ölwechsel entfernt werden. Kontrollieren Sie bei dieser Gelegenheit den Zustand der Abdeckung. Trotz der vielen Schrauben können durch Schwingungen und Verspröden des Materials leicht Risse im Kunststoff entstehen. Um weiteren Schaden oder einen Verlust (gar auf der Autobahn) zu verhindern, sollte die Verkleidung erneuert werden.

Benötigtes Werkzeug:
– Ratsche mit Verlängerung und 25er-Torx-Einsatz

- Bocken Sie das Fahrzeug z. B mit Auffahrböcken oder wie unter »Fahrzeug richtig aufbocken« beschrieben auf.
- Lösen Sie von vorn nach hinten alle Schrauben mit einer Ratsche und einem 25er-Torxaufsatz.
- Vorsicht: Fällt die Verkleidung vorzeitig ab, können die Halteclipse abreißen.
- Nehmen Sie nach dem Lösen aller Schrauben die Abdeckung vorsichtig aus der vorderen Halterung.

Keilrippenriemen prüfen

Der Keilrippenriemen im Fabia wird über eine automatische Spannvorrichtung nachgespannt. Sie müssen also hier keine Wartungsarbeit mehr investieren. Allerdings sollten Sie dennoch den Zustand des Riemens von Zeit zu Zeit begutachten. Sollte der Riemen unterwegs reißen, stehen Sie nämlich vor einem größeren Problem.

- Die Spannung und die Funktion der Spannrolle überprüfen Sie durch kräftiges Drücken, zum Beispiel mit dem Daumen gegen den Riemen (1). Gibt der Riemen nach und die Spannrolle schwenkt aus (und beim Loslassen wieder in die Ausgangsstellung zurück), dann ist die Spannung und die Spannrolle in Ordnung. Hängt der Riemen aber lose durch, ist die Spannrolle defekt.
- Kontrollieren Sie den Zustand des Keilrippenriemens (am besten von unten). Achten Sie besonders auf:
  – Unterbaurisse (Anrisse, Kernbrüche, Querschnittbrüche)
  – Lagentrennung (Deckschicht, Zugstränge)
  – Ausbruch am Unterbau
  – Ausfransen der Zugstränge
  – Flankenverschleiß (Materialabtrag, Ausfransungen, Flankenverhärtung, Oberflächenrisse)
  – Öl- und Fettspuren
- Um alle Stellen zu inspizieren, lassen Sie den Motor zwischendurch kurz laufen. Setzen Sie eine Markierung. um sicherzustellen, dass Sie nicht per Zufall die gleiche Stelle in Augenschein nehmen.

Keilrippenriemen aus- und einbauen

Das Auswechseln des Keilriemens ist sehr aufwändig. Bei allen Motoren muss dazu die obere, bei den TDI auch die untere und seitliche Abdeckung (am Radlauf) ausgebaut werden. Zusätzlich sollte bei den TDI-Motoren mit Verteilereinspritzpumpe das Ladeluftrohr hinter dem Ladeluftkühler ausgebaut werden. Aus diesem Grund empfehlen wir Ihnen auch, beim obligatorischen Keilriemenwechsel beim TDI-Motor die Werkstatt aufzusuchen.

Benötigtes Werkzeug und Materialien:
- Kombizange zum Lösen von Schlauchschellen (Verteilereinspritzpumpen TDI)
- Dorn (z. B. passender Schraubenzieher ca. 4,5 mm Durchmesser, Länge ca. 55 mm) zum Arretieren der Spannvorrichtung (Pumpe-Düse TDI)
- Ringschlüssel SW 16 (SDI/TDI)

Ausbau

- Motorabdeckung(en) wie unter »Motorabdeckung oben/unten ausbauen« beschrieben, entfernen.
- Bei allen TDI-Motoren die seitliche Verkleidung am Radhaus entfernen.
- Bei den TDI-Motoren AGR, AHF, ALH und ASV (Verteilereinspritzpumpe) zusätzlich das Ladeluftrohr zwischen Ladeluftkühler und Turbolader ausbauen. Dieses ist mit Schlauchschellen befestigt.
- Laufrichtung des Keilrippenriemens kennzeichnen.
- Im folgenden Arbeitsschritt die Spannrolle ausschwenken, um den Riemen zu lockern. Dazu gehen Sie bei den unterschiedlichen Motorvarianten folgendermaßen vor:
- Bei den SDI- und TDI-Motoren mit Schraubenschlüssel Spannrolle in Pfeilrichtung schwenken.
- Bei den Pumpe-Düse-TDI-Motoren mit Schraubenschlüssel Spannrolle in Pfeilrichtung schwenken. Ist die Rolle ausgeschwenkt (mit der Aussparung bis zum roten Pfeil), kann Sie zur leichteren Montage des Keilriemens mit einem passenden Dorn arretiert werden. Dorn dazu durch die Aussparung hindurchstecken.
- Beim 1,4 Liter-Benziner schwenken Sie die Spannrolle an der Befestigungsschraube mittels eines Schrauben/Ringschlüssels in Pfeilrichtung.
- Bei den 1,6 Liter-Motoren mit 102 PS sowie den 1,4- und 1,2 Liter-Motoren können Sie die Spannrolle mittels einem Schraubenschlüssel SW16 in Pfeilrichtung schwenken.
- Nehmen Sie nun den gelockerten Keilrippenriemen ab.

Einbau

- Legen Sie den Keilrippenriemen zuerst über die Kurbelwellen-Riemenscheibe und dann über die Riemenscheiben der Nebenaggregate. Zuletzt den Riemen auf die Spannrolle schieben.
- 1,4- und 1,6 Liter-Benziner: Die Spannrolle wird vom Keilriemen weggedrückt um diesen zu entspannen.
- Bei den Dieselmotoren ohne Klimaanlage Keilriemen beim Einbau zuletzt am Drehstromgenerator (Generatorrad befindet sich rechts neben der Spannrolle) auflegen.
- Bei den Dieselmotoren mit Klimaanlage Keilriemen beim Einbau zuletzt an der Umlenkrolle auflegen.
- Auf bündigen Sitz der Rippen in den Vertiefungen der Rollen achten.
- Je nach Bauart die Spannrolle wieder in die Ausgangsstellung zurückstellen.
- Motorraumabdeckungen (bei den entsprechenden Dieselmotoren auch Ladeluftrohr) wieder anbauen.
- Keilriemensitz überprüfen, dann Motor starten um den Keilriemenlauf zu überprüfen.

Pumpe-Düse TDI: Mit dem Ringschlüssel die Spannrolle wie dargestellt entspannen. Die Aussparung (A) dient zum Arretieren der Spannrolle, sobald sie ausgeschwenkt ist. Dazu benötigen Sie einen geeigneten Dorn (z. B. Bohrer).

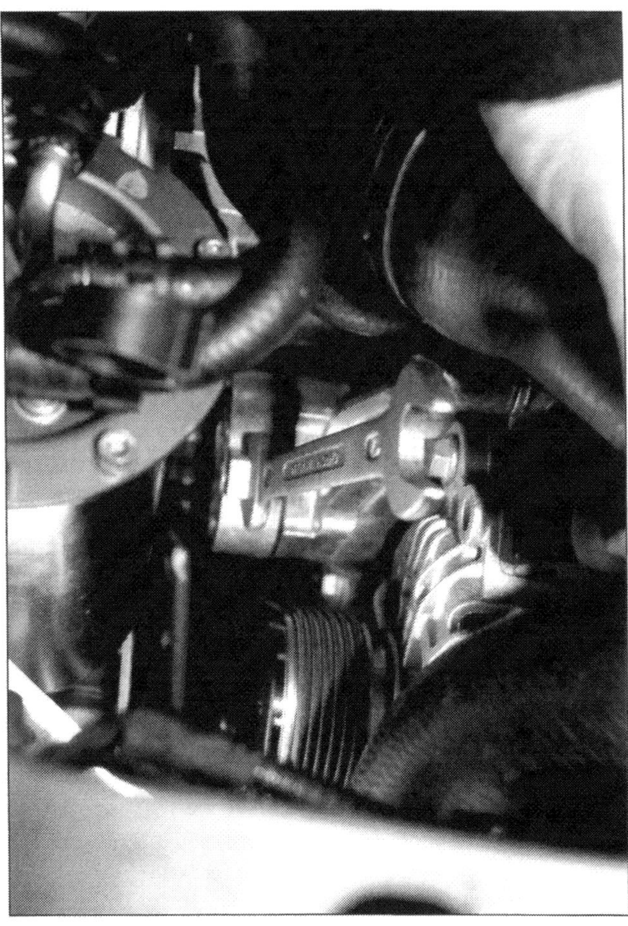

SDI und TDIs: Mit dem Ringschlüssel wird die Spannrolle wie dargestellt entspannt.

Ölstand prüfen

Prüfen Sie den Ölstand regelmäßig und vor allen Dingen vor längeren Fahrten wie zum Beispiel der Urlaubsreise. Dazu sollte der Motor ein paar Minuten stillgestanden haben und das Auto natürlich auf einer ebenen Fläche stehen. Der Pegel sollte ein bis zwei Millimeter unter der Maximal-Markierung liegen, denn auch zu viel Öl schadet dem Motor. Vorsicht beim Nachfüllen! Verschüttetes Öl kann sich am heißen Motor entzünden!

- Je nach Modell finden Sie den Ölpeilstab links am Motor (1) (z. B 1,4 Liter oder 1,2 Liter) oder zentral in der Mitte (Dieselmotoren) vor dem Motorblock. Gekennzeichnet ist er durch die orangefarbene Grifflasche.
- Ziehen Sie den Peilstab heraus und wischen Sie ihn zunächst ab, bevor Sie ihn wieder für einige Sekunden zurückstecken. Nach dem erneuten Herausziehen lesen Sie den Ölstand auf der Skala am unteren Ende ab.
- Bereich A – Öl muss nachgefüllt werden. Es genügt, wenn sich danach der Ölstand irgendwo im Bereich B befindet.
- Bereich B – Öl muss nicht nachgefüllt werden.
- Bereich C – Öl darf nicht nachgefüllt werden.
- Achtung: Bei Ölstand über der Max-Markierung (s. Abbildung) besteht die Gefahr von Katalysatorschäden!

VW-Norm beachten: Füllen Sie bei Ihrem Fabia nur die für den jeweiligen Motor spezifizierte Ölsorte nach.

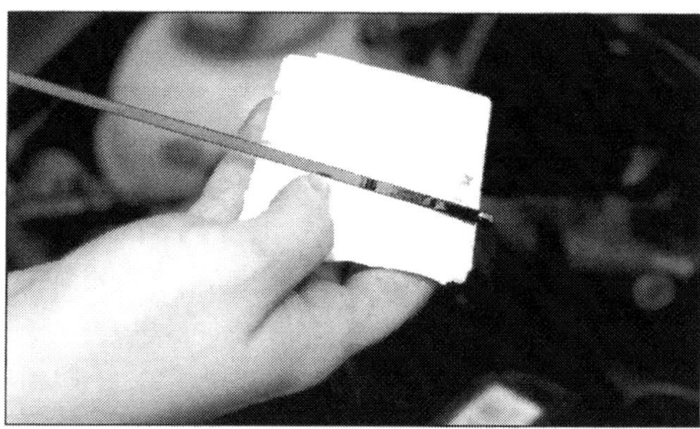

Schwarzes Gold: Bei gebrauchtem Öl fällt die Ölstandskontrolle auf Grund der dunklen Färbung besonders leicht. Ölkontrolle beim 1,9 Liter-TDI: Peilstab (orange) und Öleinfülldeckel sind leicht zu finden.

Ölwechsel

Der Ölwechsel beim Fabia ist kein Hexenwerk und daher auch nicht schwer zu bewerkstelligen. Das Öl sollte betriebswarm sein, damit es besser abfließt. Achten Sie unbedingt auf die richtige Ölsorte und Füllmenge. Es empfiehlt sich diese Arbeit im Idealfall über einer Grube oder noch besser einer Hebebühne zu erledigen. Der Wagen darf dabei auf gar keinen Fall schräg stehen, da sonst nicht das ganze Altöl abfließen kann. Verbleibende Restmengen mindern sonst die Qualität des frisch nachgefüllten Öls.

VW-Norm	Eignung
500.00	hochwertige Leichtlauföle
501.01	für Benzin und Saugdieselmotoren (SDI)
502.00	für Benzinmotoren mit gesteigerter Leistungsfähigkeit
503.00	LongLife-Benzinmotoren mit Werkstattintervallverlängerung ab Modelljahr 2000
504.00	Universalöle für alle Motoren, außer Pumpe-Düse TDI ab 2002
505.00	für Dieselmotoren mit Abgasturbolader (TDI)
505.01	für Dieselmotoren mit Pumpe-Düse-Einspritzsystem
506.00	LongLife-Dieselmotoren mit Werkstattintervallverlängerung ab Modelljahr 2000
506.01	LongLife-Dieselmotoren mit Werkstattintervallverlängerung für Pumpe-Düse-Einspritzung ab Modelljahr 2002
507.00	Universalöl für alle Motoren außer Pumpe-Düse TDI ab Modelljahr 2002

Benötigtes Werkzeug und Material:

- Spannbandschlüssel, Ölfilterzange oder Spezialwerkzeug Hazet 2169 zum Lösen des Ölfilters
- Stecknuss zum Lösen der Ölablassschraube
- Ölablassschraube inkl. Dichtring
- Ölfilter und Dichtringe (klein und groß)
- ausreichende Ölmenge zum Neubefüllen der richtigen Sorte (s. Tabelle)
- geeigneter Auffangbehälter (min. 6 Liter Fassungsvermögen) für Altöl
- geeigneten Auffangbehälter für den alten Ölfilter

Vorbereitende Maßnahmen:

■ Motor vor Beginn der Arbeiten etwas warm fahren.

■ Verkleidungen des Motors abbauen (siehe »Motorverkleidung oben/unten demontieren«).

■ Ölmessstab entfernen: Ziehen Sie den Ölmessstab vor Beginn der Arbeiten heraus, dann können Sie die Abdeckung abnehmen.

Filterwald.

Verbrennungsgefahr: Das Altöl kann sehr heiß sein und durch die Gegend spritzen.

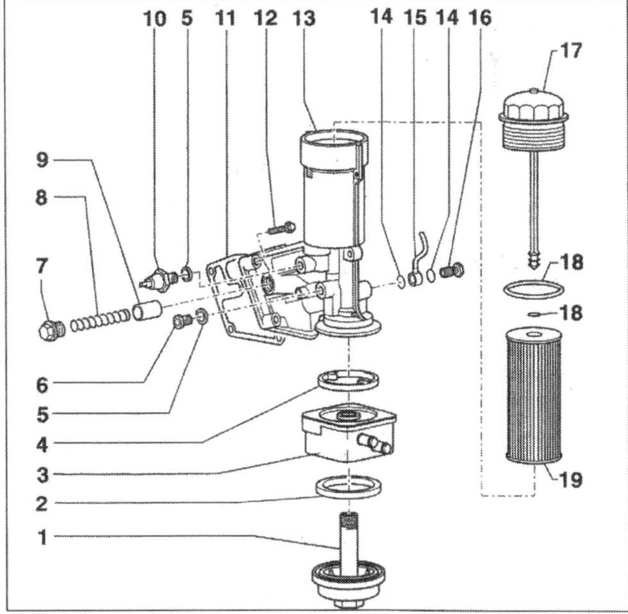

Ölfiltereinheit am Dieselmotor: (Auswahl): (3) Wärmetauscher, (18) Dichtringe, (19) Filtereinsatz .

- Fahrzeug auf der Hebebühne anheben, so dass Sie bequem darunter arbeiten können. Alternativ ist auch eine Grube geeignet.
- Öl ablassen:
- Halten Sie ein geeignetes Behältnis bereit, um das auslaufende Öl aufzufangen
- Ölablassschraube mit dem Schlüssel öffnen und Altöl ganz auslaufen lassen.
- Achtung! Das Öl kann sehr heiß sein!
- Da die Gewinde in den Ölwannen sehr empfindlich sind, sollten Sie bei jedem Ölwechsel eine neue Ablassschraube (mit integriertem Dichtring) spendieren. Beachten Sie beim Anziehen der Schraube das zulässige Anzugsdrehmoment von 30 Nm.
- Fahrzeug wieder ablassen

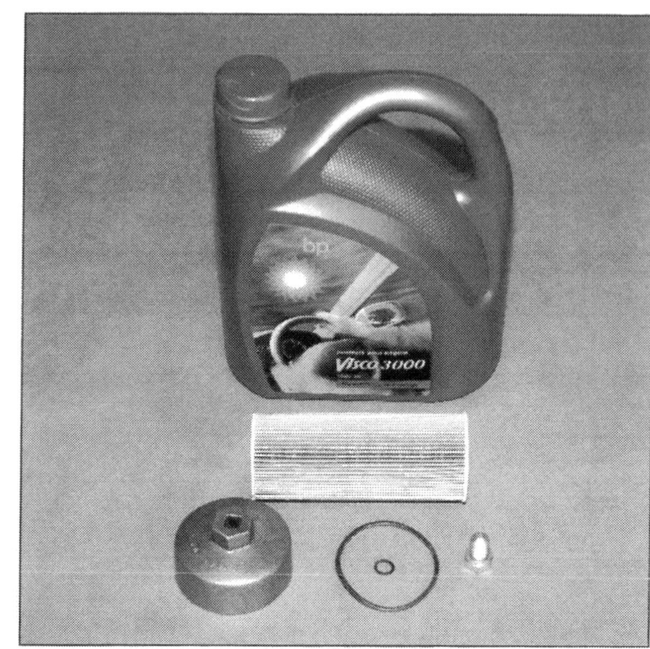

Kleiner Ölservice: Bei Motoren mit unverlierbarem Dichtring brauchen Sie auch eine neue Ablassschraube.

Ölfilter wechseln

Hinweis: Der Fabia verfügt selbstverständlich über unterschiedliche Einbauarten des Ölfilters. Wir haben daher zunächst die Einbaulage der Dieselmotoren und anschließend die unterschiedlichen Einbaulagen der Benziner aufgeführt. Die Vorgehensweise für beide Motorarten ist jedoch prinzipiell gleich. Der Ölfilter muss bei jedem Wechsel mit getauscht werden. Zum Lösen des Ölfilters ist eventuell ein spezieller Schlüssel (Hazet 2169) nötig, um die Filterkappe zu lösen.

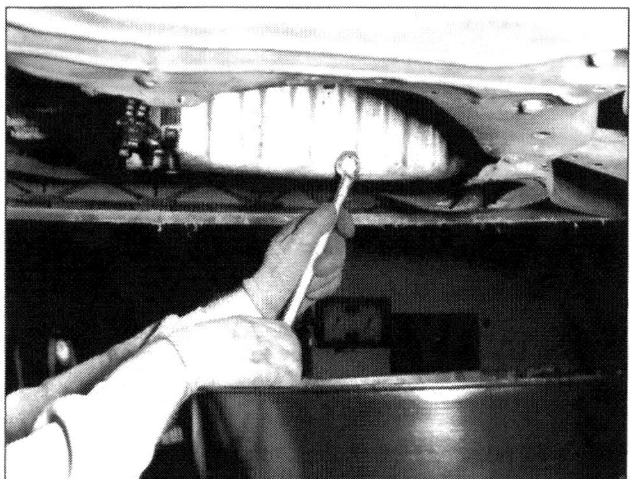

Ablassschraube lösen: Stellen Sie vorher das Auffanggefäß möglichst dicht unter die Schraube.

Ölfilterwechsel bei Dieselmotoren

- Den Verschlussstopfen des Ölfilters mit passendem Spezialwerkzeug lösen (1). Dieser kann sehr fest sitzen und muss dann langsam und gleichmäßig gelöst werden.
- Zunächst Verschlussstopfen abziehen, dann Ölfilter herausheben (2) und eine kurze Weile abtropfen lassen. Anschließend Ölfilter in ein bereitgestelltes Gefäß stellen.
- Neuen Ölfilter einsetzen (3), dabei unbedingt die Einbaurichtung Oben/Top beachten. Ölfilter fest in die Halterung eindrücken.
- Verschlussstopfen reinigen und Dichtringe ersetzen. Dazu mit Schraubenzieher zuerst vorsichtig ablösen (4). Die neuen Dichtringe zur besseren Montierbarkeit und Abdichtung rundherum etwas einölen. Dann Deckel wieder einschrauben und mit max. 25 Nm anziehen.
- Öl einfüllen (5). Dabei die Nachfüllmenge bis auf eine kleine Restmenge einfüllen.
- Motor kurz laufen lassen, bis sich das Öl verteilt hat. Nochmals mittels Peilstab nachmessen. Restmenge bis knapp unter die Maximal-Markierung nachfüllen.

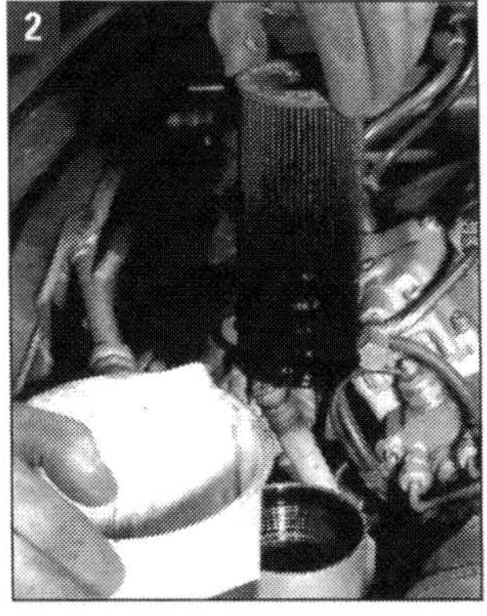

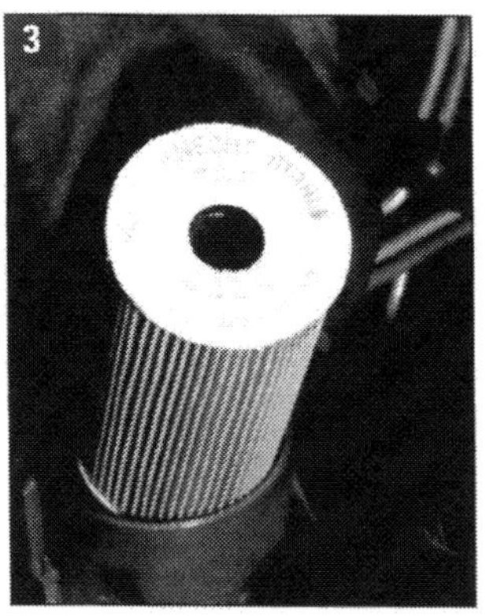

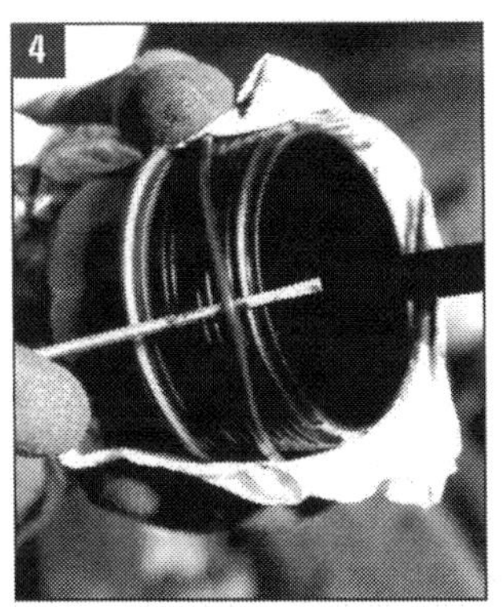

Ölfilterwechsel.

Ölfilterwechsel bei Benzinmotoren

Bei den Vierzylinder-Benzinern ist der Ölfilter nicht stehend sondern vertikal eingebaut. Außerdem befindet er sich vergleichsweise tief im Motorraum und ist daher nicht so leicht aufzufinden. Die Abnahme der unteren Motorabdeckung bleibt also nicht aus.

- 1,2 Liter-Motoren: Bei diesen Motoren muss der Verschlussstopfen des Ölfilters mit einer Ratsche von oben gelöst werden. Dann kann der Stopfen mitsamt dem Filter heraus gehoben werden.
- 1,4- und 1,6 Liter-Motoren (Bild 1): Bei diesen Motoren muss der Ölfilter von unten mit einem Werkzeug der Schlüsselweite 30 gelöst werden.
- 1,6 Liter-Motoren: Bei diesen Motoren muss der Ölfilter mit einem Spannbandschlüssel oder dem Werkzeug 2171-1 von Hazet gelöst werden.
- Ersetzen Sie in jedem Fall den O-Ring!

GEFAHRENHINWEIS

Altöl entsorgen

Altöl ist gefährlicher Sonderabfall, dessen Entsorgung die Altölverordnung (AltölV) regelt. Etwa 1 Liter Altöl kann 1 Mio. Liter Trinkwasser verseuchen! Auch kleinste Mengen an Altöl müssen daher gesammelt und zu den Altölsammelstellen (z. B. Ölverkaufsstellen, Tankstellen, Entsorgungsbetriebe) gebracht werden. Liefern Sie Ihr Altöl am besten immer dort ab, wo Sie das Frischöl gekauft haben. Sämtliche Verkaufsstellen müssen Altöl in der Menge des verkauften Frischöls entsorgen. Bewahren Sie daher den Kassenbeleg beim Ölkauf stets im Handschuhfach auf. Der Aufwand lohnt sich: Denn Altöl ist recycelbar und kann zu neuen Schmierstoffen aufgearbeitet werden. Dies setzt jedoch voraus, dass Altöl nicht mit anderen Abfällen verunreinigt oder vermischt wird, was nach der Altölverordnung überdies als Ordnungswidrigkeit gilt. Die Beimischung von Lösemitteln, Brems- oder Kühlflüssigkeit ist indes sogar strafbar (AltölV §7)! Verwenden Sie ebenfalls der Umwelt zu Liebe Mehrwegbehälter, die an der Tankstelle aufgefüllt werden können. Denken Sie daran, dass auch gebrauchte Ölfilter sowie mit Öl verschmutzte Lappen entsorgungspflichtig sind.

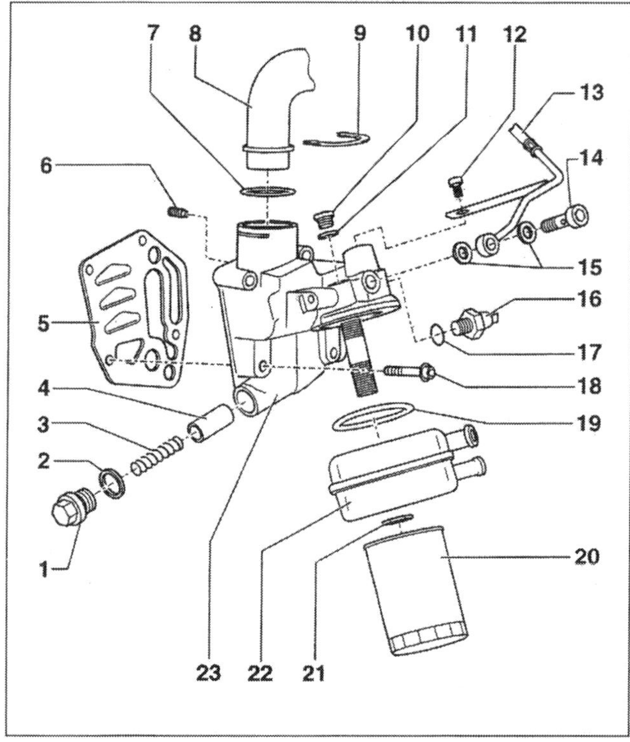

Die Bauteile der Ölfiltereinheit:
1 Verschlussschraube, 2 Dichtring, 3 Feder, 4 Ventil, 5 Dichtung, 6 Führungsbolzen, 7 O-Ring, 8 Ölrohr, 9 Halteklammer, 10 Verschlussschraube, 11 Dichtring, 12 Schraube, 13 Rohr, 14 Hohlschraube, 15 Dichtring, 16 Öldruckschalter, 17 Dichtring, 18 Schraube, 19 Dichtring, 20 Ölfilter, 21 Dichtring, 22 Wärmetauscher, 23 Anschlussgehäuse

Luftfilter wechseln

Der Luftfiltereinsatz hält die angesaugte Luft für die Verbrennung frei von Verunreinigungen wie Staub und Schmutz. Durch eine Gummidichtung ist der Filter nach außen abgedichtet. Mit der Zeit setzt der Luftfilter durch die Schmutzpartikel zu. Er sollte deshalb alle 12 Monate gereinigt und alle 24 Monate bzw. spätestens alle 60.000 km ausgetauscht werden.

Luftfilter wechseln (komplett geschlossene Abdeckung)

Benötigtes Werkzeug und Ersatzteile:
- Kreuzschlitzschraubenzieher
- Staubsauger oder Staubtuch
- Neuer Luftfiltereinsatz (nur beim Wechsel)

■ Ziehen Sie den Motorentlüftungsschlauch vom Luftfiltergehäuse ab.

■ Ziehen Sie nun das komplette Luftfiltergehäuse nach oben ab.

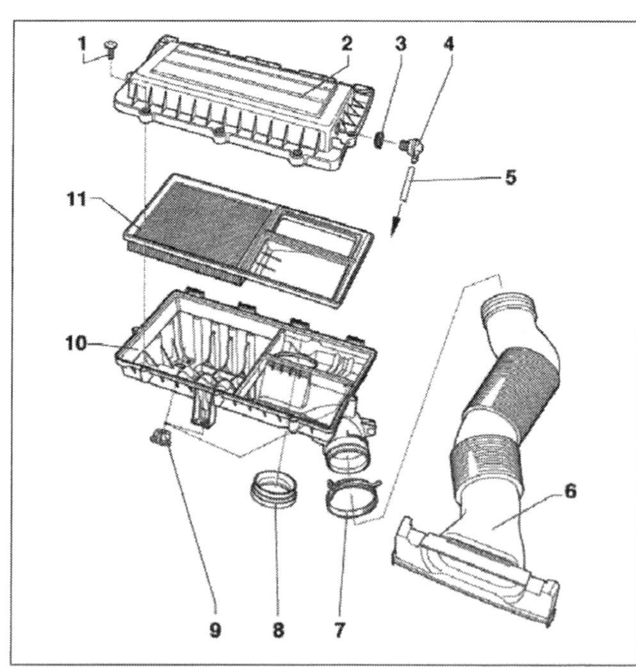

Luftfiltergehäuse in Teilen (1,4 Liter-Benziner).
1 Verschraubung, 2 oberes Gehause, 3 Dichtring, 4 Ventil, 5 Schlauch, 6 Ansaugrohr, 7 Schelle, 8 Dichtgummi, 9 Haltegummi, 10 unteres Gehäuse, 11 Filtereinsatz

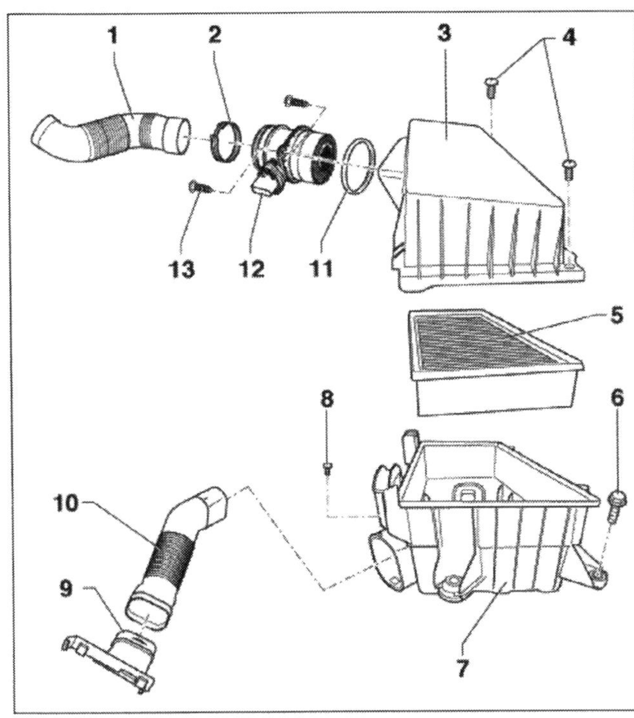

Luftfiltergehäuse in Teilen (1,4 TDI).
1 Schlauch, 2 Schelle, 3 oberes Gehäuse, 4 Verschraubung, 5 Filtereinsatz, 6 Verschraubung, 7 unteres Gehäuse, 8 Stopfen, 9 Ansaugtrichter, 10 Ansaugrohr

- Drehen Sie das Luftfiltergehäuse um und zerlegen Sie es auf der Werkbank.

Die Montage erfolgt in umgekehrter Reihenfolge

TIPP: Beachten Sie das Anzugsdrehmoment der selbstschneidenden Schrauben! Das Luftfiltergehäuse kann durch zu festes Anziehen der Schrauben beschädigt werden!

Luftfilter wechseln (zentrales Luftfiltergehäuse)

Benötigtes Werkzeug und Ersatzteile:
- Kreuzschlitzschraubenzieher
- Staubsauger oder Staubtuch
- Neuer Luftfiltereinsatz (nur beim Wechsel)

- Zuerst die Abdeckung über dem Nockenwellengehäuse ausbauen, dann den Schlauch für die Kurbelgehäuseentlüftung – Pfeil – abziehen.

- Danach alle Schrauben am Luftfilterkasten lösen (2) und den Deckel nach oben abnehmen.

- Für die Reinigung die Innenseite des Kastens aussaugen oder mit einem Staubtuch auswischen. Bei einer Wiederverwendung den gebrauchten Filter vorsichtig ausklopfen oder von der Motorseite her leicht ausblasen.

- Filter in das Gehäuse einsetzen.

- Anschließend den Deckel wieder aufsetzen und alle Schrauben des Gehäuses anziehen (3 Nm). Luftansaugschlauch wieder aufstecken und Abdeckung der Nockenwellengehäuse montieren.

TIPP: Beachten Sie das Anzugsdrehmoment der selbstschneidenden Schrauben! Das Luftfiltergehäuse kann durch zu festes Anziehen der Schrauben beschädigt werden!

Luftfilter wechseln (seitliches Gehäuse)

Benötigtes Werkzeug und Ersatzteile:
- Kreuzschlitzschraubenzieher
- Staubsauger oder Staubtuch
- Neuer Luftfiltereinsatz

- Lösen Sie alle Schrauben am Luftfilterkasten (2) und nehmen Sie den Deckel nach oben ab.

- Bauen Sie den Haltebügel aus und entnehmen Sie den Luftfiltereinsatz.

- Reinigen Sie die Innenseite des Kastens durch Aussaugen mit einem Staubsauger oder wischen Sie ihn mit einem Staubtuch aus. Bei einer Wiederverwendung den gebrauchten Filter vorsichtig ausklopfen oder von der Motorseite her leicht ausblasen.

- Filter in das Gehäuse einsetzen.

- Anschließend den Deckel wieder aufsetzen und alle Schrauben des Gehäuses anziehen (3 Nm). Luftansaugschlauch wieder aufstecken.

TIPP: Beachten Sie das Anzugsdrehmoment der selbstschneidenden Schrauben! Das Luftfiltergehäuse kann durch zu festes Anziehen der Schrauben beschädigt werden!

Luftfilter wechseln (seitliches Gehäuse)

Benötigtes Werkzeug und Ersatzteile:
- Kreuzschlitzschraubenzieher
- Staubsauger oder Staubtuch
- neuer Luftfiltereinsatz

- Anschlussstecker am Luftmassenmessers lösen. Verriegelung mit einem kleinen Schraubendreher entriegeln.
- Stecker des Luftmassenmessers abziehen.
- Danach mit der Kombizange den Klemmring lösen.
- Dann das Luftansaugrohr vom Luftfilterkasten abziehen.
- Damit keine Gegenstände in das offene Ansaugrohr hineinfallen können, dichten Sie es mit einem Lappen ab.
- Den Schlauch des Unterdruckanschlusses vorsichtig abziehen, damit das Anschlussstück nicht abbricht.
- Danach die zwei Schrauben an der Oberseite des Luftfilterkastens lösen. Deckel nach oben abnehmen.
- Alten Luftfilter entnehmen.
- Innenseite des Kastens aussaugen oder mit einem Staubtuch auswischen.
- Neuen Filter einsetzen. Dabei die Einbaurichtung und den korrekten Sitz des Luftfilters beachten.
- Anschließend den Deckel des Luftfilterkastens wieder aufsetzen und die Schrauben des Gehäuses gleichmäßig mit 6 Nm anziehen.
- Den Luftansaugschlauch wieder aufstecken und mit Klemmring fixieren. Dabei nicht vergessen den Lappen aus dem Ansaugrohr zu nehmen.
- Unterdruckschlauch wieder vorsichtig am Anschlussstück anbringen. Achtung! Auch beim Aufstecken besteht Bruchgefahr.
- Anschluss des Luftmassenmessers wieder einstecken.

Luftmassenmesser wechseln

Ein defekter Luftmassenmesser kommt häufig vor und macht sich durch erhöhten Verbrauch bei geringerer Motorleistung bemerkbar. Oft fällt dieser Defekt kaum auf, manchmal wird der Motor aber auch gleich in den Notlauf gesetzt, was sich deutlich bemerkbar macht. Der Wechsel des Luftmassenmessers ist nicht schwer. Er ist mit zwei Schrauben am Luftfiltergehäuse angeschraubt und mit dem Schlauch des Ansaugrohrs durch eine Klemmschelle verbunden.

Benötigtes Werkzeug und Ersatzteile:
- Kreuzschlitzschraubenzieher oder auch Torxschrauben
- Grip- oder Schlauchschellenzange
- Neuer Luftmassenmesser

- Zunächst Oberteil des Luftfiltergehäuses wie in »Luftfilter wechseln« beschrieben lösen oder besser noch ganz abbauen.
- Der LMM ist mit zwei Kreuzschlitzschrauben am Gehäuse befestigt, diese mit dem Schraubenzieher lösen.
- Beim Abziehen des LMM vom Filtergehäuse tun Sie sich mit sanftem Rausruckeln leichter.
- Alten Luftmassenmesser durch neuen ersetzen und mit beiden Schrauben wieder am Luftfiltergehäuse festschrauben. Dichtring eventuell mit etwas Silikonspray behandeln, das erleichtert die Montage. Dabei nicht in das Innere des Luftmassenmessers sprühen!
- Oberteil montieren, Anschluss des Luftmassenmessers wieder einstecken.
- Nach dem Einbau sollten Sie zur Sicherheit den Fehlerspeicher in einer Werkstatt auslesen lassen. Die wahrscheinliche Fehlermeldung, dass die Versorgungsspannung sporadisch nicht anliegt, rührt vom Abziehen des Steckers her und kann damit getrost auch wieder gelöscht werden.

Übersicht: Am Deckel des Luftfilterkastens ist der LMM mit zwei Schrauben befestigt. Dichtungsring beim Einbau nicht vergessen!

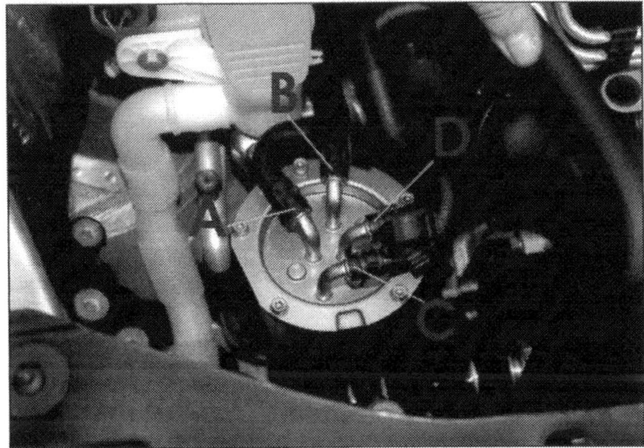

Anschlüsse und Einbaulage des Kraftstofffilters: (A) Vorlaufleitung vom Tank, (B) Rücklaufleitung zum Tank, (C) Rücklaufleitung von der Einspritzpumpe, (D) Vorlaufleitung zur Einspritzpumpe.

Zuleitung zum Kraftstofffilter lösen: Nur so kann der Behälter auch leer laufen.

Filterelemente

WISSENSWERTES

Vielleicht ist Ihnen aufgefallen, dass die Wechselintervalle für Filter in den letzten Jahren immer länger geworden sind. Bis zu 60.000 Kilometer mit ein und demselben Luftfilter sind inzwischen kein Problem mehr. Möglich wird das durch neue Materialien und eine spezielle Beschichtung. Der Trick dabei: Mit Hilfe der Nano-Technologie werden selbst winzigste Partikel von 10 Mikrometer abgehalten, aber nicht zwangsläufig vom Filter aufgenommen. Im Gegensatz zu den üblichen Materialien auf Cellulose-Basis erlauben die neuen vollsynthetischen Filtermedien daher eine Verringerung der Baugröße um rund 35 Prozent bei gleichem Luftdurchsatz. Oder anders herum betrachtet: Bei gleicher Größe halten die Filter jetzt fast doppelt so lang, bevor der Luftdurchsatz merklich beeinträchtigt wird. Aber auch Ölfilter profitieren von dem neuen Material. Und die haben es nicht leicht: Schließlich werden beim LongLife-Öl Wechselintervalle von bis zu 50.000 km erreicht. Während dieser Zeit darf kein einziges Schmutzpartikel durchschlüpfen, der Filter darf aber auch nicht verstopfen!

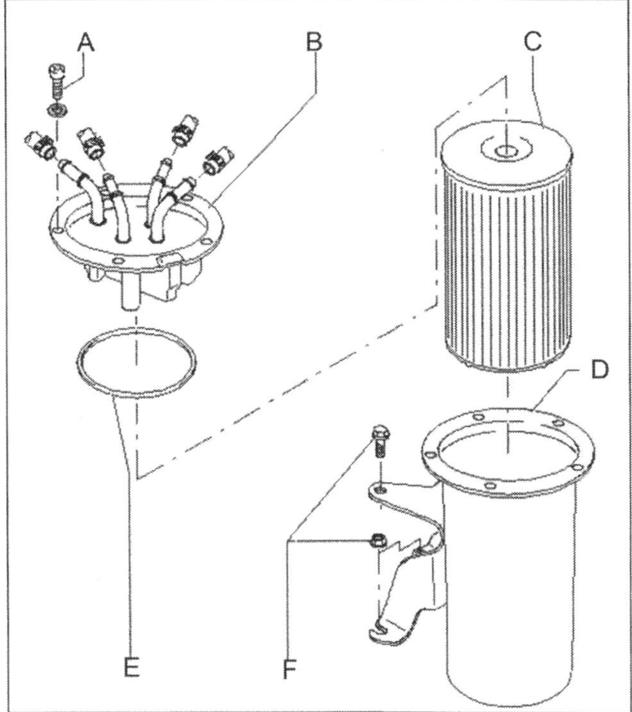

Demontage der Filtereinheit.
A Verschraubung, B Deckel, C Filtereinsatz, D Filtergehäuse, E Dichtring, F Verschraubung

Achtung: Kraftstoffreste sind Sonderabfall und gehören nicht in den Ausguss. Füllen Sie Kraftstoffreste in einen verschließbaren, beschrifteten Behälter um und entsorgen Sie seinen Inhalt umweltgerecht. Zum Teil werden solche Stoffe bei den Entsorgungszentren der Gemeinden entgegengenommen. Nachfragen jedenfalls kostet noch nichts.

Kraftstofffilter wechseln

Kraftstofffilter auswechseln (Diesel)

Der Kraftstofffilter sollte beim Diesel alle 90.000 km oder 72 Monate erneuert werden. Zu seinen Hauptaufgaben zählen das Zurückhalten von Schmutzpartikeln und Wasser. Das System entlüftet sich selbst.

Benötigtes Werkzeug und Materialien:
- Schraubendreher
- Kombizange
- kleines Auffanggefäß (ca. 200 ml)
- neuer Filter und Dichtring (O-Ring)
- dicker Lappen, Reiniger

Vorsicht: Eventuell vorhandene Verschmutzungen und Wasserreste im Kraftstofffiltergehäuse müssen unbedingt vor dem erneuten Zusammenbau entfernt werden! Haben Sie keine geeignete Absaugeinrichtung zur Verfügung, müssen Sie das Gehäuseunterteil demontieren um es zu entleeren. Den Aus- und Einbau des Kraftstofffiltergehäuses beschreiben wir am Ende dieses Kapitels.

Achtung: Kraftstoffreste sind Sonderabfall und gehören nicht in den Ausguss. Füllen Sie Kraftstoffreste in einen verschließbaren, beschrifteten Behälter um und entsorgen Sie seinen Inhalt umweltgerecht.

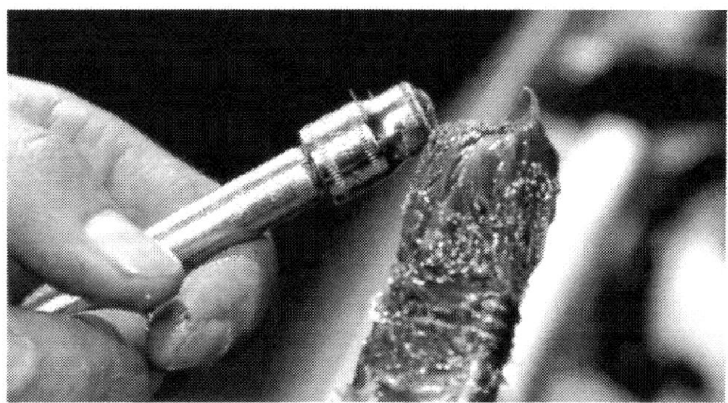

Praktische Montagehilfe: Damit Ihnen beim Ansetzen von oben nicht immer die Schraube oder Mutter herunterfällt, kleben Sie diese vorher mit etwas Fett in die Nuss.

GEFAHRHINWEISE

⚠ Kraftstoff

Der Umgang mit Kraftstoff ist gefährlich. Restgase sind hochexplosiv, Dämpfe gelten als krebserregend und unmittelbarer Kontakt oder Verschlucken können akute Reizungen, in schweren Fällen auch eine lebensbedrohende Lungenentzündung hervorrufen. Stellen Sie sicher, dass sich keine eingeschalteten elektrischen Geräte, offenen Flammen, Wärme- und Funkenquellen in unmittelbarer Nähe befinden. Führen Sie Arbeiten an der Kraftstoffanlage möglichst nur mit kraftstoffbeständigen Handschuhen aus. Als chemisch resistent gelten Handschuhe aus Naturlatex, Nitril oder Vinyl. Vor allem beim Entleeren des Kraftstoffbehälters müssen Sie mit äußerster Vorsicht vorgehen. Kraftstoffbehälter sollten Sie nur bei genügend Frischluftzufuhr entleeren. Unverzichtbar ist dabei ein entsprechendes Abpumpgerät (z. B. kraftstofffeste Balgen-Schlauchpumpe). Auf keinen Fall den Kraftstoff durch Saugen an einem Schlauch mit dem Mund entleeren! Kraftstoffbehälter nie über Montagegruben entleeren. Die entweichenden Gase sind schwerer als Luft und würden sich für mehrere Stunden in der Grube absetzen. Folge: Gesundheitsschäden durch Einatmen, wie Kopfschmerzen, Schwindel, Übelkeit, Sehstörungen, Bewusstlosigkeit und akute Explosionsgefahr. Kraftstoff nur in einen verschließbaren, beschrifteten Behälter umfüllen. Gut sind spezielle Behälter mit Flammschutz und Druckausgleichsverschluss. Im entleerten Kraftstofftank befinden sich Restgase. Arbeiten also nur mit besonderer Vorsicht ausführen!

Kraftstoff: Entzündlich, giftig, umweltschädigend

Achtung: Dieselkraftstoff greift Gummiteile an! Kraftstoffreste an Kühlerschläuchen und Leitungen sofort gründlich entfernen. Beachten Sie die Entsorgungsvorschriften!

Ausbau

- Die Federbandschellen mit der Zange entspannen und die Schläuche vom Filter abziehen.

- Halteklammer entfernen und das Regelventil mit angeschlossen Schläuchen nach oben aus dem Filter ziehen.

Tipp: Etwas Fett auf dem O-Ring erleichtert die Montage auch später beim Zusammenbau des Gehäuses. Wenn Sie den neuen Filter vor dem Einbau befüllen (über die Öffnung für das Regelventil), ersparen Sie sich hinterher evtl. auftretende Probleme durch Luft in der Kraftstoffanlage.

- Kraftstofffilter herausnehmen und in bereitgestellten Behälter abtropfen lassen.

- Kraftstofffilter entsorgen.

Filtereinbau

- Den neuen Filter (C) einsetzen.

- Den O-Ring des Regelventils ersetzen und das Regelventil einsetzen.

- Die Kraftstoffschläuche wieder aufschieben und die Federbandschellen ausrichten.

Dieselkraftstofffiltergehäuse aus- und einbauen

- Die zwei Befestigungsmuttern des Gehäuses mit der Ratsche und 10er-Nuss lösen. Die Mutter nicht ganz herausdrehen.

- Die Schraube ganz herausschrauben.

- Kraftstofffiltergehäuse erst etwas zur Seite bewegen, dann nach oben herausnehmen.
- Gehäuse entleeren und reinigen.

- Gehäuse wieder unter die Befestigungsmuttern ansetzen und diese ganz herunterdrehen.

- Schrauben ansetzen und mit 6 Nm festziehen.

Kraftstofffilter auswechseln (Benziner)

Beim Benziner finden Sie den Kraftstofffilter nicht im Motorraum, sondern direkt am Kraftstofftank (in Fahrtrichtung rechts an der Unterseite zum Motor hin). Der regelmäßige Wechsel des Benzinfilters ist in den Wartungsunterlagen von Škoda nicht vorgesehen. Ein verstopfter Filter kann aber Ursache bei unruhigem Motorlauf mit Zündaussetzern sein und sollte spätestens dann ersetzt werden.

Benötigtes Werkzeug und Materialien:
- Schraubenzieher
- Austauschfilter
- Schraubschelle
- Lappen und Auffanggefäß für austretenden Kraftstoff

Ausbau

- Federbandschellen der Leitung und die Rohrschelle am Tank öffnen. Vorsicht: Austretender Kraftstoff.

- Kraftstofffilter abnehmen.

Einbau

- Achten Sie beim Einbau auf genügend Abstand zwischen Schellenschloss (Schraube) und dem Kraftstoffbehälter.

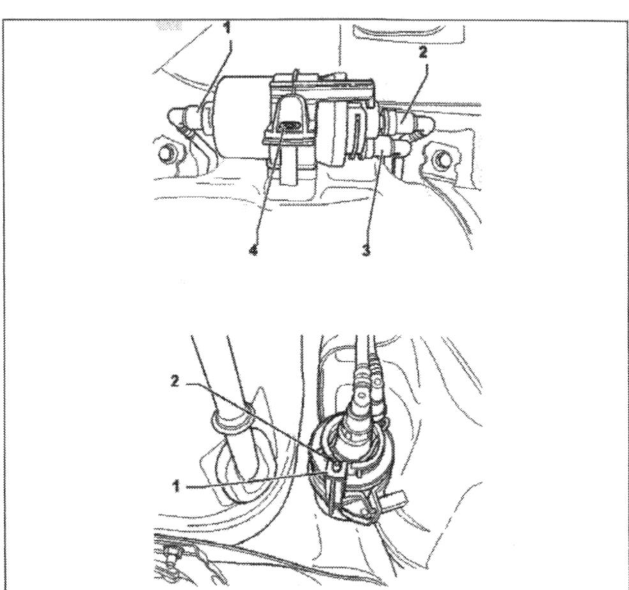

Benzinfilter: Die zum Motor führende Benzinleitung (1) ist schwarz gekennzeichnet, die Rückleitung ist blau gefärbt. Der Filter ist mit einer Rohrschelle (4) am Tank befestigt. Die Entlüftungsleitung (2) muss so verlegt werden, dass sie nicht geknickt werden kann.

Motor

	Störung	Was kann das sein?	Was muss ich tun?
A	**Motor startet nicht, Anlasser dreht**	**1** Die Wegfahrsperre bzw. die Anlasssicherung	Zu- und wieder aufschließen, Bremse getreten halten und Schalthebel auf Stellung N
		2 Batterie leer	Wenn die Scheinwerfer bei eingeschalteter Zündung nur schwach leuchten: Alle Verbraucher abschalten, Starthilfekabel benutzen und dann mindestens 20 Kilometer fahren
B	**Der Anlasser dreht, aber der Motor springt nicht an**	**1** Die häufigsten Ursachen sind: Kein Sprit und/oder kein Zündfunke. Das kann leider an sehr vielen Bauteilen liegen	Zuerst prüfen, ob noch Sprit und auch die richtige Sorte (Benzin oder Diesel) im Tank ist. Dann die Verkabelung im Motorraum auf Beschädigungen prüfen (Marderbiss?) Vorsicht! Zündung dabei unbedingt ausschalten!
C	**Motor läuft nach dem Start unrund**	**1** Benziner: Ein Fehler in der Kraftstoffversorgung und/oder Zündanlage, Nebenluft durch undichte Schläuche	Zunächst eine Sichtkontrolle des Motorraums bei ausgeschalteter Zündung durchführen. Beschädigte Leitungen mit Isolierband notdürftig flicken. Mit einem Diagnosegerät den Fehlerspei cher auslesen lassen.
		2 Diesel: Falschbetankung oder defekte Glühkerzen	Vorsicht: Bei Falschbetankung nicht mehr weiter fahren, sonst kann die Hochdruckpumpe kollabieren.
D	**Motor qualmt und stinkt aus dem Auspuff**	**1** Turbolader (blauer Rauch) oder Zylinderkopfdichtung (weißer Rauch) defekt	Ist der Turbolader defekt, besteht akute Gefahr: Teile des Turbinenrads oder Ladeschaufeln können vom Motor angesaugt werden. Nicht mehr starten! Bei einer kaputten Kopfdichtung fehlt Wasser im Ausgleichsbehälter, auf jeden Fall auffüllen.
		2 Diesel: Wenn der Motor warm gut läuft, sind es die Glühkerzen	Die Glühkerzen können Sie selber prüfen und ersetzen. Anleitung dazu finden Sie in diesem Kapitel.
E	**Motor zieht nicht mehr richtig**	**1** Der Hauptverdächtige ist auch hier der Turbolader, besonders wenn der Motor im Leerlauf oder bei wenig Gas noch gut läuft	Beobachten Sie die Ladedruckanzeige (sofern vorhanden) und achten Sie auf ungewöhnliche Geräusche beim Beschleunigen. Eventuell entweicht Ladedruck. Ein blockierter Lader macht dagegen gar keine Geräusche mehr
F	**Hoher Verbrauch**	**1** Wahrscheinlich ist der Luftfilter stark verschmutzt	Luftfilter austauschen, die Anleitung dazu finden Sie in diesem Kapitel

STÖRUNGSBEISTAND

Motor

	Störung	Was kann das sein?	Was muss ich tun?
G	**Motor wird zu langsam warm**	**1** Thermostat hängt	Sie können zunächst weite fahren, der Thermostat sollte jedoch so bald wie möglich getauscht werden
H	**Kratzen beim Gangwechsel**	**1** Kupplung trennt nicht richtig	Schadensursache feststellen und beheben. Wenn Sie den Fehler ignorieren, ruinieren Sie sonst sehr schnell das Getriebe
		2 Synchronring verschlissen	Wenn das Kratzen nur in einem Gang auftritt, kann der entsprechende Synchronring ersetzt und das Getriebe repariert werden. Bis dahin langsam schalten.
I	**Rupfen, Ruckeln und Springen**	**1** Die Kupplung ist verschlissen oder verölt	Die Kupplung ist ein Verschleißteil, das bei hohen Laufleistungen irgendwann abgenutzt ist. Tritt an Motor oder Getriebe Öl aus, rutscht die Kupplung. In beiden Fällen hilft nur der Ausbau des Getriebes
		2 Motorlager ausgeschlagen	Kontrollieren Sie den Zustand der Lager und vermeiden Sie bis zur Reparatur starke Lastwechsel und allzu rasantes Anfahren

Die Motorkühlung

Das Kühlsystem sorgt für die richtige Betriebstemperatur des Motors. Es soll den verschleißträchtigen Kaltstart des Motors verkürzen, die optimale Betriebstemperatur lange halten und natürlich auch die Überhitzung vermeiden. Das Kühlsystem besteht aus einer Reihe von Bauteilen wie Kühler, Thermostat, Wasserleitungen und einem Netz aus kleinen, genau bemessenen Kanälen in Motorblock und Zylinder, in denen die Kühlflüssigkeit zirkuliert. So entsteht ein Wassermantel, der die Verbrennungswärme über die Schläuche des Kühlsystems an den Kühler abführt. Welche Wege das Kühlmittel im Kühlsystem nimmt, hängt von der Temperatur des Motors ab.

Der kleine Kühlkreislauf

Nach dem Kaltstart zirkuliert das Kühlmittel zunächst im kleinen Kühlkreislauf, der sich auf Motor und Heizung beschränkt. In diesem so genannten Kurzschlusskreislauf hält der Thermostat den Durchfluss zum Kühler geschlossen. Das Kühlmittel gelangt auf direktem Weg zurück in den Motor. So erhitzt sich die Kühlflüssigkeit schneller und der Motor wird schneller warm. Der Kühler tritt erst in Aktion, wenn die Kühlflüssigkeit eine bestimmte Temperatur erreicht hat. Der Thermostat öffnet, dabei wird kaltes Wasser aus dem Kühler mit bereits erwärmtem Wasser aus dem kleinen Kühlkreislauf vermischt.

Regelung der Betriebstemperatur

Solange die Wassertemperatur steigt, öffnet der Thermostat den Kaltwasserzufluss aus dem Kühler immer weiter und schließt gleichzeitig den kleinen Kühlkreislauf. Bei Betriebstemperatur zirkuliert die Kühlflüssigkeit vom unteren Kühlwasserschlauch zur Wasserpumpe, die sie in den Motorblock und Zylinderkopf drückt. Der größte Teil der Flüssigkeit läuft dann über den geöffneten Thermostat zum Kühler, während der Rest zum Wärmetauscher der Heizung fließt. Das im Kühler unten abfließende kalte Wasser zieht heißes Kühlmittel oben in den Kühler nach. Dort wird es beim Zug durch die Kühlerlamellen abgekühlt. Sinkt während der Fahrt die Wassertemperatur unter die vorgeschriebene Betriebstemperatur, verkleinert der Thermostat seinen Durchlaufquerschnitt und somit auch den Kühlerdurchfluss erneut, bis sich das Kühlmittel wieder genügend erwärmt hat.

Hitzetod ohne Wasser: Bei unzureichender Kühlung stirbt der Motor schnell den Hitzetod. Daher sollte der regelmäßige Check des Kühlmittelstands selbstverständlich sein.

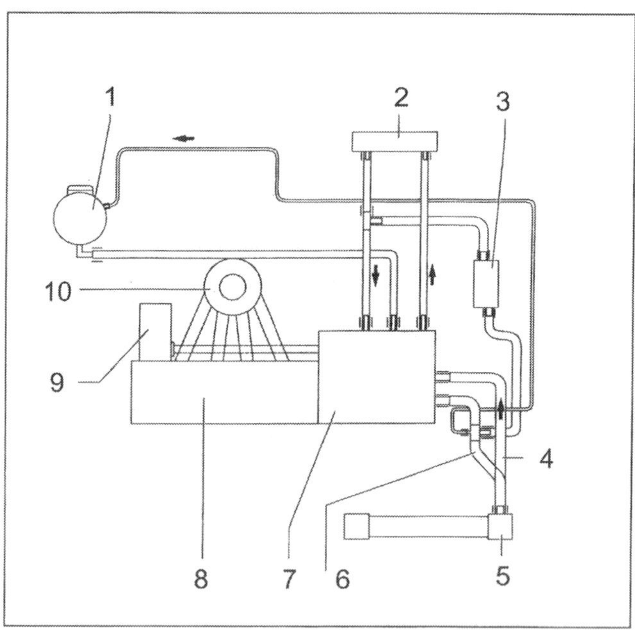

Der Kühlmittelkreislauf (exemplarisch): (1) Ausgleichsbehälter, (2) Wärmetauscher für Heizung, (3) Getriebeölkühler, (4) Kühlmittelschlauch unten, (5) Kühler, (6) Kühlmittelschlauch oben, (7) Kühlmittelregler-Gehäuse, (8) Zylinderblock, (9) Kühlmittelpumpe, (10) Ansaugrohr

Überdruck und Kühlerventilator

Das Kühlsystem steht unter einem Überdruck von etwa 1,4 bis 1,6 bar bei Betriebstemperatur. Dadurch und durch den Einsatz von Kühlmittelzusätzen erhöht sich der Siedepunkt der Kühlflüssigkeit von 100 °C auf rund 120 °C. Die höhere Temperatur ermöglicht einen wirtschaftlicheren und damit Kraftstoff sparenden Motorbetrieb. Wenn bei einem heißen Motor der Kühlmitteldruck 1,5 bar übersteigt, tritt das Überdruckventil am Ausgleichsbehälter in Aktion. Es öffnet und lässt zum Druckausgleich etwas Wasserdampf entweichen. Trotzdem kann es zum Beispiel bei Fahrten in der Stadt vorkommen, dass das Kühlmittel im System überhitzt wird. Dann muss der Kühlerventilator den Kühler zusätzlich kühlen. Der (oder die) Lüfter werden über einen zweistufigen Thermoschalter gesteuert, der links am Wasserkasten des Kühlers eingeschraubt ist. Bei einer Kühlmitteltemperatur von 92 bis 97 °C wird die erste Stufe (halbe Drehzahl) geschaltet. Steigt die Kühlmitteltemperatur auf 99 bis 105 °C, schaltet der Thermoschalter in der zweiten Stufe auf volle Drehzahl. Durch den nicht ständig mitlaufenden Lüfter und die thermostatische Regelung des Kühlmittelstroms wird die Betriebstemperatur schneller erreicht und der Kraftstoffverbrauch reduziert.

Kühlmittel

Kühlflüssigkeit (Kühlmittel) besteht aus einer Mischung von Frost- und Korrosionsschutzmittel und gewöhnlichem Wasser. Der Korrosionsschutz im Kühlmittel verhindert, dass sich Kesselstein, Rost und andere aggressive Korrosionsstoffe bilden. Allerdings verfliegt diese Schutzwirkung nach etwa vier Jahren, und das Kühlmittel sollte dann erneuert werden. Die Volkswagen AG schreibt einen turnusmäßigen Wechsel jedoch nicht mehr vor. Der Wasseranteil des Kühlmittels beträgt je nach gewähltem Frostschutz bis zu 60%. Weniger als 40% dürfen es aber auch im Sommer nicht sein. Nach dem Ersatz von Motorkomponenten wie Zylinderkopfdichtung oder Wasserpumpe sollte neuer Frostschutz benutzt werden, um die neuen Teile mit der Schutzschicht zu versiegeln. Alle Motoren sind mit dem Mittel G 12 nach TL VW 774 D befüllt, das eine rote Färbung hat. Dieses Mittel darf auf keinen Fall mit dem früher eingesetzten Kühlmittelzusatz G 011 A8 C gemischt werden. Eine braune Färbung des Kühlmittels deutet auf eine Vermischung der beiden Sorten hin. Dann muss das Kühlmittel abgelassen werden. Den Motor mit Wasser durchspülen (Motor zwei Minuten laufen lassen) und anschließend mit neuem Kühlmittel befüllen!

Teile des Motorkühlsystems

Wasserpumpe:
So genannte Schleuderpumpe, sorgt für stetigen Kreislauf des Kühlmittels. Wird je nach Motor vom Keilrippen- oder Zahnriemen angetrieben.

Kühler: Besteht auf der linken und rechten Seite aus einem Kunststoff-Wasserkasten. Dazwischen befinden sich dünnwandige Röhrchen, verbunden durch ein Gerüst von Lamellen. Die vom Luftstrom bestrichene Fläche ist viele Quadratmeter groß.

Thermostat: Hält die Wassertemperatur konstant. Öffnet bei etwa 87 °C und lässt Wasser zum Kühler oder zurück in den Motor strömen. Im Thermostat befinden sich eine wachsgefüllte Büchse und ein Ventilteller. Erwärmt sich das Kühlmittel, verflüssigt sich das Wachs und dehnt sich zunehmend aus. So öffnet es immer weiter das Ventil, das den Kaltwasserzufluss kontrolliert. Bei Betriebstemperatur ist das Ventil ganz geöffnet, der Kurzschlusskreislauf komplett zu. Kühlt das Wasser ab, drückt eine Feder auf den Ventilteller und sperrt den Kühlerdurchfluss.

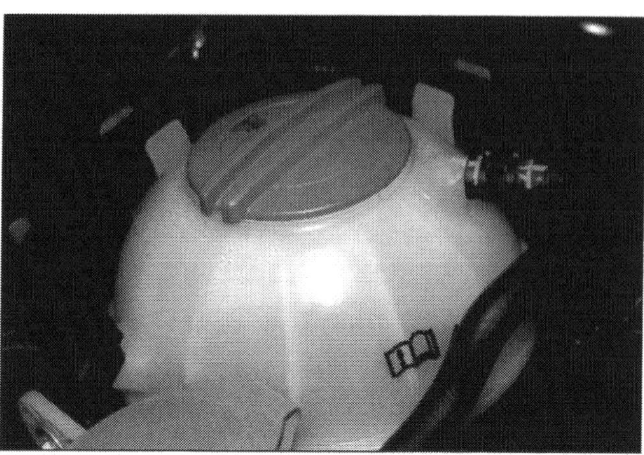

Ausgleichsbehälter: Lässt bei zu hohem Druck durch ein Überdruckventil im Deckel Wasserdampf entweichen. Bei allen Motoren wird ein getrennter Ausgleichsbehälter verwendet. Anzeige des Kühlmittelstandes an der Außenseite.

Kühlungsventilator: Der Kühler ist mit einem Kühlungsventilator (Kühlerlüfter) und je nach Ausstattungsversion mit einem Zusatzlüfter versehen.

Kühlmittelstand und Frostschutz prüfen

Wichtig ist die regelmäßige Kontrolle des Kühlwasserstandes im Ausgleichsbehälter. Beim Fabia sitzt dieser in Fahrtrichtung gesehen vorne rechts, nahe dem Kotflügel. Wie der Name schon sagt, dient dieser Behälter als Reservoir. Es ist deswegen völlig normal, dass der Pegel bei heißem Motor höher liegt als bei kaltem Motor. Gemessen wird immer im kalten Zustand. Ist der Pegelstand zu niedrig, wird dies auch durch eine Kontrolllampe im Armaturenbrett angezeigt (nicht bei allen Modellen). Befindet sich die Markierung unter oder nahe der Min.-Markierung, füllen Sie normales Wasser nach. Wird das Kühlsystem neu befüllt, sollten Sie immer eine Mischung aus kalkarmen Wasser und dem Frostschutzmittel einfüllen. Als Kühlmittelzusatz schreibt Škoda das hauseigene Frostschutzmittel G12 Plus vor (lilafarben). Škoda proklamiert für seinen Kühlmittelzusatz G 12 Plus, dass es Frost- und Korrosionsschäden sowie Kalkansatz verhindert und außerdem die Siedetemperatur anhebt. Die Vermischung mit dem roten G12 ist zulässig. Aber: Das ältere, grünliche G11 darf nicht eingefüllt werden!

G11 G12

- Vorsicht beim Öffnen (1): Heißes Kühlwasser steht unter Druck und kann aus der Öffnung sprudeln!
- Verwenden Sie zur Bestimmung des Frostschutzgehalts einen Frostschutzprüfer (2).
- Füllen Sie gegebenenfalls Wasser nach (3). Der Stand sollte bei kaltem Motor nahe der MAX-Markierung liegen.

Das Kühlsystem muss ganzjährig mit Kühlerfrost- und Korrosionsschutzmittel (Anteil ca. 40%) befüllt sein! Beachten Sie das richtige Mischungsverhältnis:

Benziner		
Mindest Temperaturbereich	*Anteil G12*	*Anteil Wasser*
-25 °C	ca. 40% (2,0 l)	ca. 60% (3,0 l)
-35 °C	ca. 50% (2,5 l)	ca. 50% (2,5 l)
Diesel		
Mindest Temperaturbereich	*Anteil G12*	*Anteil Wasser*
-25 °C	ca. 40% (2,4 l)	ca. 60% (3,6 l)
-35 °C	ca. 50% (3,0 l)	ca. 50% (3,0 l)

Die Mischung macht's: Beim Nachfüllen auf die richtige Zusammensetzung und die Max-Markierung (Pfeil) achten.

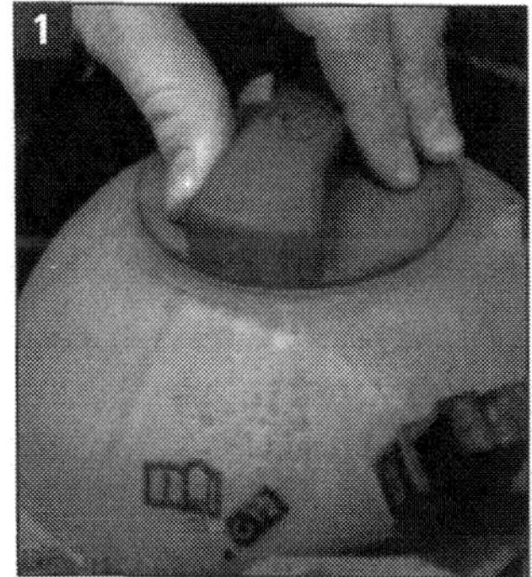

Vorsicht beim Öffnen: Der Kühlmittelbehälter kann unter Druck stehen, wenn der Motor gerade noch gelaufen ist.

Messspindel: Eine einfache aber effiziente Methode zur Bestimmung des Frostschutzgehalts.

Kühlerventilator auf Funktion prüfen

Das Kühlsystem muss ganzjährig mit Kühlerfrost- und Korrosionsschutzmittel (Anteil ca. 40%) befüllt sein! Beachten Sie das richtige Mischungsverhältnis:
Der Kühlerventilator wird nur unter starker thermischer Belastung des Motors zugeschaltet. Bei einem Defekt können Sie weiterfahren, wenn Sie den Motor zunächst abkühlen lassen und sich dann mit zügigem Tempo in eine Werkstatt begeben (Leerlauf und Langsamfahrt vermeiden!). Dabei stets die Temperaturanzeige und die Warnleuchte im Auge behalten. Am besten unterstützen Sie die Wärmeabfuhr durch das Einschalten der Heizung und des Gebläses.

Vorsicht: Bei gerade abgestelltem und heiß gefahrenem Motor niemals mit den Händen in die Nähe des Lüfters greifen! Der Ventilator kann auch bei ausgeschalteter Zündung unvermittelt loslaufen!

- Kontrollieren Sie zuerst die Sicherungen F54 im Sicherungskasten im Fahrerfußraum. Es können auch im Sicherungshalter neben der Batterie noch Sicherungen eingebaut sein. In diesem Fall handelt es sich dann um die Sicherung Nr. 3.
- Wenn der Lüfter nicht anläuft oder nur in einer Geschwindigkeit arbeitet, müssen die elektrischen Leitungen überprüft werden (Werkstattdiagnose). Kontrollieren Sie die Anschlüsse auf guten Kontakt und festen Sitz.
- Auch für die Funktionsprüfung der Lüftermotoren geht kein Weg am Tester vorbei. Über die On Board-Diagnose wird durch die so genannte »Komponentenprüfung« auch das Steuergerät für die Kühlerlüfter angesteuert. Die Lüfter können so angesprochen werden. Der Auslesewert des Temperaturfühlers kann auch leicht über die »Ist-Werte« ausgelesen werden.

Kühlsystem auf Dichtheit prüfen

Die Dichtheit der Schläuche können Sie am besten bei Betriebstemperatur inspizieren. Achten Sie dabei auf Beschädigungen (z. B. durch Marderbisse). Zur Überprüfung nach folgender Reihenfolge vorgehen:

- Schläuche (Kühler, Motor und zur Heizanlage) prüfen.
- Den Zustand der Schläuche stellen Sie durch Kneten fest. Harte, spröde oder rissige Teile sollten Sie sofort austauschen (siehe dazu auch Kapitel »Kleine Pannen«).
- Schlauchenden auf korrekten Sitz an Stutzen prüfen.
- Spannschrauben der Schlauchschellen auf festen Sitz prüfen. Verrostete Schlauchschellen stets auswechseln.

Schlauchleitungen kontrollieren: Durch kräftiges Kneten können Sie die Dichtheit und den Zustand überprüfen.

Thermostat aus- und einbauen

Wenn an heißen Tagen die Kühlmittel-Temperaturanzeige bedenklich ansteigt, der Kühlmittelstand aber korrekt ist, oder im Winter der Motor nur langsam warm wird, ist der Thermostat defekt. Der Thermostat regelt den Kühlmittelkreislauf. Abhängig von der Kühlmitteltemperatur öffnet und schließt sich das Ventil. Dadurch durchdringt das Kühlmittel nach der Warmlaufphase den großen Kühlmittelkreislauf. Die Kühlleistung wird somit dem jeweiligen Temperaturzustand angepasst. Öffnet der Thermostat nicht mehr bei der entsprechenden Temperatur, überhitzt der Motor, da nicht genügend Kühlmittel durch die Leitungen fließen kann. Die Prüfung des Thermostats gibt Aufschluss über einen möglichen Defekt.

Benötigtes Werkzeug und Materialien:
- Auffangbehälter für Kühlmittel
- Schraubenschlüssel (abhängig von der Motorvariante unterschiedliche Schlüsselweiten)
- Ersatzdichtung (abhängig von der Motorvariante unterschiedliche O-Ringe)

Vorbereitende Maßnahmen:

- Zunächst die untere Motorabdeckung, wie unter »Motorabdeckung abbauen« beschrieben, entfernen.

- Ausgleichsbehälter zum Druckausgleich öffnen. Vorsicht: Der Behälter steht bei warmem Motor unter Druck, durch austretendes Kühlmittel besteht Verbrühungsgefahr! Kühlflüssigkeit ablassen:

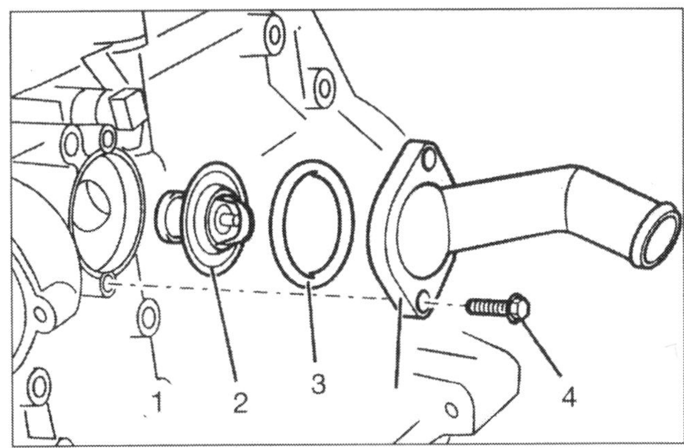

Thermostatgehäuse beim 1,6 Liter-Benziner und den 1,6- und 1,9 Liter-Diesel-Motoren: (1) Thermostat, (2) Dichtungsring, (3) Anschlussstutzen, (4) Schraube.

- Ablassschraube sofern vorhanden (Pfeil in Bild 1) öffnen. Vorsicht! Kühlflüssigkeit tritt aus, daher Auffangbehälter bereithalten. Ist keine Ablassschraube vorhanden, Klammer lösen und Kühlmittelschlauch abziehen.

- 1,6 Liter-Benziner und die 1,6- und 1,9 Liter-Diesel-Motoren: Kühlmittelschlauch unten am Ölfilterflansch abziehen. Dazu Schelle mit einer Zange öffnen und Schlauch abziehen. Thermostat aus- und einbauen.

Thermostatgehäuse beim 1,4 Liter-Motor.

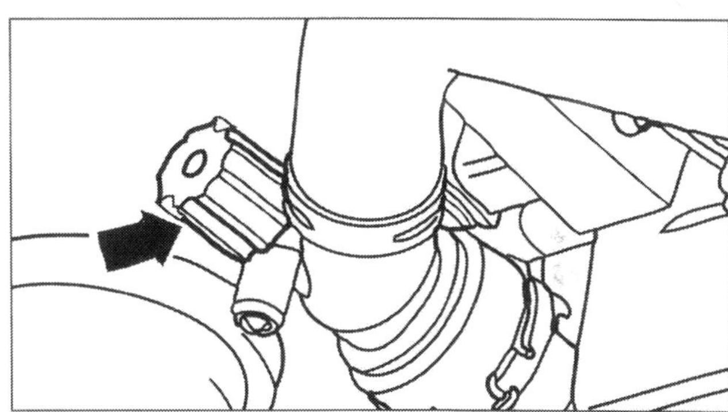

Kühlwasser ablassen: Leider verfügen nicht alle Motoren über einen solchen praktischen Ablasshahn.

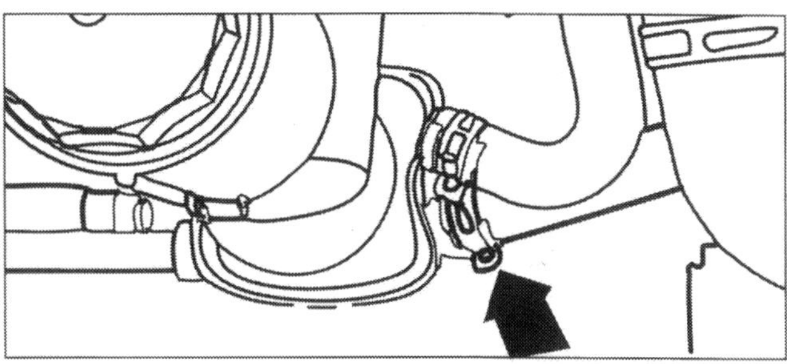

Die Alternative: Auch unten am Wärmetauscher (Ölkühler) kann das Kühlwasser abgelassen werden

Thermostat ausbauen

Bei allen Vierzylindern (außer den 1,6 Liter-Motoren) geht der Ausbau wie folgt:
Den Kühlmittelschlauch vom Anschlussstutzen ziehen und die Befestigungsschraube (Pos. 4 in Bild 3) des Anschlussstutzens herausschrauben. Nun den Anschlussstutzen samt Kühlmittelregler (=Thermostat) ausbauen.

- Bei den 1,4 Liter-Motoren befindet sich der Thermostat in einem Extra-Gehäuse am Rücklaufschlauch (unterer und etwas dickerer Kühlschlauch).

Thermostat einbauen

- Vor dem Einbau die Dichtfläche gründlich reinigen.
- Alten Dichtring erneuern und neuen Dichtring zur besseren Abdichtung mit ein wenig Kühlmittel benetzen.
- Kühlmittelthermostat einsetzen, bei allen Vierzylindern muss der Bügel des Kühlmittelreglers senkrecht stehen.

Kühlflüssigkeit auffüllen

- Den Kühlmittelschlauch des Ölkühlers fixieren, gegebenenfalls Ablassschraube (15 Nm) wieder hineindrehen.
- Motorraumabdeckung wieder anbauen.
- Mischung aus Wasser und Kühlerfrostschutzmittel G12 auffüllen. Ausgleichsbehälter noch nicht schließen!
- Anschließend Motor bei ca. 2000 U/min für zirka drei Minuten laufen lassen.
- Deckel des Ausgleichsbehälters einschrauben.
- Motor mehrmals bis zum Anlaufen des Kühlerventilators (im Leerlauf) laufen lassen. Danach abstellen.
- Je länger der Lüftermotor läuft, umso geringer ist die Kühlleistung des Kühlers. Achten Sie auf möglichst kurze Schaltzeiten (ca.1 Minute) des Lüftermotors.
- Nach Abkühlphase Kühlmittelstand kontrollieren und gegebenenfalls nachfüllen.

Thermostat prüfen

Bei diesen Arbeiten ist ein gutes Auge gefragt. Zum einen muss die Öffnungsbewegung des Thermostaten beobachtet werden, zum anderen muss auch der Zustand der Bauteile genau beobachtet werden. Beim 1,4 Liter-Motor stützt sich der Thermostat gegen das Kunststoffgehäuse ab. Gelegentlich ist die Abstützung beschädigt (gebrochen). Der Thermostat kann so nicht öffnen. Ein Blick ins Gehäuse kann also viel Arbeit ersparen.

Beschädigtes Thermostatgehäuse.

Benötigtes Werkzeug und Materialien:
- Thermometer
- Kochtopf mit Wasser gefüllt
- Herdplatte oder Tauchsieder zum Erhitzen des Wassers
- Stab und ein Stück Draht zum Aufhängen des Thermostats

Thermostat prüfen:

- Thermostat an einem Stück Draht in einem Wasserbad erhitzen, dabei Wassertemperatur messen.
- Bei ca. 100 °C Thermostat entnehmen (Vorsicht Verbrühungsgefahr!).
- Hub des geöffneten Reglers messen.

Motor	Öffnungstemperatur	Öffnungsendetemperatur	Hub(Soll)
Benziner	ca. 80 bis 85 °C	ca. 102 bis 105 °C	min. 7 mm
Diesel	ca. 85 °C	ca. 105 °C	min. 7 mm

Kühlsystem

	Störung	Was kann das sein?	Was muss ich tun?
A	**Kühlwasserstand fällt ständig**	**1** Wasserverlust	Auf Wasserspuren achten, das Kühlsystem abdrücken (lassen)
		2 Zylinderkopfdichtung defekt	Kopfdichtung prüfen, gegebenenfalls erneuern (lassen), Kühlsystem abdrücken (lassen)
		3 Zylinderkopf defekt	Zylinderkopf prüfen, gegebenenfalls erneuern (lassen), Kühlsystem abdrücken (lassen)
		4 Deckel Ausgleichsbehälter undicht	Auf Wasserspuren achten, ggf. Deckel Ausgleichsbehälter ersetzen
B	**Kühlsystem wird zu heiß**	**1** Lüftermotoren defekt	Lüftermotoren prüfen, gegebenenfalls erneuern
		2 Sicherungen defekt	Sicherungen prüfen, gegebenenfalls erneuern
		3 Kühlwasserstand zu niedrig	Kühlwasserstand auffüllen und auf Wasserspuren achten. Gegebenfalls das Kühlsystem abdrücken (lassen).
		4 Kühler zugesetzt	Kühler prüfen, gegebenenfalls erneuern
		5 Thermostat defekt	Thermostat prüfen, gegebenenfalls erneuern (lassen)
		6 Zylinderkopfdichtung defekt	Kopfdichtung prüfen, gegebenenfalls erneuern (lassen), Kühlsystem abdrücken (lassen)

Wartung und Pflege

Damit Sie möglichst lange Freude an Ihrem Fabia haben, finden Sie hier eine Übersicht der regelmäßig anfallenden Wartungsarbeiten und Prüfpunkte. Diese Inspektionen, falls durchgeführt, leisten einen erheblichen Beitrag dazu, Ihren Wagen eine lange Zeit in Schuss zu halten.

Service & Inspektion

Grundsätzlich gibt es für den Fabia zwei unterschiedliche Wartungssysteme zur Durchführung der Inspektion. Beide Systeme werden eingesetzt und haben ihre Vor- und Nachteile. Einerseits sind die Wartungsintervalle festgelegt durch die Fahrzeuglaufleistung und das Alter des Fahrzeugs. Dies ist die traditionelle Herangehensweise, der so genannte starre Wartungsintervall. Anderseits wurde Mitte 1999 erstmals im Golf das LongLife-Service-System bei Volkswagen eingeführt. Wie der Name bereits suggeriert, handelt es sich hier um eine mögliche Verlängerung des Zeitraums zwischen den Serviceterminen.

Was versteht man unter Wartung?

Unter Wartung wird laut DIN 31051 eine Maßnahme verstanden, die die immer existente Abnutzung verzögert. Der betriebsbereite Zustand des Fahrzeuges soll also so lange wie möglich erhalten bleiben. Die Wartung beschränkt sich nicht auf den Wechsel des Motoröls und den kurzen Blick unter das Auto, sie sollte auch nach Ende der Garantiezeit ernst genommen werden. In regelmäßigen Intervallen soll die Wartung von Fachkundigen durchgeführt werden. Fachkundige oder zumindest erfahrene Kfz-Mechaniker oder -Mechatroniker erkennen oftmals schon vor einem teuren Schaden die Ursache. Ein kleiner Defekt, wie ein undichter Kühlschlauch, kann schon zu einem kapitalen Motorschaden führen. Kabel und Züge können, wenn sie nicht sauber geführt werden, aufscheuern und entsprechende Ausfälle produzieren.

Das Ersetzen und Nachfüllen von Betriebsmitteln wie Schmierstoffen und Wasser, der Austausch von Verschleißteilen wie Bremsbelägen und Filtern sowie das Nachstellen, Schmieren und Reinigen von Komponenten bezeichnet man als Wartung oder Inspektion. Es macht Sinn, sich bei der Wartung an die Herstellerangaben zu halten, denn diesem sind Haltbarkeit der Betriebsmittel und der Verschleißteile bekannt. Entsprechend dieser Erfahrungswerte wurden auch die Wartungsintervalle und Prüfpunkte beim Fabia festgelegt. Auch die Abfrage des Fehlerspeichers gehört zur Wartung und Pflege eines Fahrzeuges. Entgegen der landläufigen Meinung sind im Fehlerspeicher nicht nur die großen Probleme abgelegt, sondern oftmals verstecken sich hier schon kleine Hinweise auf einen möglicherweise nahen Defekt. Angemerkt sei noch, dass die Servicerückstellung bei Skoda eigentlich auch eine Datenübertragung zum Hersteller zur Folge hat. Gerade veränderte Werte und Parameter sowie so mancher Softwareeingriff, werden so vom Hersteller leicht erfasst. Garantie und Kulanzleistungen werden dann im Zweifelsfall sehr eingeschränkt.

Merkzettel am Türholm: Termin und erforderlicher Wartungsumfang des nächsten Service werden am Türholm Ihres Fabia auf einem beschrifteten Aufkleber vermerkt.

Welcher Service gilt für meinen Fabia?

Ein Blick auf den Fahrzeugdatenträger bringt Sie in dieser Frage auf jeden Fall weiter. Den Fahrzeugdatenträger finden Sie in der Reserveradmulde des Wagens sowie im Service-Heft. Halten Sie Ausschau nach einem Code der mit »QG« beginnt, diese Angabe enthält Informationen bezüglich des ab Werk vorgesehenen und programmierten Serviceintervalls. Als Voraussetzung für flexible Serviceintervalle müssen eine Service-Intervall-Anzeige im Kombiinstrument, ein Motorölstandsensor und eine Bremsbelagverschleißanzeige verbaut sein. Außerdem muss der jeweils verwendete Motor auch eine Freigabe für lange Ölwechselintervalle haben. Der Datenträger kann folgende Einträge enthalten: QG0 – Der Wagen ist nicht mit Komponenten ausgestattet, die eine flexible Wartung zulassen. QG1 – Das Fahrzeug ist werkseitig mit Komponenten für flexible Wartung ausgestattet und der LongLife-Service ist aktiviert. QG2 – Das Fahrzeug ist werkseitig mit Komponenten für flexible Wartung ausgestattet, aber der LongLife-Service ist nicht aktiviert. Die Wartung erfolgt nach starren Service-Intervallen. Nur QG1-Fahrzeuge verfügen werkseitig über LongLife-Service und werden nach flexiblen Service-Intervallen gewartet. Die Codes QG0 und QG2 bedeuten, dass eine Wartung nach starren Service-Intervallen erfolgt.

LongLife-Service (QG1)

Ziel des LongLife-Service ist es, die Häufigkeit der Werkstattaufenthalte für Inspektionen auf das nötigste Mindestmaß zu reduzieren. Maximal 30.000 km oder zwei Jahre können Sie unter günstigen Bedingungen abspulen, bevor ein Gong-Signal Sie umgehend in die Werkstatt beordert. Die Art und der Zeitpunkt der fälligen Wartung wird Ihnen in der Service-Anzeige angezeigt: Mit der Anzeige »Service« ist im Prinzip der Motorölwechsel gemeint und die Anzeige »Service-Inspektion« bedeutet, dass jetzt eine große Inspektion fällig ist. Den fälligen Service erhalten Sie bereits vorher im Kombiinstrument angezeigt. Die erste Meldung erfolgt 3000 km vor dem fälligen Kundendienst in Verbindung mit den noch bis dahin verbleibenden Tagen. Der bereits überschrittene Wartungstermin wird durch ein Minuszeichen vor der Anzeige symbolisiert. Tipp: Sie können jederzeit die noch verbleibenden Kilometer oder Tage bis zur Wartung im Kombiinstrument sehen, indem Sie bei eingeschalteter Zündung die Taste mit dem Schraubenschlüssel oder auch die Taste für die Tageskilometerrückstellung kurz drücken.

Es ist allerdings auch möglich, den Fabia auf die »normalen« Inspektionsintervalle umzustellen.
Diese Umstellung muss auch im Steuergerät durchgeführt werden. In der Regel ist das aber nur durch den Škoda-Partner oder ähnlich mit Testern ausgerüstete Werkstätten zu realisieren.

Besonderheiten des LongLife-Service
Der LongLife-Service zeichnet sich unter anderem durch die Verwendung eines speziellen, besonders langlebigen Motoröls aus. Die flexible Gestaltung der Kundendienstintervalle wird ermöglicht durch diverse Sensoren, die mit dem Motorsteuergerät verbunden sind. Hierzu zählen zum Beispiel ein Motoröltemperaturfühler, ein Geber für Geschwindigkeit, Drehzahl, Bremsbelagverschleißanzeige und die wartungsarme Batterie. Unter Berücksichtigung dieser Eingangsmesswerte und der gefahrenen Strecke inklusive des erfassten Benzinverbrauchs wird der Motorölverschleiß berechnet. Dieser errechnete Motorölverschleiß ist das Hauptkriterium für die Berechnung der maximalen Laufleistung bis zum folgenden Service.

Motor	Ölnormen (muss auf der Ölflasche lesbar sein!)	
	LongLife (QG1) Bedarfserfassung	*Ohne LongLife (QG0, QG2) Wartung nach km*
Benzin 4 Zylinder	VW Norm 503 00 VW Norm 504 00	VW Norm 501 01 VW Norm 502 00 VW Norm 504 00
Diesel 4 Zylinder Pumpe-Düsenmotoren ohne serienmäßigen Partikelfilter	VW Norm 506 01 VW Norm 507 01	VW Norm 505 01 VW Norm 507 00
Diesel 4 Zylinder Pumpe-Düsenmotoren mit serienmäßigen Partikelfilter	VW Norm 507 00	VW Norm 507 00
Diesel 3 und 4 Zylinder Commonrail-Motoren mit und ohne serienmäßigen Partikelfilter	VW Norm 507 00	VW Norm 507 00

Müssen Sie Öl nachfüllen und es findet sich kein speziell spezifiziertes LongLife-Öl, können maximal 0,5 l gewöhnliches Öl nachgefüllt werden, ohne dass der Service seinen LongLife-Status verliert. Bei der Beimischung von mehr als einem halben Liter normalen Schmierstoffs verliert der Wagen seinen LongLife-Status und muss für das nächste Intervall wie beim starren Service-Intervall behandelt werden. Wird ein anderes nicht als »LongLive-Öl« freigegebene Motorenöl verwendet, muss der Ölwechsel alle 15.000 km oder nach einem Jahr erfolgen.

Starre Wartungsintervalle (QG0, QG2)

Die Wartungsintervalle für den Ölwechsel (Service) und die Inspektion (Service-Inspektion) hängen nur von der Laufleistung in Kilometern und der Zeitdauer seit dem letzten Kundendienst ab. Außerdem gibt es Servicetätigkeiten, die nach einer festen Kilometerlaufleistung durchzuführen sind, wie etwa die Erneuerung des Zahnriemens nach einer bestimmten Laufleistung. Fahrzeuge, die nach starren Wartungsintervallen gewartet werden, erhalten jährlich einen Ölwechsel mit kleinerer Durchsicht und alle zwei Jahre zusätzlich eine große Inspektion. Als Limit gilt hier die Grenze von 15.000 km. Das bedeutet, wenn Sie nur eine jährliche Laufleistung von 10.000 km haben, muss Ihr Fabia trotzdem alle 12 Monate frisches Motoröl und einen neuen Ölfilter erhalten. Ebenso verhält es sich mit der Inspektion, spätestens alle 24 Monate ist diese fällig, unabhängig der gefahrenen Kilometer. Sind Sie ein Vielfahrer und haben die 15.000 km vor 12 Monaten gefahren, müssen Sie auch schon vorher zum Service. Genauso bedeutet es, dass bei 30.000 km die Inspektion fällig ist, egal wann der letzte Service stattgefunden hat. Zusammengefasst heißt das für Sie: Der Service ist fällig alle 15.000 km oder spätestens nach einem Jahr, je nachdem, was zuerst eintrifft.

Service Anzeige im Display

Wird die Anzeige nicht als realer Text ausgegeben, gibt die Serviceintervallanzeige dem Fahrer in Abhängigkeit von einer bestimmten Wegstrecke (beispielsweise 30.000 km) oder innerhalb eines bestimmten Zeitintervalls (1 Jahr oder 365 Tage) über die Displayanzeige die Fälligkeit der Wartung in einem Kürzel bekannt . Diese Kürzel finden sich oft auch noch als textliche Beschreibungen auf den Werkstattrechnungen wieder.

ÖL	Motorölwechsel
IN00	Keine Inspektion erforderlich
IN01	Jahresinspektion (Ablauf der 365 Tage)
IN02	30.000-km-Inspektion

WISSENSWERTES

Serviceanzeige zurücksetzen

Grundsätzlich wird die Serviceanzeige mit dem Škoda-Diagnosegerät zurückgesetzt. Dies ist auch zwingend nötig, wenn Sie den LongLife-Service aktiviert haben und das auch so bleiben soll. Denn die manuelle Rückstellung der Anzeige hat zur Folge, dass Ihr Fabia auf starre Intervalle umprogrammiert wird. Die Rückstellung in der Werkstatt hat zudem einen weiteren Vorteil: Wenn das Fahrzeug sowieso am Diagnoseanschluss (Stecker unter dem Armaturenbrett) hängt, können Sie bei dieser Gelegenheit gleich den Fehlerspeicher auslesen lassen. Das Auslesen des Fehlerspeichers ist übrigens Prüfpunkt bei jedem Kundendienst und sollte nicht vernachlässigt werden. Zum manuellen Zurückstellen der Serviceanzeige (ohne Tester) führen Sie folgende Schritte durch:

Fahrzeuge bis Modelljahr 2010:

- Zündung ausschalten und Fahrzeug nicht bewegen.
- Servicetaste rechts im Kombiinstrument drücken und halten.
- Zündung einschalten und danach die Servicetaste wieder loslassen.
- Servicetaste nach rechts drehen.
- Zündung einschalten, im Display ist nun »IN00« zu lesen.
- Zündung ausschalten.

Fahrzeuge ab Modelljahr 2011 ohne Informationsanzeige:

- Zündung ausschalten.
- Rechten Knopf im Kombiinstrument drücken und gedrückt halten.
- Zündung einschalten.
- Rechte Taste loslassen und innerhalb von 20 Sekunden linke Taste kurz drücken.
- Nach kurzer Zeit schaltet die Anzeige automatisch um.
- Zündung ausschalten.

Fahrzeuge ab Modelljahr 2011 mit Informationsanzeige:

- Zündung einschalten.
- Den Wippschalter am Wischerhebel für länger als eine Sekunde gedrückt halten.
- Das Hauptmenü wird angezeigt.
- Setup (Einstellungen) auswählen und mit der OK-Taste bestätigen.
- Service-Intervall (Service-Info) auswählen und bestätigen.
- Reset auswählen und bestätigen.
- Zündung ausschalten.

Die Rücksetzung erfolgt für die jeweilige Anzeige im Display. Die Vorgehensweise verändert sich nicht.

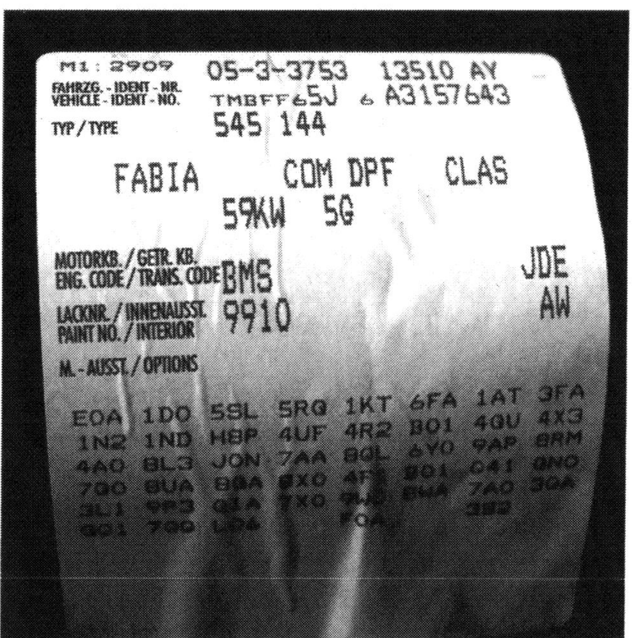

Ist im Kofferraum neben der Reserveradmulde aufgeklebt und findet sich auch im Service-Heft bei den Fahrzeugunterlagen."

Die Serviceanzeige für den LongLife-Service sieht etwas anders aus. Wird eine Wartung fällig, blinkt der Schriftzug »Service« oder eventuell »Service jetzt!« im Display auf. Die Rückstellung erfolgt generell mit dem Tester.

Der Wartungsplan

Auf den folgenden zwei Seiten finden Sie einen tabellarischen Wartungsplan für Fahrzeuge mit starren und flexiblen Wartungsintervallen. Diesen können Sie sich herauskopieren und als Arbeitsgrundlage für die Wartung verwenden.

LongLife-Fahrzeuge:
Bei der Anzeige »Service« führen Sie nur die Arbeiten durch, die durch Fettdruck gekennzeichnet sind. Wird in der Anzeige »Service-Inspektion« angezeigt, sind alle Wartungspunkte abzuarbeiten. Achten Sie bei jeder Wartung darauf, auch die kilometerabhängigen Arbeiten, wie die Erneuerung des Zahnriemens nach einer bestimmten Laufleistung, nicht zu vergessen.

Fahrzeuge mit starrem Wartungsintervall:
In den Spalten finden Sie den jeweils fälligen Wartungsdienst für Ihren Fabia. Entweder die Kilometerlaufleistung oder die Dauer seit dem letzten Kundendienst, je nachdem, was zuerst eintrifft. In der entsprechenden Spalte sind die angekreuzten Prüfpunkte oder Arbeitspositionen abzuarbeiten. Allgemeine Bemerkungen und Hinweise finden sich in der letzten Spalte.

Wie viel Öl darf mein Motor maximal verbrauchen?

Škoda hat hierzu klare Vorstellungen und gibt einen maximalen Motorölverbrauch von 1 Liter pro 1000 km an. Ist Ihr Motor technisch in Ordnung, verbraucht er so wenig Öl, dass zwischen den einzelnen Ölwechselintervallen nur eine geringe Menge nachgefüllt werden muss. Das gilt jedoch nur, wenn Sie regelmäßig das Öl wechseln und der Motor nicht übermäßig belastet wird. Genauso besorgniserregend wie der übermäßig hohe Ölverbrauch ist ein kaum abnehmender Ölstandspegel. Denn nimmt der Ölstand zwischen den Messungen nicht ab, ist das Motoröl durch Kraftstoff und Kondenswasser verdünnt, was seine Schmiereigenschaft verschlechtert. Das kann im Winter vorkommen, wenn Sie das Fahrzeug nur auf Kurzstrecken bewegen. In diesem Fall empfiehlt es sich, das Öl auch mal zwischen den üblichen Intervallen zu wechseln.

Probefahrt zum Abschluss

Auch die Probefahrt ist ein wichtiger Bestandteil der Wartung eines Fahrzeuges. Natürlich bewegen Sie Ihr Fahrzeug jeden Tag und selbstverständlich geht man davon aus, jedes ungewöhnliche Geräusch wahrzunehmen. In der Regel aber ist man durch die Alltagseinflüsse während der Fahrt eher von der Fahrzeugfunktion abgelenkt. Suchen Sie sich eine asphaltierte Strecke, auf der Sie auch Bremsproben gefahrlos durchführen können. Achten Sie auf das Beschleunigungsverhalten und auch die Höchstgeschwindigkeit bei einem bestimmten Punkt Ihrer »Teststrecke«. Ein Leistungsverlust lässt sich so recht einfach erkennen.

Jahre oder Kilometer x 1000 (was zuerst eintritt)	1 15	2 30	3 45	4 60	5 75	6 90	7 105	8 120	9 135	10 150	11 165	12 180	...	14 21 0	16 24 0	Bemerkung
Antrieb																
Abgasanlage Sichtprüfung durchführen				x				x				x	usw.		x	
Motorölwechsel mit Filter durchführen	x	x	x	x	x	x	x	x	x	x	x	x	usw.	x	x	
Dieselkraftstofffilter erneuern						x						x	usw.	x	x	
Frostschutz und Kühlmittelstand prüfenx	x	x	x	x	x	x	x	x	x	x	x	x	usw.	x	x	
Sichtprüfung von Motor, Getriebe, Achsantrieb				x				x					usw.		x	
Sichtprüfung Kühler und Lüfter		x		x		x		x		x		x	usw.	x	x	
Kupplung Funktion und Zustand prüfen		x		x		x		x		x		x	usw.	x	x	
DSG-Getriebeöl und Filter erneuern				x				x				x	usw.		x	
Automatik-Getriebeöl prüfen				x				x				x	usw.		x	
Luftfilter erneuern												x	usw.			
Zündkerzen erneuern				x				x				x	usw.		x	
Keilrippenriemenzustand prüfen				x				x				x	usw.		x	
Zahnriemen für Nockenwellenantrieb prüfen								x				x	usw.			
Zahnriemen für Nockenwellenantrieb erneuern								x					usw.		x	Diesel BSW
Zahnriemen für Nockenwellenantrieb erneuern										x			usw.		x	Diesel BNM, BNV, BMS, BLS
Zahnriemen für Nockenwellenantrieb erneuern													usw.	x		Diesel CAYA, CAYB CAYC, CFWA
Zahnriemenspannrolle erneuern													usw.		x	nur Diesel

Jahre oder Kilometer x 1000 (was zuerst eintritt)	1 15	2 30	3 45	4 60	5 75	6 90	7 105	8 120	9 135	10 150	11 165	12 180	...	14 21 0	16 24 0	Bemerkung
Fahrwerk																
Sichtprüfung der Bremsanlage				x				x				x	usw.		x	
Bremsflüssigkeitsstand prüfen	x	x	x	x	x	x	x	x	x	x	x	x	usw.	x	x	
Bremsbelagdicke vorn und hinten prüfen	x	x	x	x	x	x	x	x	x	x	x	x	usw.	x	x	
Bremsflüssigkeit erneuern		x		x		x		x		x			usw.		x	
Reifendrucksensoren erneuern													usw.		x	Diagnosetester
Reifen: Zustand, Laufbild, Profiltiefe	x	x	x	x	x	x	x	x	x	x	x	x	usw.	x	x	
Felgen und Radzierblenden auf Schäden prüfen	x	x	x	x	x	x	x	x	x	x	x	x	usw.	x	x	Halterung
Reifenluftdruck inkl. Reserverad prüfen	x	x	x	x	x	x	x	x	x	x	x	x	usw.	x	x	
Pannenset erneuern				x				x				x	usw.		x	falls vorhanden
Reifen-Kontrollanzeige Grundeinstellung durchführen				x				x				x	usw.		x	wenn verbaut
Spurstangenköpfe prüfen				x				x				x	usw.		x	
Achsgelenke prüfen				x				x				x	usw.		x	
Radlager prüfen		x		x		x		x		x		x	usw.	x	x	
Elektrik																
Batterie prüfen				x				x				x	usw.		x	Auch Zweitbatterie
Beleuchtungsanlage innen/außen prüfen				x				x				x	usw.		x	siehe Kap. Elektrik
Funkschlüsselbatterie erneuern		x		x		x		x		x		x	usw.		x	
Fahrzeugsystemtest/ Fehlerspeicher auslesen	x	x	x	x	x	x	x	x	x	x	x	x	usw.	x	x	Diagnosegerät
Karosserie																
Türfeststeller schmieren													usw.			
Türgriff schmieren	x	x	x	x	x	x	x	x	x	x	x	x	usw.			

Jahre oder Kilometer x 1000 (was zuerst eintritt)	1 15	2 30	3 45	4 60	5 75	6 90	7 105	8 120	9 135	10 150	11 165	12 180	...	14 21 0	16 24 0	Bemerkung
Schiebedach prüfen. Schienen reinigen/schmieren				x				x				x	usw.			
Scheibenwisch-/Waschanlage und Scheinwerfer-Reinigungsanlage Funktion				x				x				x	usw.			
und Einstellungprüfen																
Scheibenreinigungskonzentrat auffüllen	x	x	x	x	x	x	x	x	x	x	x	x	usw.			
Scheibenwischblätter auf Beschädigung und Ruhestellung prüfen				x				x				x	usw.			
Unterbodenschutz und -verkleidungen prüfen				x				x				x	usw.			
Sichtprüfung aller Bauteile (von unten/Motorraum/Türen/Deckel)				x				x				x	usw.			
Scheinwerfereinstellung prüfen	x	x	x	x	x	x	x	x	x	x	x	x	usw.			
Sicherheitsgurte und Schlösser prüfen		x		x		x		x		x		x	usw.			
Pollenfilter erneuern		x		x		x		x		x		x	usw.			
Warndreieck/Warnweste vorhanden		x		x		x		x		x		x	usw.			
Erste-Hilfe-Ausrüstung Verfallsdatum/Vollständigkeit prüfen		x		x		x		x		x		x	usw.			
Hauptuntersuchung/Abgasuntersuchung Fälligkeit prüfen	x	x	x	x	x	x	x	x	x	x	x	x	usw.			
Probefahrt/Endkontrolle durchführen	x	x	x	x	x	x	x	x	x	x	x	x	usw.			
Allgemeines																
Fahrzeug auf nötige Änderungs-/Rückrufe prüfen	x	x	x	x	x	x	x	x	x	x	x		usw.			
Service-Intervall-Anzeige zurücksetzen	x	x	x	x	x	x	x	x	x	x	x	x	usw.			
Kundendienst schriftlich festhalten	x	x	x	x	x	x	x	x	x	x	x	x	usw.			
LongLife Service	alle markierten Positionen abarbeiten															
LongLife Service-Inspektion	Gesamten Wartungsplan abarbeiten, einschließlich der markierten Service-Positionen															

Technisches Lexikon

Begriffe und Erklärungen von A-Z

Das folgende Stichwortverzeichnis soll keine Übersetzung vom »Fach-Chinesisch« ins Deutsche sein; es soll Ihnen aber helfen, einige der häufig benutzten Ausdrücke zu verstehen, die Sie im Gespräch mit den Leuten in der Werkstatt immer wieder hören.

Abgasturbolader
Von Abgasen angetriebenes Turbinenrad. Die Turbine nutzt die im Abgas enthaltene Energie und drückt zur Leistungssteigerung Frischluft und vorverdichtete Luft in die Zylinder.

ABS
Antiblockiersystem. Drehzahlsensoren an allen vier Rädern melden einem Steuergerät, wenn das jeweilige Rad kurz vor dem Blockieren ist. Der Bremsdruck am Rad wird abwechselnd verringert und erhöht und das Blockieren verhindert.

ACC
Adaptive Cruise Control (adaptive Geschwindigkeitsregelung); hält die gewünschte Fahrzeuggeschwindigkeit konstant.

Achsschenkel
Bauteil der Vorderradaufhängung, auch Radlagergehäuse genannt. Es schwenkt beim Lenken um die Lenkdrehachse. Auf dem Achsschenkel ist das Vorderrad gelagert.

Achstrieb (Vorderachstrieb, Hinterachstrieb)
Baugruppe, die ein Stirnradpaar und das Differenzial zum Antrieb der Gelenkwellen vom Getriebe aus enthält. Bei Hinterradantrieb sind in einem eigenen Gehäuse ein Kegelradsatz (»Teller- und Kegelrad«) und das Differenzial vereinigt.

Achswelle
Angetriebene Welle, starr oder mit Gelenken, an deren Nabe eines der Räder montiert ist.

Adaptives Kurvenlicht
Horizontal schwenkbare Scheinwerfer, die die Kurven optimal ausleuchten, sobald der Fahrer in sie einlenkt. Sensoren erfassen den Lenkwinkel, die Gierrate (Drehgeschwindigkeit um die Hochachse) und die Fahrgeschwindigkeit. Die Xenon-Scheinwerfer werden elektromechanisch so gesteuert, dass die Kurve ihrem Verlauf entsprechend besser ausgeleuchtet wird.

Airbag
Aufblasbares Luftkissen, das bei Frontalaufprall des Autos auf ein Hindernis die Insassen vor Verletzung schützt. Gewöhnlich in die Lenkradnabe und die Schalttafel (evtl. auch in die Sitzlehnen = Seiten- Airbags) eingebaut.

Aktivkohlefilter (EVAP)
System zur Verminderung der Emission schädlicher Benzindämpfe aus dem Tank. Die Dämpfe werden in einem Filter aus Holzkohle gespeichert und später im Motor verbrannt.

Anlasser
Elektromotor, der zum Anlassen des Motors dient. Sein längs verschiebbares Ritzel wird zuerst in den großen Zahnkranz des Schwungrads eingespurt und dreht dann die Kurbelwelle.

Antriebsriemen
Normalerweise aus Gummigewebe gefertigter Riemen, der über mindestens zwei Riemenscheiben läuft und von der Kurbelwelle aus Nebenaggregate oder die Nockenwelle(n) antreibt (als Keilriemen, Flachriemen oder Zahnriemen).

Antriebsstrang
Oberbegriff für den gesamten Antrieb eines Fahrzeugs mit Motor, Kupplung, Getriebe, Kardanwelle (soweit vorhanden), Achstrieb/Differenzial und Antriebswellen.

Asphärischer Außenspiegel
Asphärische Außenspiegel besitzen eine zweigeteilte, teilweise gebogene (konvexe) Spiegelfläche. Dadurch vergrößert sich die Sichtfläche des Rückspiegels. Die korrekte Einstellung der Seitenspiegel auf die Sitzposition des Fahrers verringert beim asphärischen Außenspiegel den toten Winkel fast vollständig. Alle Modelle aus der Volkswagen-Pkw-Palette sind mit asphärischen Außenspiegeln auf der Fahrerseite ausgerüstet.

ASR
Antriebsschlupfregelung; verhindert Durchdrehen der Antriebsräder, hält den Wagen in der Spur.

ATF
Automatic Transmission Fluid (Getriebeöl für automatische Getriebe).

Aufbohren (Zylinder)
Verfahren zum Nacharbeiten der Zylinderbohrungen bei starkem Verschleiß. In die um ein geringes Maß vergrößerten Bohrungen werden entsprechend größere Kolben eingebaut. Nur nach langer Laufzeit erforderlich.

Ausdehnungsbehälter
Teil der modernen, unter Druck arbeitenden Kühlanlage. In diesen Behälter kann das infolge des Temperaturanstiegs sich ausdehnende Kühlmittel ausweichen.

Ausgleichgetriebe
Siehe Differenzial.

Ausgleichscheibe
Stahlscheibe, zumeist in verschiedenen Dicken, zum Ausgleich des Axialspiels beweglicher Bauteile.

Ausgleichswelle
Eine zur Kurbelwelle gegenläufig rotierende Welle für einen ruhigen Motorlauf.

Auspuffkrümmer
Sammelrohr, das die Abgase des Motors von jedem der Zylinder in die (gemeinsame) Abgasanlage leitet.

Ausrücklager (Kupplung)
Wälzlager, das axial gleitend auf einer Hülse vorn im Getriebegehäuse montiert ist, beim Auskuppeln vom Kupplungs-Ausrückhebel gegen die rotierende Tellerfeder gedrückt oder gezogen wird und dabei die Kupplungsscheibe freigibt.

Auswuchten (Räder)
Prüfen und Korrigieren eines Rades mit Reifen im Hinblick auf statische und dynamische »Unwucht«, d. h. auf Kräfte, die das Rad zu Flatter- oder Zitterbewegungen veranlassen könnten.

Automatikgurt
Sicherheitsgurt, der den Fahrzeuginsassen bei normaler Fahrt Bewegungsfreiheit lässt, aber blockiert wird, wenn das Auto stark verzögert wird oder die angegurtete Person plötzliche Bewegungen macht.

AWD
All Wheel Drive (Allradantrieb).

Axialspiel
Bewegungsfreiheit eines Bauteils in Achsrichtung, z. B. die seitliche Bewegung eines Pleuels auf dem Lagerzapfen der Kurbelwelle.

Batterie
(Akkumulatorenbatterie) »Reservoir«, in dem elektrische Energie gespeichert wird. Sie liefert den Strom zum Anlassen des Motors und für die übrigen Verbraucher bei stehendem Motor. Sie wird bei laufendem Motor vom Generator aufgeladen.

Benzindirekteinspritzung
Bei der Benzindirekteinspritzung wird der Kraftstoff mit einem maximalen Druck von bis zu 150 bar direkt in den Brennraum eingespritzt. Eine besondere Brennraumgeometrie sorgt für eine optimale Verwirbelung des Kraftstoff- Luft-Gemischs.

Biodiesel
Biodiesel wird aus nachwachsenden Rohstoffen gewonnen. In Deutschland wird häufig Raps zur Gewinnung von Biodiesel genutzt. Daher haben sich auch die Bezeichnungen RME (Raps-Methyl-Ester) bzw. PME (Pflanzen-Methyl-Ester) durchgesetzt. Aus ökologischer Sicht stellt Biodiesel eine sinnvolle Alternative zu herkömmlichem Dieselkraftstoff dar, da man sich in einem geschlossenen CO2- Kreislauf bewegt. Das bedeutet, dass die Pflanze während ihres Wachstums so viel an CO2 aufnimmt, wie nachher bei der Verbrennung wieder abgegeben wird. Da sich Biodiesel jedoch in seiner Zusammensetzung von herkömmlichem Dieselkraftstoff unterscheidet, kann er nicht uneingeschränkt als direkter Ersatz für Diesel genommen werden. Größtes Problem ist derzeit, dass es keine einheitliche Norm für die Qualität und Zusammensetzung von Biodiesel gibt. Der Marktanteil von Pflanzen-Methyl-Ester liegt zurzeit unter einem Prozent. Selbst bei Ausschöpfung aller Anbaupotenziale könnte Pflanzen-Methyl-Ester nur ein Zehntel des Dieselkraftstoffbedarfs decken.

Bi-Xenon
Xenon-Scheinwerfer für Abblend- und Fernlicht (siehe Xenonlicht).

Blattfeder
Lange, schmale, gekrümmte Feder, zumeist als Paket aus mehreren Blättern zusammengesetzt. Heute nur noch bei Lkws, schweren Geländewagen und alten Autos mit hinterer Starrachse zu finden.

Bord-Diagnosesystem
Für das Motor-Managementsystem. Sie lässt über den Fehlercode Fehlfunktionen erkennbar werden, die sich negativ auf Abgasemissionen oder das Gemischaufbereitungssystem auswirken können. Über die Vernetzung der einzelnen Steuergeräte lassen sich die Fehler aller auslesefähigen Steuergeräte auslesen.

Boxermotor
Motorbauform, bei welcher die Zylinder einander gegenüberliegen; im Allgemeinen sind gleich viele Zylinder auf jeder Seite der Kurbelwelle.

Bremsankerplatte
Stahlblechplatte, am Radträger (zumeist nur noch der Hinterräder) befestigt. Daran sind die Bremsbacken der Trommelbremse montiert.

Bremsbacken
Gekrümmtes Bauteil in der Trommelbremse, mit Bremsbelägen bewehrt. Die Backen werden beim Bremsen von innen gegen die Bremstrommel gedrückt.

Bremsbelag
Trommelbremse: Auf die Bremsbacken aufgebrachter Reibbelag aus hitzebeständigem Werkstoff; Scheibenbremse: Mit aufvulkanisiertem Reibbelag versehene Metallplatte. Die Bremsbeläge werden von den Hydraulikkolben von beiden Seiten her beim Bremsen an die Bremsscheibe angedrückt.

Bremse entlüften
Entfernen der unerwünschten Luft aus einer geschlossenen hydraulischen Bremsanlage.

Bremsflüssigkeit
Spezielles, hitzebeständiges Hydraulikflüssigkeit auf Alkoholbasis für Bremsanlage (ggf. auch für Kupplungsbetätigung).

Bremsscheibe
Mit dem Rad umlaufende, häufig hohl gegossene (»belüftete« Bremsscheibe) Metallscheibe. Beim Betätigen der Bremse werden von beiden Seiten her die Bremsbeläge an die Scheibe angedrückt und verzögern dadurch Scheibe und Rad.

Bremsservo (Vakuum-Bremsverstärker)
Gerät, das die am Pedal aufgebrachte Kraft zum Betätigen des Hauptbremszylinders erhöht. Der Unterdruck, mit dem das Gerät arbeitet, kommt beim Benzinmotor vom Saugrohr, beim Dieselmotor von einer zusätzlichen Pumpe.

Bremstrommel
Mit dem Rad umlaufendes, schüsselförmiges Bauteil der Trommelbremse. Beim Betätigen der Bremse werden von innen her die beiden Bremsbacken an die Trommel angedrückt und verzögern dadurch Trommel und Rad.

Bremszange, -sattel
Bauteil, das am Achsschenkel montiert ist und sattelförmig die Bremsscheibe übergreift. Enthält die Hydraulikkolben und Bremsbeläge. Es setzt den hydraulischen Druck der Bremsanlage in Reibkräfte mit den Belägen auf der Bremsscheibe um.

Brennraum
Raum über dem Kolben, in dem dieser das Gemisch verdichtet, und in dem im Augenblick der Zündung die Verbrennung stattfindet. Der Brennraum kann auch zum Teil in den Kolbenboden eingelassen sein.

CAN
Control Area Network (Kontroll-Netzwerk); verknüpft alle im Fahrzeug vorhandenen Steuergeräte. Der Datenaustausch verarbeitet Informationen aus Sensoren und leitet Befehle an Aktoren weiter. Sensor und Aktor müssen nicht mehr am selben Steuergerät angeschlossen sein.

Carbon
Kohlenstoff; belastungsstarker und extrem leichter Werkstoff für Karosserieteile und Bremsen von Supersportwagen und für die Formel 1.

Chip-Tuning
Leistungssteigerung durch Austausch eines elektronischen Speicherbausteins. Auf diesem Chip sind veränderte Kennfelder gespeichert, die höhere Drehzahlen oder größere Kraftstoffmengen zulassen.

Choke (Vergaser)
Manuell oder automatisch betätigtes Klappenventil, das beim Kaltstart durch Drosselung der Luftzufuhr zum Motor das Gasgemisch anreichert.

CNG
Compressed Natural Gas (komprimiertes Naturgas); Erdgas für speziell ausgerüstete Personenwagen und Transporter.

CO-Gehalt
Anteil von Kohlenmonoxid im Abgas.

Common Rail
(Gemeinsame Leitung) Diesel-Direkteinspritzer, bei dem alle Zylinder über eine gemeinsame, unter Druck stehende Verteilerleitung mit Kraftstoff versorgt werden.

Comprex-Lader
Druckwellenlader, Mischung aus Turbolader und Kompressor. Wird von der Kurbelwelle über einen Zahnriemen angetrieben.

Crossover
Kreuzung verschiedener Fahrzeug-Gattungen zu neuem Typ.

CVT-Automatik
(Continuously Variable Transmission) Automatische, stufenlose Kraftübertragung mit je einer zweigeteilten, kegelförmigen Scheibe auf An- und Abtriebswelle. Durch axiales Verschieben der Scheiben wird der wirksame Radius eines auf ihnen laufenden Keilriemens oder einer Lamellenkette stufenlos verändert und damit auch die jeweilige Übersetzung.

dB
Dezibel, Einheit für Lautstärke. dB (A) stellt dann eine genau definierte Kennlinie dar, die dem menschlichen Ohr nachempfunden wurde.

DBC
Dynamische Bremskontrolle (siehe BAS).

Diagnosesystem
Siehe Bord-Diagnosesystem.

Diagnose-Warnleuchte
Warnleuchte an der Schalttafel. Zeigt an, dass eine Fehlfunktion an Abgas-relevanten Bauteilen oder Systemen vorliegt und als solche im Steuergerät gespeichert wurde.

Drehstabfederung/Torsionsfederung
Eine in manchen Automodellen angewandte Art der Federung, die auf der Verdrehung eines geraden Stabes (Drehstab) um seine eigene Achse beruht.

Drive-by-wire
(Fahren per Draht). Befehle des Fahrers werden nicht mechanisch übermittelt, sondern elektronisch.

Drosselklappe
Vom Gaspedal betätigte Ventilklappe vor dem Saugrohr, die mehr oder weniger Luft zu den Einlassventilen strömen lässt.

Drosselklappenschalter
Bauteil des Motor-Managementsystems, das dem Steuergerät die jeweilige Stellung der Drosselklappe signalisiert.

Druckfester Verschluss (Kühler)
Schraubkappe auf dem Ausdehnungsgefäß. Wirkt als Sicherheitsventil bei Über- und Unterdruck im Kühlsystem, um dieses vor Beschädigungen zu schützen.

Dynamische Kopfstützen
Auch aktive Kopfstützen; sollen vor allem bei Auffahrunfall vor Verletzungen der Halswirbelsäule (Schleudertrauma) schützen.

Dynamisches-Energiemanagement
Das Batterie-Energiemanagement sorgt in Abhängigkeit vom Batterieladezustand und der Temperatur selbstständig dafür, dass stets genügend Energie für einen Motorstart zur Verfügung steht. Dies gilt auch dann, wenn das Fahrzeug einmal für einen längeren Zeitraum abgestellt ist. Moderne Fahrzeuge entnehmen ihren Batterien selbst im Ruhezustand Energie: Verkehrsfunkspeicher, aber auch Diebstahlwarnanlage oder der Empfänger für die Funkfernbedienung verbrauchen konstant ein geringes Quantum Strom. Wenn ein kritischer Ladezustand der Batterie droht, reduziert das Energiemanagement im Ruhezustand den Verbrauch durch stufenweises Abschalten der Verbraucher. Während der Fahrt kontrolliert das dyna-

mische Energiemanagement laufend die Batteriespannung und Ladeaktivität. Bei Bedarf erhöht das System die Leerlaufdrehzahl geringfügig, um die Leistung des Ladegenerators zu erhöhen. In extremen Fällen werden kurzzeitig besonders verbrauchsintensive Komponenten wie etwa die Sitz- oder Heckscheibenheizung deaktiviert. Der Komfort leidet darunter nicht, im gewöhnlichen Fahrbetrieb erfolgt dieser Stopp so, dass der Fahrer ihn nicht bemerkt.

Dichtung
Verformbares Material, das zwischen zwei Oberflächen eingefügt wird, um gas- bzw. flüssigkeitsdichte Verbindungen zu schaffen.

Dieselmotor
Der »Selbstzünder« (Gegensatz: »Ottomotor« = Fremdzünder) arbeitet mit der durch Verdichtung reiner Luft im Zylinder entstehenden Temperatur, die ausreicht, um den zerstäubten Dieselkraftstoff zu entzünden. Hierfür ist freilich eine weit höhere Verdichtung erforderlich als beim Ottomotor.

Differenzial/Ausgleichgetriebe
Zumeist als Kegelrädertrieb ausgeführt, treibt es die beiden Räder einer Achse gemeinsam in gleicher Drehrichtung, erlaubt ihnen aber, sich bei Kurvenfahrt unterschiedlich schnell zu drehen.

Differentialsperre
Schafft starren Durchtrieb zwischen Rädern einer Achse oder beider Achsen für eine bessere Traktion des Fahrzeugs.

Direkteinspritzung
Spezielle Bauart von Motoren, bei denen der Kraftstoff durch Düsen unmittelbar in die Brennräume eingespritzt wird.

DOHC
(Double Overhead Camshaft) Bezeichnung für einen Motor mit zwei obenliegenden Nockenwellen, von denen eine die Ein- und eine die Auslassventile betätigt. Dies erlaubt optimale Anordnung der Ventile in Bezug auf Leistung und Emissionen (strömungsgünstigere Kanalführung im Kopf).

DOT-Nummer
Auf die Reifenflanke geprägt, verrät den Produktionszeitraum des Pneus.

Drehkolbenmotor
Siehe Wankelmotor.

Drehmoment-
Die an einem Hebelarm wirkende Kraft, früher in mkp (Meter-Kilopond), heute in Nm (Newtonmeter) ausgedrückt (1 mkp = 9,81 Nm).

Drehmomentschlüssel
Werkzeug zum Anziehen von Schrauben und Muttern mit einem vorgegebenen Drehmoment.

Drehmomentwandler/»Wandler«
Eine Abart der Flüssigkeitskupplung, eingebaut anstelle einer mechanischen Kupplung zwischen Motor und Automatikgetriebe. Kann das Motordrehmoment nach Bedarf verändern.

DynAPS
Dynamisches Autopilot-System, berücksichtigt Staumeldungen bei der Routenberechnung.

EBD
Electronic Brake Distribution, sorgt für eine elektronische Bremskraftverteilung. EBV – elektronische Bremskraftverteilung.

ECE
Economic Comission for Europe (Wirtschaftskommission für Europa), befasst sich mit der Harmonisierung von Vorschriften rund ums Auto.

EDS
Elektronische Differentialsperre.

E-Gas
»E« steht für elektronisch. Das Gaspedal wirkt bei Fahrzeugen mit E-Gas wie ein Sensor. Dieser erkennt anhand der Pedalstellung unmittelbar den Lastwunsch des Fahrers. Auf Basis dieses Ausgangssignals regelt die Motorelektronik Drosselklappe, Ladedruck und Zündung. Dieses elektronische System löst die bisherige Übertragungstechnik per Seilzug ab und bringt wesentliche Vorteile: E-Gas erleichtert die elektronische Motorsteuerung, reagiert schneller und ist eine technische Voraussetzung für das elektronische Stabilisierungsprogramm(ESP).

EGR
(Exhaust Gas Recirculation) Abgasentgiftung: Ein Teil der Abgase wird der Ansaugluft wieder zugeführt, um unverbrannte Kraftstoffanteile weiter zu verbrennen.

Einscheiben-Sicherheitsglas
Scheibe aus thermisch behandeltem Glas in nur einer Schicht. Wenn die Scheibe zerspringt, zerfällt sie in viele kleine Teile mit stumpfen Kanten. Zerspringt sie beim Auftreffen eines Körpers nicht, wird der Durchblick stark behindert.

Einspritzdüse
Gerät, das den Kraftstoff direkt oder indirekt in den Brennraum eines Otto- oder Dieselmotors einspritzt.

Einspritzpumpe (Diesel)
Gerät, das beim Dieselmotor für die Zumessung der Kraftstoffmenge und die Einspritzung unter hohem Druck zum genau festgelegten Zeitpunkt sorgt.

Einspritzzeitpunkt (Diesel)
Die kurz vor dem Erreichen des oberen Totpunktes (OT) liegende Stellung des Kolbens, in welcher der Kraftstoff eingespritzt wird.

Einzelradfederung
Federungssystem, bei welchem jedes Rad ohne gegenseitige Wirkung auf die übrigen Räder des Wagens Auf- und Abbewegungen ausführt.

Elektrode
An der Zündkerze springt zwischen diesen Metallteilen der Zündfunke über; zwischen Verteilerfinger und Verteilerkappe sorgen Elektroden für die Übertragung des hochgespannten Stroms an die einzelnen Kerzen.

Elektrodenabstand (Kerze)
Einstellbare Distanz zwischen Plus- und Masse-Elektrode der Zündkerze.

Elektrolyt
Aus Schwefelsäure und destilliertem Wasser bestehende Flüssigkeit, die in der Batterie den Strom leitet.

Elektronische Einspritzung
Kraftstoffeinspritzung mit elektronischer Steuerung.

Elektronische Zündung
Zündanlage, die von einer Elektronik gesteuert wird, welche die Funktion des Verteilers und der Unterbrecherkontakte übernimmt.

Elektronisches Steuergerät
Elektronische Zentraleinheit, die Signale von diversen Sensoren empfängt, verarbeitet und entsprechende Befehle an Zünd-, Einspritz- und andere Systeme erteilt.

Emissionen/Abgasemissionen
Vom Auspuff und verschiedenen anderen Teilen des Autos (Tank, Kurbelgehäuse) in die Atmosphäre abgegebene Substanzen, die gasförmig oder als Partikel auftreten.

Emissionskontrolle
Oberbegriff für diverse Systeme zur Verminderung schädlicher Emissionen.

Endanschlag
Dämpfendes Gummiteil, das beim Durchfedern auf schlechter Fahrbahn das Anschlagen der Radaufhängung an die Karosserie verhindert.

Entkohlen
Entfernen von Verbrennungsrückständen in den Brennräumen, den Kanälen und auf den Kolbenböden bei einer Motorüberholung.

Entlüftung
Öffnung oder Ventil, aus dem Luft oder Gase aus einem Gehäuse (z. B. Kurbelgehäuse) austreten bzw. in ein System eintreten können.

Entlüftungsnippel
Hohlschraube, durch welche nach dem Lösen zur Entlüftung eines geschlossenen Systems (Bremse, Kupplungsbetätigung) Luft und Flüssigkeit austreten können.

Entstörgerät
Gerät zur Beseitigung oder Unterdrückung elektrischer Störeinflüsse von der Zündung oder anderen Bauteilen der Elektrik.

ESP
Elektronisches Stabilitäts-Programm; hält durch das Bremsen einzelner Räder die Spur.

Euro-NCAP
Das Euro-NCAP (New Car Assessment Programme = Programm zur Bewertung der passiven Sicherheit von Nutzfahrzeugen) gilt heute als einer der wichtigsten Maßstäbe für die passive Fahrzeugsicherheit. Es stellt beim Offsetcrash noch härtere Anforderungen als das seit Oktober 1998 geltende EU-Gesetz. Die Aufprallgeschwindigkeit wurde von 56 km/h (Gesetz) auf 64 km/h erhöht (Euro-NCAP), was einer um über 30% höheren Aufprallenergie entspricht. Organisiert wird das Euro-NCAP unter anderem von der englischen und der schwedischen Verkehrsbehörde, vom internationalen Automobilverband FIA, vom ADAC sowie von anderen europäischen Automobilclubs.

Fading (Bremse)
Vorübergehendes Nachlassen der Bremsenfunktion infolge Überhitzung des Reibmaterials (vor allem bei Trommelbremsen).

Federbein
Siehe McPherson.

Federung
Oberbegriff für die Bauteile eines Fahrzeugs, die der Isolierung der Karosserie von den Rädern dienen und dafür sorgen, dass alle vier Räder ständigen Fahrbahnkontakt halten.

Fehlercode
Elektronischer Code, den das Steuergerät eines Diagnosesystems beim Auftreten eines Funktionsfehlers speichert. Der verschlüsselte Code enthält Einzelheiten zur Fehlerquelle und veranlasst, dass eine Warnlampe am Schaltbrett aufleuchtet.

Fehlercode-Transmitter
Elektronisches Bauteil, das den verschlüsselten Code für die Werkstatt lesbar macht.

Festsattelbremse
Fest am Radträger montierter Bremssattel der Scheibenbremse. Der Festsattel besitzt (im Gegensatz zum Schwimmsattel) mindestens zwei einander gegenüberliegende Hydraulikkolben.

Fettes Gemisch
Ausdruck für ein Kraftstoff-Luft-Gemisch mit höherem als dem optimalen Kraftstoffanteil.

Fliehkraftregler (Zündung)
Vorrichtung im Zündverteiler, die auf der Fliehkraft von kleinen Gewichten beruht und entsprechend der Motordrehzahl laufend automatisch den Zündzeitpunkt verstellt.

Fluid
Häufig benutzter Ausdruck für Flüssigkeit, Kühlmittel, Bremsöl usw.

Flüssiggas
(LPG = Liquefied Petroleum Gas) Gemisch von aus Rohöl gewonnenen Brenngasen (Butan, Propan...), das in manchen Fällen statt anderer Kraftstoffe für entsprechend eingerichtete Ottomotoren eingesetzt wird. Zurzeit sehr stark im Kommen, da die Nachrüstung relativ günstig geworden ist.

Frostschutz
Flüssigkeit, die dem Kühlwasser zugesetzt wird, um das Einfrieren der Motorkühlung im Winter zu unterbinden und sie vor Korrosion zu schützen.

Fühlerlehre
Einfaches Messgerät zum genauen Messen einer Spaltbreite (z. B. den Elektrodenabstand einer Zündkerze); besteht aus einem Satz verschieden dicker Stahlblech-»Fühler«.

Gasgemisch
Mischung aus bestimmten Gewichtsanteilen an Luft und Kraftstoff zur Verbrennung im Ottomotor. Das optimale Verhältnis für eine vollständige Verbrennung beträgt 14,7:1.

Gelenkwelle/Antriebswelle
Welle zum Antrieb eines (Vorder- oder Hinter-)Rads vom Differenzial aus. Gelenkwellen an derselben Achse können gleich oder auch verschieden lang sein und ein oder zwei Gelenke besitzen.

Generator (Wechselstromgenerator)
Stromerzeuger, vom Motor über Riemen getrieben. Er liefert bei laufendem Motor den Strom für die elektrische Anlage des Wagens und zum Aufladen der Batterie.

Hauptzylinder (Geberzylinder)
Hydraulikzylinder mit Kolben, gefüllt mit Hydraulikfluid. Das Brems- oder Kupplungspedal wirkt direkt (oder über einen Bremsservo) auf den Kolben und gibt die eingeleitete Kraft über das Fluid an die Nehmerzylinder weiter.

Head-up-Display
Überkopf-Anzeige, spiegelt Armaturenanzeigen in die Windschutzscheibe.

Heizungs-Wärmetauscher
Kleiner »Kühler«, der in den Kühlkreislauf des Motors eingefügt und für die Bereitstellung von Warmluft für die Wagenheizung zuständig ist. Die durch die Rippen strömende Kaltluft erwärmt sich am heißen Kühlwasser des Motors, das durch den Wärmetauscher fließt.

Hilfsrahmen
Kleiner Rahmen aus Stahlprofilen, der unter der Karosserie montiert ist und Radaufhängungen und/oder Antriebsaggregate aufnimmt.

Hochspannungskreis (Zündanlage)
Stromkreis mit hoher Spannung für die Erzeugung des Funkens an der Zündkerze (bis zu 25.000 V).

Hub/Kolbenhub
Weg, den der Kolben eines Verbrennungsmotors im Zylinder vom oberen zum unteren Totpunkt zurücklegt.

Hubraum
Volumen eines Motors, gerechnet zwischen dem unteren und oberen Totpunkt der Kolben.

Hybridantrieb
Kombination von zwei verschiedenen Abtriebsquellen.

Hydraktives Fahrwerk
Hydropneumatik (siehe unten) mit elektronischer Steuerung.

Hydraulik
Bezeichnung für ein mit Drucköl arbeitendes Übertragungssystem.

Hydraulikstößel
Ventilstößel, in dem das Ventilspiel bei allen Betriebszuständen durch Drucköl ausgeglichen wird. Dadurch entfällt die Ventilspiel-Einstellung.

Hydropneumatik
Eine mit Gas und Öl gefüllte Kugel übernimmt die Funktion herkömmlicher Dämpfer. Erstmals von Citroën in den 50er-Jahren bei ID/DS eingesetzt.

Getriebe/Schaltgetriebe
Aus Wellen und veränderlichen Zahnradübersetzungen aufgebautes Aggregat, angeordnet zwischen Kupplung und Achstrieb. Mit Hilfe der im Getriebe wählbaren Übersetzungen kann der Motor trotz veränderlicher Fahrgeschwindigkeiten in seinem günstigsten Arbeitsbereich gehalten werden.

Getriebeeingangswelle
Von der Kupplung (oder dem Drehmomentwandler) ins Getriebe (oder in die Automatik) führende Welle.

Gleichlaufgelenk
Variante des Kardangelenks für Gelenkwellen (Antriebswellen) frontangetriebener Wagen. Dieses Gelenk ermöglicht eine gleichförmige, ruckfreie Kraftübertragung trotz der Überlagerung von Federungs- und Lenkbewegungen.

Gleitlager
Metallische oder sonstige verschleißarme Oberfläche an einem Bauteil, gegen die sich ein anderes Bauteil frei bewegen (normal: rotieren) kann, und die zur Minderung von Reibung und Verschleiß ausgelegt ist. Gleitlager werden gewöhnlich geschmiert.

Gleitmittel gegen Fressen
Schmiermittel, das besonders temperatur- und druckbeanspruchte Bauteile am »Fressen« (Festgehen bei Trockenlauf) hindert.

Glühkerze
Elektrisches Heizgerät, das in die Brennräume der (zumeist aller) Zylinder eines Dieselmotors hineinragt, um ihn beim Kaltstart vorzuwärmen und damit die Rauchentwicklung unmittelbar nach dem Anspringen zu verringern.

GPS
Global Positioning System. Satellitensystem zur Positionsbestimmung, wird von Navigationssystemen benutzt.

Gürtel-/Radialreifen
Reifen, bei dem die Cordfäden in der Karkasse (Grundstruktur des Reifens) im rechten Winkel zur Reifenflanke verlaufen.

Gurtstraffer
Zieht bei einem Aufprallunfall den Gurt fest an den Körper.

Handling
Häufig verwendeter Ausdruck für das Fahrverhalten eines Autos, schließt Kurvenverhalten, Geradeauslauf und die gefühlsmäßige »Handhabung« ein.

Hydropneumatische Federung
Fahrzeugfederung, bei welcher eine Kombination aus Hydraulik und Luftfederung die Stelle der üblichen Stahlfedern (zuweilen auch der Stoßdämpfer) übernimmt.

IDE
Benzindirekteinspritzer der französischen Hersteller(siehe Direkteinspritzung).

Indirekte Einspritzung
Dieselmotoren-Bauart, bei der der Kraftstoff nicht unmittelbar in den Brennraum, sondern in eine benachbarte Wirbelkammer eingespritzt wird.

IPS
Intelligent Protection System (intelligentes Sicherheitssystem); Kombination aller passiven Sicherheitssysteme im Auto.

Isofix
System zur einfachen und sicheren Befestigung von Kindersitzen, bei dem eine starre Verbindung zwischen Sitz und Karosserie hergestellt wird.

Kardangelenk
Flexible, das Drehmoment übertragende Verbindung zwischen zwei Wellen, die ein mehr oder weniger starkes Abknicken der Wellen zueinander erlaubt. Wird in Kardanwellen und manchen Gelenkwellen verwendet, ergibt jedoch keine gleichförmige, ruckfreie Drehbewegung.

Kardanwelle
Welle, die die Kraft vom Schalt-/Automatikgetriebe zur Hinterachse (Motor vorn und Hinterradantrieb) und ggf. vom Verteilergetriebe zur Vorderachse (bei Vierradantrieb) überträgt.

Katalysator
In die Abgasanlage eines Autos eingebautes Gerät, das die in die Atmosphäre austretenden Schadstoffe auf chemischem Wege reduziert, ohne sich selbst zu verändern.

Kerzen
Siehe Zündkerzen.

Keyless Go
Schlüssel oder Chipkarte, tauscht Signale mit dem Auto. Berührt der Fahrer den Türgriff, öffnet sich der Wagen. Starten per Knopfdruck, Schlüssel oder Karte bleibt in der Tasche.

Kick-down (Automatik)
Vorrichtung, die bei vollem Durchtreten des Gaspedals einen kleineren Gang einschaltet und starkes Beschleunigen erlaubt.

Kipphebel
Übertragungsteil im Ventiltrieb, in der Mitte gelagert, setzt die Aufwärtsbewegung des Nockens (bzw. der Stoßstange) in eine Abwärtsbewegung des Ventils um.

Klimaanlage (AC)
Anlage zur Kühlung und Entfeuchtung der in den Fahrgastraum von außen einströmenden Luft. Dient dem Fahrkomfort und der Freihaltung der Scheiben von Beschlag.

Klingeln
Siehe Klopfen/Klingeln.

Klopfen/Klingeln
Metallisches Motorgeräusch, das oft bei zu frühem Zündzeitpunkt, zu niedriger Oktanzahl des Kraftstoffs oder starken Ablagerungen im Brennraum auftritt. Es rührt von Druckwellen her, die die Zylinderwände in Schwingungen versetzen.

Klopfsensor
Signalgeber, der beim ersten Auftreten von Klopfgeräuschen einen Befehl ans Steuergerät im Motor-Managementsystem erteilt.

Kolben
Zylindrisches Bauteil, das sich in einer Bohrung linear bewegt. Beim Motor verdichtet der Kolben ein Kraftstoff-Luft-Gemisch, überträgt lineare Kraft durch den Pleuel auf die rotierende Kurbelwelle und schiebt verbranntes Gas durch Auslassventile aus dem Zylinder.

Kolbenring
Federnder Feingussring, der in einer um den Kolben laufenden Nut liegt und sich im Betrieb derart an die Zylinderwand anschmiegt, dass der Kolben im Zylinder praktisch gasdicht ist.

Kompakt-Van
Großraumlimousine auf Basis der Kompaktklasse.

Kompressor
Mechanischer Lader, bläst Luft in den Ansaugtrakt; wird vom Keilriemen angetrieben.

Kondensator
Zündanlage: Gerät zur Unterdrückung zu starker Funkenbildung an den Zündkontakten; Klimaanlage: Gerät zur Umwandlung des Kühlmittels vom gasförmigen in den flüssigen Zustand.

Kontakte
Siehe Zündkontakte.

Kontermutter/Gegenmutter
Schraubenmutter, mit der eine Einstellmutter oder ein anderes Gewindeteil gegen Lösen gesichert wird.

Kopfdichtung
Siehe Zylinderkopfdichtung.

Kraftstoff
Bezeichnung für die verschiedenen in Verbrennungsmotoren verwendeten Treibstoffe wie Benzin, Diesel, Flüssiggas usw.

Kraftstoff-Druckregler
(Systemdruckregler) Regler in der Einspritzanlage, der für konstanten Kraftstoffdruck an den Einspritzdüsen sorgt. Arbeitet gewöhnlich mit dem Saugrohr-Unterdruck.

Kraftstoffeinspritzung
Siehe Einspritzung.

Kraftstofffilter
Auswechselbarer Filter, der Fremdkörper und Wasser aus dem Kraftstoff abscheidet.

Kraftstoffpumpe/Benzinpumpe
Pumpe, heute meist elektrisch angetrieben, fördert den Kraftstoff vom Tank zur Vergaser- oder Einspritzanlage.

Kraftübertragung
Allgemeine Bezeichnung für die Baugruppen des Antriebsstrangs (Getriebe, Achstrieb, Wellen) mit Ausnahme des Motors.

Kugelgelenk
Wartungsfreies, in mehreren Ebenen bewegliches Übertragungsteil, vor allem in Radaufhängungen und Lenksystemen verwendet. Es besteht aus Kugel und Kugelpfanne sowie einer Gummiabdichtung, die kein Fett austreten lässt.

Kugellager
Reibungsarme Wellenlagerung, besteht aus zwei gehärteten Stahlringen und zwischen ihnen abwälzenden Kugeln (»Wälzkörper«).

Kühler
Bauteil des Kühlsystems, durch dessen feine Röhren oder Waben das heiße Kühlmittel fließt. Er ist vorn im Motorraum so angeordnet, dass er vom Fahrtwind durchströmt und dabei das Kühlmittel abgekühlt wird.

Kühlmittel
Mischung aus Wasser und Frostschutzmittel für die Motorkühlung.

Kühlmittel (Klimaanlage)
Flüssigkeit, die beim Betrieb der Klimaanlage wechselweise gasförmig und wieder verflüssigt wird.

Kühlmittelpumpe
Siehe Wasserpumpe.

Kühlmittelsensor
Sensor, der im Motor-Managementsystem Informationen über die momentane Temperatur des Kühlmittels an das Steuergerät gibt.

Kühlventilator
Siehe Ventilator.

Kupplung
Auf Reibung beruhende Einrichtung zur Übertragung und zur weichen Einleitung (Einkuppeln) des Drehmoments vom Motor ins Getriebe, ohne dass hierzu eine der beiden Komponenten zum Stillstand kommen muss.

Kupplungs-Ausrückhebel
Überträgt die Pedalkraft auf das Kupplungs-Ausrücklager.

Kupplungsscheibe
Metallscheibe mit verzahnter Nabe, trägt auf beiden Seiten Reibbeläge; gewöhnlich abgefedert zur weichen Einleitung der Kräfte.

Kurbelgehäuse
Der unterhalb der Zylinder liegende Teil des Motorblocks, in welchem die Kurbelwelle gelagert ist.

Kurbelwelle
Welle mit außermittigen (exzentrischen) Kurbelzapfen, durch die die geradlinige Bewegung der Kolben über die Pleuel in Drehbewegung umgewandelt wird.

Kurbelwellensensor
Sensor, der im Motor-Managementsystem Informationen über die momentane Kurbelwellenstellung (und evtl. -drehzahl) an das Steuergerät gibt.

kW/PS
Siehe PS/kW.

Ladeluftkühler
Kühlt die vom Turbolader komprimierte Luft.

Lader/Kompressor
Luftverdichter, der Frischluft unter Druck zu den Einlassventilen des Motors fördert, um einen höheren Zylinderfüllungsgrad und damit erhöhte Leistung zu erzielen. Laderantrieb erfolgt entweder mechanisch von der Kurbelwelle oder beim Abgasturbolader über den Abgasdruck und eine Turbine.

Lambda-Regelung (geregelter Katalysator)
Geschlossener Regelkreis mit Lambda-Sonde und Katalysator zur optimalen Abgasentgiftung. Die von der Lambda-Sonde ans Steuergerät geleiteten Signale sorgen in der Einspritzanlage für eine genaue Kraftstoffzumessung, um die bestmögliche Funktion des Katalysators zu erzielen.

Lambdasonde
Gerät in der Abgasleitung eines Ottomotors mit geschlossenem Regelkreis (Lambda-Regelung), das den Sauerstoffgehalt der Abgase überwacht. Die von der Lambdasonde ans Steuergerät geleiteten Signale sorgen in der Einspritzanlage für eine genaue Kraftstoffzumessung, um die bestmögliche Funktion des Katalysators zu erzielen.

Längslenker
Parallel zur Fahrtrichtung auf und ab schwenkender Tragarm, an dessen Ende das Rad montiert ist. Seine Schwenkachse liegt im rechten Winkel zur Fahrzeuglängsachse.

LCD-Display/Info-Display
Der bedarfsorientierte Aufbau des Info-Displays erlaubt sowohl das Reduzieren fester Anzeigen auf den gesetzlichen Minimalumfang, als auch eine umfangreiche Informationsauswahl. Möglich wird diese Vielfalt durch die Koppelung von mechanischen Zeigern mit LCD-Displays. Ob Navigationshinweise oder Tempomat-Einstellungen – der Fahrer hat alles stets im Blick. Über das Info-Display kann er z. B. den Stufentempomat ab ca. 30 km/h aktivieren. Dieser kann bis zu sechs Wunschgeschwindigkeiten speichern und bei Bedarf aufrufen. Über die Navigationshinweise werden die Routenführung zu einem gewünschten Zielpunkt und aktuelle Staumeldungen angezeigt. Weiterhin befinden sich insgesamt 14 Kontroll- und Warnleuchten im LCD-Display. Die Palette reicht von Klassikern wie »Bitte angurten« über Fahrassistenten wie die Dynamische Stabilitäts Control (DSC) bis hin zur Parkbremse mit Automatic-Hold-Funktion.

LED-Technologie
Die LED (Light Emitting Diode) ist ein Licht-emittierender Halbleiter, der eine wesentlich längere Lebensdauer und einen geringeren Stromverbrauch gegenüber konventionellen Glühlampen aufweist. Die Vorzüge der LED-Technologie liegen in ihrem niedrigeren Energieverbrauch, kürzeren Ansprechzeiten, geringerem Raumbedarf sowie einer höheren Lebensdauer (Fahr-

zeuglebensdauer). Die hohe Betriebssicherheit und Lebensdauer von LEDs erhöhen die Sicherheit durch die verringerte Ausfallwahrscheinlichkeit von Rückleuchten und Bremslichtern.

Leerlaufdrehzahl
Drehzahl des Motors bei geschlossener Drosselklappe.

Leerweg/Spiel
Freie Beweglichkeit eines Bauteils (z. B. eines Pedals), ehe eine Wirkung oder Funktion einsetzt.

Lenkgetriebe
Siehe Zahnstangenlenkung.

Lenkung
Oberbegriff für die Bauteile der Lenkanlage. Das eigentliche Lenkgetriebe ist heute in der Regel eine Zahnstangenlenkung.

LHM-Fluid (Citroën)
Spezielle Hydraulikflüssigkeit auf Mineralölbasis für die Hydraulik bestimmter Citroën-Modelle.

LongLife-Öl
Je nach Motor- und Modellvariante sind Intervalle für Service oder Ölwechsel von bis zu 30.000 Kilometern oder maximal zwei Jahren bei Benzinmotoren und bis zu 50.000 Kilometern oder maximal zwei Jahren bei bestimmten Dieselmotoren möglich.

Lufteinblasung
Maßnahme zur Schadstoffreduktion mit Katalysator. In den Auspuffkrümmer wird Frischluft eingeblasen, um die Abgastemperatur zu erhöhen. Dies hilft dem Kat, seine Betriebstemperatur rascher zu erreichen.

Luftfilter
Ein auswechselbarer Einsatz aus Papier oder Schaumstoff in einem Gehäuse. Der Filter hält Fremdkörper aus der zum Motor strömenden Luft zurück.

Luftmengenmesser
Messvorrichtung, die im Motor-Managementsystem die durchfließende Luftmenge zu den Zylindern misst und diese Information an das Steuergerät weitergibt.

Mageres Gemisch
Ausdruck für ein Kraftstoff-Luft-Gemisch mit geringerem als dem optimalen Kraftstoffanteil.

Massekabel
Flexibles Kabel, das den Minuspol der Batterie mit der Karosserie bzw. die Karosserie mit dem Motor/Getriebe-Aggregat verbindet. Die Metallteile dienen der elektrischen Anlage als Rückleitung.

McPherson-Federbein
Einzelradfederung. Kombinierte Einheit aus Schraubenfeder und Stoßdämpfer, bildet bei Einbau an der Vorderachse gleichzeitig die Lenkdrehachse der Vorderräder.

Mehrventiler
Motor mit mehr als zwei Ventilen pro Zylinder, nämlich zumeist vier (2 Einlass-, 2 Auslassventile), seltener drei (2 Einlass-, 1 Auslassventil).

Membrane
Scheibe aus flexiblem, luftundurchlässigem Werkstoff, z. B. im Bremsservo verwendet, wo die Membrane vom Unterdruck gesteuert wird.

Minivan
Auf Kleinwagen basierender Van (siehe Van).

Motor-Managementsystem
Anlage in modernen Fahrzeugen, die mit Hilfe eines elektronischen Steuergeräts die Motorfunktionen (Zündung, Einspritzung, Abgasemission) regelt und überwacht.

Motornachlauf
Neigung eines Motors zum Weiterlaufen nach dem Ausschalten der Zündung. Zumeist verursacht durch zu geringe Oktanzahl des Benzins, zu frühe Zündeinstellung, starke Ablagerungen im Brennraum oder schlechte Wartung des Motors.

Motronic
Motorsteuerung von Bosch, bei der Zünd- und Einspritzsystem von einem Steuergerät realisiert werden.

MP3
Mit »MP3« werden komprimierte digitale Audiodaten bezeichnet. Das MP3-Format ist ein weit verbreiteter Standard zur Komprimierung digitaler Audiodateien. Bei gleicher Klangqualität belegen MP3-Dateien in etwa nur ein Zehntel des Speicherplatzes einer Audio-CD. »MP3« steht für MPEG 1 Audio Layer 3. MPEG ist ein von der »Motion Picture Experts Group« entwickel-

tes Verfahren zur Komprimierung digitaler Video- und Audiodaten. Um MP3-Daten wiedergeben zu können, wird ein MP3-fähiges Wiedergabegerät benötigt.

MPV
Multi Purpose Vehicle (Mehrzweckfahrzeug), anderer Ausdruck für Van (siehe Van).

Multi-Point-Einspritzung
Einspritzanlage bei Ottomotoren mit je einer Einspritzdüse pro Zylinder.

Nachlauf
Strecke, die das Rad seinem Aufhängungspunkt hinterherläuft. Einkaufwagenprinzip zur Radberuhigung in Richtung des Geradeauslaufs.

Nachschleifen (Kurbelwelle)
Verfahren zum Nacharbeiten der Lagerzapfen der Kurbelwelle bei starkem Verschleiß. Die um ein geringes Maß verkleinerten Zapfen werden mit Lagerschalen mit entsprechend kleinerem Durchmesser montiert. Nur nach langer Laufzeit erforderlich.

Navigationssystem
Elektronisches Gerät, das zur geographischen Positionsbestimmung dient und gegebenenfalls bei der Erreichung eines gewünschten Zieles behilflich ist. Das System besteht aus den wesentlichen Elementen: GPS-Antenne, Navigationsrechner und Display. Mit Hilfe der Antenne für das Global Positioning System (GPS) peilt das Navigationssystem Satelliten an, die sich in einer geostationären Umlaufbahn um die Erde befinden. Diese Peilung ermöglicht es, den exakten Standort des Fahrzeuges auf der Erdoberfläche auf wenige Meter genau zu bestimmen.

NCAP
New Car Assessment Program (Neuwagen-Sicherheitsprogramm); Crashtest-Definition für Europa.

NEFZ
Neuer europäischer Fahrzyklus; Messverfahren zur Ermittlung von Durchschnittsverbrauch und Abgasverfahren.

Nehmerzylinder (Radbremszylinder)
Hydraulikzylinder mit Kolben unmittelbar an der Radbremse, gefüllt mit Hydraulikfluid. Er erhält den hydraulischen Druck über Rohrleitungen vom Hauptbremszylinder. Seine Kolbenbewegung wirkt auf die Bremsbacken bzw. Bremsbeläge.

NOx (Stickoxide)
Einer der Schadstoffe in den Abgasen von Otto- und Dieselmotoren.

Nocken
Exzentrische Erhebungen an der Nockenwelle zur Betätigung der Ventile.

Nockenwelle
Umlaufende, von der Kurbelwelle angetriebene Welle mit Nocken. Sie betätigt die Ein- und Auslassventile über diverse Zwischenglieder.

Nockenwellen-Antriebsriemen/Zahnriemen
(Alternative zur Steuerkette) Verstärkter, verzahnter Flachriemen aus Gummi-Gewebe-Material, der über Riemenscheiben mit flachen Zähnen die Nockenwelle(n) von der Kurbelwelle aus antreibt.

Nockenwellensensor
Sensor, der im Motor-Managementsystem Informationen über die momentane Stellung der Nockenwelle(n) ans Steuergerät gibt.

Oberer Totpunkt (OT)
Höchste Position in der Kolbenbewegung. Im OT bleibt der Kolben für Sekundenbruchteile stehen, ehe er abwärts geht.

OHC
(Overhead Camshaft) Obenliegende Nockenwelle(n). Bezeichnet die Motorbauart, bei welcher die Nockenwelle(n) über den Zylindern im Kopf angeordnet ist/sind (angetrieben über Zahnriemen, Kette oder Zahnräder). Infolge der direkteren Betätigung der Ventile für Motoren höherer Leistung vorteilhaft.

OHV
(Overhead Valves) Stoßstangenmotor. Die Ventile sind im Zylinderkopf, werden jedoch von einer unten im Gehäuse liegenden Nockenwelle über Stoßstangen betätigt.

Oktanzahl
Vergleichszahl, die die Klopffestigkeit eines Otto-Kraftstoffs angibt (siehe Klopfen/Klingeln).

Ölfilter
Auswechselbarer Filter, der Fremdkörper und Kondenswasser aus dem Motorenöl abscheidet.

Ölkühler
Kleiner Kühler, der mit Hilfe des Fahrtwinds hauptsächlich bei Diesel- und Hochleistungsmotoren das Motorenöl zusätzlich kühlen soll.

Ölpeilstab
Metall- oder Kunststoffstab mit mehreren Markierungen zum Prüfen des Ölstands.

Ölsumpf/Ölwanne
Auffangschale und Reservoir unter dem Kurbelgehäuse für das im Motor umlaufende Öl.

O-Ring
Gummi-Dichtring mit kreisrundem Querschnitt. Wird oft zur Abdichtung zylindrischer Flächen in eine Nut eingesetzt.

Oxidations-Katalysator
Die Abgase von Dieselmotoren können, da sie mit Luftüberschuss arbeiten, mit dem Dreiwege-Katalysator nicht nachbehandelt werden. Der Einsatz einer Lambdaregelung ist hier technisch ausgeschlossen. Es kommt zur Reduzierung von Kohlenwasserstoff (HC) und Kohlenmonoxid (CO) in Kohlendioxid (CO2) der Oxidationskatalysator zur Anwendung. Er eignet sich jedoch nicht zum Abbau von Stickoxiden.

Pleuel
Bauteil im Motor, das den Kolben (auf- und abgehend) mit der Kurbelwelle (rotierend) verbindet.

Pleuellager
Unteres Gleitlager des Pleuels, das dessen Bewegung auf den zugehörigen Zapfen der Kurbelwelle überträgt.

PME/Pflanzen-Methyl-Ester
Pflanzen-Methyl-Ester, oder auch Biodiesel, wird aus nachwachsenden Rohstoffen (Pflanzen) gewonnen. In Deutschland wird häufig Raps zur Gewinnung von Biodiesel genutzt. Daher hat sich auch die Bezeichnungen Raps-Methyl-Ester (RME) durchgesetzt. Aus ökologischer Sicht stellt PME eine sinnvolle Alternative zu herkömmlichem Dieselkraftstoff dar, da man sich in einem geschlossenen CO2-Kreislauf bewegt. Das bedeutet, dass die Pflanze während ihres Wachstums so viel an CO2 aufnimmt, wie nachher bei der Verbrennung wieder abgegeben wird. Da sich Biodiesel jedoch in seiner Zusammensetzung von herkömmlichem Dieselkraftstoff unterscheidet, kann er nicht uneingeschränkt als direkter Ersatz für Diesel genommen werden. Größtes Problem ist derzeit, dass es keine einheitliche Norm für die Qualität und Zusammensetzung von Biodiesel gibt. Daher gibt es auch keine bedingungslose Freigabe für die Verwendung von Biodiesel in Volkswagen-Fahrzeugen.

PS/kW (Leistung)
Ausdruck für die pro Zeiteinheit von einem Motor (Verbrennungs-, Elektromotor) aufgebrachte Arbeit. Die jahrzehntelang nur in PS (Pferdestärken) angegebene Leistung misst man heute in kW (Kilowatt; 1 kW entspricht 1,36 PS).

Querstabilisator
Federstahl-Drehstab, an Vorderachse und/oder Hinterachse montiert, um die Neigung der Karosserie zum »Rollen« (Wankbewegungen um die Fahrzeug-Längsachse) zu reduzieren. Wird nicht in jedem Auto verwendet.

Radbremszylinder
Siehe Nehmerzylinder.

Rad(muttern)schlüssel
Werkzeug, mit dem die Radschrauben oder -muttern eines Autos gelöst oder festgezogen werden.

Radträger
Teil der Vorder- oder Hinterradaufhängung, in dem die Radlagerung und der feste Teil der Bremsanlage untergebracht sind.

RDS/Radio Data System
RDS steht für Radio Data System und ist ein Service der Rundfunkanstalten. Neben dem hörbaren Sendeprogramm werden Zusatzinformationen in Form verschlüsselter Digitalsignale ausgesendet. Durch die Übermittlung des Sendernamens (Programm Service) wird nicht die Sendefrequenz, sondern der Name des jeweiligen Senders im Radio angezeigt. Die Angabe von alternativen Frequenzen ermöglicht den Empfang der am besten zu empfangenden Frequenz des gehörten Programms.

Regensensor/Lichtsensor
Der Regensensor sorgt für mehr Fahrkomfort und -sicherheit. Mittels optischer Messung erkennt er automatisch die Regenstärke. Einmal eingeschaltet, aktiviert der Regensensor automatisch die Scheibenwischer und regelt selbsttätig die Wischfrequenz. Mit der integrierten Fahrtlichtautomatik wird das Fahren noch sicherer und praktischer. Über zwei Lichtsensoren in der Frontscheibe werden die Lichtverhältnisse, etwa Dämmerung, Dunkelheit oder Tunnelfahrten, erkannt und das Abblendlicht wird selbsttätig eingeschaltet.

Reihenmotor
Verbrennungsmotor, bei welchem alle Zylinder in einer Reihe angeordnet sind.

Ritzel
Bezeichnung für ein Zahnrad mit kleiner Zähnezahl, das in eines mit größerer Zähnezahl oder in eine Zahnstange eingreift.

Rußpartikelfilter
Mit dem Diesel-Partikelfilter werden Rußpartikel zu mehr als 95 Prozent aus dem Abgas entfernt. Der Grenzwert für die EU4-Norm wird dabei deutlich unterschritten.

Sattel
Siehe Bremssattel.

Saugrohr/Ansaugrohr
Bauteil des Motors, in dem je nach Art der Gemischaufbereitung reine Luft oder Kraftstoff-Luft-Gemisch zu den Einlassventilen befördert wird.

Saugrohrdrucksensor
Gerät, das den Innendruck im Saugrohr eines Ottomotors misst und Signale an das Steuergerät im Motor-Management gibt.

Schaltsaugrohr
In der Länge variabler Ansaugtrakt.

Scheibenwaschmittel
Wasser mit handelsüblichen Zusätzen (Frostschutz- und Reinigungsmittel) zum Befüllen der Scheibenwaschanlage.

Schräglenker
Auf und ab schwenkender Tragarm, an dessen Ende eines der Hinterräder montiert ist. Seine Schwenkachse liegt nicht im rechten Winkel zur Fahrzeuglängsachse.

Schrägverzahnte Räder
Zahnradpaar, dessen Verzahnung unter einem Winkel zur Radachse steht. Sorgt für günstigeren Zahneingriff und ruhigeren Lauf.

Schraubenfeder
Für Personenwagen-Federungen heute meistverwendete, gewindeförmige Stahlfeder.

Schwimmsattelbremse
Am Radträger seitlich verschiebbar montierter Bremssattel der Scheibenbremse. Der Schwimmsattel besitzt (im Gegensatz zum Festsattel) nur auf einer Seite einen (oder mehrere) Hydraulikkolben.

Schwungrad
Schwere metallene Scheibe am Abtriebsende der Kurbelwelle. Soll die von den Kolbenkräften herrührende Ungleichförmigkeit der Kurbelwellen-Drehbewegung teilweise ausgleichen.

Selbstbeteiligung
Der vom Versicherten selbst zu übernehmende Kostenanteil im Schadensfall.

Sequenzielles Manuelles Getriebe
Das Sequenzielle Manuelle Getriebe (SMG) basiert auf dem bewährten Schaltgetriebe. Die Gangreihenfolge verläuft immer sequenziell (nacheinander) und nicht wie bei konventionellen Schaltungen durch die direkte Ganganwahl.

Service-Heft
Nachweis (wichtig beim Wiederverkauf), dass das Fahrzeug von Anbeginn und lückenlos in Fachwerkstätten gewartet wurde.

Servolenkung
System, das hydraulische Hilfskraft (Servokraft) zur Verfügung stellt, sobald der Fahrer am Lenkrad dreht.

Servo-Unterstützung
Anlage, die mit Hilfskräften (Hydraulik, Pneumatik) die vom Fahrer aufgewendete Kraft (am Lenkrad, am Pedal usw.) unterstützt.

Sicherungsblech
Blechscheibe mit einer oder mehreren Laschen, mit denen eine Mutter oder ein Schraubenkopf gegen Lösen gesichert wird.

Sidebag
Seitenairbag (in der Tür oder im Sitz untergebracht).

Single-Point-Einspritzung
Einspritzanlage mit nur einer Einspritzdüse für alle Zylinder.

SLS
Self Leveling Suspension (automatische Fahrwerk-Höhenverstellung).

SOHC
(Single Overhead Camshaft) Bezeichnung für einen Motor mit nur einer obenliegenden Nockenwelle, die Ein- und Auslassventile betätigt.

Spannungsregler
Elektrischer Regler, der die Spannung des Generators konstant hält.

Speedster
Sportliches Cabrio mit extrem flacher Frontscheibe.

Sprengring
Ringförmige Sicherung in einer Bohrung oder auf einer Welle, eingelassen in eine Innen- oder Außennut. Der Ring stoppt die ungewollte axiale Bewegung von Bauteilen.

Spurstange
Teil des Lenkgestänges, das die Lenkbewegungen vom Lenkgetriebe zum Vorderradträger überträgt.

SRS
Supplemental Restraint System (Rückhaltesystem); Abkürzung für das Airbag-System.

Starrachse
Aufhängung der Hinterräder an einem starren, sie verbindenden Achskörper. Federbewegung des einen Rades wirkt sich direkt auf das andere aus.

Starthilfekabel
Siehe Überbrückungskabel.

Steuerkette
Metallgliederkette, die über Kettenräder die Nockenwelle(n) von der Kurbelwelle aus antreibt.

STC
Stability Traction Control (stabile Traktionskontrolle); anderer Ausdruck für ASR (siehe oben).

Stoß-/Schwingungsdämpfer
Bauteil der Radaufhängung, welches das Auf- und Abschwingen der Federung eines Wagens beim Überfahren schlechter Wegstrecken absorbiert.

Stößel
Siehe Ventilstößel, Tassenstößel.

Sturz, Radsturz
Der Winkel, unter dem sich die Räder von der Senkrechten nach außen neigen. Negativer Sturz bedeutet, dass die Räder nach innen gekippt sind.

SUV
Sport Utility Vehicle (sportliches Nutzfahrzeug).

Synchronisierung
Vorrichtung im Schaltgetriebe. Sie gleicht zum Schalten eines Ganges die Drehzahlen der beiden in Eingriff zu bringenden Teile einander an, um geräuschloses Schalten zu ermöglichen.

Tagfahrlicht
50 Prozent aller Unfälle an Kreuzungen tagsüber werden durch das nicht rechtzeitige Erkennen anderer Verkehrsteilnehmer verursacht. Als Abhilfe gilt unter Experten das Einschalten des Abblendlichtes am Tag oder der Einsatz von zusätzlichen Tagfahrlichtern.

Tassenstößel
Topfförmiges Zwischenglied, geführt in einer zylindrischen Bohrung, das zwischen den Ventilen des Motors und der (obenliegenden) Nockenwelle eingebaut ist (zuweilen mit einer spielausgleichenden Hydraulik versehen).

Telematik
Verbindung aus Telekommunikation, Informatik und Satelliten-Ortung zur Verkehrsleitung.

Thermostat
Temperaturabhängige Regelanlage im Kühlkreislauf, die das Erwärmen des Kühlmittels beschleunigt, indem sie ihm erst ab einer bestimmten Temperatur den Weg zum Kühler freigibt.

Tire Mobility Set
Reifenreparaturset, mit dem leichte Reifenleckagen behoben werden können. Das Set enthält Dichtmittel und einen Luftkompressor (12 Volt) zum Befüllen des Reifens.

Totpunktmarke/Einstellmarke
Kerben oder Markierungen an der vorderen Riemenscheibe der Kurbelwelle oder am Schwungrad und an den Antriebsteilen der Nockenwelle(n); sie dienen zum exakten Einstellen des Zünd- bzw. Einspritzzeitpunkts eines bestimmten Zylinders.

Transaxle
Kombination von Getriebe und Achstrieb in einem Gehäuse.

Turbolader/Abgasturbolader
Lader (s. d.), dessen Antrieb über den Druck der Abgase des Motors erfolgt, die auf eine Turbine wirken. Der Lader fördert zusätzliche Luft in die Zylinder und erreicht damit einen höheren Füllungsgrad und höhere Leistung.

Überbrückungs-/Starthilfekabel
Kabelsatz (1 rotes, 1 schwarzes) mit großem Querschnitt und kräftigen Klemmen an den Enden. Bei leerer Batterie kann mit Hilfe der Kabel und einer vollen »Spenderbatterie« der Motor angelassen werden.

Ungeregelter Katalysator
»Offenes« System, das die Schadstoffe im Abgas mit Hilfe eines von der Gemischbildung unabhängig arbeitenden (ungeregelten) Katalysators nur teilweise reduzieren kann.

Unterdruckpumpe
Dieselmotor: Der für die Servobremse erforderliche Unterdruck wird hier von einer vom Motor angetriebenen Pumpe geliefert (siehe auch Bremsservo).

Unterer Totpunkt (UT)
Tiefste Position in der Kolbenbewegung. Im UT bleibt der Kolben für Sekundenbruchteile stehen, ehe er aufwärts geht.

Unverbleites Benzin (Bleifrei)
Benzin, das außer dem im Rohöl enthaltenen Bleianteil bei der Herstellung nicht zusätzlich verbleit wird, damit keine Schädigung des Katalysators hervorgerufen wird.

Van
Großraumlimousine.

Variomatic
Einfaches CVT-Getriebe (siehe oben) von DAF, erstmals 1958 im DAF 33 eingesetzt.

VDC
Vehicle Dynamics Control (fahrzeugdynamische Kontrolle); Fahrdynamik-Regelung für allradgetriebene Autos.

Ventil
Allgemein eine Vorrichtung, die geöffnet und geschlossen werden kann, um den Durchfluss von Gasen oder Flüssigkeiten zu ermöglichen bzw. zu stoppen.

Ventilator
Heute meist elektrisch, früher vom Motor angetriebener, vorn im Motorraum hinter dem Kühler angeordneter Lüfter (Ventilatorflügel). Soll die Kühlung unterstützen.

Ventilatorriemen
Keilriemen, der bei mechanischem Antrieb des Ventilators von der Kurbelwelle aus verwendet wird.

Ventileinstellung
Siehe Ventilspiel.

Ventilspiel
Gesamter Leerweg zwischen dem Ende des Ventilschafts und dem Nocken der Nockenwelle. Das Spiel ist erforderlich, um das völlige Schließen des Ventils trotz Wärmedehnung der Bauteile zu gewährleisten. Es wird entweder an einer Stellschraube manuell eingestellt oder von einem Hydraulikstößel (s .d.) automatisch ausgeglichen.

Ventilsteuerung
Oberbegriff für die Bauteile, die das Öffnen und Schließen der Ein- und Auslasskanäle des Motors bewirken: Nockenwelle(n), Stößel, Stoßstangen, Kipphebel, Ventile usw.

Ventilstößel
Bauteil im Motor, das die Drehbewegung der Nockenwelle in die Auf- und Abbewegung der Ventile umwandelt. Siehe auch Tassenstößel.

Verbleites Benzin (Bleibenzin)
Benzin, das außer dem im Rohöl enthaltenen Bleianteil bei der Herstellung zusätzlich verbleit wird. Nicht für Katalysatorbetrieb geeignet, da Blei dem Kat schadet.

Verbundglas
Sicherheitsglas für Autoscheiben. Besteht aus zwei dünnen Schichten aus gehärtetem Glas mit einer dünnen Schicht aus Spezial-Kunststoff dazwischen. Bei einem Aufprall zerbröselt das Glas nicht, und die Sicht bleibt weitgehend erhalten.

Verdichtung (-sverhältnis)
Gibt an, auf welches Volumen die Zylinderfüllung zwischen dem unteren und dem oberen Totpunkt des Kolbens verdichtet wird (Volumen eines Zylinders plus Brennraumvolumen im Verhältnis zum Brennraumvolumen allein, z. B. 10:1).

Vergaser
Vorrichtung, mit der (bei älteren Autos) das Kraftstoff-Luft-Gemisch in dem zur Verbrennung nötigen Verhältnis gebildet wird. Heute meist durch ein Einspritzsystem ersetzt.

Verteilerfinger (-läufer)
Im Zündverteiler umlaufendes Teil, dessen Elektrode über weitere Elektroden in der Verteilerkappe den Zündstrom an die Kerzen befördert.

Verteilerkappe
Kunststoffkappe, die auf den Verteiler aufgesetzt wird und von welcher die Zündkabel (Hochspannungskabel) zu den Kerzen führen.

4 WD
Allradantrieb.

Viertaktmotor
Bezeichnet einen Otto- oder Dieselmotor, der nach dem Viertaktverfahren arbeitet, d. h. für jeden vollständigen Arbeitszyklus zwei Auf- und zwei Abwärtshübe des Kolbens benötigt.

Vierventiler/16-Ventiler
Bezeichnung für einen Verbrennungsmotor mit zwei Einlass- und zwei Auslassventilen pro Zylinder. Der Ausdruck 16-Ventiler wird für den weit verbreiteten Vierzylindermotor mit je vier Ventilen pro Zylinder verwendet.

V-Motor
Motorbauweise, bei welcher die Zylinder in zwei Reihen angeordnet sind, die von vorn oder hinten gesehen ein »V« bilden. Zum Beispiel hat ein V8-Motor zwei Reihen zu vier Zylindern.

Vorderachseinstellung
Prüfung und Berichtigung gemäß der werkseitig vorgeschriebenen Einstellung von Vorspur, Sturz und Nachlauf. Einstellbar sind an den meisten Autos nur die Vorspurwerte. Fehlerhafte Einstellung kann hohen Reifenverschleiß und schlechtes »Handling« zur Folge haben.

Vorspur/Nachspur
Der Winkel oder der Betrag, um den die Stellung der Vorderräder bei Geradeausfahrt von einer Geraden parallel zur Fahrzeuglängsachse abweicht. Vorspur bedeutet, dass die Räder vorn leicht einwärts gerichtet sind.

VSA
Vehicle Stability Assistent (Fahrzeug-Stabilitätshelfer); entspricht ESP (siehe ESP).

VTC
Variable Timing Camshaft (variable Nockensteuerung), steuert Öffnungszeiten der Einlassventile.

VTG
Variable Turbine (variable Turbolader-Geometrie).

Wankel-/Drehkolben-/Kreiskolbenmotor
Verbrennungsmotor, der im Wesentlichen nur rotierende Teile besitzt. Der Kolben (Rotor) ist etwa dreiecksförmig und rotiert in einem Gehäuse mit spezieller, lang-ovaler Innenform (Epitrochoide). Nur sehr wenige Automodelle sind mit einem solchen Motor ausgerüstet.

Wasserpumpe/Kühlmittelpumpe
Vom Motor angetriebene Flügelpumpe, die das Kühlmittel durch alle Teile des Kühlkreislaufs pumpt.

Wertminderung
Mit dem Altern eines Autos (gefahrene Kilometer, Unfallschäden usw.) verbundene Minderung des möglichen Wiederverkaufserlöses.

Windowbag
Airbag vor dem Seitenfenster.

Xenonlicht
Modernes Autolicht ohne Glühdraht. In der Glühlampe befindet sich unter anderem das Edelgas Xenon. Bringt mehr als die doppelte Lichtleistung gegenüber Halogenlicht.

Zahnriemen
Siehe Nockenwellen-Antriebsriemen.

Zahnstangenlenkung
Heute weit verbreitete Ausführung des Lenkgetriebes, bestehend aus einem Ritzel und einer Zahnstange, welche die Räder über Spurstangen einschlägt.

Zündanlage
Elektrisches System, das beim Ottomotor für das Zünden des Gasgemisches im Zylinder verantwortlich ist.

Zündfolge
Reihenfolge, in der die Zylinder eines Motors gezündet werden.

Zündkabel
Besonders stark isolierte Kabel für die Übertragung des hochgespannten Stroms vom Zündverteiler zu den Kerzen.

Zündkerze
Bauteil des Ottomotors. Die Kerze ragt mit zwei Elektroden in den Brennraum hinein, zwischen denen zum Zünden des Kraftstoff-Luft-Gemisches ein Funken erzeugt wird.

Zündkontakte
In der Zündanlage älterer Autos dient ein Kontaktpaar zum Unterbrechen des Niederspannungsstroms und erzeugt dadurch in der Zündspule eine Hochspannung, die an der Kerze Zündfunken überspringen lässt.

Zündspule
Elektrisches Bauteil, das beim Ottomotor die eingeleitete Batteriespannung in Hochspannung (12 Volt) für den Zündfunken umsetzt.

Zündverteiler
Bauteil der Zündanlage, zuständig für die Verteilung der Hochspannungsenergie an die einzelnen Zündkerzen des Motors.

Zündzeitpunkt
Die kurz vor dem Erreichen des oberen Totpunkts (OT) liegende Stellung des Kolbens, in welcher der Zündfunken überspringt.

Zylinder
Hohlraum, in welchem der Kolben eines Motors auf und ab geht. Die Zylinder können entweder direkt in den Motorblock gebohrt sein, oder es werden Laufbüchsen in den Block eingesetzt.

Zylinderblock/Motorblock
Haupt-Bauteil (Gussteil) eines Motors, der im oberen Teil zumeist die Zylinder und im unteren die Lagerung der Kurbelwelle (Kurbelgehäuse) umfasst.

Zylinderbohrung
Innendurchmesser eines Motorzylinders.

Zylinderkopf
Gussteil unmittelbar über dem Motorblock, in dem normalerweise die Brennräume und die Ein-/Auslasskanäle sowie der Ventiltrieb untergebracht sind. Der Zylinderkopf ist mit dem Block verschraubt.

Zylinderkopfdichtung/Kopfdichtung
Dichtung, die zwischen Zylinderblock und Zylinderkopf liegt und für Abdichtung unter hohem Arbeitsdruck sorgt.

Zylinder-Laufbüchsen
Metallhülsen, die in entsprechende Bohrungen im Zylinderblock eingeschoben werden und in denen die Kolben auf und ab gehen. Wenn verschlissen, können Laufbüchsen und Kolben miteinander ausgetauscht werden.

Zeitfracht Medien GmbH
Ferdinand-Jühlke-Straße 7
99095 Erfurt, Deutschland
produktsicherheit@kolibri360.de

Druck:
CPI Druckdienstleistungen GmbH
im Auftrag der
Zeitfracht Medien GmbH
Ein Unternehmen der Zeitfracht - Gruppe
Ferdinand-Jühlke-Str. 7
99095 Erfurt